数学建模与数学实验
（第二版）

Mathematical Modeling and Mathematical Experiments
(Second Edition)

汪天飞　刘高峰　孙　峰　张　军　主编

科学出版社
北　京

内 容 简 介

本书是一本系统介绍数学建模方法与数学实验技术的教材. 全书分为 10 个章节, 涵盖数学建模的基本理论、常用的数学软件 (如 MATLAB 和 Python 等), 以及多种实际应用模型. 内容包括初等数学模型、优化模型、数学规划模型、微分方程建模、层次分析法、图论模型、数据处理及应用等, 通过案例分析与实验, 培养读者运用数学方法解决实际问题的能力. 每章配有丰富的习题与实战案例, 帮助学生深入理解建模方法的应用及技巧.

本书适合高等院校数学、工程、管理等专业的学生阅读, 也适合从事相关领域工作的工程技术人员与研究人员参考.

图书在版编目 (CIP) 数据

数学建模与数学实验 / 汪天飞等主编. -- 2 版. -- 北京：科学出版社, 2025. 6. -- ISBN 978-7-03-082610-7

Ⅰ. O141.4；O13-33

中国国家版本馆 CIP 数据核字第 2025MX0118 号

责任编辑: 李静科 / 责任校对: 彭珍珍
责任印制: 张　伟 / 封面设计: 楠竹文化

科学出版社 出版
北京东黄城根北街 16 号
邮政编码: 100717
http://www.sciencep.com

北京厚诚则铭印刷科技有限公司印刷
科学出版社发行　各地新华书店经销
*

2013 年 6 月第 一 版　开本: 720×1000　1/16
2025 年 6 月第 二 版　印张: 24 1/2
2025 年 6 月第十次印刷　字数: 475 000
定价: 128.00 元
（如有印装质量问题, 我社负责调换）

前　言

随着社会的快速发展和科学技术的不断进步,特别是计算机技术和信息技术的飞速发展,数学建模作为连接数学理论与实际问题解决的重要桥梁,已成为工程、经济、管理、生命科学等领域不可或缺的工具.通过数学建模,研究人员和工程师能够将复杂的实际问题抽象为数学形式,进而进行系统分析、预测与决策,为科学研究、技术开发和社会管理提供理论依据和决策支持.

本书是在第一版教材的基础上全面修订和更新的成果,既承袭了第一版的内容框架和特色亮点,又根据当前技术发展和学科需求新增了大量实用内容.本书始终坚持理论与实践相结合的理念,在强化理论知识讲解的同时,更加注重实际案例的引入和实战能力的培养,帮助读者掌握数学建模的核心方法和技巧,并将其有效应用于解决实际问题.

一、修订背景及新增内容

以第一版教材为基础,编者团队基于最近10余年数学建模教学与竞赛指导经验,并在充分调研的基础上,完成了第二版教材的修订.修订内容着眼于适应当前社会发展的需求,同时进一步完善和扩展第一版的内容.具体修订包括以下几个方面:

1. 新增内容与案例更新

数学建模不仅是学术研究中的工具,也已广泛渗透到社会的各个领域,影响着日常生活的方方面面.因此,第二版教材特别增加了一些贴近实际生活的案例,并对原有案例的数据进行了更新,使得教材内容更加现实化和应用化.例如,新增了储药柜设计、贫困人口致贫原因分析等来源于现代社会的问题.这些案例不仅增强了教材的实践性,也提高了读者的兴趣,并加深了读者对内容的理解.

2. 引入 Python 编程工具

Python 作为现代编程语言的代表,以其简洁易学、功能强大和应用广泛的特点,在数学建模和数据分析领域已成为不可或缺的工具.在本书新版中,新增了 Python 软件基础及其在数学建模中的应用内容,包括 Python 的基本语法、数据结构、数值计算模块以及在数据处理、统计分析和模型求解中的应用示例.这一新增内容为学生提供了更现代化的建模工具,拓展了学习和实践的广度.

3. 更新数据

针对第一版中部分案例的时效性问题,我们对原有数据进行了全面更新,确保教材中的案例数据更加贴近当前实际情况. 例如, 人口模型等问题的数据均进行了重新采集和整理, 使这些案例更加具有现实意义和应用价值. 这些更新不仅提高了案例的可靠性, 也使得读者能够在更加真实的数据背景下理解和掌握数学建模方法.

4. 强化实践性与实战案例

第二版教材不仅保留了第一版中详细的理论讲解, 还新增了多个实战案例, 通过具体问题的解决过程, 提升学生的建模能力和实际操作技能. 这些案例为学生提供了实践的平台, 帮助他们更好地将理论知识应用到实际问题中.

二、编写团队与分工

本书的完成离不开团队成员的辛勤努力和无私奉献. 修订过程中, 团队成员分工明确, 充分发挥了各自的专业优势和教学经验, 具体分工如下: 第 1、3、6 章由汪天飞修订; 第 4、5 章由孙峰负责修订; 第 2、7、10 章由刘高峰负责修订; 第 8、9 章由张军负责修订; 全书的 MATLAB 部分由罗世超负责修订; 最后由汪天飞定稿.

团队成员还就全书整体结构、案例选择、内容优化等方面反复讨论、细致打磨, 以确保教材内容的科学性、实用性和创新性.

三、结语

本书不仅在内容更新和改进上取得了显著进展, 还通过理论与实践的紧密结合, 进一步提升了教材的实用性与针对性. 希望本书能帮助读者掌握数学建模的核心方法与技巧, 提升解决实际问题的能力, 为他们的学习、科研和职业发展提供有力支持.

本书作为四川省省级一流本科课程和省级课程思政示范课程的配套建设教材, 也被列入乐山师范学院重点资助建设项目. 修订过程中, 得到了乐山师范学院的大力支持, 以及数理学院领导和老师的积极协助. 这些支持为本书的顺利完成提供了坚实保障.

最后, 衷心感谢所有参与本书编写与修订的同仁, 以及为本书的完成提供支持的各位专家. 感谢你们为数学建模教育事业的繁荣与发展做出的贡献. 希望本书能够为广大学生、教师和研究人员提供有益的帮助, 为数学建模的普及与发展尽绵薄之力.

编 者
2024 年 12 月

目 录

前言

第1章 数学建模与数学实验概况 1
  1.1 数学模型、数学建模与数学实验 1
  1.2 数学建模的基本方法与步骤 2
  1.3 数学模型的分类 4
  1.4 数学建模课程的特点与学习方法 5
  习题 1 6

第2章 数学软件基础 7
  2.1 MATLAB 基础 7
    2.1.1 MATLAB 基本环境 7
    2.1.2 MATLAB 变量、符号与函数 8
    2.1.3 数组与矩阵及其运算 12
    2.1.4 数据的输入输出 17
    2.1.5 MATLAB 中的微积分运算 18
    2.1.6 MATLAB 图形功能 22
    2.1.7 MATLAB 编程 33
  2.2 Python 基础 37
    2.2.1 Python 简介与安装 38
    2.2.2 基本语法与数据结构 41
    2.2.3 数值计算模块 44
    2.2.4 数据处理与统计分析 57
  习题 2 65

第3章 初等数学模型 67
  3.1 商品调价问题 67
  3.2 多步决策问题 69
  3.3 公平的席位分配问题 72

3.4 量纲分析法建模 …………………………………………………… 77
　　3.4.1 单位与量纲 …………………………………………………… 77
　　3.4.2 量纲齐次原则 ………………………………………………… 78
　　3.4.3 Buckingham π定理 …………………………………………… 79
　　3.4.4 量纲分析法应用——原子弹爆炸的能量估计 ……………… 79
习题 3 …………………………………………………………………… 83

第 4 章　简单的优化模型

4.1 MATLAB 无约束优化工具简介 …………………………………… 85
　　4.1.1 一元函数无约束优化问题求解 ……………………………… 85
　　4.1.2 多元函数无约束优化问题求解 ……………………………… 88
4.2 圆柱形储罐的设计 ………………………………………………… 90
4.3 梯子长度的估计问题 ……………………………………………… 91
4.4 存储模型 …………………………………………………………… 94
　　4.4.1 模型 1：不允许缺货，一次性补充 ………………………… 95
　　4.4.2 模型 2：不允许缺货，连续性补充 ………………………… 97
　　4.4.3 模型 3：允许缺货，一次性补充 …………………………… 99
习题 4 …………………………………………………………………… 101

第 5 章　数学规划模型

5.1 优化工具介绍 ……………………………………………………… 103
　　5.1.1 MATLAB 优化工具箱简介 …………………………………… 103
　　5.1.2 Lingo 软件包的使用 ………………………………………… 112
5.2 线性规划模型 ……………………………………………………… 120
5.3 整数规划和 0-1 规划模型 ………………………………………… 126
5.4 非线性规划模型 …………………………………………………… 146
5.5 实战篇——储药柜竖向隔板间距类别的设计 …………………… 157
　　5.5.1 问题背景与问题提出 ………………………………………… 157
　　5.5.2 问题分析与模型建立 ………………………………………… 157
　　5.5.3 模型求解与结果 ……………………………………………… 160
5.6 实战篇——奥运场馆的优化设计 ………………………………… 161
　　5.6.1 问题提出 ……………………………………………………… 161
　　5.6.2 问题分析 ……………………………………………………… 161
　　5.6.3 模型假设 ……………………………………………………… 162

    5.6.4 符号说明 …………………………………………… 162
    5.6.5 模型建立与求解 ……………………………………… 163
  附录一 流量百分比统计程序 ………………………………………… 170
  附录二 各个商区不同 MS 个数的计算程序 …………………………… 173
  习题 5 ………………………………………………………………… 174

第 6 章 线性代数模型 …………………………………………………… 178

  6.1 MATLAB 求解线性代数工具简介 ………………………………… 178
  6.2 投入产出模型 ……………………………………………………… 182
  6.3 交通流量模型 ……………………………………………………… 184
  6.4 小行星轨道的确定 ………………………………………………… 187
  6.5 Hill 密码的加密与解密 …………………………………………… 190
  习题 6 ………………………………………………………………… 193

第 7 章 微分方程建模 …………………………………………………… 196

  7.1 建立微分方程模型的方法 ………………………………………… 196
    7.1.1 利用规律或题目隐含的等量关系建立微分方程模型 ……… 196
    7.1.2 利用导数的定义建立微分方程模型 ………………………… 197
    7.1.3 利用微元法建立微分方程模型 ……………………………… 197
    7.1.4 模拟近似法 …………………………………………………… 198
  7.2 一些简单的微分方程模型 ………………………………………… 198
    7.2.1 理想单摆运动的周期 ………………………………………… 198
    7.2.2 断代问题 ……………………………………………………… 199
    7.2.3 GDP 预测 ……………………………………………………… 200
    7.2.4 水库污染问题 ………………………………………………… 200
    7.2.5 刑事侦查中死亡时间鉴定 …………………………………… 201
    7.2.6 人口增长的 Logistic 模型 …………………………………… 202
  7.3 建筑物高度的估计 ………………………………………………… 205
  7.4 天然气产量和储量的预测问题 …………………………………… 207
  7.5 求解微分方程的 MATLAB 工具简介 …………………………… 212
  7.6 核废料处置方法的安全评价问题 ………………………………… 216
  7.7 食饵–捕食者系统 ………………………………………………… 219
  习题 7 ………………………………………………………………… 225

第8章 层次分析法 ... 228

8.1 层次分析法的基本原理与步骤 ... 229
8.1.1 层次结构模型的建立与特点 ... 229
8.1.2 构造成对比较矩阵 ... 230
8.1.3 权向量的计算及一致性检验 ... 232
8.1.4 组合权向量的计算及一致性检验 ... 235

8.2 层次分析法应用举例 ... 236
8.2.1 午餐选择问题 ... 236
8.2.2 最佳组队方案 ... 238
8.2.3 教师综合评价体系 ... 243
8.2.4 特殊的层次结构模型 ... 244

8.3 层次分析法运用中的问题 ... 245

习题 8 ... 246

第9章 图论模型 ... 247

9.1 图的基本知识 ... 248
9.1.1 图的相关定义 ... 248
9.1.2 图的顶点的度 ... 249
9.1.3 子图及运算 ... 250
9.1.4 图的连通性 ... 251
9.1.5 几类特殊图 ... 253

9.2 图的矩阵表示 ... 254
9.2.1 邻接矩阵 ... 254
9.2.2 关联矩阵 ... 255

9.3 图的方法建模 ... 256
9.3.1 图的最小生成树及算法 ... 256
9.3.2 图的最短路问题及算法 ... 261
9.3.3 图的匹配及应用 ... 267
9.3.4 图的覆盖及应用 ... 275
9.3.5 图的遍历问题 ... 280
9.3.6 竞赛图问题 ... 291

9.4 实战篇——天然气管道的铺设 ... 294

习题 9 ... 297

第10章 数据处理及应用 … 299

10.1 数据插值与拟合 … 299
10.1.1 数据插值 … 300
10.1.2 数据拟合 … 310

10.2 一元回归分析 … 323
10.2.1 一元线性回归的基本概念 … 323
10.2.2 回归系数 β_0, β_1 和方差 σ^2 的估计 … 325
10.2.3 一元线性回归方程的检验 … 326
10.2.4 一元线性回归系数的置信区间 … 328
10.2.5 一元线性回归方程的预测区间 … 329

10.3 多元线性回归分析 … 331
10.3.1 多元线性回归模型 … 331
10.3.2 多元线性回归模型的基本假设 … 332
10.3.3 多元回归模型的参数估计 … 332
10.3.4 多元线性回归模型的统计检验 … 333
10.3.5 参数的置信区间与模型的预测 … 335

10.4 非线性回归问题 … 336

10.5 MATLAB 统计工具箱中回归分析命令及其应用 … 338
10.5.1 多元线性回归 … 338
10.5.2 多项式回归 … 344
10.5.3 非线性回归 … 350
10.5.4 逐步回归 … 353

10.6 实战篇——气象观测站优化模型 … 359

10.7 精准扶贫中的贫困人口致贫原因分析 … 365

习题 10 … 374

参考文献 … 379

第1章 数学建模与数学实验概况

1.1 数学模型、数学建模与数学实验

在学习和生活中经常听到模型这个概念,如飞机模型、分子结构模型、人体模型、建筑物模型等等. 按照这些模型的实用性和表现特点可以大致分为三类: 一是像玩具、飞机、火箭模型、售楼部的房屋模型等用于观赏展示的实物模型; 二是如水箱中的舰艇、地震模拟装置这样用于科学研究的物理模型; 三是像交通图、化学中的分子符号、物理中的电路图等具有一定抽象性的符号模型. 其中前两类模型属于物质模型,而符号模型由于已经用到数学、物理符号表示一些实际东西,所以体现了一定的抽象性. 数学模型不同于上述模型,表现形式上更具有抽象性,下面给出数学模型的定义.

数学模型是对于一个实际问题,为了一个特定目的,根据其内在规律,做出必要的简化假设,运用适当的数学工具,抽象简化出来的一个由数字、字母或其他数学符号组成的数学结构.

这里的数学结构一般指公式、函数、方程、算法、图表等数学表达式. 比如圆的面积公式就是求解圆面积的数学模型,只要知道半径,就可以确定面积. 从这个意义上说,数学模型对我们并不陌生,很早就在接触.

那什么是数学建模呢? 虽然说法上与数学模型接近,但是涵义还是不一样的. 它要求从实际错综复杂的关系中找出其内在规律,然后用数字、图表、符号、和公式把他们表示出来,再经过数学与计算机的处理,得出供人们进行分析、决策、预报或者控制的定量结果. 这种将实际问题进行简化,归结为数学问题并求解的过程就称为建立数学模型,简称**数学建模**或建模. 简单说,数学建模就是用数学的方法建立数学模型,解决实际问题的全过程.

数学实验与数学建模密切相关,通常有两层含义: 一是利用计算机和数学软件对学习知识过程中的某些问题进行实验探究、发现规律,二是结合已掌握的数学知识,去探究、解决一些实际问题,从而熟悉建模、求解到实验分析的科学研究方法,并不断提高创新实践能力.

数学实验是计算机技术和数学、软件引入教学后出现的新事物. 它有如下特点和功能:

(1) 有助于提高学生学习数学的兴趣、应用数学的意识,以及分析、解决问题的能力.

(2) 不同于物理、化学等自然科学实验,它只需要计算机和软件系统,不涉及其他设备和原材料. 实验形式主要以程序编写和专业数学软件的应用为主,是一种抽象实验,可以重复执行,成本低廉.

(3) 数学实验能实现繁杂的科学计算,大大提高工作效率.

(4) 数学实验能把有些抽象的东西变得直观形象. 例如,可以通过计算机绘制复杂函数的图形,从而辅助研究函数性质;可以通过近似方法计算曲边梯形的面积,从而加深对定积分概念的理解;也可以计算一个数列或级数的有限项,以观察数列或级数的收敛状况,等等.

(5) 数学实验可以进行探究性计算、模拟,有助于进行科学分析与研究. 实际中很多问题通过理论分析是很难真正找到解决方法或全面解决方案的,通过实验可以发现、弥补理论分析的不足.

1.2 数学建模的基本方法与步骤

数学建模的方法大致有机理分析法、测试分析法和计算机仿真方法. 机理分析法要求分析事物的内在机理和规律,一般从基本物理定律以及系统的结构数据来推导出模型. 机理分析法包括以建立变量之间函数关系的比例分析法,以求解离散问题为主的代数方法,以解决社会学和经济学等领域的决策、对策问题的逻辑方法,以解决两个或两个以上变量之间的变化规律为主的微分方程建模方法. 测试分析法则是指从大量的观测数据中运用统计方法建立数学模型,常用的有多元回归分析法和时序分析法等. 比较理想的是用机理分析法确定模型,然后用测试分析法估计参数.

建立数学模型,解决实际问题的过程因为题目不同、要求不同有较大区别,没有一种统一的模式. 下面先介绍一个简单的案例,说明数学建模的大致思路和步骤.

问题描述:甲、乙两地路程为 36 km,两地间的道路上下坡交替出现. 某人骑自行车从甲地到乙地需 192 min,而从乙地到甲地可少用 24 min,已知下坡比上坡平均每小时多行 5 km,求上坡和下坡的速度分别是多少?

问题分析:

(1) 由于从甲到乙的道路上下坡交替出现,所以实际行驶中也将上坡、下坡交替出现,如图 1.1 所示.

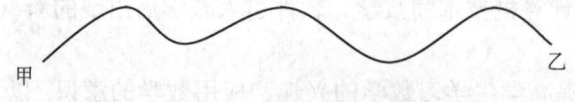

图 1.1 甲到乙道路示意图

由于不清楚道路每一段上下坡的长度、弧度、角度等具体情况, 要想利用传统运动学规律分段直接计算是不可能的, 而且在每一个上坡、下坡的速度应该也有区别, 要想精确计算每时每刻的速度在这里显然不可能. 根据题目信息, 可以考虑适当简化问题.

(2) 转换思路, 将上坡路、下坡路拼接在一起, 如图 1.2 所示, 且假定上坡、下坡速度是恒定的, 即要求的是平均速度.

图 1.2　拼接后甲乙道路示意图

(3) 设从甲到乙上坡路长为 y km, 则下坡路长为 $(36-y)$ km, 上坡平均速度为 x km/h, 则下坡速度为 $(x+5)$ km/h.

(4) 根据以上信息, 利用运动学规律可建立如下方程组模型

$$\begin{cases} \dfrac{y}{x} + \dfrac{36-y}{x+5} = \dfrac{16}{5}, \\ \dfrac{36-y}{x} + \dfrac{y}{x+5} = \dfrac{14}{5}. \end{cases}$$

(5) 解上述方程组得两组解 $x=10, y=24$; $x=-3, y=444/25$. 显然第二组解没有现实意义, 从而上坡、下坡速度分别为 10 km/h、15 km/h.

(6) 进一步思考. 由于当自行车从甲到乙, 再从乙到甲时, 上下坡的总和都是 36 km, 而一个来回所用的时间恰好是 6 小时, 因而在上坡速度为 x km/h 的条件下, 可建方程模型

$$\frac{36}{x} + \frac{36}{x+5} = 6,$$

显然这个模型比前一个更简洁、合理.

上述案例只是一个简单的应用问题, 而实际问题要复杂得多. 但是其求解过程却已经反映了数学建模的基本思想和步骤. 即根据建模目的和问题背景做出适当的简化假设 (上坡、下坡速度恒定); 用数学的语言 (各种字母、符号) 描述问题中的变量; 利用已知条件列出了二元代数方程组, 即数学模型; 通过解方程求出了两组解; 通过实践检验排除了不合理的解; 求得方程解, 即上坡、下坡速度分别为 10 km/h, 15 km/h; 对模型进行了改进.

一般地, 数学建模的过程可以大致描述如下, 见图 1.3.

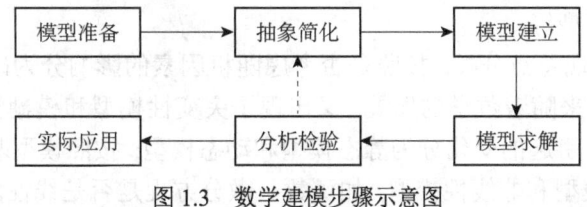

图 1.3　数学建模步骤示意图

(1) 模型准备：对于一个实际问题，先要弄清楚问题的背景，建模的目的. 同时收集各种相关信息，如各种数据、前人对类似问题的研究等.

(2) 抽象简化：一个实际问题往往涉及的因素多，关系复杂且具有不确定性，因此在全面分析问题基础上，要抓住主要矛盾，忽略次要因素，并做出必要的、合理的假设，以规范和简化问题；同时利用各种数学符号表示问题中的各种变量，这称为抽象，也就是用数学的语言描述问题. 经过这一步骤，一个实际问题基本上转化成一个数学问题.

(3) 模型建立：运用适当的数学方法，如代数方法、微分法、优化方法、图论方法、层次分析法、统计方法等建立数学模型.

(4) 模型求解：运用相应的数学方法求解建立的模型，如代数方程的求解、微分方程的求解、图论算法的实现、统计模型参数的估计等. 这里的求解包含两层含义：一是数学意义上的求解，若能用数学方法推导、求出解析解的，则求出该解析解，并作为准确解；二是利用计算机和数学软件进行的数值求解或模拟，这样得到的一般是近似解. 实际中两种方式会兼顾使用.

(5) 分析检验：对求解出来的结果必须在实际中进行检验，看是否符合实际情况，还要做误差分析、稳定性分析等. 如果吻合效果不好或误差太大，可能需要修改假设，重新建模.

(6) 实际应用：和实际吻合效果较好且稳定性、可靠性良好的模型可以在实际中加以应用，并根据实际情况不断改进、优化.

1.3 数学模型的分类

数学模型可以按照不同的方式分类，下面介绍常用的几种分类方式.

(1) 按照所用方法分类：如初等数学模型、几何模型、微分方程模型、图论模型、马氏链模型、数学规划模型等.

(2) 按照应用领域分类：如人口模型、生态模型、交通模型、环境模型、城镇规划模型、水资源模型、污染模型、生物学数学模型、医学数学模型、地质学数学模型、气象学数学模型、经济学数学模型、社会学数学模型、物理学数学模型、化学数学模型、天文学数学模型、工程学数学模型等.

(3) 按照建模目的分类：如描述模型、分析模型、预报模型、决策模型、优化模型、控制模型等.

(4) 按照表现特点分类：按照是否考虑随机因素的影响分为确定性模型和随机性模型，近年来随着数学的发展，又出现了突变性模型和模糊性模型；按照是否考虑时间因素引起的变化分为静态模型和动态模型；按照模型基本关系是否是线性分为线性模型和非线性模型，如函数、微分方程是否是线性的；按照模型中的变量(主要是时间变量)为离散还是连续的可分为离散模型和连续模型.

虽然现实中大多数问题是随机性的、动态的、非线性的,但由于确定性、静态、线性模型更容易处理,因此建模时通常先考虑确定性、静态、线性模型.连续模型便于利用微积分方法求解,可作理论分析,而离散模型更适合在计算机上作数值计算,所以用哪种模型要根据具体问题和个人习惯而定.实际建模过程中,将连续模型离散化,或离散变量视作连续量都是经常采用的处理方法.

(5) 按照了解程度分类:可分为白箱模型、灰箱模型、黑箱模型.白箱主要包括用力学、热学、电学等一些机理比较清楚的学科描述的现象以及相应的工程技术问题,这方面的模型大多已经基本确定,主要研究的是相关优化设计和控制等问题.灰箱主要指生态、气象、经济、交通等领域中机理尚不十分清楚的现象,在建立和改善模型方面还需要深入研究;黑箱主要指生命科学和社会科学等领域中一些机理还很不清楚的现象.当然,白箱、灰箱、黑箱模型之间并没有明显的界限,随着科技的发展和人类认识世界能力的增强,黑箱必将逐渐变成白箱.

现实中,我们描述一个模型往往不是只表达一种属性,而是同时表述多重属性,如确定性线性模型,连续动态模型,非线性数学规划模型等.

1.4 数学建模课程的特点与学习方法

1. 数学建模课程的特点

(1) 包罗万象,信息量大.数学建模课程是综合应用各种数学知识解决实际问题的课程,它几乎涵盖了大学期间所有数学课程,如微积分、线性代数、微分方程、概率统计、计算方法、最优化理论、模糊数学、组合数学、图论等.所以课程内容形式上比较散乱,不像数学分析、高等代数等专业基础课程那样具有连续性,承前启后性.很多学生在学习过程中会感觉思维是跳跃的、离散的,可能一会在用微积分,一会又涉及图论算法,不如传统专业课程那样连贯,因此学习过程中要善于转换思维.

(2) 淡化理论,强调应用.数学建模强调的是运用数学知识解决问题,而不关心这个方法的深层次的原理和理论基础,因此学习过程中注重的是思维方式的培养和分析解决问题能力的培养,而不是具体掌握这个案例的解决过程.一般来说,首先运用适当的数学方法建模,然后利用计算机编程求解,前者是重点.

(3) 案例学习,启迪思维.这门课程涉及大量的数学建模案例,往往某一门数学专业课程或知识会介绍一些典型案例,这些案例的解决过程并不重要,关键是解决问题的思维过程,即如何思考,如何巧妙地和数学联系.

(4) 没有对错,只有优劣.同一个实际问题,不同的人使用的方法、建立的模型及得到的结论可能千差万别,这不能说谁对谁错.评价模型好坏的唯一标准是实践检验，与实际吻合的好的模型说明方法应用是恰当的，而且解决方法不在乎难易，能用简单的方法尽量避免复杂方法．

(5) 以点带面，辐射性强．通过数学建模课程的学习，可以很好地培养分析解决问题的能力，有助于加强理论联系实际，这对于学生开展科学研究、毕业论文设计以及教学改革研究都有非常积极的辐射作用．

2. 数学建模课程学习方法

先学习别人做的案例，再进行改进，然后自己尝试解决一些实际问题．

习　题　1

1. 结合本章内容，简述"数学模型"的定义，并列举两个生活中常见的数学模型例子．

2. 数学建模的基本步骤包括模型准备、抽象简化、模型建立、模型求解、分析检验和实际应用．请简要说明"抽象简化"阶段的主要任务，并举例说明其重要性．

3. 机理分析法与测试分析法是数学建模的两种常用方法．请比较两者的区别，并分别给出一个适用例子．

4. 某人驾车从 A 地到 B 地，全程 60 km，道路包含上坡和下坡交替路段．从 A 到 B 用时 2 小时，从 B 返回 A 用时 1.5 小时．已知下坡平均速度比上坡快 20 km/h．假设往返时上下坡路段互换 (即去程的上坡变为返程的下坡，反之亦然)，求上坡和下坡的平均速度．

5. 现有以下模型：

(1) 人口增长的 Logistic 微分方程模型．

(2) 基于历史数据预测房价的多元线性回归模型．

(3) 利用图论解决最短路径问题的 Dijkstra 算法模型．

请查阅相关资料了解模型的基础知识，并从所用方法和应用领域对上述每一个模型进行分类，例如 (1) 可归属于"微分方程/人口学"．

6. 数学建模课程强调"没有对错，只有优劣"．请结合本章内容，分析这一观点背后的原因，并举例说明如何评价一个数学模型的优劣．

第 2 章 数学软件基础

数学建模中常用的数学软件较多，如 MATLAB、Lingo、SPSS、Python、R 等，本书主要介绍 MATLAB, Python 软件的基础功能.

2.1 MATLAB 基础

MATLAB 是 Matrix Laboratory (矩阵实验室) 的缩写，是由美国 MathWorks 公司于 1984 年推出的一套科学计算软件，分为总包和若干工具箱，具有强大的矩阵计算和数据可视化能力. 一方面可以实现数值分析、优化、统计、偏微分方程数值解、自动控制、信号处理、系统仿真等若干个领域的数学计算，另一方面可以实现二维图形绘制、三维图形绘制、三维场景创建和渲染、科学计算可视化、图像处理、虚拟现实和地图制作等图形图像方面的处理.

同时，MATLAB 是一种解释式语言，简单易学、代码短小高效、计算功能强大、图形绘制和处理容易、可扩展性强. 其优势在于:

(1) 矩阵的数值运算、数值分析、模拟；
(2) 数据可视化、2D/3D 的绘图；
(3) 可以与 FORTRAN、C/C++ 做数据链接；
(4) 几百个核心内部函数；
(5) 大量可选用的工具箱.

MATLAB 版本较多，它包括了 MATLAB 的各种工具箱，功能强大，适合于较高配置的计算机. 在各高等院校，MATLAB 已经成为大学生必须掌握的基本工具之一.

2.1.1 MATLAB 基本环境

1. MATLAB 的工作界面

MATLAB 的工作界面主要包括 6 个窗口: 标题栏、菜单栏、工具栏、工作空间、命令窗口以及历史记录空间 (如图 2.1).

2. MATLAB 系统的启动

(1) 使用 Windows "开始" 菜单.
(2) 运行 MATLAB 系统启动程序.
(3) 双击 MATLAB 快捷图标.

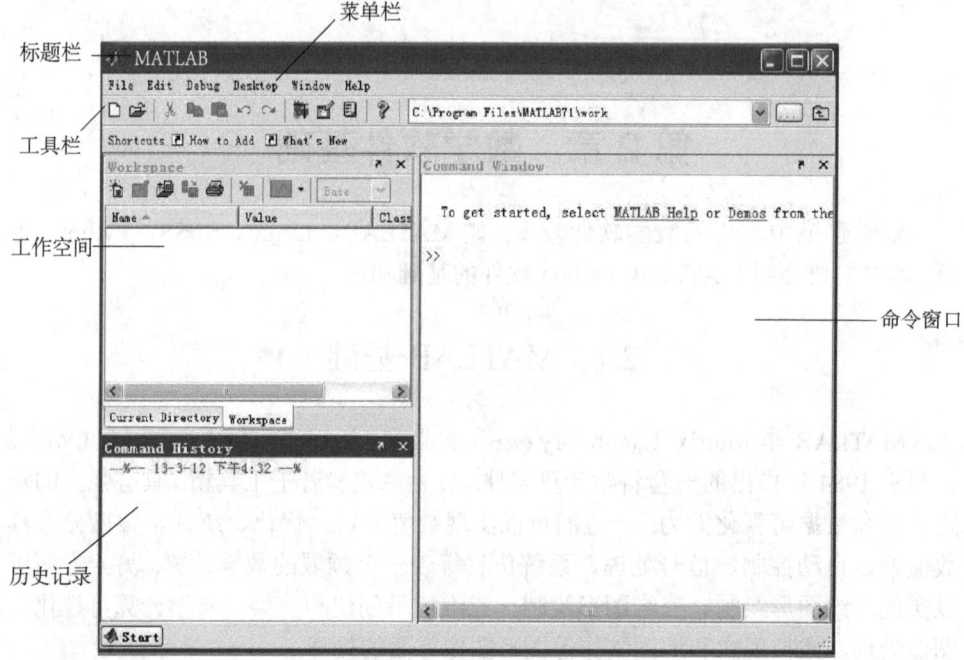

图 2.1 MATLAB 工作界面图

3. MATLAB 系统的退出

(1) 在 MATLAB 主窗口 File 菜单中选择 Exit MATLAB 命令.
(2) 在 MATLAB 命令窗口输入 exit 或 quit 命令.
(3) 单击 MATLAB 主窗口的 "关闭" 按钮.
注意：执行一个命令可以直接在命令窗口提示符下键入命令.

>>命令

也可以在程序窗口中建立 M 文件.

2.1.2 MATLAB 变量、符号与函数

1. MATLAB 变量命名与特殊变量

1) 变量的命名规则
(1) 变量名必须是不含空格的单个词;
(2) 变量名区分大小写;
(3) 变量名长度不超过 63 个字符 (6.5 版本以前为 19 个);
(4) 变量名必须以字母打头, 之后可以是任意字母、数字或下划线, 变量名中不允许使用标点符号.

2) 特殊变量

特殊变量见表 2.1.

表 2.1　特殊变量

特殊变量	取值
ans	用于结果的缺省变量名
pi	圆周率
eps	计算机的最小数,当和 1 相加就产生一个比 1 大的数
flops	浮点运算数
inf	无穷大,如 1/0
Nan	不定量,如 0/0
i,j	$i=j=\sqrt{-1}$
nargin	所用函数的输入变量数目
nargout	所用函数的输出变量数目
realmin	最小可用正实数
realmax	最大可用正实数

2. 数学运算符号及标点符号

(1) 算术运算符

算术运算符见表 2.2.

表 2.2　算术运算符

运算符	说明
+	加法运算,适合于两个数或者两个同阶矩阵相加
-	减法运算,适合于两个数或者两个同阶矩阵相减
*	乘法运算,适合于两个数或者符合线性代数中矩阵乘法的两个矩阵相乘
.*	点乘运算,适合于两个同型矩阵对应分量相乘
/	除法运算,适合于两个数 (除数非零) 相除或者线性方程组中的右端向量除以系数矩阵
./	点除运算,适合于两个同型矩阵对应分量相除
^	乘幂运算,适合于计算矩阵的整数次方幂
.^	点乘幂运算,适合于两个同型矩阵进行对应分量的方幂计算
\	反斜杠左除运算,适合于除法运算中的除数与被除数交换位置进行运算

(2) 关系运算符

关系运算符见表 2.3.

表 2.3 关系运算符

关系操作符	说明	关系操作符	说明
<	小于	>=	大于或等于
<=	小于或等于	==	等于
>	大于	~=	不等于

(3) 逻辑运算符

逻辑运算符见表 2.4.

表 2.4 逻辑运算符

逻辑操作符	说明	逻辑操作符	说明
&	与	~	非
|	或		

(4) 标点符

① MATLAB 的每条命令后, 若为**逗号或无标点符号**, 则显示命令的结果; 若命令后为**分号**, 则禁止显示结果.

② "**%**" 后面所有文字为注释.

③ "**…**" 表示续行.

关于各运算符的优先级, 见表 2.5.

表 2.5 各运算符的优先级

优先级别	运算符					
1	括号()					
2	转置.'	共轭转置'	数组幂.^	矩阵幂^		
3	代数正+	代数负-	逻辑非~			
4	数组乘.*	数组除./	数组除.\	矩阵乘*	矩阵左除\	矩阵右除/
5	加+	减-				
6	冒号:					
7	小于<	大于>	等于==	不小于>=	不大于<=	不等于~=
8	数组与&					
9	数组或|					

3. 基本数学函数

MATLAB 的内部函数是指包括基本初等函数在内的一些函数. 这些函数的使用需要给定自变量数据, 然后键入函数名、括号、自变量名并回车, 便可得对应的函数值数据. 表 2.6 中列出了部分数学函数.

2.1 MATLAB 基础

表 2.6 部分数学函数

函数	名称	函数	名称
sin(x)	正弦函数	asin(x)	反正弦函数
cos(x)	余弦函数	acos(x)	反余弦函数
tan(x)	正切函数	atan(x)	反正切函数
abs(x)	绝对值	max(x)	最大值
min(x)	最小值	sum(x)	元素的总和
sqrt(x)	开平方	exp(x)	以 e 为底的指数
log(x)	自然对数	log10(x)	以 10 为底的对数
sign(x)	符号函数	fix(x)	取整

注: 这些基本函数是 MATLAB 提供的内部函数, 可以直接在命令提示符下或程序编辑器中调用.

例 2.1 函数 sin(x) 和 min(x) 示例.

```
>> sin(pi/2)
   ans =
        1
>> min([3,2,6,8])        %求数组[3,2,6,8]的最小元素, 关于数组在后面将详细介绍.
   ans =
        2
```

4. M 文件的编辑与建立

在 MATLAB 中定义外部函数或编写程序时需要建立 M 文件. 可以直接点击快捷工具栏中空白页新建一个 M 文件, 也可以在 File 菜单中选中 New->M-file 新建文件, 然后在编辑窗口中输入程序内容, 最后点: File->Save 存盘. M 文件有两类: 命令文件和函数文件, 都可被别的 M 文件调用.

(1) 自定义函数

MATLAB 的内部函数是有限的, 有时为了研究某一个函数的各种形态, 需要定义新的函数, 为此必须编写函数文件. 格式为:

```
function    因变量名=函数名 (自变量名)
```

函数值的获得必须通过具体的运算实现, 并赋给因变量.

例 2.2 在 MATLAB 中定义二元函数示例.

建立文件 fun.m

```
function y=fun (a,b)
if b>0
    y=exp(a)+log(b);
end
```

注意: 函数名必须跟文件名一致, 且与主程序必须在同一目录下.

(2) 命令文件 (MATLAB 程序)

例 2.3 在 MATLAB 中定义二元函数示例.

```
>> syms x y
>> f=2^x+sin(y)
    f=
       2^x+sin(y)
```

2.1.3 数组与矩阵及其运算

1. 数组

1) 数组的创建

根据不同的要求, 数组的创建有多种方式:

(1) 直接从键盘输入

```
>>a=[1 4 6 2 6 7]        %数组要用[ ]括起来, 元素之间可以是空格或","号
    a=
       1    4    6    2    6    7
```

(2) 用函数生成数组

常用的用于生成数组的函数有 ": ", linspace, logspace 等函数, 及其格式如下:

```
x=first: last
        %创建从 first 开始, 步长为 1, 到 last 结束的数组
x=first: increment: last
        %创建从 first 开始, 步长为 increment, last 结束的数组
x=linspace(first, last, n)
        %利用线性等分指令生成向量
x=logspace(first, last, n)
        %利用对数等分指令生成向量
x=rand(1,n)
        %产生 0 到 1 (不包括 1) 的 n 个随机数
```

例 2.4 函数生成数组示例.

```
>> b=-1:2:10
b =
       -1    1    3    5    7    9
>> linspace(1,10,5)
ans =
       1.0000   3.2500   5.5000   7.7500   10.0000
```

注: 若数组是行方向分布的, 称之为行向量. 当然数组也可以是列向量, 它的数组操作和运算与行向量是一样的, 唯一的区别是结果以列形式显示. 列向量可以由行向量转置产生, 例如 a=[1,3,5,7]; b=a'即表示列向量. 也可以用 b=[1;3;5;7]

直接输入. 这里以空格或逗号分隔的元素指定的是不同列的元素, 而以分号分隔的元素指定了不同行的元素.

2) 数组的访问

(1) 单个元素的访问

例 2.5 数组单个元素访问示例.

```
>> x=[2 5 7 3 6 6 3 8];
>> x(3)                    % x(i) 表示访问数组 x 的第 i 个元素.
   ans =
        7
```

(2) 访问一块元素

例 2.6 数组块元素访问示例.

```
>> x(2:2:6)                % x(a:b:c) 表示访问数组 x 的从第 a 个元素开始, 以步长为 b
                             到第 c 个元素间的所有元素, 其中 b 可以为负数, b 缺损
                             时为 1.
   ans =
        5    3    6
```

3) 数组的运算

(1) 标量-数组运算

数组对标量的加、减、乘、除、乘方是数组的每个元素对该标量施加相应的加、减、乘、除、乘方运算.

设: $a=[a_1, a_2,\ldots, a_n]$, $c=$标量, 则:

$a+c=[a_1+c, a_2+c,\ldots, a_n+c]$

$a.*c=[a_1*c, a_2*c,\ldots, a_n*c]$

$a./c=[a_1/c, a_2/c,\ldots, a_n/c]$(右除)

$a.\backslash c=[c/a_1, c/a_2,\ldots, c/a_n]$ (左除)

$a.\wedge c=[a_1\wedge c, a_2\wedge c,\ldots, a_n\wedge c]$

$c.\wedge a=[c\wedge a_1, c\wedge a_2,\ldots, c\wedge a_n]$

(2) 数组-数组运算

当两个数组有相同维数时, 加、减、乘、除、幂运算可按元素对元素方式进行, 不同大小或维数的数组是不能进行运算的.

设: $a=[a_1, a_2,\ldots, a_n]$, $b=[b_1, b_2,\ldots, b_n]$, 则:

$a+b=[a_1+b_1, a_2+b_2,\ldots, a_n+b_n]$

$a.*b=[a_1*b_1, a_2*b_2,\ldots, a_n*b_n]$

$a./b=[a_1/b_1, a_2/b_2,\ldots, a_n/b_n]$

$a.\backslash b=[b_1/a_1, b_2/a_2,\ldots, b_n/a_n]$

$a.\wedge b = [a_1\wedge b_1, a_2\wedge b_2, \ldots, a_n\wedge b_n]$

例 2.7 数组-数组运算示例.

```
a=[1,2,1,2,4];
b=[3,2,5,7,3];
c1=a+b
c2=a-b
c3=a.*b
c4=a./b
c5=a.^2
```

执行命令得到结果:

```
c1 =
     4     4     6     9     7
c2 =
    -2     0    -4    -5     1
c3 =
     3     4     5    14    12
c4 =
    0.3333    1.0000    0.2000    0.2857    1.3333
c5 =
     1     4     1     4    16
```

2. 矩阵

计算函数值须输入自变量数据, 计算机程序也必须在数据集合上才能运行, 所以初始数据的输入十分必要. 在计算机程序设计中人们习惯将矩阵称为二维数组, 将向量称为一维数组. 向量本质上是一类特殊的矩阵, 矩阵可以分解为一系列行向量或列向量, 有限个同维行 (列) 向量也可以构成一个矩阵.

1) 矩阵的创建

(1) 直接输入矩阵

```
>> A=[3, 5, 6; 2, 5, 8; 3, 5, 9; 3, 7, 9]
```

元素与元素之间用逗号或空格键隔开, 当一行输入结束时输入分号续行或者按下回车键继续输入.

(2) 特殊矩阵的生成

```
a=[ ]   %产生一个空矩阵, 当对一项操作无结果时, 返回空矩阵, 空矩阵的大小为零.
b=zeros(m,n)       %产生一个 m 行、n 列的零矩阵.
c=ones(m,n)        %产生一个 m 行、n 列的元素全为 1 的矩阵.
d=eye(m,n)         %产生一个 m 行、n 列的单位矩阵.
e=diag([a_1 a_2 … a_n])  % 产生对角线元素为 $a_1\ a_2\ \ldots\ a_n$ 的对角形矩阵.
```

```
f=magic(n)            % 产生 n 阶魔方矩阵.
Ã       t(m,n,p);     % 产生一个 m 行、n 列的元素全不超过 p 的整随机矩阵.
```

例 2.8 特殊矩阵生成示例.

```
>> A=randint(3,3,10)    %产生一个 3 阶, 元素全介于 0 到 10 的整随机矩阵 A.
A =
     8     2     0
     6     6     0
     2     5     2
>> B=diag(diag(A))      %B 的对角线元素跟 A 的对角线元素相同, 其余元素为 0.
B =
     8     0     0
     0     6     0
     0     0     2
```

2) 矩阵及其元素的调用

矩阵 A 的第 r 行: A(r, :)

矩阵 A 的第 r 列: A(:, r)

依次提取矩阵 A 的每一列, 将 A 拉伸为一个列向量: A(:)

取矩阵 A 的第 i_1~i_2 行、第 j_1~j_2 列构成新矩阵: A(i_1:i_2, j_1:j_2)

以逆序提取矩阵 A 的第 i_1~i_2 行, 构成新矩阵: A(i_2:-1: i_1, :)

以逆序提取矩阵 A 的第 j_1~j_2 列, 构成新矩阵: A(:, j_2:-1: j_1)

删除 A 的第 i_1~i_2 行, 构成新矩阵: A(i_1:i_2, :)=[ ]

删除 A 的第 j_1~j_2 列, 构成新矩阵: A(:, j_1:j_2)=[ ]

将矩阵 A 和 B 拼接成新矩阵: [A   B]; [A; B]

3) 矩阵的运算

(1) 基本运算

A+B   加法

k*A   数乘矩阵

A^T   A 的转置

A^n   A 的 n 次幂

A/B   A 右除 B

B\A   A 左除 B

例 2.9 设 $A=\begin{pmatrix} 1 & 2 \\ 5 & 3 \end{pmatrix}, B=\begin{pmatrix} 2 & -1 \\ -2 & 0 \end{pmatrix}$, 试求 $A+2B, A*B, B*A, A^3$.

```
>> A=[1,2;5,3]; B=[2,-1;-2,0];
>> C=B*2;
>> M=A+C
```

```
M =
    5    0
    1    3
>> N=A*B
N =
   -2   -1
    4   -5
>> N1=B*A
N1 =
   -3    1
   -2   -4
>> D=A^3
D =
    51   46
   115   97
```

(2) 矩阵函数

常用的矩阵函数

inv(A)　　　A 的逆阵
poly(A)　　　A 的特征多项式
cond(A)　　　A 的条件数
det(A)　　　A 的行列式
eig(A)　　　A 的特征值
norm(A,1)　　A 的 1 范数
norm(A)　　　A 的 2 范数 (系统默认缺省时为二范数)
rank(A)　　　A 的秩
trace(A)　　　A 的迹数
size(A)　　　A 的阶

例 2.10 求矩阵 $A = \begin{pmatrix} 2 & 4 & 7 \\ 5 & 2 & 3 \\ 3 & 6 & 1 \end{pmatrix}$ 的行列式、秩及逆矩阵.

解 在 MATLAB 中新建 M 文件输入下列程序:

```
A=[2,4,7;5,2,3;3,6,1];
d=det(A)
r=rank(A)
i=inv(A)


d =
    152
```

```
r =
    3
i =
   -0.1053    0.2500   -0.0132
    0.0263   -0.1250    0.1908
    0.1579         0   -0.1053
```

2.1.4 数据的输入输出

1. 输入单个参数的 input 函数

从键盘输入数据, 则可以使用 input 函数来进行, 该函数的调用格式为:

A=input (提示信息, 选项);

其中提示信息为一个字符串, 用于提示用户输入什么样的数据.

如果在 input 函数调用时采用's'选项, 则允许用户输入一个字符串. 例如, 想输入一个人的姓名, 可采用命令:

xm=input('What"s your name?','s');

2. 小型矩阵的输入

与直接输入生成矩阵相同.

3. 导入数据文件

MATLAB 的数值计算功能强大, 对一些基本格式的软件也都有一定的接口函数. 因而可以方便地进行输入输出数据.

下面介绍几个常用的输入输出函数:

save 可以保存计算的结果, 以 .mat 的格式, 但其只能在 MATLAB 中可见, 好处是把所有的结果都包括到一个 .mat 文件中.

load 读取 .mat 格式的文件.

imread 读取图像的数据, 即把一个图片以数据的格式读取, 然后可方便进行图像处理.

dlmwriter 可以把数据写为 .txt 格式的数据, 并且数和数之间的空格符号可以自己定义, 如空格, 逗号等.

dlmread 读取 .txt 格式的文件.

xlswrite 把数据直接写到一个 excel 文件中.

xlsread 可以从 excel 中读数据.

4. 数据的输出

MATLAB 提供的命令窗口输出函数主要有 disp 函数, 其调用格式为

disp (输出项)

其中输出项既可以为字符串，也可以为矩阵.

例 2.11 数据的输出示例.

(1) 输入 x,y 的值，并将它们的值互换后输出.

```
x=3;
y=5;
z=x;
x=y;
y=z;
disp(x);
disp(y);
```

输出结果为：

```
5
3
```

(2) 求一元二次方程 $ax^2+bx+c=0$ 的根.

```
a=1;
b=5;
c=2;
d=b*b-4*a*c;
x=[(-b+sqrt(d))/(2*a),(-b-sqrt(d))/(2*a)];
disp(['x1=',num2str(x(1)),',x2=',num2str(x(2))]);
```

输出结果：

```
x1=-0.43845, x2=-4.5616
```

2.1.5 MATLAB 中的微积分运算

1. 导数

diff(f)——函数 f 对符号变量 x 或字母表上最接近字母 x 的符号变量求导数；
diff(f,t)——函数 f 对符号变量 t 求导数.

例 2.12 函数求导数示例.

```
>>syms a b t x y
>>f=sin(a*x*y)+cos(b*t/y);
>>g=diff(f)
>>gg=diff(f,t)    %可以看作二元函数求偏导数.
```

输出结果：

```
g=
    cos(a*x*y)*a*y
```

```
gg =
    -sin(b*t/y)*b/y
```

用 diff(f,2) 求二阶导数

例 2.13 函数求高阶导数示例.

```
>>syms a b t x y
>>f=sin(a*x*t*y)+cos(b*t*x^2)-2*x*t^3/y;
>>diff(f,2)
>>diff(f,t,2)
```

输出结果:

```
ans =
    -sin(a*x*t*y)*a^2*t^2*y^2-4*cos(b*t*x^2)*b^2*t^2*x^2-2*sin(b*t*x^2)*b*t
 ans =
    -sin(a*x*t*y)*a^2*x^2*y^2-cos(b*t*x^2)*b^2*x^4-12*x*t/y
```

当微分运算作用于符号矩阵时, 是作用于矩阵的每个元素.

例 2.14 符号矩阵求导数示例.

```
>>syms a x t
>> t=[sin(a*x),cos(a*x);-cos(a*x),-sin(a*x)]
>> dy=diff(t)
```

输出结果:

```
 t =
    [  sin(a*x),  cos(a*x)]
    [ -cos(a*x), -sin(a*x)]
 dy =
    [  cos(a*x)*a, -sin(a*x)*a]
    [  sin(a*x)*a, -cos(a*x)*a]
```

2. 积分

int(f)——函数 f 对符号变量 x 或接近字母 x 的符号变量求不定积分;

int(f,t)——函数 f 对符号变量 t 求不定积分;

int(f,a,b)——函数 f 对符号变量 x 或接近字母 x 的符号变量求从 a 到 b 的定积分;

int(f,t,a,b)——函数 f 对符号变量 t 求从 a 到 b 的定积分.

例 2.15 函数积分示例.

```
>>syms a x
>>f=sin(a*x)
>>g=int(f)
```

```
>>gg=int(f,a)
```

输出结果:

```
f =
    sin(a*x)
ff =
    sin(x^3)
g =
    -1/a*cos(a*x)
gg =
    -1/x*cos(a*x)
```

例 2.16 函数定积分示例.

```
>>syms a x
>>f=sin(a*x)
>>g=int(f,0,pi)
```

输出结果:

```
f =
    sin(a*x)
g =
    -(cos(pi*a)-1)/a
```

注: 当不定积分无解析表达式时, 可用 double 计算其定积分的数值解.

例 2.17 定积分数值求解示例.

```
>>sym x
>>f=exp(-x^2)
>>g=int(f)
>>gg=int(f,0,1)
>>a=double(gg)
```

输出结果:

```
ans =
    x
f =
    exp(-x^2)
g =
    1/2*pi^(1/2)*erf(x)
gg =
    1/2*erf(1)*pi^(1/2)
a =
    0.7468
```

3. 极限

limit(f)——当符号变量 x (或最接近字母 x 的符号变量) $\to 0$ 时，函数 f 的极限;
limit(f,t,a)——当符号变量 $t \to a$ 时，函数 f 的极限.

例 2.18 求解函数极限示例.

```
>>syms x t a
>>f=sin(x)/x
>>g=limit(f)
>>limit((cos(x+a)-cos(x))/a,a,0)
>>limit((1+x/t)^t,t,inf)
```

输出结果:

```
f =
    sin(x)/x
g =
    1
ans =
    -sin(x)
ans =
    exp(x)
```

例 2.19 左、右极限的求法.

```
>>syms x
>>limit(1/x)
>>limit(1/x,x,0,'left')
>>limit(1/x,x,0,'right')
```

输出结果:

```
ans =
    x
ans =
    NaN
ans =
    -inf
ans =
    inf
```

4. 级数和

symsum(s,t,a,b)——表示 s 中的符号变量 t 从 a 到 b 的级数和 (t 缺省时设定为 x 或最接近 x 的字母).

例 2.20 级数和示例.

```
>>syms x k
>>symsum(1/x,1,3)
```

输出结果：

```
ans =
    11/6
>>s1=symsum(1/x^2,1,inf)
>>s2=symsum(x^k,k,0,inf)
```

输出结果：

```
s1 =
    1/6*pi^2
s2 =
    -1/(x-1)
```

5. 泰勒 (Taylor) 多项式

taylor(f,x,a,name,n)——函数 f 对符号变量 x 在 a 点的 n−1 阶泰勒多项式 (n 缺省时值为 6, a 缺省值为 0). 其中 name 指定可选的、以逗号分隔的 name, n 参数对. name 是参数名称, n 是对应的值, name 必须单引号 (' ') 内, 主要有 'ExpansionPoint'、'Order'、'OrderMode'. 具体使用可相见 MATLAB 相关书籍.

例 2.21 泰勒多项式示例.

```
>>syms x
>>taylor(sin(x))
```

输出结果：

```
ans =
    x-1/6*x^3+1/120*x^5
>>f=log(x)
>>s=taylor(f,x,2,'Order',4)
```

输出结果：

```
f =
    log(x)
s =
    log(2)+1/2*x-1-1/8*(x-2)^2+1/24*(x-2)^3
```

2.1.6 MATLAB 图形功能

强大的绘图功能是 MATLAB 的特点之一, MATLAB 提供了一系列的绘图函数, 用户不需要过多的考虑绘图的细节, 只需要给出一些基本参数就能得到所需图形, 这类函数称为高层绘图函数. 此外, MATLAB 还提供了直接对图形句柄进行操作的低层绘图操作. 这类操作将图形的每个图形元素 (如坐标轴、曲线、文字等) 看作一个独立的对象, 系统给每个对象分配一个句柄, 可以通过句柄对该图形元素进行操作, 而不影响其他部分.

1. 二维图形绘制

1) 散点图的绘制

在 MATLAB 中, 最基本而且应用最为广泛的绘图函数为 plot, 利用它可以在二维平面上绘制出不同的曲线.

plot 函数的基本用法: plot 函数用于绘制二维平面上的线性坐标曲线图, 要提供一组 X 坐标和对应的 Y 坐标, 可以绘制分别以 X 和 Y 为横、纵坐标的二维曲线. plot 函数的基本调用格式有下面几种:

(1) plot(X,Y) 绘制出以 $X = [x_1 \ x_2 \ \cdots \ x_n]$ 为横坐标, 以 $Y = [y_1 \ y_2 \ \cdots \ y_n]$ 为纵坐标的平面上点的连线图;

(2) plot(Y) 绘制出以 $Y = [y_1 \ y_2 \ \cdots \ y_n]$ 为纵坐标, 以 $X = [1 \ 2 \ \cdots \ n]$ 为横坐标的二维图形;

(3) plot(X1,Y1,X2,Y2) 同时绘制出两个函数表 (X1, Y1) 及 (X2, Y2) 所描述的函数;

(4) plot(x,y,'s') 中的选项 s 可以控制图形的颜色及图形的线 (或点) 方式 (s 的取值在表 2.7—表 2.9 中会详细列出).

例 2.22 在 $[0, 2\pi]$ 区间, 绘制曲线.

在命令窗口中输入以下命令

```
>> x=0:pi/100:2*pi;
>> y=2*exp(-0.5*x).*sin(2*pi*x);
>> plot(x,y,'*')
```

程序执行后, 打开一个图形窗口, 在其中绘制出如下曲线 (如图 2.2).

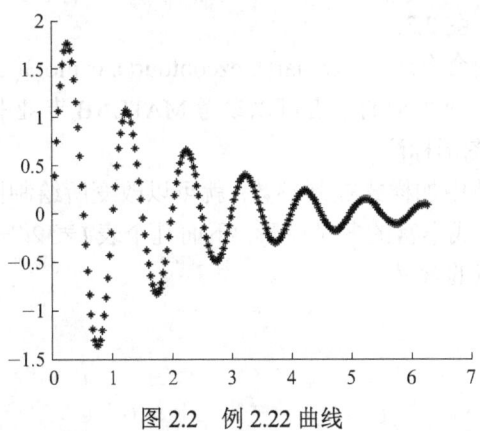

图 2.2 例 2.22 曲线

注意: 指数函数和正弦函数之间要用点乘运算, 因为二者是向量.

2) 符号函数的图形绘制

如果给定了函数的显式表达式, 可以先设置自变量向量, 然后根据表达式计算函数向量, 从而用 plot 等函数绘制出图形. 但是当函数采用隐函数形式时, 多数情况很难利用上述方法绘制图形. MATLAB 提供了一个 ezplot 函数绘制隐函数图形, 当然它也可以绘制一般显函数的图形. 用法如下:

(1) 对于函数 $f=f(x)$, ezplot 的调用格式为:

| ezplot('f(x)',[a,b]) | 表示在 a<x<b 绘制显函数 f=f(x) 的函数图 |

(2) 对于隐函数 $f=f(x,y)$, ezplot 的调用格式为:

| ezplot('f(x,y)',[xmin,xmax,ymin,ymax]) | 表示在区间 xmin<x<xmax 和 ymin<y<ymax 绘制隐函数 f(x,y)=0 的函数图 |

(3) 对于参数方程 $x=x(t), y=y(t)$, ezplot 函数的调用格式为:

| ezplot('x(t)','y(t)',[tmin,tmax]) | 表示在区间 tmin<t<tmax 绘制参数方程 x=x(t), y=y(t) 的函数图 |

例 2.23 符号函数绘图举例.

MATLAB 程序代码如下:

```
subplot(2,2,1); %subplot 函数将在后面进行介绍
ezplot('x^2+y^2-9'); axis equal;
subplot(2,2,2);
ezplot('x^3+y^3-5*x*y+1/5')
subplot(2,2,3);
ezplot('cos(tan(pi*x))',[0,1]);
subplot(2,2,4);
ezplot('8*cos(t)','4*sqrt(2)*sin(t)',[0,2*pi]);
```

程序输出结果见图 2.3.

其他隐函数绘图命令还有 ezpolar(), ezcontour(), ezplot3(), ezmesh(), ezmeshc(), ezsurf(), ezsurfc() 等. 有兴趣的读者可以参考 MATLAB 专业书籍.

3) 绘图控制与图形标注

通过在 plot 函数中加样式控制参数, 就可以改变所绘制图形的色彩、线型、数据点形, 制作出样式丰富的各种图形. 下面几个表 (表 2.7—表 2.9) 给出了常用样式控制参数设置值的含义.

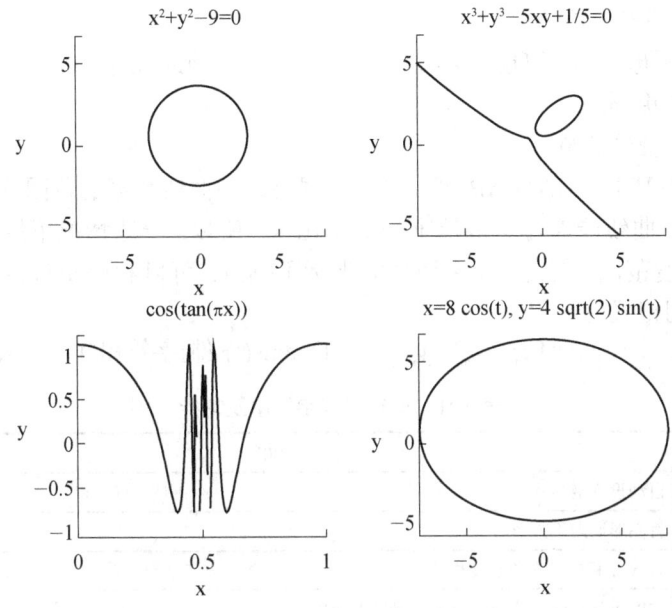

图 2.3　几种常见隐函数曲线

表 2.7　颜色控制

字符	颜色	字符	颜色
b	蓝色	m	紫红色
c	青色	r	红色
g	绿色	w	白色
k	黑色	y	黄色

表 2.8　线性控制

符号	线型	符号	线型
-	实线 (默认)	:	点连线
-.	点划线	--	虚线

表 2.9　数据点标记符

控制符	标记	控制符	标记
.	点	h	六角形
+	十字号	p	五角星
*	星号	v	下三角
o (字母)	圆圈	^	上三角
x	叉号	>	右三角
s	正方形	<	左三角
d	菱形		

4) 绘制图形的辅助操作

绘制完图形以后，可能还需要对图形进行一些辅助操作，以使图形意义更加明确，可读性更强.

(1) 坐标轴的调整

在绘制图形时，MATLAB 可以自动根据要绘制曲线数据的范围选择合适的坐标刻度，使得曲线能够尽可能清晰地显示出来. 所以，一般情况下用户不必选择坐标轴的刻度范围. 但是，如果用户对坐标不满意，可以利用 axis 函数对其重新设定. 其调用格式为

$$\text{axis}([x_{\min}, x_{\max}, y_{\min}, y_{\max}]), \text{axis}('控制字符串')$$

表 2.10　axis 控制字符串及功能

字符串	功能
auto	自动设置坐标系
square	将图形设为正方形
equal	x、y 坐标轴的单位长度相同
normal	关闭 axis(square) 和 axis(equal) 函数的作用
xy	使用笛卡尔坐标系
Ij	matrix 坐标系 (原点在左上方，x 向右，y 向下)
On	打开所有轴标记和背景
Off	关闭所有轴标记和背景

对图形坐标轴的刻度进行标示:

set(gca, 'xtick', 标示向量)
set(gca, 'ytick', 标示向量)

(2) 文字标示

在绘制图形时，可以对图形加上一些说明，如图形的名称、坐标轴说明以及图形某一部分的含义等，这些操作称为添加图形标注. 有关图形标注函数的调用格式为:

title('字符串')——图形标题

xlabel('字符串')——x 轴标注

ylabel('字符串')——y 轴标注

text(x, y, '字符串')——在坐标 (x,y) 处标注

gtext('字符串')——用鼠标在指定处标注

(3) 图例注解

格式: legend('字符串 1', '字符串 2', …, 参数)

表 2.11 图例参数的含义

参数	表示的含义
0	尽量不与数据冲突,自动放置在最佳位置
1	放置在图形右上角 (默认)
2	放置在图形左上角
3	放置在图形左下角
4	放置在图形右下角
-1	放置在图形视窗外右边

(4) 图形保持

hold——保持当前图形

hold on——保持当前图形及轴系的所有特性

hold off——解除 hold on

(5) 网格控制

grid on——添加网格线

grid off——去掉网格线

(6) 图形窗口分割

subplot(mnp) 或 subplot(m,n,p)——将图形窗口分割成 $m\times n$ 个图形区域, p 代表目前的区域号.

(7) 图形的填充

fill(x,y,'color')

2. 三维图形绘制

1) 空间曲线

最基本的三维图形函数为 plot3,它将二维绘图函数 plot 的有关功能扩展到三维空间,可以用来绘制三维曲线. 其调用格式为:

plot3(x1,y1,z1,'参数 1',x2,y2,z2, '参数 2', …)

(1) 若 x, y, z 是同样长度的矢量,则绘制出一条在三维空间贯穿的曲线;

(2) 若 x, y, z 是 $m\times n$ 阶的矩阵,则绘制出 m 条三维空间曲线.

例 2.24 绘制空间曲线,该曲线对应的参数方程为 $\begin{cases} x=8\cos t \\ y=4\sqrt{2}\sin t, \ 0\leqslant t\leqslant 2\pi \\ z=-4\sqrt{2}\sin t \end{cases}$.

MATLAB 程序代码如下:

```
t=0:pi/50:2*pi;
x=8*cos(t);
```

```
y=4*sqrt(2)*sin(t);
z=-4*sqrt(2)*sin(t);
plot3(x,y,z,'p');
title('Line in 3-D Space');
text(0,0,0,'origin');
xlabel('X'); ylabel('Y'); zlabel('Z'); grid;
```

输出结果见图 2.4.

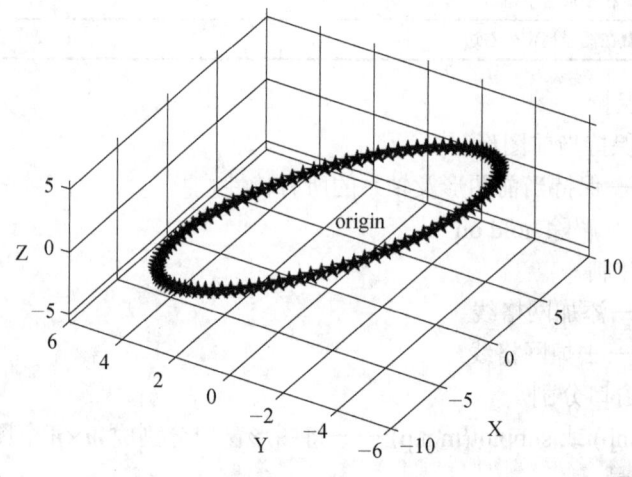

图 2.4　三维曲线图

2) 带网格的曲面

表 2.12　三维网格曲面图形函数

函数名称	命令格式	说明
三维网格曲面	mesh(x,y,z,c) mesh(x,y,z) mesh(z,c); mesh(z)	
带等高线的三维网格曲面	meshc(x,y,z,c) meshc(x,y,z) meshc(z,c); meshc(z)	绘制有等高线 (xoy 面) 的三维网格曲面.
带底座的三维网格曲面	meshz(x,y,z,c) meshz(x,y,z) meshz(z,c); meshz(z)	绘制带有底座 (在 xoy 面) 的三维网格曲面.
填充颜色三维网格曲面	surf(x,y,z,c) surf(x,y,z) surf(z,c); surf(z)	

一般情况下, x, y, z 是维数相同的矩阵, x, y 是网格坐标矩阵, z 是网格点上的高度矩阵, c 用于指定在不同高度下的颜色范围. c 省略时, MATLAB 认为 c=z, 也即颜色的设定是正比于图形的高度的. 这样就可以得到层次分明的三维图形. 当 x, y 省略时, 把 z 矩阵的列下标当作 x 轴的坐标, 把 z 矩阵的行下标当作 y 轴的

坐标，然后绘制三维图形．当 x, y 是向量时，要求 x 的长度必须等于 z 矩阵的列，y 的长度必须等于 z 的行, x, y 向量元素的组合构成网格点的 x, y 坐标, z 坐标则取自 z 矩阵，然后绘制三维曲线.

例 2.25 为了便于分析三维曲面的各种特征，下面采用 3 种不同的形式来绘制三维曲面．

MATLAB 程序代码如下：

```
x=0:0.1:2*pi;
[x,y]=meshgrid(x);
z=sin(y).*cos(x);
%program 1
subplot(311),mesh(x,y,z);
xlabel('x-axis'),ylabel('y-axis'),zlabel('z-axis');
title('mesh');
%program 2
subplot(312),surf(x,y,z);
xlabel('x-axis'),ylabel('y-axis'),zlabel('z-axis');
title('surf');
%program 3
subplot(313),plot3(x,y,z);
xlabel('x-axis'),ylabel('y-axis'),zlabel('z-axis');
title('plot3-1'); grid;
```

输出结果见图 2.5.

程序执行结果如图 2.5 所示．从图中可以发现，网格图 (mesh) 中线条有颜色，线条间补面无颜色．曲面图 (surf) 的线条都是黑色的，线条间补面有颜色．进一步观察，曲面图补面颜色和网格图线条颜色都是沿 z 轴变化的．用 plot3 绘制的三维曲面实际上由三维曲线组合而成．可以分析 plot(x', y', z') 所绘制的曲面的特征.

3) 等高线

contour(x,y,z,n)——(x,y) 是平面 z=0 上点的坐标矩阵，二维函数 z 为相应点的高度值矩阵，等高曲线是一个平面的曲线, n 是等高线条数.

contour(Z,n)——绘制 n 条等高线.

C=contourc(Z,n)——计算 n 条等高线的坐标.

Clable(c)——给等高线加标注.

例 2.26 绘制双峰函数的等高线.

```
>> contour(peaks,10);
C=contourc(peaks,10);
clabel(C)
```

输出结果见图 2.6.

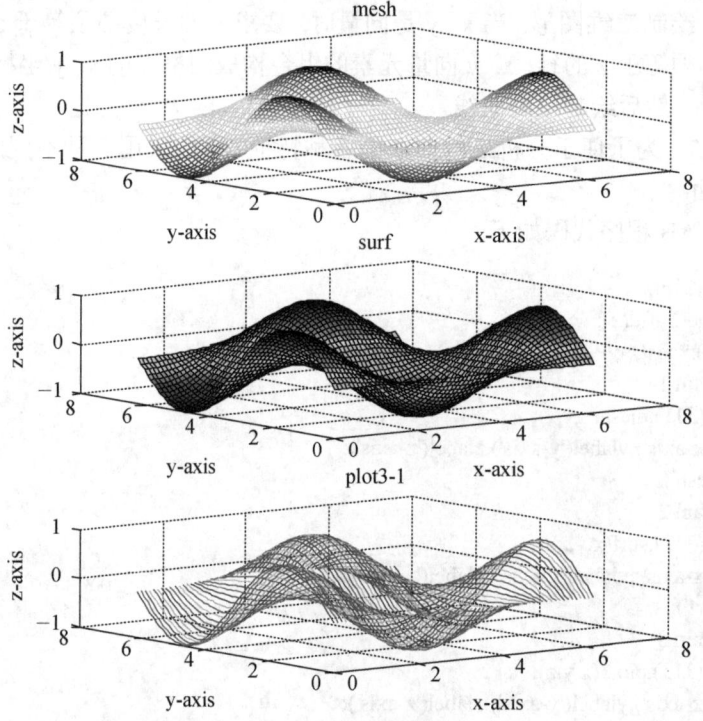

图 2.5 三维曲面图

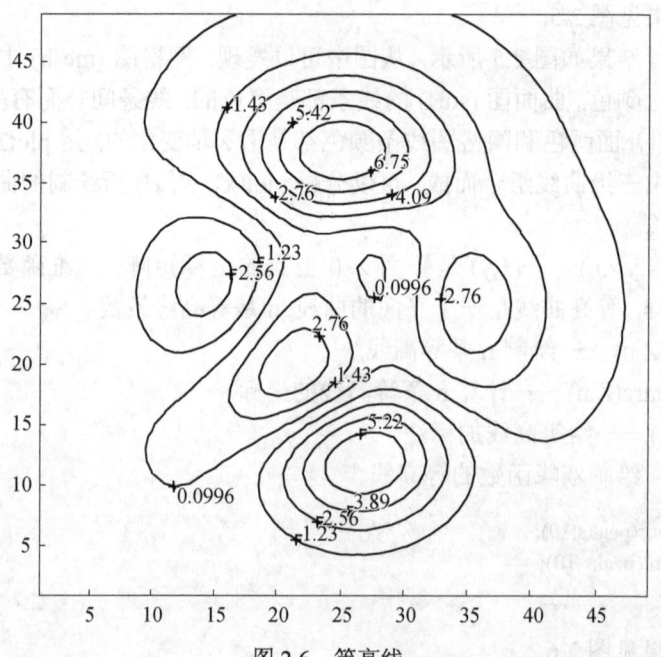

图 2.6 等高线

4) 特殊图形绘制

(1) 特殊的二维图形函数

① 极坐标图: polar (theta,rho,s)

例 2.27 用角度 theta (弧度表示) 和极半径 rho 作极坐标图, 用 s 指定线型.

MATLAB 程序代码如下:

```
theta=linspace(0, 2*pi);
r=cos(4*theta);
polar(theta, r);
```

输出结果见图 2.7.

② 散点图: scatter(X,Y,S,C)

在向量 X 和 Y 的指定位置显示彩色圈. X 和 Y 必须大小相同.

例 2.28 画出给定数据 t=0:pi/10:2*pi, y=sin(t) 的散点图.

MATLAB 程序代码如下:

```
t=0:pi/10:2*pi;
y=sin(t);
scatter(t,y)
```

输出结果见图 2.8.

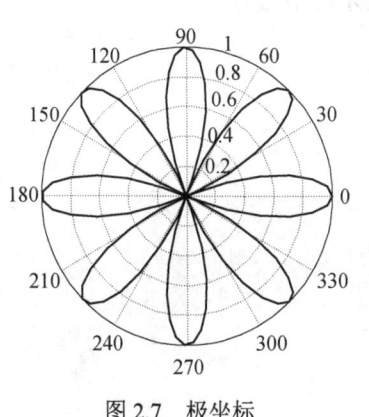

图 2.7 极坐标

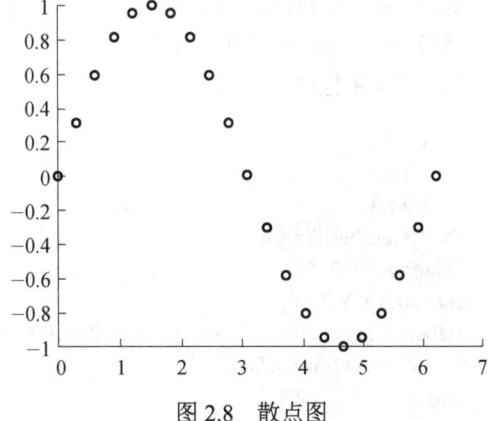

图 2.8 散点图

③ 平面等值线图: ntour (x,y,z,n)

例 2.29 绘制 n 个等值线的二维等值线图.

MATLAB 程序代码如下:

```
clear; x=-3:0.1:3; y=-3:0.1:3;
[X,Y]=meshgrid(x,y); Z=sqrt(X.^2+Y.^2);
```

```
contour (X,Y,Z,10);
xlabel('X-axis'),ylabel('Y-axis');
title('Contour3 of Surface')
grid on
```

输出结果见图 2.9.

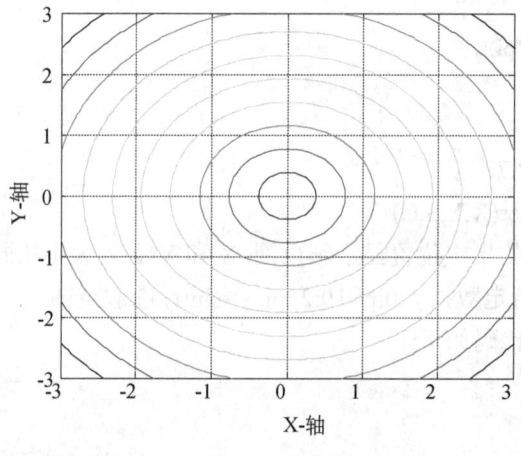

图 2.9 等值线

(2) 特殊的三维图形函数

① 空间等值线图: contour3(x,y,z,n), 其中 n 表示等值线数

例 2.30 空间等值线图示例.

MATLAB 程序代码如下:

```
clear;
x=-3:0.1:3;
y=-3:0.1:3;
[X,Y]=meshgrid(x,y);
Z=sqrt(X.^2+Y.^2);
contour3(X,Y,Z,10);
xlabel('X-axis'),ylabel('Y-axis'),zlabel('Z-axis');
title('Contour3 of Surface')
grid on
```

输出结果见图 2.10.

② 三维散点图: scatter3(X,Y,Z,S,C)

在向量 X,Y 和 Z 指定的位置上显示彩色圆圈. 向量 X,Y 和 Z 的大小必须相同.

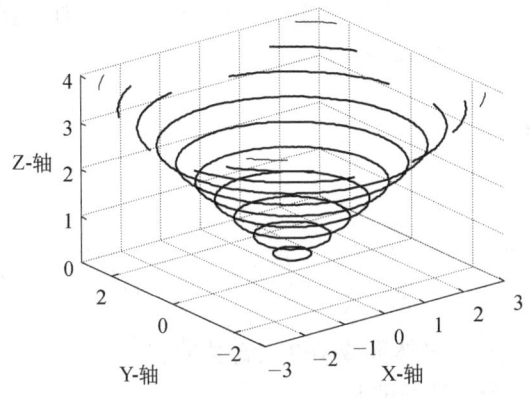

图 2.10 空间等值线

例 2.31 三维散点图示例.

MATLAB 程序代码如下:

```
t=0:pi/10:2*pi;
x=0.5*sin(t);
y=sqrt(2)*sin(t);
z=cos(t);
scatter3(x,y,z)
```

输出结果见图 2.11.

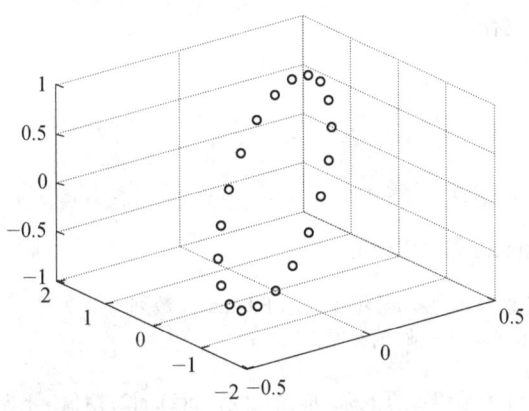

图 2.11 三维散点图

2.1.7 MATLAB 编程

MATLAB 与其他高级语言一样, 也可以在其基础上进行综合程序设计, 而且由于 MATLAB 集成了大量的数学函数, 所以在科学计算方面, MATLAB 的编程具有明显的优势. 既然是一种编程语言, 就理所当然具有程序设计的三种结构, 顺序结构、分支结构和循环结构.

1. 循环控制语句

1) for 循环语句

基本格式:

```
for   x=array
    {commands}
end
```

例 2.32 求前 100 个自然数或 100 内奇数的和.

解 %求前 100 个自然数的和

```
s=0;    %用变量 s 表示前 100 个自然数的和, 置初始值为 0
for i=0:100
    s=s+i;
end
s       %输出前 100 个自然数的和
%求 100 内奇数的和
s=0;    %用变量 s 表示 100 内奇数的和, 置初始值为 0
for i=1:2:100
    s=s+i;
end
s       %输出 100 内奇数的和
```

2) while 循环语句

基本格式:

```
while expression
    {commands}
end
```

例 2.33 Fibonacci 数列求和.

```
a=[];      %定义数组 a, 并用数组 a 表示 Fibonacci 数列
a(1)=1;    %为 Fibonacci 数列赋初值
a(2)=1;
i=3;       %变量 i 为数组 a 的下标, 前面已经为 a(1), a(2) 赋值, 下面从 a(3) 开始
s=a(1)+a(2);          %用变量 s 表示 Fibonacci 数列的和, 初值为 a(1), a(2) 的和
while i<101           %这里只求 Fibonacci 数列前 100 项的和
    a(i)=a(i-1)+a(i-2);   %先求 Fibonacci 数列的各项
    s=s+a(i);
    i=i+1;
end
s                     %输出 Fibonacci 数列前 100 项的和
```

注: 可用 if 和 break 语句来跳出 for 循环和 while 循环.

2. 条件语句

1) if-else-end 条件语句

基本格式:

(1) 有一个选择的一般形式是:

```
if  expression
        {commands}
end
```

如果在表达式 (expression) 里的所有元素为真, 就执行 if 和 end 语句之间的命令串 {commands}.

(2) 有三个或更多的选择的一般形式是:

```
if    (condition1)
        statements1;
elseif    (condition2)
        statements2;
elseif    (condition3)
        statements3;
...
else
        default_statements;
end
```

例 2.34 设 $f(x)=\begin{cases} 2x+1, & x \geqslant 0 \\ e^{-x}, & x<0 \end{cases}$, 求 $f(-4), f(6)$.

解 function y=fun1 (x)

```
if x>=0
  y=2*x+1;
else
  y=1/exp(x);
end
```

再在 MATLAB 命令窗口输入 fun1(-4),fun1(6) 即可.

例 2.35 个人所得税分配方案.

广受社会关注的个人所得税起征点标准, 终于尘埃落定. 全国人大常委会高票表决通过关于修改个人所得税法的决定, 现行的个人所得税起征点为 5000 元 (2011 年 9 月起征点为 3500 元): 每月收入扣除五险一金后不超过 5000 元的部分不需要缴纳个人所得税. 适用七级超额累进税率 (3%至 45%, 见表 2.13) 计缴个人所得税. 工资薪金所得个人所得税计算方法如下: 工资、薪金所得是指个人因任职或受雇而取得的工资、薪金、奖金、年终加薪、劳动分红、津贴、补贴以及与任职、受雇有关的其他所得. 三费一金是指社保费、医保费、养老费和住房公积金.

计算公式为：工资、薪金所得个人所得税应纳税额=应纳税所得额×适用税率-速算扣除数

表 2.13　超额累进税率

级数	月应纳税所得额	税率(%)	速算扣除数
1	不超过 3000 元的	3	0
2	超过 3000 元至 12000 元的部分	10	210
3	超过 12000 元至 25000 元的部分	20	1410
4	超过 25000 元至 35000 元的部分	25	2660
5	超过 35000 元至 55000 元的部分	30	4410
6	超过 55000 元至 80000 元的部分	35	7160
7	超过 80000 元的部分	45	15160

注：①表 2.13 中所列含税级距、不含税级距，均为按照税法规定减除有关费用后的所得额. ②含税级距适用于由纳税人负担税款的工资、薪金所得；不含税级距适用于由他人(单位)代付税款的工资、薪金所得. 例：王某当月取得工资收入 12000 元，当月个人承担住房公积金、基本养老保险金、医疗保险金、失业保险金共计 1000 元，费用扣除额为 5000 元，则王某当月应纳税所得额=12000-1000-5000=6000 元. 应纳个人所得税额=6000×10%-210=390 元.

解　先定义外部函数：

```
function y=fun2(a,b)      % a 为月工资收入, b 为每月应扣除的部分总和
x=a-b-5000;               % x 为月应纳税所得额
if a<=0
    y=0;
elseif x>0 & x<=3000
    y=x*0.03;
elseif x>3000 & x<=12000
    y=x*0.1-210;
elseif x>12000 & x<=25000
    y=x*0.2-1410;
elseif x>25000 & x<=35000
    y=x*0.25-2660;
elseif x>35000 & x<=55000
    y=x*0.3-4410;
elseif x>55000 & x<=80000
    y=x*0.35-7160;
else x>80000
    y=x*0.45-15160;
end
```

然后在命令窗口中输入 fun2(12000,1000) 得到 390; fun2(8000,800) 得到 66.

2) Switch 分支选择语句

switch 结构是一种典型的多分支选择结构, 根据表达式的结果执行后面与表达式一致的 case 中的语句.

基本格式为:

```
switch     表达式
    case    表达式 1
            语句组 1
    case    表达式 2
            语句组 2
    …
    case    表达式 n
            语句组 n
    otherwise
            语句组 n+1
end
```

例 2.36 从键盘输入一个数字, 判断它能否被 5 整除?

```
n=input('请输入一个数字 n=')
switch mod(n,5)
    case 0
        fprintf('n 是 5 的倍数',n)
    otherwise
        fprintf('n 不是 5 的倍数',n)
end
```

运行结果:

```
                请输入一个数字:
n=44
                44 不是 5 的倍数
```

2.2 Python 基础

Python 是当前应用最广泛的编程语言之一, 凭借其简洁优雅的语法、高效的库支持和强大的扩展能力, 在科学计算、数学建模、人工智能等领域广泛使用. 本节主要介绍 Python 的基础知识, 包括 Python 的安装与配置、基本语法和常用数据结构、数值计算模块以及数据处理与可视化工具. 通过本节的学习, 读者能够熟悉 Python 的基本功能, 并掌握在数学实验和建模中的常用操作.

2.2.1 Python 简介与安装

1. Python 的特点与优势

Python 是一种高级的通用编程语言,由荷兰程序员 Guido van Rossum 于 1991 年首次发布. 其设计哲学强调代码的可读性和简洁性,使得编写的程序更加清晰明了. Python 在科学计算、数据分析、人工智能和网络开发等领域得到了广泛的应用. 以下是 Python 的主要特点与优势:

1) 简单易学

Python 的语法简洁直观,接近自然语言,降低了编程的学习曲线. 例如,输出 "Hello,World!" 只需一行代码:

```
print("Hello,World!")
```

这种简洁性使得初学者能够快速上手,专注于问题本身而非复杂的语法.

2) 丰富的标准库和第三方库

Python 拥有强大的标准库,涵盖了文件操作、网络通信、正则表达式等常用功能. 更重要的是, Python 生态系统中有大量的第三方库:

(1) NumPy: 支持高效的多维数组和矩阵运算.

(2) SciPy: 提供了数值积分、优化、信号处理等功能.

(3) Matplotlib: 用于绘制高质量的二维和三维图形.

(4) Pandas: 提供了数据处理和分析的高性能数据结构.

这些库极大地简化了科学计算和数据分析的工作,为数学建模提供了有力的工具.

3) 跨平台性

Python 是跨平台的语言,支持在 Windows、macOS、Linux 等操作系统上运行. 编写的代码无需修改即可在不同平台上执行,提高了程序的可移植性.

4) 开源免费

Python 遵循开源许可证,任何人都可以免费使用、修改和分发. 这不仅降低了使用成本,还促进了社区的活跃发展.

5) 强大的社区支持

Python 拥有一个庞大而活跃的社区. 无论是新手还是专家,都可以在社区中找到资源和帮助. 例如, StackOverflow、GitHub 等平台上有大量的 Python 相关讨论和项目.

6) 可扩展性和可嵌入性

Python 支持与 C、C++ 等语言进行扩展和集成. 对于性能要求高的部分,可以用这些语言编写,再在 Python 中调用. 同时, Python 也可以嵌入到其他软件中,作为脚本语言使用.

7) 面向对象和函数式编程

Python 支持多种编程范式, 包括面向对象、过程化和函数式编程. 这为开发者提供了灵活性, 可以根据问题选择合适的编程方式.

8) 高效率的开发速度

Python 是解释型语言, 具有动态类型和自动内存管理的特性. 这使得开发和测试过程更为迅速, 有利于快速原型开发和迭代.

9) 广泛的应用领域

除了数学建模, Python 在人工智能、机器学习、数据科学、Web 开发、自动化运维等领域都有广泛应用. 学习 Python 可以拓宽知识面, 提升综合能力.

2. Python 环境安装与配置

在学习和使用 Python 进行数学建模之前, 需要正确安装 Python 解释器并配置开发环境. 本节详细介绍如何安装 Python、配置开发工具, 以及使用常用的包管理工具 pip 和虚拟环境进行环境管理.

1) 安装 Python

Python 的安装步骤因操作系统的不同而有所区别. 以下介绍在 Windows、macOS 和 Linux 上的安装方法.

(1) 下载 Python 安装包

打开 Python 官方网站 https://www.python.org/.

点击导航栏的 "Downloads", 系统会推荐适合当前操作系统的最新稳定版本.

下载与操作系统对应的安装包 (Windows: .exe, macOS: .pkg, Linux: 通常使用包管理工具).

(2) 安装过程

① Windows 系统:

双击 .exe 文件运行安装程序.

勾选 "AddPythontoPATH" (将 Python 添加到系统环境变量).

点击 "InstallNow", 完成安装后在命令提示符 (cmd) 中输入 python--version 检查版本.

② macOS 系统:

双击 .pkg 文件并按照提示安装.

打开终端 (Terminal), 输入 python3--version 检查版本.

③ Linux 系统:

打开终端并运行以下命令安装 Python:

```
sudo apt update
sudo apt install python3
```

安装完成后，输入 python3--version 检查版本.

2) 配置开发环境

为了高效地编写和运行 Python 程序，推荐安装以下工具和配置环境变量.

(1) 配置环境变量 (Windows 系统)

打开控制面板→系统→高级系统设置→环境变量.

在 "系统变量" 中找到 Path，点击 "编辑".

添加 Python 的安装路径，例如 C:\Python39 和 C:\Python39\Scripts.

配置完成后，可以在命令提示符中输入 python 和 pip 测试环境是否正常.

(2) 安装开发工具

① VisualStudioCode(VSCode)

下载 VSCode 并安装.

打开扩展市场，搜索并安装 "Python" 插件.

按 Ctrl+Shift+P 调出命令面板，选择 Python:SelectInterpreter，选择 Python 安装路径.

② JupyterNotebook

使用以下命令安装 JupyterNotebook：

```
pip install notebook
```

运行以下命令启动 Notebook：

```
jupyter notebook
```

浏览器会自动打开 Jupyter 的交互界面.

3) 使用 pip 安装第三方库

pip 是 Python 自带的包管理工具，用于安装和管理第三方库.

(1) 验证 pip 是否安装

在命令行输入以下命令，查看 pip 是否可用：

```
pip --version
```

(2) 常用 pip 操作

安装库：

```
pip uninstall <package_name>
```

查看已安装的库：

```
pip list
```

卸载库：

```
pip uninstall <package_name>
```

(3) 安装科学计算库

数学建模中常用的库包括:

NumPy: 用于数组和矩阵计算.

```
pip install numpy
```

Matplotlib: 用于绘图和可视化.

```
pip install matplotlib
```

2.2.2 基本语法与数据结构

Python 的语法简洁、优雅、强调代码的可读性,是初学者快速掌握编程的理想语言. 本节介绍 Python 的基本语法规则,包括代码缩进、变量定义、注释、基本输入输出等内容,为学习 Python 提供扎实的基础.

1. Python 的代码缩进

Python 使用缩进代替传统语言中的括号{}来表示代码块的层次结构,缩进规则如下:

(1) 每一层缩进使用固定数量的空格 (通常为 4 个空格).

(2) 缩进必须一致, 不同层次的代码块缩进不同.

(3) 缩进错误会导致程序无法运行.

示例:

```
#正确的缩进
if True:
    print("条件为真")
else:
    print("条件为假")
#错误的缩进
if True:
print("条件为真")#错误: 缺少缩进
```

2. 变量定义与赋值

Python 是动态类型语言,变量的类型由赋值的内容决定,无须声明类型.

变量定义规则:

(1) 变量名由字母、数字和下划线组成, 不能以数字开头.

(2) 变量名区分大小写, 例如 age 和 Age 是两个不同的变量.

(3) 变量名不能使用 Python 的保留关键字 (如 if,else,for).

示例:

```
#定义变量
name="Alice"#字符串类型
age=25#整数类型
height=1.68#浮点数类型
#输出变量
print(name,age,height)
```

3. 注释的使用

注释是用来解释代码的文字信息,不会被 Python 解释器执行.

单行注释: 使用#作为注释的起始符号:

```
#这是单行注释
print("Hello,World!") #输出 Hello,World!
```

多行注释: 使用三引号'''或"""括起来:

```
"""
这是多行注释的第一行
这是多行注释的第二行
"""
print("Python 注释示例")
```

4. 基本输入与输出

Python 提供了简单的输入输出功能,用于用户交互.

输出:

使用 print() 函数打印信息.

(1) 可以输出文本、变量或表达式的结果.

(2) 不同内容用逗号分隔,默认以空格连接.

示例:

```
#输出字符串
print("欢迎学习 Python!")
#输出变量
name="Alice"
print("姓名: ",name)
#输出表达式结果
print("5+3=",5+3)
```

输入:

使用 input( ) 函数从用户获取输入,返回结果为字符串类型.

```
#获取用户输入
name=input("请输入你的姓名: ")
print("你好, ",name)
```

5. 数据类型与类型转换

Python 常见的数据类型包括:

(1) int (整数): 如 10、-5.

(2) float (浮点数): 如 3.14、-2.7.

(3) str (字符串): 如"hello"、'Python'.

(4) bool (布尔值): 如 True、False.

类型转换: 通过内置函数进行类型转换:

(1) int(): 将值转换为整数.

(2) float(): 将值转换为浮点数.

(3) str(): 将值转换为字符串.

示例:

```python
#类型转换
num_str="123"
num_int=int(num_str)#字符串转整数
print("整数: ",num_int)
num_float=float(num_int)#整数转浮点数
print("浮点数: ",num_float)
```

6. 条件语句

条件语句用于根据判断结果执行不同的代码. Python 中常见的条件语句包括 if、elif 和 else.

语法结构:

```
if 条件 1:
    代码块 1
elif 条件 2:
    代码块 2
else:
    代码块 3
```

示例:

```python
#条件判断示例
score=85
if score>=90:
    print("优秀")
elif score>=60:
    print("及格")
else:
    print("不及格")
```

7. 循环语句

Python 提供了两种基本循环语句: for 和 while.

(1) for 循环: 用于遍历一个序列 (如列表、字符串、范围等).

```
#遍历列表
for num in [1,2,3]:
    print(num)
#使用 range() 生成范围
for i in range(5):
    print("第",i,"次循环")
```

(2) while 循环: 在条件为 True 时重复执行代码.

```
#while 循环
count=0
while count<3:
    print("循环次数: ",count)
    count+=1
```

8. 函数的基本使用

函数是组织代码的基本单位, 用于实现特定功能.

定义函数: 使用 def 关键字:

```
def greet(name):
    print("你好, ",name)
#调用函数:
greet("Alice")#输出: 你好, Alice
```

2.2.3 数值计算模块

1. NumPy 基础: 数组与矩阵操作

NumPy (NumericalPython) 是 Python 中用于科学计算的基础库, 提供了强大的多维数组支持、高效的数学运算以及丰富的线性代数功能. 它在数学建模和科学计算中应用广泛. 本节介绍 NumPy 的基本功能, 包括数组创建、数组操作和矩阵运算.

1) NumPy 的安装与导入

NumPy 通常与 Python 一起安装在科学计算发行版 (如 Anaconda) 中. 如果尚未安装, 可以使用 pip 命令进行安装:

```
pip install numpy
```

在代码中, NumPy 通常使用简写 np 导入:

```
import numpy as np
```

2) NumPy 数组的创建

NumPy 的核心数据结构是 ndarray，它是一个高效的多维数组．可以通过以下方式创建数组：

(1) 使用列表创建数组

```
import numpy as np
#一维数组
arr=np.array([1,2,3,4])
print(arr)
#二维数组
matrix=np.array([[1,2,3],[4,5,6]])
print(matrix)
```

(2) 使用内置函数创建特殊数组

① 创建全 0 数组：

```
import numpy as np
zeros=np.zeros((2,3))#2 行 3 列
print(zeros)
```

② 创建全 1 数组：

```
import numpy as np
ones=np.ones((3,3))
print(ones)
```

③ 创建单位矩阵：

```
import numpy as np
identity=np.eye(3)#3x3 单位矩阵
print(identity)
```

④ 创建等差数组：

```
import numpy as np
arange=np.arange(0,10,2)#从 0 到 10，步长为 2
print(arange)
```

⑤ 创建等间隔数组：

```
import numpy as np
linspace=np.linspace(0,1,5)#从 0 到 1，分成 5 个点
print(linspace)
```

3) 数组的基本操作

NumPy 提供了对数组进行操作的方法，如索引、切片、形状修改等．

(1) 数组的索引和切片
① 索引：

```
import numpy as np
arr=np.array([10,20,30,40])
print(arr[1])
#输出: 20
```

② 切片：

```
import numpy as np
arr=np.array([10,20,30,40])
print(arr[1:3])
#输出: [20,30]
```

③ 多维数组的索引和切片：

```
import numpy as np
matrix=np.array([[1,2,3],[4,5,6],[7,8,9]])
print(matrix[1,2])#输出: 6
print(matrix[:,1])#输出：列索引为 1 的所有元素[2,5,8]
```

(2) 数组的形状修改
使用 reshape 方法更改数组的形状：

```
import numpy as np
arr=np.arange(6) #[0,1,2,3,4,5]
reshaped=arr.reshape((2,3)) #改为 2 行 3 列
print(reshaped)
```

4) 数组的数学运算
NumPy 支持对数组进行逐元素操作和矩阵运算．
(1) 数组的逐元素操作
① 加法、减法、乘法、除法：

```
import numpy as np
arr1=np.array([1,2,3])
arr2=np.array([4,5,6])
print(arr1+arr2) #输出: [5,7,9]
print(arr1*arr2) #输出: [4,10,18]
```

② 数学函数：

```
import numpy as np
arr=np.array([1,4,9])
print(np.sqrt(arr)) #开平方: [1.,2.,3.]
```

```
print(np.log(arr)) #取对数: [0.,1.386,2.197]
```

(2) 矩阵运算

① 矩阵相乘:

```
import numpy as np
matrix1=np.array([[1,2],[3,4]])
matrix2=np.array([[5,6],[7,8]])
result=np.dot(matrix1,matrix2) #或 np.matmul(matrix1,matrix2)
print(result)
```

② 矩阵转置:

```
import numpy as np
matrix=np.array([[1,2],[3,4]])
print(matrix.T) #输出: [[1,3],[2,4]]
```

③ 矩阵的行列式:

```
import numpy as np
matrix=np.array([[1,2],[3,4]])
determinant=np.linalg.det(matrix)
print(determinant) #输出: -2.0
```

5) 广播机制

NumPy 提供了强大的广播功能, 可以在不同形状的数组之间进行运算.
示例:

```
import numpy as np
arr=np.array([1,2,3])
print(arr+10) #输出: [11,12,13]
matrix=np.array([[1,2,3],[4,5,6]])
print(matrix+arr)#输出: [[2,4,6],[5,7,9]]
```

6) 数组的统计运算

NumPy 提供了许多统计运算函数:

(1) 求和

```
import numpy as np
arr=np.array([1,2,3])
print(np.sum(arr)) #输出: 6
```

(2) 最大值、最小值

```
import numpy as np
arr=np.array([1,2,3])
print(np.max(arr)) #输出: 3
```

```
print(np.min(arr)) #输出: 1
```

(3) 平均值与标准差

```
import numpy as np
arr=np.array([1,2,3])
print(np.mean(arr)) #平均值: 2.0
print(np.std(arr)) #标准差: 0.816
```

2. 数值计算与函数应用

在科学计算和数学建模中，数值计算是核心任务之一. Python 借助 NumPy 和 SciPy 提供了高效的数值计算功能，涵盖基本的数学运算、线性代数、积分和微分等内容. 本节将介绍常见的数值计算方法及其在 Python 中的实现.

1) 基本数值计算

(1) 常用数学函数

NumPy 提供了丰富的数学函数，用于执行常见的数值计算:

```
import numpy as np
#幂运算和开方
x=np.array([1,4,9,16])
print(np.sqrt(x))#输出: [1.2.3.4.]
#对数运算
y=np.array([1,np.e,10])
print(np.log(y))#自然对数
print(np.log10(y))#以 10 为底的对数
#三角函数
angles=np.array([0,np.pi/2,np.pi])
print(np.sin(angles))#输出: [0.1.0.]
print(np.cos(angles))#输出: [1.0.-1.]
```

(2) 常量支持

NumPy 提供了科学计算常用的数学常量:

```
import numpy as np
print(np.pi)#圆周率
print(np.e)#自然常数
```

2) 多项式操作

NumPy 的 np.poly1d 对象可以表示多项式，并提供多项式的计算与操作功能.

(1) 定义多项式

可以通过系数定义多项式:

```
import numpy as np
#定义多项式 p(x)=2x^2+3x+5
```

```
p=np.poly1d([2,3,5])
print(p)#输出多项式表达式
```

(2) 多项式求值

通过函数形式求值:

```
x=2
print(p(x))#计算 p(2)
```

(3) 求多项式的导数和积分

```
#求导数
dp=p.deriv()
print(dp)#输出多项式的导数
#求不定积分
ip=p.integ()
print(ip)#输出多项式的积分
```

3) 线性代数

线性代数在数学建模中是基础内容之一，NumPy 的 linalg 模块提供了丰富的线性代数操作功能.

(1) 解线性方程组

求解线性方程组 $Ax=b$

```
import numpy as np
from numpy.linalg import solve
#定义系数矩阵 A 和常数向量 b
A=np.array([[3,1],[1,2]])
b=np.array([9,8])
x=solve(A,b)#解方程组
print(x)#输出解[2,3]
```

(2) 矩阵运算 (包括求逆、求特征值等)

```
import numpy as np
from numpy.linalg import inv,eig
A=np.array([[3,1],[1,2]])
#矩阵求逆
A_inv=inv(A)
print(A_inv)
#求特征值与特征向量
eigenvalues,eigenvectors=eig(A)
print(eigenvalues)#输出特征值
print(eigenvectors)#输出特征向量
```

4) 数值积分

SciPy 提供了高效的数值积分函数,常用于计算定积分.

(1) 一维定积分

使用 scipy.integrate.quad 计算定积分:

```python
from scipy.integrate import quad
#定义积分函数
def f(x):
    return x**2
#计算积分 ∫_0^1 x^2 dx
result,error=quad(f,0,1)
print(result)#输出结果: 0.333333...
```

(2) 多维积分

使用 scipy.integrate.dblquad 计算二重积分:

```python
from scipy.integrate import dblquad
#二重积分
result,error=dblquad(lambda x,y:x+y,0,1,lambda x:0,lambda x:1)
print(result)#输出结果: 1.0
```

5) 数值微分

使用有限差分法计算函数的导数:

```python
from scipy.misc import derivative
#定义函数
def f(x):
    return x**3
#计算 f'(x) 在 x=2 的导数
df_dx=derivative(f,2.0,dx=1e-6)
print(df_dx)#输出结果: 12.0
```

6) 优化与最小值求解

优化问题是数学建模中的重要部分,SciPy 提供了优化模块 optimize.

(1) 一维函数的最小值

使用 scipy.optimize.minimize_scalar:

```python
from scipy.optimize import minimize_scalar
#定义目标函数
def f(x):
    return (x-2)**2+1
#求函数的最小值
result=minimize_scalar(f)
print(result.x)#输出最小值点: 2.0
```

(2) 多维函数的最小值

使用 scipy.optimize.minimize:

```
from scipy.optimize import minimize
#定义目标函数
def g(x):
    return(x[0]-1)**2+(x[1]-2)**2
#初始点
x0=[0,0]
#求多维函数的最小值
result=minimize(g,x0)
print(result.x) #输出最小值点: [1.0,2.0]
```

7) 方程求解

SciPy 提供了快速的非线性方程求解功能.

(1) 一维方程求解

求解 $f(x)=0$ 的根:

```
from scipy.optimize import root_scalar
#定义函数
def f(x):
    return x**2-4
#求根
result=root_scalar(f,bracket=[0,3])
print(result.root) #输出根: 2.0
```

(2) 多维方程组求解

使用 scipy.optimize.root:

```
from scipy.optimize import root
#定义方程组
def equations(vars):
    x,y=vars
    return [x+y-5,x-y-1]
#初始猜测
x0=[0,0]
#求解
result=root(equations,x0)
print(result.x) #输出结果: [2.0,3.0]
```

3. 数据可视化基础 (Matplotlib 简单绘图)

数据可视化是数学建模和科学计算的重要组成部分,能够直观地展示数据特征和模型结果. Python 的 Matplotlib 库是常用的数据可视化工具,可以绘制多种图表,包括折线图、散点图、柱状图等. 本节介绍 Matplotlib 的基础功能,帮助读者快速掌握简单绘图方法.

1) Matplotlib 的安装与导入

Matplotlib 通常与 Python 科学计算环境一起安装, 如果尚未安装, 可以使用以下命令安装:

```
pip install matplotlib
```

在代码中, Matplotlib 的主模块 pyplot 常用别名 plt 导入:

```
import matplotlib.pyplot as plt
```

2) 简单的折线图

折线图是基础的可视化图表之一, 通常用于显示数据的变化趋势.

示例: 绘制折线图 (如图 2.12)

```
import matplotlib.pyplot as plt
#数据
x=[0,1,2,3,4]
y=[0,1,4,9,16]
#绘制图形
plt.plot(x,y)#绘制折线图
plt.title("SimpleLinePlot")#添加标题
plt.xlabel("X-axis")#X 轴标签
plt.ylabel("Y-axis")#Y 轴标签
plt.grid(True)#添加网格线
plt.show()#显示图形
```

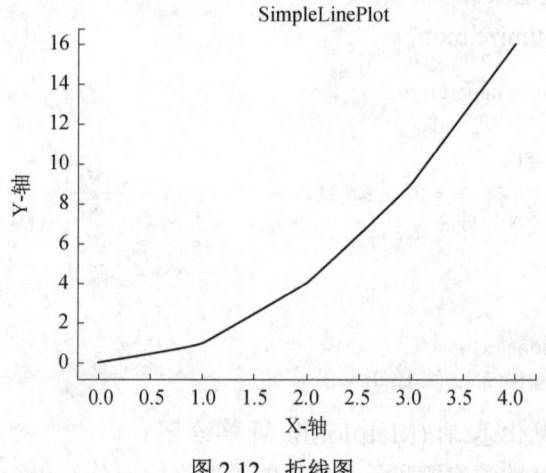

图 2.12 折线图

3) 散点图

散点图用于显示两个变量之间的关系.

示例：绘制散点图 (如图 2.13)

```python
import matplotlib.pyplot as plt
#数据
x=[1,2,3,4,5]
y=[2.2,3.8,1.2,5.5,4.1]
#绘制散点图
plt.scatter(x,y,color='blue',label="DataPoints")
plt.title("ScatterPlot")
plt.xlabel("X-axis")
plt.ylabel("Y-axis")
plt.legend()#添加图例
plt.show()
```

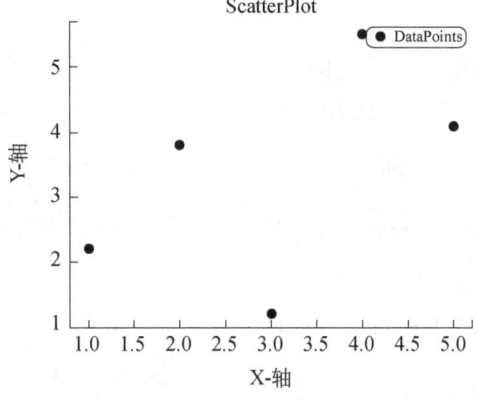

图 2.13　散点图

4) 柱状图

柱状图用于比较不同类别的数据大小.

示例：绘制柱状图 (如图 2.14)

```python
import matplotlib.pyplot as plt
#数据
categories=['A','B','C','D']
values=[4,7,1,8]
#绘制柱状图
plt.bar(categories,values,color='orange')
plt.title("BarChart")
plt.xlabel("Categories")
plt.ylabel("Values")
plt.show()
```

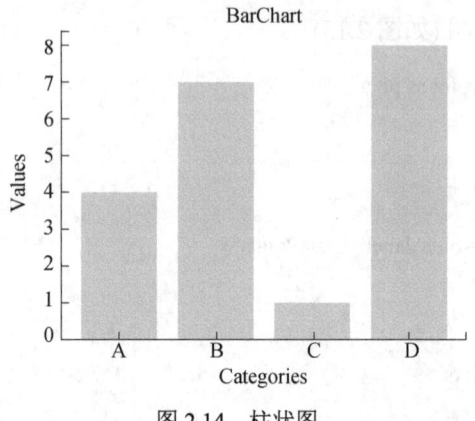

图 2.14　柱状图

5) 饼图

饼图用于表示数据的组成比例.

示例: 绘制饼图 (如图 2.15 所示)

```
import matplotlib.pyplot as plt
#数据
labels=['CategoryA','CategoryB','CategoryC']
sizes=[50,30,20]
#绘制饼图
plt.pie(sizes,labels=labels,autopct='%1.1f%%',startangle=90)
plt.title("PieChart")
plt.show()
```

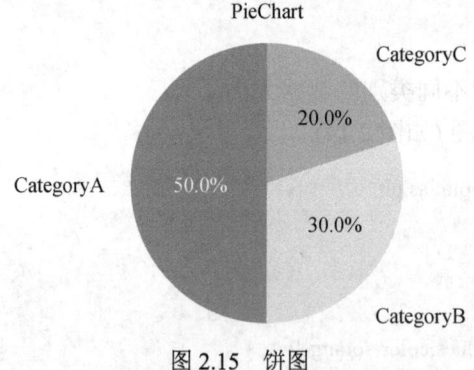

图 2.15　饼图

6) 定制图表

Matplotlib 提供了多种方法来定制图表的外观, 包括设置线条样式、颜色和图例等.

(1) 修改线条样式和颜色

```
import matplotlib.pyplot as plt
#数据
x=[0,1,2,3,4]
y=[0,1,4,9,16]
#绘制折线图,设置颜色和样式
plt.plot(x,y,color='red',linestyle='--',marker='o',label="y=x^2")
plt.title("CustomizedLinePlot")
plt.xlabel("X-axis")
plt.ylabel("Y-axis")
plt.legend()#添加图例
plt.show()
```

输出结果如图 2.16 所示.

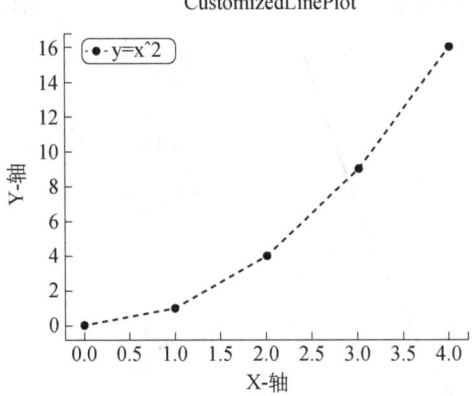

图 2.16 定制图表的效果

(2) 设置图表大小

```
plt.figure(figsize=(8,5))#设置图表大小为 8x5 英寸
plt.plot(x,y)
plt.show()
```

(3) 添加文本注释

```
plt.plot(x,y)
plt.text(2,4,"PeakPoint",fontsize=12,color='blue')#在 (2,4) 位置添加注释
plt.show()
```

7) 多个图表

在同一窗口中绘制多个图表, 可以使用子图功能.

示例: 绘制子图 (如图 2.17)

```
import matplotlib.pyplot as plt
#数据
x=[0,1,2,3,4]
y1=[0,1,4,9,16]
y2=[0,1,8,27,64]
#创建子图
plt.subplot(1,2,1)#1 行 2 列，第 1 个子图
plt.plot(x,y1,label="y=x^2")
plt.title("Subplot1")
plt.legend()
plt.subplot(1,2,2)#1 行 2 列，第 2 个子图
plt.plot(x,y2,label="y=x^3",color='green')
plt.title("Subplot2")
plt.legend()
plt.show()
```

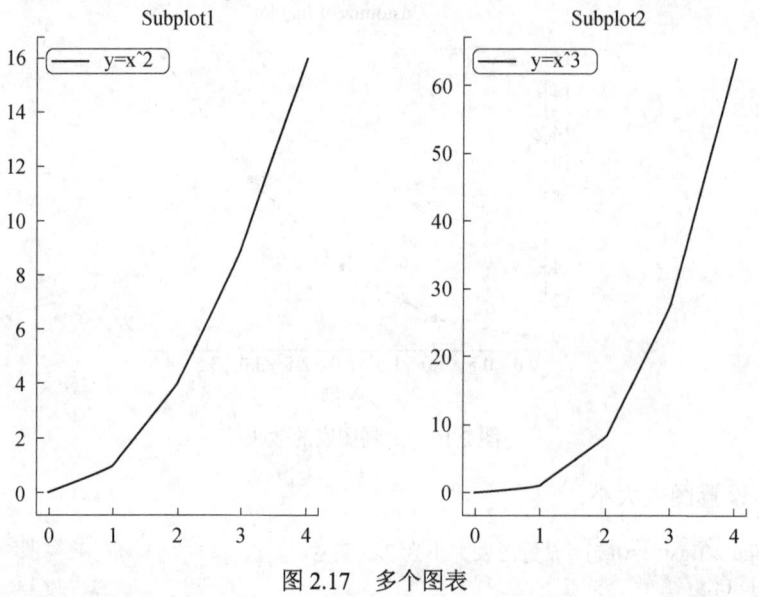

图 2.17　多个图表

8) 保存图表

Matplotlib 支持将图表保存为图像文件.

示例：保存图表 (如图 2.18)

```
import matplotlib.pyplot as plt
#数据
x=[0,1,2,3,4]
y=[0,1,4,9,16]
#绘制图表
plt.plot(x,y)
```

```
plt.title("SaveExample")
#保存为 PNG 文件
plt.savefig("plot.png")
plt.show()
```

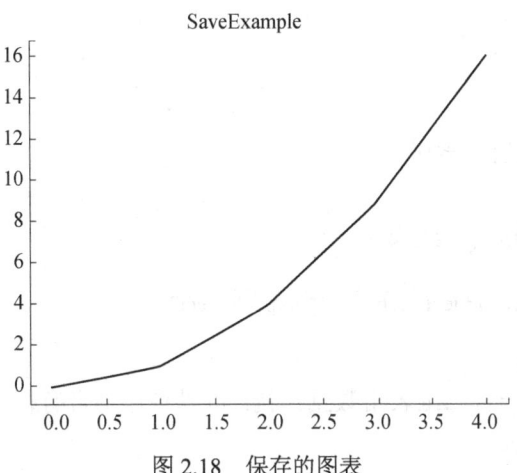

图 2.18 保存的图表

2.2.4 数据处理与统计分析

1. Pandas 数据处理 (DataFrame 与 Series)

Pandas 是 Python 中功能强大的数据处理库,广泛应用于数据清洗、操作和分析. 它以高效的 DataFrame 和 Series 数据结构为核心,能够轻松处理表格数据. 本节主要介绍 Pandas 的基本使用,包括 Series 和 DataFrame 的创建、基本操作与常见数据处理方法.

1) Pandas 的安装与导入

如果尚未安装 Pandas,可以通过以下命令安装:

```
pip install pandas
```

在代码中, Pandas 通常使用简写 pd 导入:

```
import pandas as pd
```

2) Pandas 的核心数据结构

(1) Series

Series 是一种类似于一维数组的结构,带有索引标签,用于存储一列数据.

创建 Series

```
import pandas as pd
#从列表创建 Series
s=pd.Series([10,20,30,40],index=['a','b','c','d'])
```

```
print(s)

#输出:
#a10
#b20
#c30
#d40
#dtype:int64
```

访问 Series 的值与索引

```
#获取值
print(s.values)#输出: [10203040]
#获取索引
print(s.index)#输出: Index(['a','b','c','d'],dtype='object')
```

(2) DataFrame

DataFrame 是一种二维表格数据结构, 可以看作是带有行列标签的二维数组.
创建 DataFrame

```
import pandas as pd
#从字典创建 DataFrame
data={
'Name':['Alice','Bob','Charlie'],
'Age':[25,30,35],
'Score':[85,90,95]
}
df=pd.DataFrame(data)
print(df)

#输出:
    Name    Age    Score
0   Alice   25     85
1   Bob     30     90
2   Charlie 35     95
```

3) Series 与 DataFrame 的基本操作

(1) Series 的基本操作

```
import pandas as pd
#从列表创建 Series
s=pd.Series([10,20,30,40],index=['a','b','c','d'])
#选择数据
print(s['b'])#输出: 20
#数值运算
print(s*2)#输出: a20,b40,c60,d80
```

(2) DataFrame 的基本操作

```
import pandas as pd
#从字典创建 DataFrame
data={
'Name':['Alice','Bob','Charlie'],
'Age':[25,30,35],
'Score':[85,90,95]
}
df=pd.DataFrame(data)
#查看数据
print(df.head())#查看前 5 行
print(df.tail(2))#查看最后 2 行
#选择列
print(df['Name'])#输出 Name 列的数据
#选择行
print(df.iloc[1])#按位置选择第 1 行
print(df.loc[1])#按标签选择第 1 行
```

(3) 添加、删除列

```
import pandas as pd
#从字典创建 DataFrame
data={
'Name':['Alice','Bob','Charlie'],
'Age':[25,30,35],
'Score':[85,90,95]
}
df=pd.DataFrame(data)
#添加列
df['Passed']=[True,False,True]
print(df)
#删除列
df=df.drop(columns=['Passed'])
print(df)
```

4) 数据清洗与预处理

Pandas 提供了强大的数据清洗和预处理功能.

(1) 处理缺失值

```
import pandas as pd
#创建带有缺失值的 DataFrame
data={'Name':['Alice','Bob','Charlie'],'Score':[85,None,95]}
df=pd.DataFrame(data)
#填充缺失值
df['Score']=df['Score'].fillna(0)
```

```
#删除包含缺失值的行
df=df.dropna()
print(df)
```

(2) 数据类型转换

```
#将'Score'列转换为整数类型
df['Score']=df['Score'].astype(int)
```

(3) 重命名列

```
df=df.rename(columns={'Name':'StudentName','Score':'ExamScore'})
```

5) 数据排序与筛选

(1) 按值排序

```
#按 Age 列升序排序
df=df.sort_values(by='Age')
```

(2) 数据筛选

```
#筛选 Age>25 的行
filtered_df=df[df['Age']>25]
```

6) 数据合并与分组

(1) 数据合并 Pandas 提供了 concat 和 merge 方法,用于合并数据.

① 垂直合并

```
df1=pd.DataFrame({'A':[1,2],'B':[3,4]})
df2=pd.DataFrame({'A':[5,6],'B':[7,8]})
result=pd.concat([df1,df2])
```

② 水平合并

```
df1=pd.DataFrame({'A':[1,2]})
df2=pd.DataFrame({'B':[3,4]})
result=pd.concat([df1,df2],axis=1)
```

(2) 数据分组与聚合.

```
data={
'Name':['Alice','Bob','Alice','Bob'],
'Score':[85,90,88,92],
'Subject':['Math','Math','English','English']
}
df=pd.DataFrame(data)
#按 Name 分组并计算平均分
grouped=df.groupby('Name')['Score'].mean()
```

```
print(grouped)
```

7) 数据导入与导出

(1) 从文件导入数据

```
#从 CSV 文件导入数据
df=pd.read_csv('data.csv')
```

(2) 导出数据到文件

```
#导出 DataFrame 到 CSV 文件
df.to_csv('output.csv',index=False)
```

2. 数据统计与分析方法

在数学建模和数据分析中，统计分析是理解数据特征、发现数据规律的核心工具．Pandas 提供了强大的统计分析功能，可以快速完成描述性统计、相关性分析、分组统计等任务．本节将介绍数据统计与分析的常用方法及其实现．

1) 数据描述性统计

描述性统计用于总结数据的基本特征，包括均值、方差、标准差等．

```
import pandas as pd
#创建示例数据
data={'Name':['Alice','Bob','Charlie'],
'Age':[25,30,35],
'Score':[85,90,95]}
df=pd.DataFrame(data)
#计算统计量
print(df['Age'].mean())#平均值
print(df['Age'].median())#中位数
print(df['Age'].var())#方差
print(df['Age'].std())#标准差
print(df['Age'].min())#最小值
print(df['Age'].max())#最大值
print(df.describe())

#输出：
          Age    Score
count     3.0      3.0
mean     30.0     90.0
std       5.0      5.0
min      25.0     85.0
25%      27.5     87.5
50%      30.0     90.0
75%      32.5     92.5
max      35.0     95.0
```

2) 数据分组与聚合

分组统计是根据某些分类变量对数据进行分组,并对每组数据进行汇总计算.

(1) 按单列分组

```
import pandas as pd
#创建示例数据
data={'Name':['Alice','Bob','Alice','Bob'],
'Subject':['Math','Math','English','English'],
'Score':[85,90,88,92]}
df=pd.DataFrame(data)

#按 Name 分组并计算平均分
grouped=df.groupby('Name')['Score'].mean()
print(grouped)

#输出:
Name
Alice     86.5
Bob       91.0
Name: Score, dtype: float64
```

(2) 按多列分组

```
import pandas as pd
#创建示例数据
data={'Name':['Alice','Bob','Alice','Bob'],
'Subject':['Math','Math','English','English'],
'Score':[85,90,88,92]}
df=pd.DataFrame(data)
#按 Name 和 Subject 分组并求和
grouped=df.groupby(['Name','Subject'])['Score'].sum()
print(grouped)

#输出:
Name   Subject
Alice  English    88
       Math       85
Bob    English    92
       Math       90
Name: Score, dtype: int64
```

3) 数据相关性分析

相关性分析用于衡量变量之间的关系,Pandas 提供了内置方法计算相关系数.
相关系数计算使用 corr() 方法计算数值列之间的相关性:

```python
import pandas as pd
#创建示例数据
data={'Math':[85,90,95],
'Science':[88,92,96],
'English':[80,85,89]}
df=pd.DataFrame(data)

#计算相关系数
correlation=df.corr()
print(correlation)

#输出:
            Math      Science    English
Math      1.000000   1.000000   0.997949
Science   1.000000   1.000000   0.997949
English   0.997949   0.997949   1.000000
```

4) 数据分布分析

分析数据分布是理解数据特性的重要方法.

(1) 频率统计

使用 value_counts() 方法统计分类变量的频率:

```python
import pandas as pd
#创建分类数据
data={'Category':['A','B','A','C','B','C','A']}
df=pd.DataFrame(data)

#统计频率
frequency=df['Category'].value_counts()
print(frequency)

#输出:
A    3
B    2
C    2
Name: Category, dtype: int64
```

(2) 直方图分析

使用 hist() 方法分析数值型数据的分布:

```python
import pandas as pd
import matplotlib.pyplot as plt
#创建数值数据
data={'Scores':[85,90,88,70,95,85,80]}
df=pd.DataFrame(data)
```

```
#绘制直方图
df['Scores'].hist(bins=5)
plt.title("ScoreDistribution")
plt.xlabel("ScoreRanges")
plt.ylabel("Frequency")
plt.show()
```

输出结果见图 2.19 所示.

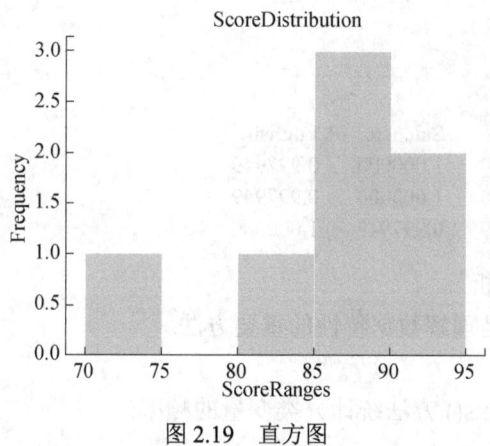

图 2.19　直方图

5) 数据去重与排序

(1) 数据去重

使用 drop_duplicates() 方法去除重复行:

```
import pandas as pd
#示例数据
data={'Name':['Alice','Bob','Alice'],'Score':[85,90,85]}
df=pd.DataFrame(data)
#去重
df=df.drop_duplicates()
print(df)
```

(2) 数据排序

使用 sort_values() 对数据进行排序:

```
#按 Score 降序排序
sorted_df=df.sort_values(by='Score',ascending=False)
print(sorted_df)
```

6) 数据透视表

Pandas 提供了类似 Excel 的数据透视表功能,用于多维数据的汇总分析.

示例: 创建数据透视表

```
import pandas as pd
#示例数据
data={'Name':['Alice','Bob','Alice','Bob'],
'Subject':['Math','Math','English','English'],
'Score':[85,90,88,92]}
df=pd.DataFrame(data)
#创建透视表
pivot=df.pivot_table(values='Score',index='Name',columns='Subject',aggfunc='mean')
print(pivot)
#输出:
Subject English Math
Name
Alice    88      85
Bob      92      90
```

7) 时间序列数据分析

Pandas 提供了强大的时间序列支持, 可以对日期、时间进行操作.

(1) 转换为时间格式

```
import pandas as pd
#创建时间数据
data={'Date':['2023-01-01','2023-01-02','2023-01-03'],
'Value':[100,200,150]}
df=pd.DataFrame(data)
#转换为时间格式
df['Date']=pd.to_datetime(df['Date'])
#设置为索引
df=df.set_index('Date')
print(df)
```

(2) 计算移动平均

```
#计算 2 天的移动平均
df['MA']=df['Value'].rolling(window=2).mean()
print(df)
```

习 题 2

1. 求齐次线性方程组 $Ax=b$ 的解 (用左除指令 A\b 求解).

$$\begin{cases} x_1+2x_2+x_3-2x_4=4, \\ 2x_1+5x_2+3x_3-2x_4=7, \\ -2x_1-2x_2+3x_3+5x_4=-1, \\ x_1+3x_2+2x_3+3x_4=0. \end{cases}$$

2. 计算积分 $\dfrac{1}{\sqrt{2\pi}}\displaystyle\int_{-\infty}^{+\infty} e^{-\frac{x^2}{2}}\,dx$.

3. 绘制巴拿马草帽图形 $z(x,y)=\dfrac{\sin(\sqrt{x^2+y^2})}{\sqrt{x^2+y^2}}$.

4. 编程实现十进制向二进制的相互转化(可用 while 和 for 循环语句实现).

5. 编程求出 100 以内的水仙花数. 所谓水仙花数是指一个 n 位数 ($n\geqslant 3$), 它的每个位上的数字的 n 次幂之和等于它本身. (例如: $1^3+3^3+5^3=153$).

6. 编写一个 Python 程序, 计算给定函数 $f(x)=x^3-4x^2+6x-24$ 的根. 要求: 在区间[1,5]内用二分法求其一个根.

7. 编写一个 Python 程序, 完成以下任务:

(1) 随机生成两个 3×3 的矩阵 A 和 B;

(2) 计算矩阵 A 和 B 的乘积 $C=A\cdot B$;

(3) 判断矩阵 C 是否为对称矩阵, 并输出结果.

8. Matplotlib 数据可视化:

(1) 编写一个 Python 程序, 随机生成 100 个在区间[0,10]内的浮点数, 作为数据样本.

(2) 绘制这些数据的直方图, 并设置适当的标题、横纵轴标签.

(3) 使用折线图绘制数据样本值随序号变化的关系.

9. 数据拟合与预测:

已知某公司过去 10 年的销售额数据如下 (单位: 万元): 15, 18, 21, 25, 31, 38, 48, 57, 68, 85.

(1) 使用线性回归方法拟合这些数据, 并给出回归方程.

(2) 使用拟合的模型预测第 11 年的销售额.

(3) 绘制原始数据点与回归直线的图形.

第 3 章 初等数学模型

这一章介绍的模型一般不涉及复杂的机理,研究对象往往是静态的、确定的,通常使用初等数学方法及微积分初步知识即可解决问题. 在这一章的学习中我们重点要培养的是学习如何分析问题,怎么抓主要矛盾,怎么将实际问题巧妙地一步一步地转换成数学问题并加以解决. 通过这些典型案例的学习,有意识地培养数学建模的思维和理论联系实际的习惯.

3.1 商品调价问题

问题描述:现代市场经济中,调整商品价格是市场营销的一种重要手段. 作为消费者,总希望买到价廉物美的商品,为了迎合消费者的这种心理,大多数商家会把价格标的比实际价值高很多,然后进行所谓的打折促销,以吸引消费者. 现在的问题是,从商家角度出发,如何确定商品价格上调幅度以及打折幅度,使得商品能保持较高的销售价格.

下面给出了 6 种调价方案,其中 $p>q>0$.

A. 先涨价 $p\%$,再降价 $q\%$;

B. 先涨价 $q\%$,再降价 $p\%$;

C. 先涨价 $\frac{p+q}{2}\%$,再降价 $\frac{p+q}{2}\%$;

D. 先涨价 $\sqrt{pq}\%$,再降价 $\sqrt{pq}\%$;

E. 先涨价 $\frac{p+q}{2}\%$,再降价 $\sqrt{pq}\%$;

F. 先涨价 $\sqrt{pq}\%$,再降价 $\frac{p+q}{2}\%$.

若规定两次调价后该商品的价格最高的方案称为好方案,请判断其中哪一个是好方案?

模型建立与求解:设该商品原价为 1,采用方案 A、B、C、D、E、F 调价后的商品价格分别为 a,b,c,d,e,f,则 6 种调整方案对应的价格模型分别如下:

$$a=(1+p\%)(1-q\%)=1+\frac{p-q}{100}-\frac{pq}{100^2},$$

$$b = (1+q\%)(1-p\%) = 1 + \frac{q-p}{100} - \frac{pq}{100^2},$$

$$c = \left(1 + \frac{p+q}{2}\%\right)\left(1 - \frac{p+q}{2}\%\right) = 1 - \frac{(p+q)^2}{4\times 100^2},$$

$$d = \left(1 + \sqrt{pq}\%\right)\left(1 - \sqrt{pq}\%\right) = 1 - \frac{pq}{100^2},$$

$$e = \left(1 + \frac{p+q}{2}\%\right)\left(1 - \sqrt{pq}\%\right) = 1 + \frac{p+q}{200} - \frac{\sqrt{pq}}{100} - \frac{(p+q)\sqrt{pq}}{2\times 100^2},$$

$$f = \left(1 + \sqrt{pq}\%\right)\left(1 - \frac{p+q}{2}\%\right) = 1 + \frac{\sqrt{pq}}{100} - \frac{p+q}{200} - \frac{(p+q)\sqrt{pq}}{2\times 100^2}.$$

现在要在上述表达式中确定价格最高者,如果两两相互比较,显然很繁琐,为此我们先制定一些具体的 p,q 参数值,对上述价格作一个直观的了解.

分别考虑如下两组参数: (1) p=0.15, q=0.1; (2) p=0.25, q=0.15.

在 MATLAB 中计算并绘出 6 种方案对应的价格,见图 3.1.

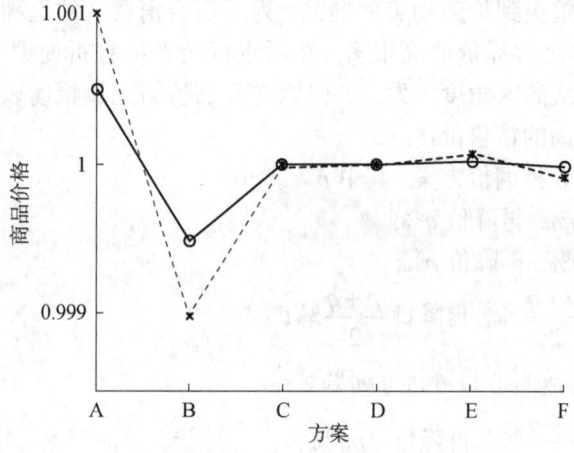

图 3.1 两次调价方式下 6 种方案对应商品价格示意图

实线对应第 (1) 组参数值,虚线对应第 (2) 组参数值.

从图 3.1 中可看出,两组参数中,方案 A 对应的商品价格都是最高的,这是巧合还是必然呢?带着这个问题,我们尝试证明价格 a 是 6 个价格中最大的.

事实上,由 $p>q>0$ 易得:

$$a - b = \frac{p-q}{100} - \frac{q-p}{100} = \frac{2(p-q)}{100} > 0,$$

$$a - c = \frac{p-q}{100} - \frac{pq}{100^2} + \frac{(p+q)^2}{4\times 100^2} = \frac{p-q}{100} + \frac{(p+q)^2 - 4pq}{4\times 100^2} = \frac{p-q}{100} + \frac{(p-q)^2}{4\times 100^2} > 0,$$

$$a-e = \frac{p-q}{100} - \frac{pq}{100^2} - \frac{p+q}{200} + \frac{\sqrt{pq}}{100} + \frac{(p+q)\sqrt{pq}}{2\times 100^2}$$

$$= \frac{p-3q+2\sqrt{pq}}{200} + \frac{(p+q-2\sqrt{pq})\sqrt{pq}}{2\times 100^2}$$

$$= \frac{p-q+2\sqrt{q}(\sqrt{p}-\sqrt{q})}{200} + \frac{(\sqrt{p}-\sqrt{q})^2\sqrt{pq}}{2\times 100^2} > 0.$$

同理，可以证明 $a-d>0, a-f>0$，即 A 方案是最好的.

3.2 多步决策问题

问题描述： 现实中有些问题不是一次性就能解决的，往往需要循环往复多次操作才能完成，每一次都需要在满足一定条件的情况下制定相应的对策，这种问题称为多步决策问题. 一个典型的例子就是商人渡河问题. 已知 3 个商人带着 3 个仆人过河，渡河的工具为一艘小船，每次至多只能同时载两个人过河. 在河的任何一边，只要仆人的数量超过商人的数量，仆人就会联合起来将商人杀死并抢夺其财物，问：应该如何设计过河顺序才能让所有人都安全地过到河的另一边？

问题分析： 这是一个古老的智力游戏问题，对于人数较少的情况可以通过逻辑思考结合穷举法加以解决，但当人数较多，如 n 名商人各带一名随从，船的容量为 $m(m<n)$ 这种一般情形时，人力思考就比较麻烦了，因此有必要建立一般化的求解方法. 这里仅针对 3 名商人的情形给出解决方法.

不妨假设渡河前商人们所在的河岸为此岸，对岸目的地为彼岸. 事实上，商人过河问题可以视为一个多步决策过程. 每一步，即船由此岸驶向彼岸或从彼岸驶回此岸都要对船上的商人、仆人数做出决策，在保证两岸的仆人数都不比商人多的安全前提下，经有限步使全部人员过河. 为此可以用状态(变量)表示某一岸的人员状况，用决策(变量)表示船上的人员状况，想办法找出状态随决策变化的规律，然后在状态和决策的允许范围内，确定每一步的渡河决策，直到实现全部人员安全渡河的目的.

模型建立： 首先引入如下变量和参数：

x_k～第 k 次渡河前此岸的商人数 $x_k, y_k=0,1,2,3$

y_k～第 k 次渡河前此岸的仆人数 $k=1,2,\cdots$

$s_k=(x_k, y_k)$～第 k 次渡河前此岸的状态

u_k～第 k 次渡船上的商人数 $u_k, v_k=0,1,2$

v_k～第 k 次渡船上的仆人数 $k=1,2,\cdots$

$d_k=(u_k, v_k)$～第 k 次渡河的决策

显然上面给出的状态总共有 4×4=16 种,但由于安全渡河的条件是无论何时,河的任一岸,仆人数都不能多于商人数,所以须将允许出现的状态全部列出来,用集合 S 来表示,称为允许状态集合,即

$$S=\{(x, y)|\ x=0, y=0,1,2,3;\ x=3, y=0,1,2,3;\ x=y=1,2\}.$$

同理,对于每次渡河的可行决策也表示出来,用 D 表示,称为允许决策集合,由于小船至多载两个人,故有

$$D=\{(u, v)|\ u+v=1, 2\}.$$

对于相邻的第 k 次和第 $k+1$ 次渡河,此案的状态与渡河的决策之间有密切的关系. 当 k 是奇数时,是从此岸到彼岸,渡河后此岸的人数较少,故有

$$s_{k+1} = s_k - d_k.$$

反之,当 k 是偶数时,是从彼岸到此岸,渡河后此岸的人数增加,即有

$$s_{k+1} = s_k + d_k.$$

注意 s_{k+1} 也可以理解成第 k 次渡河以后此岸的状态. 将上述两式合并表示为

$$s_{k+1} = s_k + (-1)^k d_k.$$

称为**状态转移规律**.

根据以上分析和建模,过河问题可以等效地转换成数学问题:求系列决策 $d_k \in D(k=1,2,\cdots,n)$,使 $s_k \in S$,并按状态转移规律由初始状态 $s_1=(3,3)$ 经最少次渡河到达终结状态 $s_{n+1}=(0,0)$.

模型求解:对于上述多步决策模型,有多种解法,其中姜启源编著的《数学模型》中给出了比较巧妙的图解法,有兴趣的读者可参考相关书籍. 这里对该模型利用计算机编程方式加以求解,代码如下:

```
a=[0 0 0 0 3 3 3 3 1 2
   0 1 2 3 0 1 2 3 1 2]';           %允许状态集
d=[0 2 1 0 1
   2 0 1 1 0]';                      %允许决策集
i=1; j=1; k=1;
s(1,:)=[3,3];                         %此岸初始状态
[m,n]=size(a);
disp('此岸--船上--对岸')
for i=1:20                            %过河次数的上限值
    for j=1:5
        t=0; r=mod(i,2); w=r; u=0;
        for k=1:m
            if s(i,:)+(-1)^i*d(j,:)==a(k,:)
                t=1;
            end;
        end;
        if i+1>=3
```

```
                for w=1+r:2:i-1
                    if s(i,:)+(-1)^i*d(j,:)==s(w,:)
                        u=1;
                    end;
                end;
            end
            if t==1
                if u==0
                    s(i+1,:)=s(i,:)+(-1)^i*d(j,:);
                    c(i+1,:)=d(j,:);
                    break;
                else if u==1
                    continue;
                end;
                end
            end
        end
        if t==0 disp('无可行方案');
            break; end;
        b(i+1,:)=s(1,:)-s(i+1,:);
        result=sprintf('{%d,%d}-{%d,%d}-{%d,%d}',s(i,1),s(i,2),c(i+1,1),c(i+1,2), ...
            b(i+1,1),b(i+1,2));
        disp(result)                    %输出每次渡河的决策及两岸状态
        if s(i+1,:)==[0,0]
            break; end;                 %当此岸状态为[0,0]时结束程序
end
```

输出结果为:

```
          此岸一船上一对岸
          {3,3}-{0,2}-{0,2}
          {3,1}-{0,1}-{0,1}
          {3,2}-{0,2}-{0,3}
          {3,0}-{0,1}-{0,2}
          {3,1}-{2,0}-{2,2}
          {1,1}-{1,1}-{1,1}
          {2,2}-{2,0}-{3,1}
          {0,2}-{0,1}-{3,0}
          {0,3}-{0,2}-{3,2}
          {0,1}-{0,1}-{3,1}
          {0,2}-{0,2}-{3,3}
```

从中可以明显看出每次渡河的决策以及两岸的允许状态，共计需要 11 次渡河.

3.3 公平的席位分配问题

在现实生活中,经常遇到名额分配的问题,比如一个地区人大代表名额的分配,一个学校科研项目数量的投放,一个班级优秀学生名额的分配等.所有这些问题都没有一个统一的完全科学合理的标准,往往都是根据人数基数,整体水平"想当然"给出的,具有较强的主观性,因此很难做到公平公正.当然,名额分配涉及很多因素,除上面的人数基数外,诸如一个地区的经济发展水平,一个学校的层次等都是不可忽视的因素,这里为了便于说明初等数学思想、方法在实际问题中的应用,仅考虑人数基数这个主要因素.那么怎样分配才能做到公平公正呢?

通常在数学上,代表席位分配问题是这样描述的:设名额总数为 N,共有 s 个单位,各单位的人数分别为 $p_i, i=1,2,\cdots,s$. 如果遵循尽量按人口比例分配这一原则,应如何确定一组整数 $n_1,\cdots,n_s$ 使得 $n_1+n_2+\cdots+n_s=N$,并且尽量接近它应得的比例份额 m_i

$$m_i = \frac{p_i N}{p_1 + p_2 + \cdots + p_s},$$

其中 n_i 是第 i 个单位所获得的代表席位数.

如果对每个单位,比值 m_i 恰好是整数,则第 i 个单位分得 $m_i=n_i$ 个席位,这样的分配在只考虑人数多少的情况下是绝对公平的,每个席位所代表的人数是相同的.然而现实中 m_i 往往不是整数,于是经常只能用接近于 m_i 的整数 n_i 来代替.在实际应用中,这种处理方法会给不同的单位或团体带来不公平,因此以一种平等、公正的方式选择 n_i 是非常重要的,即确定尽可能公平的分配方案,使不公平程度降到最低.常用的处理方法有两种,即 Hamilton (哈密顿) 方法和 Huntington (惠丁顿) 方法,下面将通过一个例子分别予以介绍.

问题描述: 设某校有 3 个系共有 500 名学生,其中甲系 200 名,乙系 200 名,丙系 100 名.该校召开学风建设大会,共有 40 个学生代表名额,问应该怎样分配才能做到公平公正?如果丙系有 7 名同学分别转入甲系 4 名和乙系 3 名,问席位分配如何变化?考虑到 40 个代表参加的大会在表决某些提案时可能出现 20:20 的局面,会议决定下一届会议增加 1 个席位,问分配方案是否需要调整?

问题分析: 根据前面描述的处理方法,对于第一问有 $s=3$, $p_1=200$, $p_2=200$, $p_3=100$, $N=40$. 此时根据各系学生人数的比例算出来的份额分别为 $m_1=16$, $m_2=16$, $m_3=8$ 均为整数.所以 3 个系分得的席位数分别为 16, 16, 8.

当发生转系后,各参数调整为: $p_1=204$, $p_2=203$, $p_3=93$. 此时通过简单计算发现各比例份额 m_i 不是整数,一个自然的想法是:对 m_i 进行"四舍五入取整"或者

"去掉尾数取整",但这样将导致名额多余或者名额不够分配. 因此,必须有更科学合理的分配方案.

问题求解: 分别采用 Hamilton 方法和 Huntington 方法.

Hamilton 方法: Hamilton 方法具体操作过程如下:

(1) 先让各个单位取得比例份额 m_i 的整数部分$[m_i]$;

(2) 计算余数 $r_i=m_i-[m_i]$,按照从大到小的顺序排列,将余下的席位依次分给各个相应的单位,即小数部分最大的单位优先获得余下席位的第一个,次大的取得余下名额的第二个,依此类推,直至席位分配完毕.

按照该方法,上述三个系的 40 个名额的分配结果见表 3.1 中第 4 和 5 列,也就是各个系先按整数部分分得 16, 16, 7 个名额,再将剩下的 1 个名额分给小数部分最大的丙系.

表 3.1 按哈密顿方法确定的代表名额的分配方案

系别	学生人数	人数比例 (%)	40 席的分配		41 席的分配	
			按比例分配的席位	最终分配结果	按比例分配的席位	最终分配结果
甲	204	40.8	16.32	16	16.728	17
乙	203	40.6	16.24	16	16.646	17
丙	93	18.6	7.44	8	7.626	7
总和	500	100.0	40.00	40	41.000	41

Hamilton 方法看来是非常合乎常理的,但这种方法也存在缺陷. 比如当 s 和人数比例 m_i 不变时,代表名额的增加反而可能导致某单位名额 q_i 的减少. 以增加 1 个席位为例,重新计算按照比例分配所得的份额,见表 3.1 中第 6 列,各个系先分别获得 16, 16, 7 个席位,由 Hamilton 方法剩下的 2 个席位第一个先给甲系,最后 1 个给乙系,而丙系没有增加,最后结果见表 3.1 中最后 1 列. 显然这个结果对丙系是极其不公平的,因为总名额增加一个,而丙系的代表名额却由 8 个减少为 7 个.

由此可见, Hamilton 方法存在很大缺陷. 20 世纪 20 年代,哈佛大学数学家 Huntington (惠丁顿)提出了一个新方法,较好地解决了这一问题.

Huntington 方法: 根据前面对符号的描述易知, p_i/n_i 表示第 i 个单位每个席位所代表的人数. 很显然,在以人数基数作为衡量公平的准则下,当且仅当 p_i/n_i 全相等时,席位的分配才是公平的. 但是一般来说,它们不会全相等,这就说明席位的分配是不公平的,并且 p_i/n_i 中数值较大的一方吃亏或者说对这一方不公平. 同时我们看到,在名额分配问题中要达到绝对公平是非常困难的. 既然很难做到绝对公平,那么就应该使不公平程度尽可能小,因此我们必须建立衡量不公平程度的数量指标.

不失一般性, 先考虑 A, B 双方席位分配的情形 (即 $s=2$). 设 A, B 双方的人数为 p_1, p_2, 占有的席位分别为 n_1, n_2, 则 A, B 的每个席位所代表的人数分别为 p_1/n_1, p_2/n_2, 如果 $p_1/n_1 = p_2/n_2$, 则席位分配是绝对公平的, 否则就是不公平的, 且对数值较大的一方不公平. 为了量化不公平程度, 需要引入数量指标, 一个很直接的想法就是用数值 $|p_1/n_1 - p_2/n_2|$ 来表示双方的不公平程度, 称之为**绝对不公平度**, 它衡量的是不公平的绝对程度. 显然, 其数值越小, 不公平程度越小, 当 $|p_1/n_1 - p_2/n_2|=0$ 时, 分配方案是绝对公平的. 用绝对不公平度可以在一定程度上衡量两种不同分配方案的公平程度, 例如:

$$p_1=150, n_1=10, p_2=100, n_2=10, |p_1/n_1 - p_2/n_2|=5,$$
$$p_1=150, n_1=12, p_2=100, n_2=10, |p_1/n_1 - p_2/n_2|=2.5,$$

显然第二种分配方案比第一种更公平. 但是, 绝对不公平度有时无法区分两种不公平程度明显不同的情况, 例如:

$$p_1=150, n_1=10, p_2=100, n_2=10, |p_1/n_1 - p_2/n_2|=5,$$
$$p_1=1050, n_1=10, p_2=1000, n_2=10, |p_1/n_1 - p_2/n_2|=5,$$

这两种情况绝对不公平度相同, 能够说两种方案的公平程度等效吗? 注意, 虽然指标相同, 但第 2 种情形显然比第 1 种情形的不公平程度已经降低了很多, 因为当基数很大时, 人们往往不会在乎多几个或少几个名额. 这就好比两个人发奖金, 一个 1000, 一个 500, 可能感觉差距很大, 如果改成一个 100500, 一个 10000, 此时其实绝对差距是一样的, 但 500 相对于 10000 这个数目来说已经很弱了, 人们可能更容易接受. 所以"绝对不公平度"并不是一个好的数量指标, 它在很多时候不能真实反映不公平的程度, 必须寻求新的数量指标.

之所以绝对不公平度不能真实反映不公平的程度, 主要原因是忽视了人数基数的作用, 于是想到用相对标准来衡量, 下面我们引入相对不公平度的概念. 如果 $p_1/n_1 > p_2/n_2$, 则说明对 A 方是不公平的, 称

$$r_A(n_1, n_2) = \frac{p_1/n_1 - p_2/n_2}{p_2/n_2} = \frac{p_1 n_2}{p_2 n_1} - 1$$

为对 A 的相对不公平度; 如果 $p_1/n_1 < p_2/n_2$, 则称

$$r_B(n_1, n_2) = \frac{p_2/n_2 - p_1/n_1}{p_1/n_1} = \frac{p_2 n_1}{p_1 n_2} - 1$$

为对 B 的相对不公平度.

相对不公平度可以解决绝对不公平度所不能解决的问题, 用相对不公平度重新评价上面绝对不公平度均为 5 的两个方案. 显然均有 $p_1/n_1 > p_2/n_2$, 此时 $r_A^1(10,10) = 0.5, r_A^2(10,10) = 0.05$, 很明显第 2 种方案比第 1 种方案更公平.

建立了衡量分配方案的不公平程度的数量指标 r_A, r_B 后,制定分配方案的原则是:相对不公平度尽可能小.

假设 A, B 双方已经分别占有 n_1, n_2 个名额,下面考虑当分配名额再增加一个时,应该给 A 方还是给 B 方,如果这个问题解决了,就可以按照该方法逐步确定整个分配方案. 因为每个单位至少应分配到一个名额,我们首先分别给每个单位一个席位,然后考虑下一个名额给哪个单位,直至分配完所有名额.

不失一般性,假设 $p_1/n_1 > p_2/n_2$,这时对 A 方不公平,当再增加一个名额时,就有以下三种情形:

情形 1: $p_1/(n_1+1) > p_2/n_2$,这表明即使 A 方再增加一个名额,仍然对 A 方不公平,所以这个名额理所应当给 A 方;

情形 2: $p_1/(n_1+1) < p_2/n_2$,这表明 A 方增加一个名额后,就对 B 方不公平,这时需要计算对 B 的相对不公平度

$$r_B(n_1+1, n_2) = \frac{p_2(n_1+1)}{p_1 n_2} - 1,$$

情形 3: $p_1/n_1 > p_2/(n_2+1)$,这表明 B 方增加一个名额后,对 A 方更加不公平,这时需要计算对 A 的相对不公平度

$$r_A(n_1, n_2+1) = \frac{p_1(n_2+1)}{p_2 n_1} - 1.$$

可能还有人问 $p_1/n_1 < p_2/(n_2+1)$ 这种情形呢?请读者思考为什么不考虑.

公平的名额分配方法应该是使得相对不公平度尽可能小,所以若情形 1 发生,增加的名额应该给 A 方;否则需考察 $r_B(n_1+1, n_2)$ 和 $r_A(n_1, n_2+1)$ 的大小关系,如果 $r_B(n_1+1, n_2) < r_A(n_1, n_2+1)$,则增加的名额应该给 A 方,否则应该给 B 方. 上面的计算和判断比较麻烦,可以考虑把这个判断过程简化,注意到 $r_B(n_1+1, n_2) < r_A(n_1, n_2+1)$ 等价于

$$\frac{p_2^2}{n_2(n_2+1)} < \frac{p_1^2}{n_1(n_1+1)},$$

而且若情形 1 发生,仍然有上式成立. 记

$$Q_i = \frac{p_i^2}{n_i(n_i+1)},$$

则增加的名额应该给 Q 值较大的一方. 这样就把席位分配问题转化成了 Q 值的计算和判断,相对简单多了. 该方法也称为 Q 值法.

上述方法可以推广到 s 个单位的情形,设第 i 个单位的人数为 p_i,已经占有 n_i 个名额,$i = 1, 2, \cdots, s$,当总名额增加一个时,计算

$$Q_i = \frac{p_i^2}{n_i(n_i+1)},$$

则这个名额应该分给 Q 值最大的那个单位.

实际应用中没有必要从一开始就用 Q 值法开始分配,而是结合按比例分配的方式,先将按比例计算的份额整数部分分给各个单位,对剩下的席位数逐一用 Q 值法解决. 该方法将一次性的席位分配转化为动态的席位分配.

下面用 Q 值方法对三个系重新分配 41 个席位. 先按人数比例的整数部分将 39 席分配给三系,得到如下信息: p_1=204, n_1=16; p_2=203, n_2=16; p_3=93, n_3=7.

用 Q 值方法分配第 40 席和第 41 席.

第 40 席: $Q_1 = \dfrac{204^2}{16 \times 17} = 153.00$, $Q_2 = \dfrac{203^2}{16 \times 17} = 151.50$, $Q_3 = \dfrac{93^2}{7 \times 8} = 154.44$, Q_3 最大,第 40 席应给丙系.

第 41 席: $Q_3 = \dfrac{93^2}{8 \times 9} = 120.13$, Q_2、Q_3 同上, Q_3 最大,第 41 席应给甲系.

Q 值方法分配结果,甲系 17 席,乙系 16 席,丙系 8 席.

这样的结果可能对大家更容易接受些,特别是丙系保住了宝贵的一个席位. 如果涉及的单位、人数和席位都比较多,上述计算和判断可能比较麻烦,下面给出了用 MATLAB 写的基于 Q 值法的席位分配程序:

```
clc; clear;
num=input('输入单位数目: ');
p=[];
for i=1:num
    p(i)=input('输入各单位人数: ');
end
N0=input('席位数目: ');
M=sum(p);                        %总人数
k=p./M;                          %各单位人数百比
m=k*N0                           %比例分配席位
n=floor(m)                       %整数份额
N1=N0-sum(n)                     %动态分配席位数
q=[];                            %Q 值初值
for i=1:N1
    for j=1:num
        q(j)=p(j)^2/(n(j)*(n(j)+1));   %计算 Q 值
    end
    [max_q, max_q_idx] = max(q);       %返回数组 q 的最大值及其位置
    n(max_q_idx)=n(max_q_idx)+1;       %对 Q 值最大方增加一个席位
end
n
```

在本问题中我们只需要一次输入 num=3; p=[204;203;93]; N0=41; 执行程序后输出:

n =
17　　16　　8

即为上面分析的结果.

小结: 这是一个典型的用初等数学方法解决实际问题的案例, 我们从席位分配的公平性出发, 考虑必须定义适当的数量指标, 于是引入了较为原始的绝对不公平度. 但是一些案例表明, 绝对不公平度并不能反映不公平的真实情况, 因此自然想到用相对不公平度, 并将一次性席位分配变成动态的席位分配. 通过对相对不公平度的定义和分析, 给出了大家认为比较好的席位分配原则, 即应该使相对不公平度尽量小. 利用这一原则及等价变形, 又引入了 Q 值, 最终将繁杂的判断过程归结为判断 Q 值的大小, 从而形成了一种解决此类问题的良好方法——Q 值法. 整个解决问题的过程体现了我们对实际问题从简单到复杂, 从粗糙到精细, 从定性分析到定量评判, 从特殊情况到一般问题的一个认识过程. 在这个过程中, 我们不断尝试用学过的数学知识去解决刻画实际问题, 这其实就是数学建模所倡导的一种思想和意识. 只有这样不断尝试和摸索, 才能较好地将理论与实际有机的结合, 达到解决问题的目的. 当然惠丁顿法所提出的以相对不公平度作为数量指标是确定分配方案的前提. 在这个前提下导出的分配方案无疑是公平的. 但这种方法也不是尽善尽美的, 有兴趣的读者可深入分析.

3.4　量纲分析法建模

3.4.1　单位与量纲

生活中常见物理量一般可以分为两类: 一是基本物理量, 它们相互独立并可以通过自然规律的各种定律构成其他的物理量, 比如长度、质量、时间、电流强度等; 二是衍生物理量, 它们是由基本物理量和定律导出的物理量, 比如速度、加速度、功、压强等. 在国际单位制中, 有七个基本物理量, 包括长度、质量、时间、电流强度、温度、光强和物质的量, 对应七个基本国际单位, 见表 3.2, 其他物理量的单位由基本单位组合而成.

表 3.2　基本物理量和国际单位制

物理量	单位	物理量	单位
长度	米 (m)	温度	开 (K)
质量	千克 (kg)	光强	堪德拉 (cd)
时间	秒 (s)	物质的量	摩尔 (mol)
电流强度	安 (A)		

物理量大都带有量纲, 它是用基本物理量表示任一物理量的一种组合形式.

一个物理量的量纲是唯一的，但是它的单位可以有很多种形式. 量纲分为基本量纲和导出量纲. 其中基本物理量的量纲称为基本量纲，它们是相互独立的，基本量纲中最常用的是动力学中的三个量纲，分别为质量(用 M 表示)、长度(用 L 表示)、时间(用 T 表示)，有时还有温度(用 Θ 表示). 其他物理量的量纲可以用这些基本量纲由物理定律推出. 如速度的量纲为 LT^{-1}，加速度的量纲为 LT^{-2}，力的量纲为 MLT^{-2}，功的量纲为 ML^2T^{-2} 等.

3.4.2 量纲齐次原则

当度量量纲的基本单位改变时，公式本身并不改变，例如，无论长度取什么单位，矩形的面积总等于长乘宽，即公式 $S=ab$ 并不改变. 此外，在公式中只有量纲相同的量才能进行加减运算，例如面积与长度是不允许作加减运算的，这些限制在一定程度上限定了公式的可取范围，即一切公式都要求其所有的项具有相同的量纲，它意味着一个等式只有两边的量纲一致的时候才可能成立，这就是所谓的"量纲齐次原则". 量纲分析就是利用量纲齐次原则寻求物理量之间的关系. 这里先给出一个简单的例子.

风车功率问题: 速度为 v 的风吹到迎风面积为 s 的风车上，空气密度为 ρ. 试确定风车获得的功率 P 与 v, s, ρ 的关系.

若要从风车工作机理分析，则要涉及的知识过于专业. 我们这里仅从量纲角度给出粗略的分析. 假设这个问题中出现的物理量 P 与 v, s, ρ 的关系如下：

$$P = kv^x s^y \rho^z, \tag{3.1}$$

其中 k 为无量纲量，x, y, z 为待定参数. (3.1) 式的量纲表示为

$$[P] = [v]^x [s]^y [\rho]^z. \tag{3.2}$$

将 $[P]=ML^2T^{-3}$, $[v]=LT^{-1}$, $[s]=L^2$, $[\rho]=ML^{-3}$ 代入 (3.2) 式得

$$ML^2T^{-3} = M^z L^{x+2y-3z} T^{-x}. \tag{3.3}$$

由 (3.3)，根据量纲齐次原则有

$$\begin{cases} z = 1 \\ x + 2y - 3z = 2 \\ -x = -3 \end{cases}. \tag{3.4}$$

解 (3.4) 得 $x=3, y=1, z=1$，代入 (3.1) 式得 $P = kv^3 s\rho$.

通过这个例子可以看到运用量纲分析法比较容易地推出了风车获得功率的表达式，避免了讨论较复杂的物理学原理. 至于公式中的参数可以通过实验进一步确定. 当方程组 (3.4) 的解不唯一时，需要用到更一般性的量纲分析方法.

3.4.3 Buckingham π定理

定理 3.1 设 m 个有量纲的物理量 $q_1, q_2, \cdots, q_m$ 之间存在与量纲单位选取无关的物理定律 $f(q_1, q_2, \cdots, q_m) = 0$. 记 $X_1, X_2, \cdots, X_n$ 是基本量纲 ($n \leq m$),而 $q_1, q_2, \cdots, q_m$ 的量纲可表为

$$[q_j] = \prod_{i=1}^{n} X_i^{a_{ij}}, \quad j=1,2,\cdots,m.$$

量纲矩阵记作 $A = \{a_{ij}\}_{n \times m}$. 若 A 的秩为 $\operatorname{rank} A = r$,设线性齐次方程组

$$Ay = 0, \quad y = (y_1, y_2, \cdots, y_m)^T$$

的 $m-r$ 个基本解记作

$$y^{(s)} = (y_1^s, y_2^s, \cdots, y_m^s)^T, \quad s=1,2,\cdots,m-r,$$

则存在 $m-r$ 个相互独立的无量纲量,记为

$$\pi_s = \prod_{j=1}^{m} q_j^{y_j^{(s)}}, \quad s=1,2,\cdots,m-r,$$

且 $F(\pi_1, \pi_2, \cdots, \pi_{m-r}) = 0$ 与 $f(q_1, q_2, \cdots, q_m) = 0$ 等价,F 未定.

小结:量纲分析法虽然简单,但使用时在技巧方面的要求较高,稍一疏忽就会导出荒谬的结果或根本得不出任何有用的结果. 首先,它要求建模者对研究的问题有正确而充分的了解,能正确列出与该问题相关的量及相关的基本量纲,容易看出,其后的分析正是通过对这些量的量纲研究而得出的,列多或列少均不可能得出有用的结果. 其次,在为寻找无量纲量而求解齐次线性方程组时,基向量组有无穷多种取法,如何选取也很重要,此时需依靠经验,并非任取一组基都能得出有用的结果. 此外,建模者在使用量纲分析法时对结果也不应抱有不切实际的过高要求,量纲分析法的基础是公式的量纲齐次性,仅凭这一点很难得出十分深刻的结果,例如,公式可能包含某些无量纲常数或无量纲变量,对它们之间的关系,量纲分析法根本无法加以研究. 下面介绍一个量纲分析法应用的典型案例.

3.4.4 量纲分析法应用——原子弹爆炸的能量估计

问题的提出:1945 年 7 月 16 日,美国在新墨西哥州阿拉莫戈多沙漠 (Los Alamos) 进行了核试验,试爆了世界上第一颗原子弹. 这一事件震动了全球,并改变了整个世界的格局,特别是美国在日本成功投放两颗原子弹后,大大地加快了日本法西斯战败的进程. 美国核试验的成功,引起了各国科学家的密切关注,但在当时,有关原子弹爆炸的任何资料都是机密,一般人无法得到任何有关的数据或影像资料,因此科学家无法准确了解这次爆炸的威力究竟有多大. 两年后,美国政府首次公开了这次爆炸的录影带,但没有发布任何有关的数据. 英国物理学家 G.I.Taylor (1886—1975) 通过研究这次爆炸的录影带,并建立数学模型对这次

爆炸所释放的能量进行了估计, 得到的估计值为 19.2 千吨, 这与后来美国官方正式公布的 21 千吨的爆炸威力非常接近.

下面介绍 Taylor 估计原子弹爆炸能量的方法. 因为爆炸产生的冲击波以爆炸点为中心呈球面向四周传播, 爆炸的能量越大, 在一定时刻冲击波传播得越远, 而冲击波又可以通过爆炸形成的 "蘑菇云" 反映出来, Taylor 通过研究这次爆炸的录影带, 测量出了从爆炸开始, 不同时刻爆炸所产生的 "蘑菇云" 的半径大小. 表 3.3 是他测量出的时刻 t 所对应的 "蘑菇云" 的半径 $r(t)$. 下面的任务就是利用表 3.3 的数据和物理学知识, 估计这次爆炸所释放的能量.

表 3.3 时刻 t(ms) 所对应的 "蘑菇云" 的半径 r(m)

t	$r(t)$	t	$r(t)$	t	$r(t)$	t	$r(t)$	t	$r(t)$
0.10	11.1	0.80	34.2	1.50	44.4	3.53	61.1	15.0	106.5
0.24	19.9	0.94	36.3	1.65	46.0	3.80	62.9	25.0	130.0
0.38	25.4	1.08	38.9	1.79	46.9	4.07	64.3	34.0	145.0
0.52	28.8	1.22	41.0	1.93	48.7	4.43	65.6	53.0	175.0
0.66	31.9	1.36	42.8	3.26	59.0	4.61	67.3	62.0	185.0

模型建立: 表 3.3 只给出了爆炸后不同时刻 "蘑菇云" 的半径, 由此无法直接计算爆炸能量, 必须建立模型将不同时刻 "蘑菇云" 的半径与爆炸能量联系起来.

Taylor 利用量纲分析法建立了计算爆炸能力的数学模型. 记爆炸能量为 E, 将 "蘑菇云" 近似看成一个球形形状, 除时刻 t 和能量 E 外, 与 "蘑菇云" 的半径 r 有关的物理量还可能有 "蘑菇云" 周围的空气密度 ρ 和大气压强 P, 设所求关系为

$$r = \phi(t, E, \rho, P), \tag{3.5}$$

记作更一般的形式

$$f(r, t, E, \rho, P) = 0, \tag{3.6}$$

其中有 5 个物理量, 我们的任务就是用量纲分析法确定这个函数关系.

以长度 L、质量 M 和时间 T 为基本量纲, 则 (3.6) 中各个物理量的量纲分别是
$$[r] = L, \quad [t] = T, \quad [E] = L^2 M T^{-2}, \quad [\rho] = L^{-3} M, \quad [P] = L^{-1} M T^{-2},$$
由此得到量纲矩阵

$$A_{3\times 5} = \begin{pmatrix} 1 & 0 & 2 & -3 & -1 \\ 0 & 0 & 1 & 1 & 1 \\ 0 & 1 & -2 & 0 & -2 \end{pmatrix}.$$

因为 A 的秩是 3, 所以齐次线性方程

$$Ay = 0, \quad y = (y_1, y_2, y_3, y_4, y_5)^{\mathrm{T}},$$

有 5−3=2 个基本解.

令 $y_1=1, y_5=0$，得到一个基本解 $y=(1,-2/5,-1/5,1/5,0)^T$；令 $y_1=0, y_5=1$，得到另一个基本解 $y=(0,6/5,-2/5,-3/5,1)^T$. 根据量纲分析的 Buckingham Pi 定理，由这 2 个基本解可以得到 2 个无量纲量

$$\pi_1 = rt^{-2/5}E^{-1/5}\rho^{1/5} = r\left(\frac{\rho}{Et^2}\right)^{1/5}, \tag{3.7}$$

$$\pi_2 = t^{6/5}E^{-2/5}\rho^{-3/5}P = \left(\frac{t^6 P^5}{E^2 \rho^3}\right)^{1/5}, \tag{3.8}$$

且存在某个函数 F 使得

$$F(\pi_1, \pi_2) = 0 \tag{3.9}$$

与 (3.6) 等价. 为了得到形如 (3.5) 的函数关系，取 (3.9) 的特殊形式 $\pi_1 = \psi(\pi_2)$（其中 ψ 是某个函数），由 (3.7)、(3.8) 得

$$r\left(\frac{\rho}{Et^2}\right)^{1/5} = \psi\left(\left(\frac{t^6 P^5}{E^2 \rho^3}\right)^{1/5}\right),$$

于是

$$r = \left(\frac{Et^2}{\rho}\right)^{1/5} \psi\left(\left(\frac{t^6 P^5}{E^2 \rho^3}\right)^{1/5}\right). \tag{3.10}$$

函数 ψ 的具体形式需要采用其他方式确定. (3.10) 式就是量纲分析法确定的如 (3.5) 式所要求的函数关系.

数值计算： 为了利用表 3.3 中的 t 和 r 的数据由 (3.10) 确定原子弹爆炸的能量 E，必须先估计无量量纲 $\psi(\pi_2)$ 的大小. 因为原子弹爆炸时间非常短，但释放的能量却非常大. 从 (3.8) 可看出，$\pi_2 = \left(\frac{t^6 P^5}{E^2 \rho^3}\right)^{1/5} \approx 0$. Taylor 又根据一些小型爆炸试验的数据，最终建议 $\psi(0) \approx 1$，于是 (3.10) 可以近似为

$$r = \left(\frac{Et^2}{\rho}\right)^{1/5}. \tag{3.11}$$

这一近似关系式表明，半径与大气压强 P 无关，而当 E，ρ 一定时，r 与 $t^{2/5}$ 成正比. 下面先用表 3.3 的数据检验一下这个关系的合理性，设

$$r = at^b, \tag{3.12}$$

其中 a,b 是待定系数，(3.12) 两边取常用对数进行线性化处理，得

$$\ln r = A + b\ln t, \quad A = \ln a. \tag{3.13}$$

对 (3.13) 式可用表 3.3 中 t 和 r 的数据做线性拟合，MATLAB 程序如下：

t=[0.10 0.24 0.38 0.52 0.66 0.80 0.94 1.08 1.22 1.36 1.50 1.65 1.79 1.93 3.26 3.53 3.80 4.07

```
4.34 4.61 15 25 34 53 62];
   r=[11.1 19.9 25.4 28.8 31.9 34.2 36.3 38.9 41 42.8 44.4 46 46.9 48.7 59 61.1 62.9 64.3 65.6 67.3
106.5 130 145 175 185];
   r1=log(r);
   t1=log(t);
   p=polyfit(t1,r1,1);          %线性拟合
   a=exp(p(2));                 %拟合系数
   b=p(1)
   t2=0:0.1:65;
   r2=a*t2.^b;
   plot(t,r,'o',t2,r2,'r')      %拟合对比效果图
   title('半径与时间拟合效果图')
```

程序输出结果为 b=0.4058, 与量纲分析得到的结果 (2/5) 非常接近. (3.12) 式与实际数据拟合的情况如图 3.2.

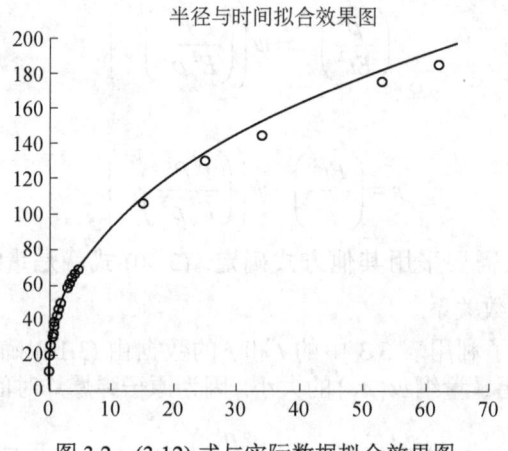

图 3.2 (3.12) 式与实际数据拟合效果图

当然也可以对 (3.12) 式直接用非线性拟合.

上面的拟合效果说明公式 (3.11) 是合理的, 于是可以直接用该公式计算爆炸能量, 先将其变形为

$$E = \frac{\rho r^5}{t^2}. \tag{3.14}$$

利用表 3.3 数据对 (3.14) 作最小二乘拟合, 即对每一组测试数据算出 E 后取平均值, 这里取空气密度为 $\rho = 1.25 (\text{kg/m}^3)$, 在上述程序基础上添加代码段如下:

```
E=0; rho=1.25; e=[];
for i=1:length(t)
    e(i)=rho.*r(i).^5./(t(i)/1000).^2;
    E=E+e(i);
```

```
end
E/length(t)
```

输出结果为 $E = 8.2825 \times 10^{13}$，换算后爆炸能量约为 19.7957 (千吨)，与实际值吻合较好. 可以说这个例子是量纲分析方法成功应用的典型范例.

习 题 3

1. 某农场现有若干亩农田要承包给农户，农场决定：每亩地每年收合同款 300 元，一农户打算连续承包若干亩农田 20 年，并决定一次性缴完 20 年的合同款，但对于提前交付的合同款，农场必须按年息 10% 予以计息后抵缴合同款 (按单利计算)，问此农户每亩地现在一次性应向农场缴纳合同款多少元？

2. 某布店的一页账簿上沾了墨水，如表 3.4 所示：

表 3.4 账簿信息

月	日	摘要	数量 (米)	单价 (元/米)	金额 (元)
2	24	全毛花呢		49.36	——7.28

所卖呢料米数看不清楚了，但记得是卖了整数米；金额项目只看到后面三个数码 7.28，但前面的三个数码看不清楚了，试借助数学方法查清这笔账.

3. 某大厦共有 33 层，只有一条楼梯和一架电梯上楼. 现在有 32 人要上楼，假设这 32 人是住在第 2 到第 33 层，每层一人，而这电梯在第二层到第 33 层之间只停一次，但是要每人每下一层就有一分不满意，要每人上一层就有三分不满意，问电梯停在哪一层就能使不满意程度达到最小？

4. 学校共 1000 名学生，235 人住在 A 宿舍，333 人住在 B 宿舍，432 人住在 C 宿舍. 学生要组织一个 10 人的委员会，试用 Q 值方法分配各宿舍的委员数.

5. 人、狗、鸡、米均要过河，船需要人划，另外至多还能载一物，而当人不在时，狗要吃鸡，鸡要吃米，问人、狗、鸡、米怎样过河？

6. 在某海滨城市附近海面有一台风. 据监测，当前台风中心位于城市 O (如右图) 的东偏南 $\theta (\cos\theta = \dfrac{\sqrt{2}}{10})$ 方向 300 km 的海面 P 处，并以 20 km/h 的速度向西偏北 45° 方向移动. 台风侵袭的范围为圆形区域，当前半径为 60 km，并以 10 km/h 的速度不断增大. 问几小时后该城市开始受到台风的侵袭？

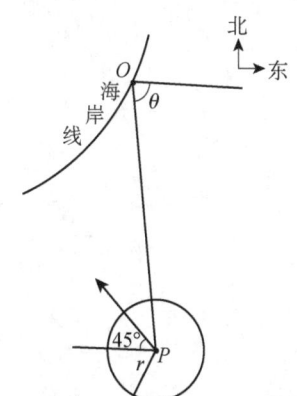

7. 小刘欲购买一套房子，总价为 55 万元，现有存款 20 万元，首付比例不低于 30%，小刘的家庭月收入

为 6500 元, 每月家庭开支约为 2500 元, 最低为 2000 元. 银行月利率为: 还期不到 5 年的为 3.425‰ (年利率为 3.425‰ × 12=4.14%), 超过 5 年的为 3.825‰. 请为小刘制定贷款策略, 使得在不影响家庭正常生活的情况下支付利息最少.

8. 质量为 m 的小球系在长为 l 线的一端, 另一端固定, 让小球偏离平衡位置, 则小球在重力作用下做往复运动, 求周期 t.

9. 液体在水平等直径的管内流动, 设两点压强差 Δp 与下列变量有关: 管径 d, ρ, v, l, μ, 管壁粗糙度 Δ, 试求 Δp 的表达式.

第4章 简单的优化模型

在生产活动,经济管理和科学研究中经常遇到各种最大化或最小化问题,如企业生产成本最低、金融证券公司投资收益最大、风险最小,物流公司运输费用最小,工艺流程耗费时间最短,产品设计浪费材料最少等等. 这种利用有限的资源使效益最大化的问题就是最优化问题. 优化问题可以说是数学建模中遇到频率最高的一类问题,具有很强的实际应用背景,根据其不同表现特征和标准可分为无约束和有约束、线性和非线性、单目标和多目标优化问题等. 本章主要介绍无约束优化问题,在下一章将详细介绍其余各类优化问题.

4.1 MATLAB 无约束优化工具简介

所谓无约束优化,可以理解为求一个函数在某个区间上的最优值问题,其关键是确定正确的优化目标和目标函数,求解方法主要涉及微积分的知识,实际中可以使用软件进行求解,这里采用 MATLAB 工具,对于需要给出求解初值的问题,要求能够从问题本身进行初步分析后得到最优解的大致位置. 下面分别给出一元和多元无约束优化问题求解的 MATLAB 工具.

4.1.1 一元函数无约束优化问题求解

一元函数优化(求最大值或最小值)一般要给定自变量的取值范围,其标准形式为 $\min_{x} f(x)$, s.t. $x_1 < x < x_2$. 在 MATLAB 中采用 fminbnd 函数求解.

函数 fminbnd

格式 x = fminbnd(fun,x1,x2)　　%返回自变量 x 在区间 $x_1 < x < x_2$ 上函数 fun 取最小值时 x 的值,fun 为目标函数的表达式字符串或 MATLAB 自定义函数的函数柄.

　　　　x = fminbnd(fun,x1,x2,options)　　% options 为指定优化参数选项.

　　　　[x,fval] = fminbnd(⋯)　　% fval 为目标函数的最小值.

　　　　[x,fval,exitflag] = fminbnd(⋯)　　%exitflag 为终止迭代的条件.

　　　　[x,fval,exitflag,output] = fminbnd(⋯)　　% output 为优化信息.

说明　若参数 exitflag>0,表示函数收敛于 x,若 exitflag=0,表示超过函数估计值或迭代的最大数字,若 exitflag<0 表示函数不收敛于 x;参数 output=iterations

表示迭代次数，output=funccount 表示函数赋值次数，output=algorithm 表示所使用的算法.

例 4.1 计算下面函数在区间 (0, 1) 内的最小值.
$$f(x) = \frac{x^3 - e^x \cos x + x \ln x}{e^{-2x}}.$$

解 在 MATLAB 程序窗口中输入如下代码

```
f='(x^3-exp(x)*cos(x)+x*log(x))/exp(-2*x)'     % 定义目标函数.
fplot(f,[0,1])                                  % 绘制函数在 (0,1) 区间上的图形.
[x,fval,exitflag,output]=fminbnd(f,0,1)         % 求函数在区间 (0,1) 上的最小值.
```

输出如下结果：

```
x =
     0.7786                                     % 最优解.
fval =
    -6.0442                                     % 最优值.
exitflag =
     1                                          % 表明函数收敛于上述最优解.
output =
    iterations: 10
    funcCount: 11
    algorithm: 'golden section search, parabolic interpolation'
```

函数图形见如图 4.1 所示.

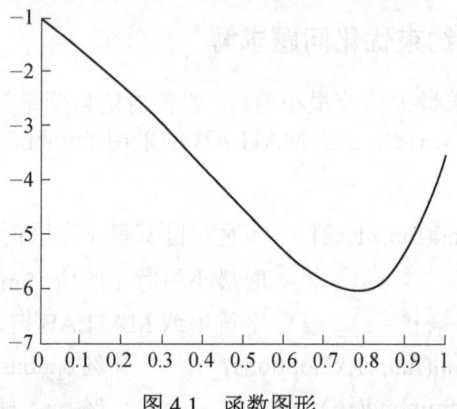

图 4.1 函数图形

例 4.2 有甲、乙两个工厂，甲厂位于一直线河岸的岸边 A 处，乙厂在河的另一侧的 B 处，B 处距甲所在河岸的垂直距离为 35 公里，乙厂到河岸的垂足 D 与 A 相距 50 公里，两厂要在此岸边合建一个供水站 C，从供水站到甲厂和乙厂的水管费用分别为 30 元和 50 元每公里，问供水站 C 建在何处才能使水管费用最省？

解 先建立该问题的数学模型. 据题意和平面几何知识知, 只有点 C 在线段 AD 上某一适当位置, 才能使费用最省. 设 C 点距 D 点 x 公里, 如图 4.2 所示, 则 BD=35, AC=$50-x$, 于是

$$BC = \sqrt{BD^2 + CD^2} = \sqrt{x^2 + 35^2}.$$

又设总的水管费用为 f 元, 由题意得管道总费用模型如下:

$$f = 30(50-x) + 50\sqrt{x^2 + 35^2}\ (0 < x < 50).$$

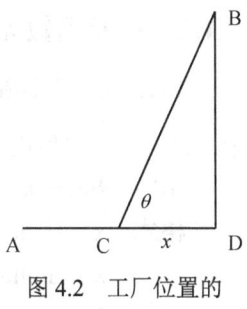

图 4.2 工厂位置的几何关系

下面的任务就是求该函数的最小值. 理论上可以考虑微分法求解, 这里我们借助 MATLAB 优化工具求解:

定义目标函数 plant.m:

```
function f=plant(x)
f=30*(50-x)+50*sqrt(x^2+35^2);
```

执行命令

```
fplot('plant',[0,50])
[x,fval]=fminbnd('plant',0,50)
```

输出图形见图 4.3, 最优解和最优值为:

```
x =
    26.2500
fval =
    2900
```

即供水站设在距离 D 点 26.25 公里处费用最省, 最低总费用为 2900 元.

注: (1) 对于最大值问题, 可以通过转换成函数 $-f(x)$ 求最小值来处理;

(2) 函数 fminbnd 的算法基于黄金分割法和二次插值法, 它要求目标函数必须是连续函数, 并可能只给出局部最优解.

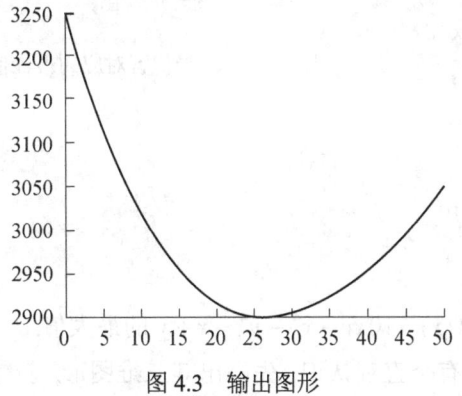

图 4.3 输出图形

4.1.2 多元函数无约束优化问题求解

多元函数最小值问题的标准形式为 $\min_{X} F(X)$, 其中 $X=[x_1,x_2,\cdots,x_n]$ 为向量. 在 MATLAB 中使用 fminunc 或 fminsearch 函数求多元无约束优化问题的最小值.

函数 fminunc

格式
 x = fminunc(fun,x0)   %返回给定初始点 x0 的最小函数值点.
 x = fminunc(fun,x0,options) % options 为指定优化参数.
 [x,fval] = fminunc(⋯)   % fval 最优点 x 处的函数值.
 [x,fval,exitflag] = fminunc(⋯) % exitflag 为终止迭代的条件, 与上同.
 [x,fval,exitflag,output] = fminunc(⋯)   % output 为输出优化信息.
 [x,fval,exitflag,output,grad] = fminunc(⋯)   % grad 为函数在解 x 处的梯度值.
 [x,fval,exitflag,output,grad,hessian] = fminunc(⋯) %目标函数在解 x 处的海赛 (Hessian) 值.

函数 fminsearch 的调用格式同 fminunc 相同.

注: fminunc 为无约束优化提供了大型优化和中型优化算法. fminsearch 采用了 Nelder-Mead 型简单搜寻法. 使用 fminunc 和 fminsearch 亦可能会得到局部最优解. 当函数的阶数大于 2 时, 使用 fminunc 比 fminsearch 更有效, 但当所选函数高度不连续时, 使用 fminsearch 效果较好.

例 4.3 求 $y = 3x_1^2 - 5x_1^3 x_2 + 8x_1 x_2 + x_2^3$ 的最小值点.

解 在 MATLAB 程序编辑器中建立函数文件 fun1.m

```
function f=fun1(x)
f=3*x(1)^2-5*x(1)^3*x(2)+8*x(1)*x(2)+x(2)^3;
```

执行程序

```
x0=[0,0];                              %变量初值.
x=fminsearch('fun1',x0)
y=fun1(x)                              %最优解对应的最优值.
```

输出结果为:

```
x =
    -0.5709    1.1010
y =
    -1.6917
```

例 4.4 求函数 $f(x) = 10xy - x^4 - y^4 + x + y$ 的最大值.

解 为了对函数有个直观认识, 先画出其三维图形, 新建程序如下:

```
[x,y]=meshgrid(-3:0.05:3,-3:0.05:3);
z=10.*x.*y-x.^4-y.^4+x+y;
mesh(x,y,z)
xlabel('x'); ylabel('y'); zlabel('z');
```

运行后输出如图 4.4 所示.

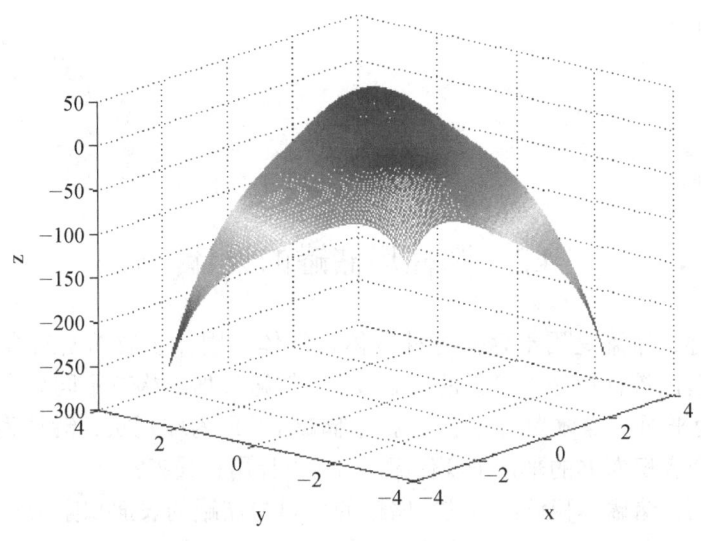

图 4.4 函数 $f(x)$ 三维图形

从图 4.4 可以初步判断函数确实存在极大值, 而且可以大致确定极值点的位置, 这里不妨取 (1,1), 当然在一定的范围内, 初值的选取不应该影响函数最优值. 定义函数 fun2.m:

```
function z=fun2(x)
w=10*x(1)*x(2)-x(1)^4-x(2)^4+x(1)+x(2);
z=-w;                                    %将最大值问题转化成最小值问题.
```

执行如下新建程序:

```
x0=[1,1];                                %变量初值.
x=fminunc('fun2',x0)
z=fun2(x)                                %最优解对应的最优值.
```

输出结果为:

```
x =
    1.6289    1.6289
z =
  -15.7108
```

或用下面方法:
新建程序如下:

```
f='-10*x(1)*x(2)+x(1)^4+x(2)^4-x(1)-x(2)';
x0=[1,1];
[x_max,f_max]=fminsearch(f,x0)          %用 fminunc 效果一样.
```

输出结果为:

```
x_max =
    1.6289    1.6290
f_max =
   -15.7108
```

4.2 圆柱形储罐的设计

问题描述: 储罐是用于存储各种液体、气体或固体物质的密封容器, 是石油、化工、食品等行业必不可少的基础设备. 储罐根据结构有不同分类, 如平顶储罐(罐顶为平面、罐体为圆柱形)、拱顶储罐(罐顶为球冠状、罐体为圆柱形). 若要设计一个容积为 V 的平顶平底储罐, 如何设计用料最省?

问题分析: 储罐体积已经确定, 储罐的用料与储罐的表面积紧密相关, 因此确定储罐的半径和高, 让储罐的表面积最小, 即可满足用料最省.

模型假设:
1. 储罐的灌顶和灌底均是平的, 罐体为圆柱;
2. 储罐灌顶和罐体的材料相同.

模型建立与求解: 设储罐的半径为 r, 罐体的高(不计灌顶)为 h, 则知罐体的体积为

$$V = \pi r^2 h,$$

储罐的表面积为

$$S = 2\pi r^2 + 2\pi rh.$$

因为 $h = \dfrac{V}{\pi r^2}$, 故 $S = 2\pi r^2 + 2\pi r \dfrac{V}{\pi r^2} = 2\pi r^2 + 2\dfrac{V}{r} = 2\pi r^2 + \dfrac{V}{r} + \dfrac{V}{r} \geq 3\sqrt[3]{2\pi r^2 \dfrac{V}{r} \dfrac{V}{r}} = 3\sqrt[3]{2\pi V^2}$, 当且仅当 $2\pi r^2 = \dfrac{V}{r}$ 时, 即 $r = \sqrt[3]{\dfrac{V}{2\pi}}, h = 2r = 2\sqrt[3]{\dfrac{V}{2\pi}}$, 取得最小值.

结果应用: 平顶平底储罐的半径为 $r = \sqrt[3]{\dfrac{V}{2\pi}}$, 罐高为 $h = 2r = 2\sqrt[3]{\dfrac{V}{2\pi}}$ 时, 储罐用料最省.

4.3 梯子长度的估计问题

问题描述：一栋建筑物后面有一个苗圃，紧靠楼房的墙壁有一个培育花卉的温室. 温室高 3.5 米，深入苗圃 2.5 米. 在温室的上方有一些窗户，清洁工要打扫这些窗户，他可以利用的工具只有一架长为 8.5 米的梯子，问他能否成功？试建立相应的数学模型以解决上述问题.

问题分析：这是日常生活中一个比较常见的问题，平时我们可能只要尝试一下就可以判断，而很少从数学角度去分析研究. 在这个问题中虽然告诉了一些具体数据，但还是有很多因素是不确定的，如房屋、窗户与温室的结构、位置和高度，苗圃的大小，是否平整，以及清洁工成功的标志等等都没有具体描述. 因此在这里要想尝试用数学建模的思想和较简单的数学知识回答上述问题，必须对题目做进一步的明确并适当简化条件. 首

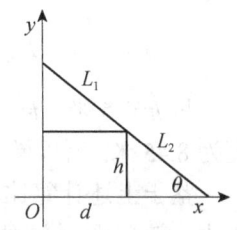

图 4.5 梯子问题剖面图 1

先对工人成功的条件可以理解成梯子的两端能分别搭在墙上和苗圃里，同时注意到温室的脆弱性，应理解成不能对温室产生压力；其次对于温室的形状也应该有所明确，实际当中温室顶部是拱形的比较常见，但为了处理方便，我们这里可理想化为长方体的形式；最后还要指出温室和墙壁之间有没有缝隙(通道) 也是很重要的因素，一开始思考的时候可以假设没有间隔. 根据上述分析和理解，可以画出该问题所涉及的剖面图，如图 4.5 所示. 于是该问题很容易就转换成几何问题. 下面的任务其实就是求达到要求的梯子的最短长度.

模型假设：为了简化问题，下面根据题目的信息和生活经验，作如下假设：

1. 温室是长方体，并且紧靠楼房的墙壁没有空隙；
2. 苗圃足够大并且平整，保证梯子能有效挪动；
3. 温室的长宽高都不超过楼房的相应高度；
4. 只考虑温室上方的窗户；
5. 梯子与温室最多只能挨着，不能产生压力.

模型建立与求解：如图 4.5，分别用 h 表示温室高度, d 表示温室深入苗圃的距离, θ 表示梯子与地表的夹角, L_1, L_2 为梯子在温室上下方的长度. 则由几何知识可知梯子总长度 $L = L_1 + L_2$，且

$$\frac{h}{L_2} = \sin\theta, \quad \frac{d}{L_1} = \cos\theta,$$

于是有

$$L = \frac{d}{\cos\theta} + \frac{h}{\sin\theta} = \frac{d\sin\theta + h\cos\theta}{\sin\theta\cos\theta},$$

其中 $\theta \in (0, \pi/2)$，即将满足要求的梯子长度用梯子与地面夹角的函数来表示，我们的任务就是求该函数的最小值. 关于 θ 求导数得

$$\frac{dL}{d\theta} = \frac{d\sin\theta}{\cos^2\theta} - \frac{h\cos\theta}{\sin^2\theta}.$$

令 $\frac{dL}{d\theta} = 0$，得到 $\frac{h}{d} = \tan^3\theta$，此时 L 最短，即

$$L_{\min} = \frac{d}{\cos\theta} + \frac{d\sin^2\theta}{\cos^3\theta} = \frac{d}{\cos^3\theta} = (h^{2/3} + d^{2/3})^{3/2}.$$

将 h=3.5 米，d=2.5 米代入上面的式子有 $L \approx 8.44574$ 米，即所需梯子的最短长度为 8.45 米，所以梯子的长度刚好够，即工人能成功.

鉴于上述计算比较繁琐，下面借助数学软件 MATLAB 来进行分析计算. 事实上，该问题通过建模以后，就转换成了一个无约束优化问题，为此，先在 MATLAB 中定义目标函数 ladder1.m 如下：

```
function L=ladder1(theta)
d=2.5; h=3.5;
L=d/cos(theta)+h/sin(theta);
```

建立主程序 ladder1_main.m：

```
fplot('ladder1',[0.1,pi/2-0.1])      %绘制函数图像.
xlabel('theta')
ylabel('length of ladder')           %添加坐标轴.
[xmin,fmin,exitflag,output]=fminbnd('ladder1',0,pi/2)   %用 fminbnd 求最优值.
```

运行后输出图 4.6:

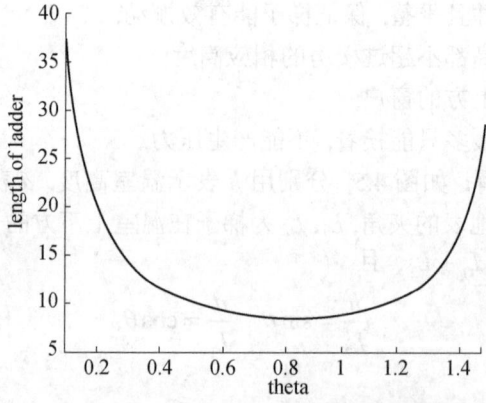

图 4.6　梯子长度与夹角的函数图

注意：程序中在用 fplot 语句画图时，由于 θ 取 0 或 $\pi/2$ 时，函数没有意义，画出来的图形是畸变的. 为了便于观察，我们将范围适当缩小，即加减 0.1. 从图中可以看出，函数存在最小值，最小值点在 $\theta=0.8$ 附近. 具体输出结果为：

```
xmin =
    0.8414
fmin =
    8.4457
exitflag =
    1
output =
    iterations: 8
    funcCount: 9
    algorithm: 'golden section search, parabolic interpolation'
```

即最短长度为 8.4457 米，对应的角度为 0.8414 弧度. 这与前面理论推导得到的结果是一致的.

模型的改进与拓展：

在前面的假设中将温室处理成长方体，忽略了其顶部的形状，如果要让问题更贴近现实，温室顶部的形状必须要考虑. 显然顶部剖面形状可能是圆弧、抛物线或其他曲线，这里作为进一步的探讨，我们考虑一种比较简单的情形，不妨假设温室顶部的剖面图是半圆形，如图 4.7 所示，并且半径 $r=d/2$. 仿照前面的建模过程，可以得到

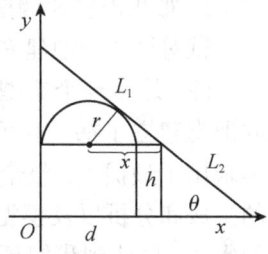

图 4.7 梯子问题剖面图 2

$$L_2 = \frac{h}{\sin\theta}, \quad x = \frac{r}{\sin\theta},$$

从而有

$$L_1 = \frac{r+x}{\cos\theta} = \frac{\sin\theta+1}{\sin\theta\cos\theta}r.$$

于是得到考虑温室顶部为特殊拱形的梯子长度模型如下：

$$L = \frac{h}{\sin\theta} + \frac{\sin\theta+1}{\sin\theta\cos\theta}r,$$

其中 $\theta \in (0, \pi/2)$，同前面一样，只需求出该函数的最小值即为此种情况下所需要的最短梯子长度.

显然用微分法直接求解该函数的极值非常麻烦，所以还是利用 MATLAB 来进行分析计算. 类似定义函数 ladder2.m 如下：

```
function L=ladder2(theta)
d=2.5; h=3.5; r=d/2;
```

L=h/sin(theta)+r*(sin(theta)+1)/(sin(theta)*cos(theta));

将前面主程序适当修改，运行后得到图形与图 4.6 相似，但最优解变为：

xmin =
    0.8937
fmin =
    9.0456

此时梯子最短长度变为约 9.05 米，明显比第一种情况增长了，这和现实经验是吻合的。从这里可以看出，题目虽然给出了数据，但远远不够，根据不同的理解和假设，可能得到的结果差距是很大的。

当然这里考虑的两种情况只是比较基础的、简单的，大家完全可以更进一步的分析探索，下面列出几种有待进一步分析的情况供读者探讨：

1. 如果温室顶部剖面是抛物线，并且抛物线顶部高度为 $r=d/2$，对称轴为 $x=d/2$，那么此时梯子的最短长度是多少？

2. 如果温室和墙壁有通道，通道宽 $l=1$ m，那么梯子长度又应该是多少？

试对这些问题建立必要的数学模型，并用软件工具求出最优解。

注：这是一个典型的优化问题，首先我们通过几何分析，针对顶部拱形的不同形态建立了梯子长度关于地面夹角的数学模型，并用 MATLAB 无约束优化工具求出了最优解。整个解题的过程充分借助了计算机和数学软件，使得函数图形的生成和分析以及模型的求解变得简单易行，并且还可以不断调整参数进行反复的实验，以达到我们预想的目的。这种将数学建模与数学实验紧密结合的模式正是学习数学建模的一种很好的方式。

4.4 存储模型

由于社会经济的不确定性，在企业的生产经营和人们的日常生活中，经常需要把一定数量的原料物资、产品和生活用品等存储起来，以供不时之需。比如工厂会定期订购原材料，存入仓库供持续生产之用；车间会一次加工出一批零件，供装配线每天生产之需；商店可以成批购进各种商品，放在货架以备零售；水库可以在雨季蓄水，用于旱季的灌溉和发电。如果没有储备，而供应商又不能按时供货，企业就有可能因停工待料而造成经济损失，商人会因为无货可卖而失去盈利机会。因此一定数量的储备对于企业的正常运转，保障消费者的利益，维护供需平衡都有很大好处。

但是储备也不是越多越好，因为存储是要支付存储费用的。存储量过大，存储费用太高，而且长期积压会使存储物资损坏变质，造成浪费；存储量太小，会导致一次性订购费用增加，或不能及时满足需求。因此有一个存储量多大才适合的问题.

存储模型按照是否允许缺货可以分为: 不允许缺货的模型和允许缺货的模型, 每一种模型又分为一次性补足和持续补足两种; 按照是否考虑随机性因素分为确定性模型和随机性模型. 这一节将在需求量稳定的前提下讨论一些简单的确定性存储模型.

4.4.1 模型 1: 不允许缺货, 一次性补充

模型假设: 为便于理解和计算, 对此模型作如下假设:

(1) 需求是连续均匀的, 需求速度为常数 R, 则 t 时间内的需求量为 Rt;

(2) 每次订货费为 C_1 元, 货物存储费为每单位时间每件 C_2 元, 均为常数;

(3) 每次订购量相同, 均为 Q, 订货费不变, 并假定当存储量降为 0 时, 可立即补充 Q 件产品, 不会造成缺货;

(4) 订货周期为 T, 时间单位可取为年、月、天等;

(5) 不允许缺货, 缺货损失费为无穷大.

在需求量确定的情况下, 订货周期短、订货量少, 存储费相对较小, 但一次性订货费大; 反之, 订货周期长、订货量大, 会使存储费增大, 但订货费少. 所以一定存在一个最佳的订货周期, 使总费用最小.

显然该问题的决策变量应该是每次的订货量和订货周期, 为了确定最优存储策略, 必须建立订货量、订货周期与总费用的函数关系, 并用相应的求解函数极值的方法求出最优订货量和最佳订货周期, 使平均费用最低.

模型建立: 在上述假设条件下, 存储量的变化情况如图 4.8 所示.

将存储量表示为时间 t 的连续函数 $q(t)$, $t=0$ 时有 Q 件货物, 即存储量 $q(0)=Q$, $q(t)$ 以需求速度 R 递减, 直到 $q(T)=0$. 在需求速度 R 确定的情况下, 订货量 Q 必须和订货周期 T 内的需求量相等, 即有 $Q=RT$.

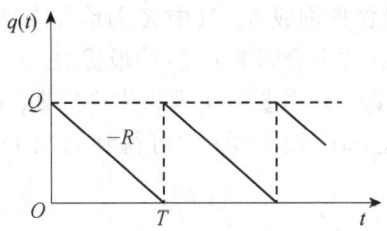

图 4.8 不允许缺货模型的存储量变化示意图

一个周期内的存储费是 $C_2 \int_0^T q(t)dt$, 由定积分的几何意义可知其中的积分值即存储量恰等于图 4.8 中三角形的面积 $QT/2$. 因为一周期的订货费为 C_1, 再注意到 $Q=RT$, 得到一周期的总费用为

$$C = C_1 + \frac{C_2 QT}{2} = C_1 + \frac{C_2 RT^2}{2}. \tag{4.1}$$

于是一周期内每单位时间的总平均费用是

$$\bar{C}(T) = \frac{C}{T} = \frac{C_1}{T} + \frac{RTC_2}{2}. \tag{4.2}$$

(4.2) 式即为优化模型 (4.1) 的目标函数, 于是问题归结为求最佳周期 T 使得 (4.2) 中 $\bar{C}$ 最小, 其中 C_1, C_2, R 均为常数, T 为决策变量.

模型求解: 利用微分法或不等式性质可求出使 (4.2) 式的 $\bar{C}$ 达到最小时对应的 T^* 为

$$T^* = \sqrt{\frac{2C_1}{C_2 R}}, \tag{4.3}$$

代入 $Q = RT$ 可得一周期最佳订货量为

$$Q^* = \sqrt{\frac{2C_1 R}{C_2}}. \tag{4.4}$$

公式 (4.3) 和 (4.4) 称为最优经济批量公式.

将 (4.3) 式代入 (4.2) 算出最小的平均费用为

$$\bar{C}^* = \sqrt{2C_1 C_2 R}. \tag{4.5}$$

结果解释及模型应用:

① 由 (4.3)、(4.4) 式可以看到, 当订货费 C_1 增加时, 订货周期和订货量都变大; 当存储费 C_2 增加时, 订货周期和订货量都变小; 当需求量 R 增加时, 订货周期变小而订货量变大. 这些从模型反映出来的变化关系与现实中定性分析得到的结果是吻合的. 但公式中的定量关系 (如平方根、系数等) 凭经验定性分析是无法得出的, 只能通过数学建模获得.

② 整个建模中都没有考虑货物成本, 事实上, 在 (4.1) 式右边只需加上项 $QK = RTK$, 则总费用便包含货物成本, 其中 K 为单件产品成本. 此时 (4.2) 式右边应该加上常数项 RK, 因此并不会影响 (4.2) 的最优解.

③ 对于生产存储问题, 只需要将 T 视为生产周期, C_1 视为每次生产准备费, 每次产量为 Q, 其他信息和假设不变, 则可得到同 (4.1)、(4.2) 完全相同的存储模型.

④ 模型的应用.

用得到的模型计算如下问题: 已知某企业对某种材料的年需求量为 1000 吨, 该产品单价为 500 元/吨, 每吨年存储费用为 50 元, 每次订货费为 150 元, 求最优存储策略.

已知 R=1000 吨, C_1=150 元, C_2=50 元, K=500 元/吨. 分别代入公式 (4.3)~

(4.5), 得

$$T^* = \sqrt{\frac{2C_1}{C_2 R}} = \sqrt{\frac{2 \times 150}{50 \times 1000}} \approx 0.0775 \text{ 年, 即约 } 28 \text{ (天)},$$

$$Q^* = \sqrt{\frac{2C_1 R}{C_2}} = \sqrt{\frac{2 \times 150 \times 1000}{50}} \approx 77.5 \text{ (吨)},$$

$$\overline{C}^* = \sqrt{2C_1 C_2 R} = \sqrt{2 \times 150 \times 50 \times 1000} = 3873 \text{ (元)},$$

即最优存储策略为: 每隔约 28 天进货一次, 每次进货 77.5 吨, 相应最小总平均费用为 3873 元.

⑤ 公式 (4.2) 的几何解释.

利用上面案例提供的数据在 MATLAB 中绘出总平均费用函数、平均存储费用函数和平均订货费用函数的图形, 见图 4.9.

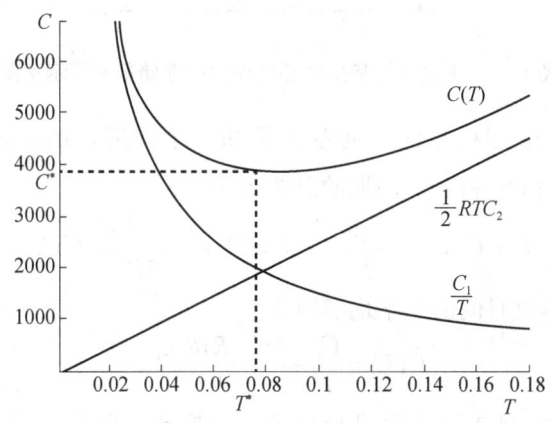

图 4.9 各平均费用变化曲线

从图 4.9 可以看出: 总平均费用 $\overline{C}(T)$ 在最佳订货周期 T^* 处达到最小值. 当 $T < T^*$ 时, 平均存储费用低于平均订货费用; 当 $T > T^*$ 时, 平均存储费用高于平均订货费用; 当 $T = T^*$ 时, 平均存储费用等于平均订货费用, 且使总平均费用最小. 这一点和用均值不等式分析的结果是一致的.

4.4.2 模型 2: 不允许缺货, 连续性补充

在模型 1 中, 每次进货是一次性瞬间入库. 但现实中订货并不是一次性达到的, 往往是一次订货分多次连续送达, 即一边消耗一边进货. 因此需要考虑进货时间, 这里进一步假设当库存量降到 0 时, 以一定供给速度 P (进货速度) 持续补充货物, 即货物分批到达. 由于不允许缺货, 所以显然 $P > R$. 其他假设和模型 1 相同.

模型建立： 在上述假设条件下，存储量 $q(t)$ 的变化情况如图 4.10 所示. 考虑一个周期 T，从库存为零开始进货为起点，在 $[0,T_0]$ 区间内，存储量以 $P\text{-}R$ 的速度连续均匀地增加，当达到时刻 T_0 时，达到最大存储量 Q_0，显然有

$$Q_0 = (P-R)T_0. \tag{4.6}$$

此时进货过程结束，但需求仍将继续，故在区间 $[T_0,T]$ 内，存储量以速度 R 均匀递减，直至库存为零，完成一个周期. 一周期内根据供需平衡，应该有

$$PT_0 = RT. \tag{4.7}$$

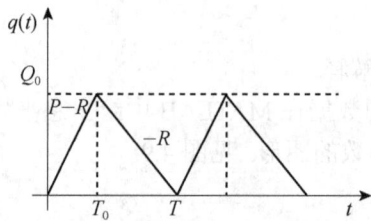

图 4.10 不允许缺货持续补充模型的存储量变化示意图

类似模型 1，由定积分的几何意义可知一个周期内的存储量为 $\int_0^T q(t)dt = TQ_0/2$，由 (4.6)、(4.7) 得到一周期的总费用为

$$C = C_1 + \frac{T(P-R)T_0}{2}C_2 = C_1 + \frac{(P-R)R}{2P}T^2C_2, \tag{4.8}$$

于是一周期内每单位时间的总平均费用是

$$\bar{C}(T) = \frac{C_1}{T} + \frac{(P-R)R}{2P}TC_2. \tag{4.9}$$

(4.9) 式即为模型 2 的优化目标函数，于是问题归结为求最佳周期 T 使得 (4.9) 中 $\bar{C}$ 最小，其中 C_1, C_2, R 均为常数，T 为决策变量.

模型求解： 利用微分法或不等式性质可求出使 (4.9) 式的 $\bar{C}$ 达到最小时对应的 T^* 为

$$T^* = \sqrt{\frac{2C_1}{C_2R}} \cdot \sqrt{\frac{P}{P-R}}, \tag{4.10}$$

代入 $Q = RT$ 可得一周期最佳订货量为

$$Q^* = \sqrt{\frac{2C_1R}{C_2}} \cdot \sqrt{\frac{P}{P-R}}. \tag{4.11}$$

将 (4.10) 式代入 (4.9) 算出最小的平均费用为

$$\bar{C}^* = \sqrt{2C_1C_2R} \cdot \sqrt{\frac{P-R}{P}}. \tag{4.12}$$

结果解释及模型应用：

① 与模型 1 的最佳订货周期和最佳订货量公式 (4.3) 和 (4.4) 比较，模型 2 的公式 (4.10) 和 (4.11) 均多了一个因子 $\sqrt{\dfrac{P}{P-R}}$. 当供货速度很大，即 $P \to \infty$ 时，$\dfrac{P}{P-R} \to 1$，此时公式 (4.10) 和 (4.11) 分别变成 (4.3) 和 (4.4)，模型 2 退化成模型 1，即一次性补足货物，可见模型 1 是模型 2 的特例. 在持续性补足的条件下，相对模型 1，模型 2 的经济订货周期和订货批量都增大了，总相关费用则减少了.

② 模型的应用.

设某厂生产某种零件，每年需求量为 18000 个. 该厂每月可生产 3000 个，每次生产准备费用为 600 元，每个零件每月的保管费用为 0.25 元. 求最佳生产策略.

已知 R=18000 个/年=1500 个/月，C_1=600 元/次，C_2=0.25 元/月，P=3000 个/月. 分别代入公式 (4.10)—(4.12)，得

$$T^* = \sqrt{\dfrac{2C_1}{C_2 R}} \cdot \sqrt{\dfrac{P}{P-R}} = \sqrt{\dfrac{2\times 600}{0.25\times 1500}} \cdot \sqrt{\dfrac{3000}{3000-1500}} = 2.5298\,(月)，即约 76 天，$$

$$Q^* = \sqrt{\dfrac{2C_1 R}{C_2}} \cdot \sqrt{\dfrac{P}{P-R}} = \sqrt{\dfrac{2\times 600\times 1500}{0.25}} \cdot \sqrt{\dfrac{3000}{3000-1500}} = 3795\,(个)，$$

$$\overline{C}^* = \sqrt{2C_1 C_2 R} \cdot \sqrt{\dfrac{P-R}{P}} = \sqrt{2\times 600\times 0.25\times 1500} \cdot \sqrt{\dfrac{3000-1500}{3000}} = 474\,(元)，$$

即最佳生产策略为：每隔约 76 天生产一次，每次生产 3795 个，相应最小总平均费用为 474 元.

4.4.3 模型 3：允许缺货，一次性补充

前面介绍的模型是不能缺货的，即缺货损失无穷大. 但是在某些情况下缺货是允许的，即当存储量降到 0 时，不一定立即补充货物. 虽然这会造成一定的损失，但是如果损失费不超过不允许缺货导致的订货费和存储费的话，暂时缺货就是划算的. 当货物到达后，短缺部分可以得到补足.

模型假设： 在允许缺货模型中，需要补充假设如下：

(1) 每次的虚拟订购量 (既不允许缺货情况下的应进货量) 相同，均为 S，每周期初的存储量为 Q，缺货量为 Q_0，则 $S=Q+Q_0$；

(2) 订货周期为 T，T_1 为进货用完的时间，T_2 为货用完再到进货的时间，即缺货时间；

(3) 相对于需求量生产能力为无限大，允许缺货，但缺货数量需在下次订货 (或生产) 时补足，每单位时间每件产品缺货损失费为 C_3 元.

其余变量和假设与模型 1、2 相同.

模型建立： 如图 4.11 所示，Q 是每周期初的存储量. 根据假设需求量恒定, 因此在 T_1 时段内, 存储量函数 $q(t)$ 以需求速率 R 线性递减, 直至当 $t=T_1$ 时, $q(t)=0$, 存储货物用完, 于是有

$$Q = RT_1. \tag{4.13}$$

在 T_2 时段内已缺货, 可认为存储量函数 $q(t)$ 为负值, $q(t)$ 仍按原斜率继续下降. 由于规定缺货量需补足, 所以在 $t=T$ 时数量为 S 的产品立即到达, 使下周期初的存储量恢复到 Q.

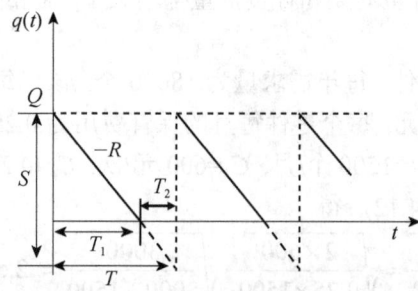

图 4.11　允许缺货模型的存储量变化示意图

在该问题中, 一个周期的总费用应该由三部分构成: 一是一次性订货费用, 即为 C_1; 二是存储费用; 三是缺货损失费. 对于存储费用, 类似模型 1, 先利用图 4.11 中三角形面积计算出一周期内总的存储量为

$$\int_0^{T_1} q(t)dt = QT_1/2.$$

同理, 缺货量为

$$\int_{T_1}^{T_2} |q(t)|dt = (S-Q)T_2/2.$$

于是得到一周期的总费用为

$$C = C_1 + \frac{C_2 QT_1}{2} + \frac{C_3(S-Q)T_2}{2}. \tag{4.14}$$

利用相似三角形边的关系有

$$\frac{T_2}{T_1} = \frac{S-Q}{Q}. \tag{4.15}$$

将 (4.13)、(4.15) 代入 (4.14) 消去 S、T_1 和 T_2 得到总费用关于 T、Q 的二元目标函数

$$C(T,Q) = C_1 + \frac{C_2 Q^2}{2R} + \frac{C_3(RT-Q)^2}{2R}. \tag{4.16}$$

则每单位时间的平均费用为

$$\bar{C}(T,Q) = \frac{C_1}{T} + \frac{C_2 Q^2}{2RT} + \frac{C_3(RT-Q)^2}{2RT}. \tag{4.17}$$

模型求解： 利用微分法求 T 和 Q 使 $C(T,Q)$ 最小，令

$$\begin{cases} \dfrac{\partial \overline{C}}{\partial Q} = \dfrac{1}{T}\left(\dfrac{C_2 Q}{R} - \dfrac{C_3(RT-Q)}{R} \right) = 0 \\ \dfrac{\partial \overline{C}}{\partial T} = -\dfrac{1}{T^2}\left(C_1 + \dfrac{C_2 Q^2}{2R} + \dfrac{C_3(RT-Q)^2}{2R} \right) + \dfrac{1}{T} C_3(RT-Q) = 0 \end{cases}$$

可解得最佳订货周期和最佳实际订货量分别为：

$$T^* = \sqrt{\dfrac{2C_1}{RC_2}} \cdot \sqrt{\dfrac{C_2+C_3}{C_3}}, \tag{4.18}$$

$$Q^* = \sqrt{\dfrac{2RC_1}{C_2}} \cdot \sqrt{\dfrac{C_3}{C_2+C_3}}, \tag{4.19}$$

同理可得

$$\overline{C}^* = \sqrt{2RC_1C_2} \cdot \sqrt{\dfrac{C_3}{C_2+C_3}}. \tag{4.20}$$

与模型 1 的公式 (4.3)、(4.4) 和 (4.5) 比较，模型 3 的公式 (4.18)、(4.19) 和 (4.20) 均多了一个因子 $\sqrt{\dfrac{C_2+C_3}{C_3}}$ 或 $\sqrt{\dfrac{C_3}{C_2+C_3}}$. 当缺货损失费很大，即 $C_3 \to \infty$ 时，这两个因子极限都为 1，此时公式 (4.18)、(4.19) 和 (4.20) 分别变成 (4.3)、(4.4) 和 (4.5)，模型 3 退化成模型 1，即不允许缺货，可见不允许缺货模型可视为允许缺货模型的特例.

习 题 4

1. 在一块边长为 6 米的正方形空地上建造一个容积为 50 立方米，深 5 米的长方体无盖水池，如果池底和池壁的造价每平方米分别为 150 元和 100 元，那么水池的最低总造价为多少元？

2. 对边长为 5 米的正方形铁板，在四个角剪去相等的正方形以制成方形无盖水槽，问如何剪使水槽的容积最大？

3. 生产某种电子元件，如果生产一件正品，可获利 200 元，如果生产一件次品则损失 100 元，已知该厂制造电子元件过程中，次品率 p 与日产量 x 的函数关系是 $p = \dfrac{3x}{4x+32}$ (x 为正整数).

(1) 将该产品的日盈利额 T(元) 表示为日产量 x 的函数.
(2) 为获最大利润，该厂的日产量应定为多少件？

4. 若电灯 (B) 可在过桌面上一点 O 的垂线上移动, 桌面上有与点 O 距离为 a 的另一点 A, 问电灯与点 O 的距离为多大时, 可使点 A 有最大的亮度? (如图 4.12 所示, 由光学知识, 亮度 y 与 $\sin\theta$ 成正比, 与 r^2 成反比)

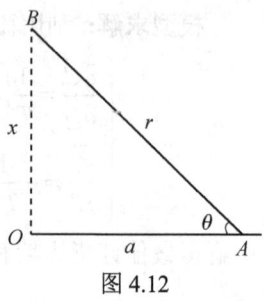

图 4.12

5. 甲方是一农场, 乙方是一工厂. 由于乙方生产需要占用甲方的资源, 因此甲方有权向乙方索赔以弥补经济损失并获得一定的净收入. 在乙方不赔付甲方的情况下, 乙方的年利润 x(元) 与年产量 t(吨) 满足函数关系 $x = 2000\sqrt{t}$. 若乙方每年生产一吨产品必须赔付甲方 s 元 (以下称 s 为赔付价格).

(1) 将乙方的年利润 w(元) 表示为年产量 t(吨) 的函数, 并求出乙方获得最大利润的年产量;

(2) 甲方每年受乙方生产影响的经济损失金额 $y = 0.002t^2$ (元), 在乙方按照获得最大利润的产量进行生产的前提下, 甲方要在索赔中获得最大净收入, 应向乙方要求的赔付价格 s 是多少?

6. 陈酒出售的最佳时机问题. 某酒厂有批新酿的好酒, 如果现在就出售, 可得总收入 R_0=100 万元 (人民币), 如果窖藏起来待来日 (第 n 年) 按陈酒价格出售, 第 n 年末可得总收入 $R = R_0 e^{\sqrt{n}/6}$(万元), 而银行利率为 r=0.05, 试分析这批好酒窖藏多少年后出售可使总收入的现值最大. (假设现有资金 X 万元, 将其存入银行, 到第 n 年时增值为 $R(n)$ 万元, 则称 X 为 $R(n)$ 的现值.)

第一种方案: 将酒现在出售, 所获 100 万元本金存入银行;

第二种方案: 将酒窖藏起来, 待第 n 年出售.

(1) 计算 15 年内采用两种方案, 100 万元每一年增值的数目;

(2) 计算 15 年内陈酒出售后总收入 $R(n)$ 每一年的现值.

7. 房屋建筑成本由土地使用权取得费和材料工程费两部分组成. 某市今年的土地使用权取得费为 2000 元/m^2; 材料工程费在建造第一层时为 400 元/m^2, 以后每增加一层费用增加 40 元/m^2, 请你帮助设计学校科技综合大楼的层数, 使每层每平方米建筑面积的平均成本费用最节省 (成本最低).

第5章 数学规划模型

数学规划是运筹学的重要分支,也是数学建模中的一类重要方法.它的应用领域非常广泛,从解决各种技术领域中的最优化问题,到工农业生产、经济管理、交通运输、决策分析等方面都可以看到数学规划的身影.

一般实际问题中的优化模型可归结为:

$$\min(or \max)\quad z = f(x),\ x = (x_1, x_2, \cdots, x_n)^{\mathrm{T}}$$
$$\text{s.t.}\quad g_i(x) \leqslant 0, (=0,\ \text{或} \geqslant 0),\ i = 1, 2, \cdots, m,$$

其中 x 称为决策变量,$f(x)$ 称为目标函数,s.t. (subject to) 表示受约束,意为使什么满足,$g_i(x) \leqslant 0$ 称为约束条件.具有这种形式的优化模型称为数学规划模型.

数学规划模型实质上就是多元函数的条件极值问题,但由于从实际问题中提炼出的数学规划模型,往往决策变量和约束条件的数量 n, m 都很大,所以直接用微分法求解难度大,效率低,不易操作.如果用数学规划的理论结合数学软件来求解相对要容易得多.数学规划问题主要采用单纯形法求解,在这一章中我们着重从数学建模的角度出发,介绍数学软件工具的应用,尽量回避繁琐的理论求解,转而用现成的工具软件求解模型,这样可以最大限度地展现数学知识和方法在现实中的应用.

数学规划可分为:

1. 线性规划:$f(x)$,$g_i(x)$ 均为线性函数,且 $x_i \geqslant 0$;
2. 非线性规划:$f(x)$ 或某 $g_i(x)$ 为非线性函数;
3. 整数规划和 0-1 规划:$x_i \in Z$ 或只能取 0 和 1;
4. 多目标规划:目标函数由两个或两个以上目标构成.

整数规划是线性规划和非线性规划的特殊形式,本章将从几个方面介绍一些典型的实际案例.为了方便学习具体案例时求解模型,下面先简要介绍一些常用的优化工具.

5.1 优化工具介绍

5.1.1 MATLAB 优化工具箱简介

在第 4 章我们已经将 MATLAB 优化工具箱中的 fminbnd、fminsearch 和 fminunc 函数应用到无约束优化问题的求解当中,初步体验了优化工具的优势和便捷. 事实上, MATLAB 优化工具箱除了提供上述优化函数外, 还可以求解线性规划、非线性规划和多目标规划问题. 具体而言, 包括线性、非线性最小化, 最大最小化, 二次规划, 半无限问题, 线性、非线性方程(组)的求解, 线性、非线性的最小二乘问题等. 另外, 该工具箱还提供了线性、非线性最小化, 方程求解, 曲线拟合, 二次规划等问题中大型课题的求解方法, 为优化方法在工程中的实际应用提供了更方便快捷的途径. 本节主要介绍数学建模中常用的线性规划和非线性规划的求解函数.

1. 线性规划问题

线性规划问题是目标函数和约束条件均为线性函数的问题, MATLAB 解决的线性规划问题的标准形式为:

$$\min \ c' \cdot x, x \in R^n$$

$$\text{s.t.} \begin{cases} A \cdot x \leq b \\ Aeq \cdot x = beq, \\ lb \leq x \leq ub \end{cases}$$

其中 c、x、b、beq、lb、ub 为均列向量, c' 表示 c 的转置, A、Aeq 为矩阵. 其他形式的线性规划问题都可经过适当变换化为此标准形式. 在 MATLAB 中, 线性规划问题 (Linear Programming) 求解使用函数 linprog.

函数 linprog

格式 x = linprog(c,A,b)　　　%求 min c'*x　s.t. $A \cdot x \leq b$ 线性规划的最优解.

x = linprog(c,A,b,Aeq,beq)　　%增加等式约束 $Aeq \cdot x = beq$, 若没有不等式约束 $A \cdot x \leq b$, 则 A=[ ], b=[ ].

x = linprog(c,A,b,Aeq,beq,lb,ub)　　%指定 x 的范围 $lb \leq x \leq ub$, 若没有等式约束 $Aeq \cdot x = beq$, 则 Aeq=[ ], beq=[ ].

x = linprog(c,A,b,Aeq,beq,lb,ub,x0)　　%设置初值 x0. 该选项只适用于中型问题, 缺省时大型算法将忽略初值.

x = linprog(c,A,b,Aeq,beq,lb,ub,x0,options)　　% options 为指定的优化参数.

[x,fval] = linprog(…)　　% 返回解 x 处的目标函数值 fval.

[x,fval,exitflag] = linprog(…)　　% exitflag 为终止迭代的错误条件.

[x,fval,exitflag,output] = linprog(…)   % output 为关于优化的一些信息.

[x,fval,exitflag,output, lambda] = linprog(…)   % lambda 为解 x 处的 Lagrange 乘子.

说明： 若 exitflag>0 表示函数收敛于解 x, exitflag=0 表示超过函数估值或迭代的最大数字, exitflag<0 表示函数不收敛于解 x; lambda=lower 表示下界 lb, lambda=upper 表示上界 ub, lambda=ineqlin 表示不等式约束, lambda=eqlin 表示等式约束, lambda 中的非 0 元素表示对应的约束是有效约束; output=iterations 表示迭代次数, output=algorithm 表示使用的运算规则, output=cgiterations 表示 PCG 迭代次数.

注意： 使用优化工具箱时, 由于优化函数要求目标函数和约束条件满足一定的格式, 所以需要用户在进行模型输入时注意以下几个问题:

(1) 目标函数最小化

前面提到的优化函数 fminbnd、fminsearch、fminunc 以及这节要介绍的 linprog、fmincon 等函数都要求目标函数最小化, 如果优化问题要求目标函数最大化, 可以通过使该目标函数的负值最小化即 $-f(x)$ 最小化来实现.

(2) 约束非正

优化工具箱要求不等式约束的形式为 $C_i(x) \leqslant 0$, 通过对不等式取负可以达到使大于零的约束形式变为小于零的不等式约束形式的目的, 如 $C_i(x) \geqslant 0$ 形式的约束等价于 $-C_i(x) \leqslant 0$; $C_i(x) \geqslant b$ 形式的约束等价于 $-C_i(x)+b \leqslant 0$.

(3) 避免使用全局变量

例 5.1 求解下面的线性规划问题

$$\min\ z = -3x_1 + 4x_2 - 2x_3 + 5x_4$$

$$\text{s.t.} \begin{cases} x_1 + x_2 + 3x_3 - x_4 \leqslant 12 \\ -2x_1 + 3x_2 - x_3 + 2x_4 \geqslant 2 \\ 4x_1 - x_2 + 2x_3 - x_4 = -2 \\ x_1 \geqslant 0, x_2 \geqslant 0, x_3 \geqslant 0 \end{cases}.$$

解 在 MATLAB 中输入

```
c=[-3;4;-2;5];
A=[1 1 3 -1;
2 -3 1 -2];        % 第 2 个不等式不是标准形式, 需要两边加负号.
b=[12;-2];
Aeq=[4 -1 2 -1];
beq=[-2];
lb=zeros(3,1);     % x4 无约束.
ub=[];
```

```
[x,fval,exitflag,output,lambda]=linprog(c,A,b,Aeq,beq,lb,ub)
```
结果为:
```
x =                              %最优解
    0.0000
    7.0000
    0.0000
   -5.0000
fval =                           %最优值
    3.0000
exitflag =                       %收敛
    1
output =
    iterations: 7                %迭代次数
    cgiterations: 0
    algorithm: 'lipsol'          %所使用规则
lambda =
    ineqlin: [2x1 double]
    eqlin: 4.5000
    upper: [4x1 double]
    lower: [4x1 double]
```

在 MATLAB 命令窗口提示符下输入 lambda.ineqlin 并按 Enter 键得

```
ans =
    0.5000
    0.0000
```

同样输入 lambda.lower 后并按 Enter 键得

```
ans =
   15.5000
    0.0000
    8.5000
    0
```

说明： 不等式约束条件 1 以及第 1 和第 3 个下界是有效的.

例 5.2 求解下面的线性规划问题

$$\max z = 2x_1 + 3x_2 + 4x_3 + 7x_4$$

$$\text{s.t.} \begin{cases} 2x_1 + 3x_2 - x_3 - 4x_4 = 8 \\ x_1 - 2x_2 + 6x_3 - 7x_4 = -3 \\ 0 \leq x_2 \leq 3, 0 \leq x_3 \leq 7 \\ x_1 \geq 0, x_4 \geq 0 \end{cases}$$

解 在 MATLAB 中输入程序代码如下:

```
c=-[2;3;4;7];           %目标函数求最大值,加负号转化成求最小值.
Aeq=[2 3 -1 -4;
     1 -2 6 -7];
beq=[8;-3];
lb=zeros(4,1);
ub=[inf;3;7; inf];      %x1 和 x4 无上界限制.
[x,fval,exitflag]=linprog(c,[],[],Aeq,beq,lb,ub)    %无不等式约束.
```

输出结果为:

```
Optimization terminated successfully.
x =
      28.5000
       0.0000
       7.0000
      10.5000
fval =
    -158.5000
exitflag =
            1
```

即最优解为 $x_1=28.5, x_2=0, x_3=7, x_4=10.5$,最大值为 158.5.

2. 非线性规划问题

1) 二次规划问题

二次规划问题 (quadratic programming) 的标准形式为

$$\min \ \frac{1}{2}x'Hx+c'x$$

$$\text{s.t.} \begin{cases} A \cdot x \leq b \\ Aeq \cdot x = beq, \\ lb \leq x \leq up \end{cases}$$

其中,H、Aeq、A 为矩阵,c、b、beq、lb、ub、x 为向量. 其他形式的二次规划问题都可转化为标准形式.

函数 **quadprog**

格式 x =quadprog(H,c,A,b)   %其中 H,c,A,b 为标准形中的参数,x 为目标函数的最小值.

x = quadprog(H,c,A,b,Aeq,beq)

x = quadprog(H,c,A,b,Aeq,beq,lb,ub)

x = quadprog(H,c,A,b,Aeq,beq,lb,ub,x0)

x = quadprog(H,c,A,b,Aeq,beq,lb,ub,x0,options)

[x,fval] = quadprog(…)

[x,fval,exitflag] = quadprog(…)

[x,fval,exitflag,output] =quadprog(…)

[x,fval,exitflag,output,lambda] = quadprog(…)

注：其他格式及参数说明同 linprog 一样．

例 5.3 求解下面二次规划问题

$$\min \quad f(x) = \frac{1}{2}x_1^2 + 2x_2^2 - 2x_1x_2 - 3x_1 - 5x_2$$

$$\text{s.t.} \begin{cases} x_1 + x_2 \leqslant 5 \\ -x_1 + 2x_2 \leqslant 2 \\ 3x_1 - 2x_2 \leqslant 3 \\ x_1 \geqslant 0, x_2 \geqslant 0 \end{cases}.$$

解 $f(x) = \frac{1}{2}x'Hx + c'x$，则

$$H = \begin{pmatrix} 1 & -2 \\ -2 & 4 \end{pmatrix}, \quad c = \begin{pmatrix} -3 \\ -5 \end{pmatrix}, \quad x = \begin{pmatrix} x_1 \\ x_2 \end{pmatrix}.$$

在 MATLAB 中实现如下代码：

```
H = [1 -2; -2 4];              %二次型矩阵.
c= [-3; -5];
A = [1 1; -1 2; 3 -2];         %线性不等式约束.
b = [5; 2; 3];
lb = zeros(2,1);
[x,fval,exitflag,output,lambda] = quadprog(H,c,A,b,[ ],[ ],lb)
```

结果为：

```
x =                            %最优解
    2.5000
    2.2500
fval =                         %最优值
   -16.7500
```

注：在 MATLAB 命令窗口提示符>>下键入 lambda.ineqlin 可见第 2、3 两个约束条件有效，其余无效．

2) 一般非线性规划

非线性有约束的多元函数求极值问题的标准形式为

$$\min\ f(x)$$
$$\text{s.t.}\ \begin{cases} A\cdot x \leqslant b \\ Aeq\cdot x = beq \\ C(x) \leqslant 0 \\ Ceq(x) = 0 \\ lb \leqslant x \leqslant ub \end{cases},$$

其中: x、b、beq、lb、ub 是向量, A、Aeq 为线性约束对应的矩阵, $C(x)$、$Ceq(x)$ 是返回向量的函数, $f(x)$ 为目标函数, $f(x)$、$C(x)$、$Ceq(x)$ 可以是非线性函数组成的向量, 其他变量的含义与线性规划、二次规划中相同. 用 MATLAB 求解上述问题, 需要分三个步骤实现:

(1) 首先建立 M 文件 fun.m, 定义目标函数 f(x):

```
function f=fun(x);
    f=f(x);
```

(2) 若约束条件中有非线性约束: $C(x) \leqslant 0$ 或 $Ceq(x)=0$, 则建立 M 文件 nonlcon.m 定义函数 C(x) 与 Ceq(x):

```
function [C,Ceq]=nonlcon(x)
    C=...          %多组约束条件用[]括起来, 之间用";"隔开.
    Ceq=...
```

(3) 建立主程序.

非线性规划求解的函数是 fmincon, 命令的基本格式如下:

函数 **fmincon**

格式　　x = fmincon(fun,x0,A,b)

　　　　x = fmincon(fun,x0,A,b,Aeq,beq)

　　　　x = fmincon(fun,x0,A,b,Aeq,beq,lb,ub)

　　　　x = fmincon(fun,x0,A,b,Aeq,beq,lb,ub,nonlcon)

　　　　x = fmincon(fun,x0,A,b,Aeq,beq,lb,ub,nonlcon,options)

　　　　[x,fval] = fmincon(…)

　　　　[x,fval,exitflag] = fmincon(…)

　　　　[x,fval,exitflag,output] = fmincon(…)

　　　　[x,fval,exitflag,output,lambda] = fmincon(…)

　　　　[x,fval,exitflag,output,lambda,grad] = fmincon(…)

　　　　[x,fval,exitflag,output,lambda,grad,hessian] = fmincon(…)

参数说明:

① fun 为目标函数, 它可用 function 来定义;

② x0 为初始值；

③ A、b 满足线性不等式约束 $A \cdot x \leq b$，若没有不等式约束，则 A=[ ], b=[ ];

④ Aeq、beq 满足等式约束 $Aeq \cdot x = beq$，若没有，则取 Aeq=[ ], beq=[ ];

⑤ lb、ub 满足 $lb \leq x \leq ub$，若没有界，可设 lb=[], ub=[];

⑥ nonlcon 的作用是通过接收的向量 x 来计算非线性不等约束 $C(x) \leq 0$ 和等式约束 $Ceq(x) = 0$ 分别在 x 处的估计 C 和 Ceq，通过指定函数来使用，如：

```
x = fmincon(@myfun,x0,A,b,Aeq,beq,lb,ub,@mycon).
```

要求先建立非线性约束函数，并保存为 mycon.m:

```
function [C,Ceq] = mycon(x)
C = …      % 计算 x 处的非线性不等约束 C(x) ≤ 0 的函数值;
Ceq = …    % 计算 x 处的非线性等式约束 Ceq(x) = 0 的函数值.
```

⑦ lambda 是 Lagrange 乘子，它体现哪一个约束有效;

⑧ output 输出优化信息;

⑨ grad 表示目标函数在 x 处的梯度;

⑩ hessian 表示目标函数在 x 处的 Hessian 值.

注意：

(1) fmincon 函数提供了大型优化算法和中型优化算法. 默认时，若在 fun 函数中提供了梯度，并且只有上下界存在或只有等式约束，fmincon 函数将选择大型算法. 当既有等式约束又有梯度约束时，使用中型算法.

(2) fmincon 函数的中型算法使用的是序列二次规划法. 在每一步迭代中求解二次规划子问题，并用 BFGS 法更新拉格朗日 Hessian 矩阵.

(3) fmincon 函数可能会给出局部最优解，这与初值 x_0 的选取有关.

例 5.4 求解下列非线性规划问题，初值选为 (0,1).

$$\min \ f(x) = x_1^2 + x_2^2 + 8$$

$$\text{s.t.} \begin{cases} 2x_1 - 3x_2 \leq 5 \\ x_1^2 - x_2^2 \geq 0 \\ -x_1 - x_2^2 + 2 = 0 \\ x_1 \geq 0, x_2 \geq 0 \end{cases}.$$

解 (1) 先在 MATLAB 中定义非线性目标函数 fun_ex4.m:

```
function f=fun_ex4(x);
f=x(1)^2+x(2)^2+8;
```

(2) 建立非线性约束函数文件:

```
function [c,ceq]=mycon_ex4(x);
```

```
c=-x(1)^2+x(2)^2;                %不等式约束.
ceq=-x(1)-x(2)^2+2;              %等式约束.
```

(3) 输入主程序:

```
A=[2 -3];
b=[5];
x0=[0 1];
lb=zeros(2,1);                   %变量下限.
[x,fval,...,grad,hessian]=fmincon('fun_ex4',x0,A,b,[],[],lb,[],'mycon_ex4')
```

则结果为:

```
x =
     1.0000    1.0000
fval =
    10.0000
exitflag =
     1
output =
         iterations: 6
          funcCount: 27
           stepsize: 1
          algorithm: 'medium-scale: SQP, Quasi-Newton, line-search'
       firstorderopt: 4.8833e-015
         cgiterations: []
lambda =
         lower: [2x1 double]    %x 下界等有效情况, 通过 lambda.lower 等可查看.
         upper: [2x1 double]    %x 上界有效情况, 为 0 表示约束无效.
         eqlin: [0x1 double]    %线性等式约束有效情况, 不为 0 表示约束有效.
       eqnonlin: 1.3332         %非线性等式约束有效情况.
         ineqlin: 0             %线性不等式约束有效情况.
     ineqnonlin: 0.3332         %非线性不等式约束有效情况.
grad =                           %目标函数在最小值点的梯度.
    1.9995
    1.9653
hessian =                        %目标函数在最小值点的 Hessian 值.
    0.9266    0.0178
    0.0178    0.0646
```

例 5.5 求解下面非线性规划

$$\min f(x) = 2x_1 - x_2 e^{x_1}$$

$$\text{s.t.} \begin{cases} x_1^2 + x_2^2 - 12 \leq 0 \\ 5 - x_1^2 + x_2^2 \geq 0 \\ 0 \leq x_1 \leq 5, \ 0 \leq x_2 \leq 8 \end{cases}.$$

解 (1) 先建立 M-文件 fun_ex5.m 定义目标函数:

```
function f=fun_ex5(x);
f=2*x(1)-x(2)*exp(x(1));
```

(2) 再建立 M 文件 mycon_ex5.m 定义非线性约束:

```
function [g,ceq]=mycon_ex5(x)
    g=[x(1)^2+x(2)^2-12; x(1)^2-x(2)^2-5];    %有两组非线性不等式约束.
    ceq=[];                                    %无非线性等式约束.
```

(3) 主程序 ex5_main.m 为:

```
x0=[1;1];                         %迭代初值.
lb=[0;0];
ub=[5;8];
[x,fval,exitflag,output]=fmincon('fun_ex5',x0,[],[],[],[],lb,ub,'mycon_ex5')
```

(4) 运算结果为:

```
x =
    2.9155
    1.8708
fval =
    -28.7000
exitflag =
    1
```

5.1.2 Lingo 软件包的使用

1. Lingo 简介

Lingo(linear interactive and general optimizer) 主要用于求解线性规划、整数规划、二次规划、非线性规划 (nonlinear programming, NLP),也可以用于一些线性和非线性方程组的求解以及代数方程求根等. Lingo 包含了内置的建模语言和许多常用的数学函数,可供使用者建立数学规划问题模型时调用,它允许以简练、直观的方式描述所需求解的问题,模型中所需的数据可以以一定格式保存在列表 (List) 和表格 (Table) 中,也可以保存在独立的文件中. 更进一步,Lingo 实际上提供了建立最优化模型的一种语言,有了它,使用者只用键入一行文字也可以建立起成千条约束或目标函数项. 这就使输入较大规模问题的过程得到了简化.

2. Lingo 的基本用法

在求解大规模数学规划问题上,Lingo 利用内置的建立最优化模型的语言,可以非常简便地表达模型,在程序书写上有明显优势. 下面先示范一个例子.

例 5.6 用 Lingo 求解线性规划

$$\min \ Z = 2x_1 + 3x_2 + x_3$$
$$\text{s.t.} \begin{cases} x_1 + 4x_2 + 2x_3 \geq 8 \\ 3x_1 - x_3 \geq 3 \\ x_1 \geq 0, x_2 \geq 0 \end{cases}.$$

首先启动 Lingo，进入如下界面：

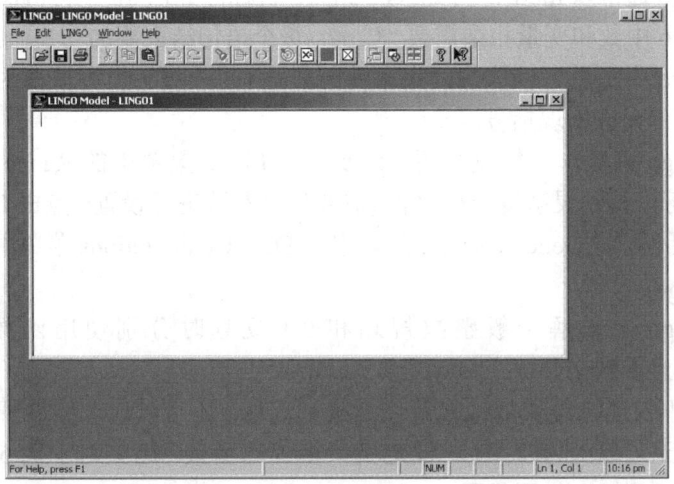

在 Lingo MODEL-Lingo1 窗口 (程序编辑器) 中输入代码：

```
model:
min=2*x1+3*x2+x3;
  x1+4*x2+2*x3>=8;
  3*x1-x3>=3;
end
```

点击 Lingo 菜单中的 Solve 选项或直接点击工具栏的 按钮，得到如下输出报告：

```
Global optimal solution found.
Objective value:                 7.000000
Total solver iterations:         0
   Variable         Value        Reduced Cost
     X1            2.000000         0.000000
     X2            0.000000         0.1428571
     X3            3.000000         0.000000
     Row       Slack or Surplus    Dual Price
     1             7.000000         -1.000000
     2             0.000000         -0.7142857
     3             0.000000         -0.4285714
```

它表示该优化模型的全局最优解(global optimal solution)为: $x_1=2$; $x_2=0$; $x_3=3$, 最优值为 7.

说明:

(1) 在 Lingo 中输入一个数学规划模型可以理解成"所见即所得"的方式, 即按模型直接输入; 决策变量默认是非负的; 以 end 结束.

(2) 语法上的一些注意事项:

① Lingo 通常以 model: 开始, end 结束; 目标函数以 min=或 max=开始;

② Lingo 中数和变量相乘需要 "*" 号, 每个语句结束要加 ";";

③ Lingo 中变量可以放在约束条件的右端(同时数字也可放在约束条件的左端), 表达式中允许出现括号.

(3) Lingo 可以作灵敏度分析, 只要点击 Lingo 菜单下的 Range 选项或按下 Ctrl+R, 就可以得到灵敏度分析报告(需要先对参数进行设置: 点击 Lingo 菜单中 Options 对话框, 将 General Solver 选项卡下 Dual Computations 菜单中的参数改成 Prices&Range).

(4) Lingo 中求解一般整数规划和 0-1 规划时分别使用函数 @gin(x) 与 @bin(x), 而且函数必须放在 end 之前.

Lingo 不仅能方便快捷地求解线性规划问题, 还可以让非线性规划的求解也变得轻松, 无须像 MATLAB 一样定义诸多外部函数. 比如对于例 5.5, 在 Lingo 中只需按照模型输入如下代码:

```
model:
min=2*x1-x2*@exp(x1);     !@exp(x1) 定义指数函数;
    x1^2+x2^2-12<=0;
    5-x1^2+x2^2>=0;
    @bnd(0,x1,5);         !@bnd() 对变量 x1 指定范围, 下界为 0, 上界为 5;
    @bnd(0,x2,8);
end
```

运行后得到结果与 MATLAB 求解结果一致.

到此, 对线性规划、非线性规划, 包括整数规划等都可以利用 Lingo 求解了. 但是如果遇到大规模的优化问题, 由于涉及的变量多, 目标函数和约束条件都很复杂, 特别是约束条件可能成百上千, 而且形式上频繁重复, 这时如果还用上面的方式输入程序, 将显得非常不方便. 因此要考虑更简便的程序书写方式, 这就是我们下面要介绍的利用优化模型的矩阵形式书写程序.

3. 基于矩阵生成器的 Lingo 程序编写

利用 Lingo 内置的建立最优化模型的语言可以使大规模优化模型的程序编写变得方便容易, 但需要涉及 Lingo 的一些语法、函数的使用. 下面先从 Lingo 程序的构成模块谈起.

1) Lingo 程序的构成

在 Lingo 中实现对一个优化模型的程序编写,大致由 3 个部分构成:集合部分、数据部分和目标与约束部分. 有时还需要加初始部分,其中集合部分和初始部分是可选的. 为了说明 Lingo 程序各个部分的构成和功能,下面先给出例 5.6 用矩阵形式书写的程序 (各语句前面的数字标号可用 Lingo 菜单下的 Look 或 Ctrl+L 键产生).

```
1]  model:
2]    sets:
3]      row/1..2/:b;
4]      col/1..3/:c,x;
5]      link(row,col):A;
6]    endsets
7]
8]    data:
9]      b=8,3;
10]     c=2,3,1;
11]     A=1,4,2,
12]       3,0,-1;
13]   enddata
14]
15]   min=@sum(col:c*x);
16]   @for(row(i):
17]     @sum(col(j):A(i,j)*x(j))>=b(i));
18] end
```

- 集合部分

集是 Lingo 建模语言的基础,是程序设计最强有力的基本构件. 借助于集,能够用一个简明的复合公式表示一系列相似的约束,从而可以快速方便地表达规模较大的模型. 集是一群相联系的对象,这些对象称为集的成员. 每个集成员可能有一个或多个与之有关联的特征,我们把这些特征称为属性. Lingo 有两种类型的集:原始集和派生集.

集合部分以关键字 "sets" 开始,以 "endsets" 结束. 一个模型可以没有集合部分,或有一个甚至多个集合部分. 一个集合部分可以放置于模型的任何地方,但是一个集及其属性在模型约束中被引用之前必须先定义.

定义一个原始集,用下面的语法:

setname[/member_list/][:attribute_list];

其中用 "[]" 表示该部分内容可选. Setname 是集的名字,集合名字必须严格符合标准命名规则:以拉丁字母或下划线 (_) 为首字符,其后由拉丁字母 (A—Z)、下划线、

阿拉伯数字 (0, 1, …, 9) 组成总长度不超过 32 个字符的字符串，且不区分大小写。

在上述程序中 3-4 行定义了两个原始集 row 和 col，其成员数分别为 2 和 3，对应模型中 2 个约束条件和 3 个变量。其中集 row 有属性 b (定义 2 维向量)，表示 2 个约束右边的常数列向量；集 col 有 2 个属性 c 和 x，是长度均为 3 的向量，其中 c 是目标函数的系数向量，x 是决策变量。第 5 行定义了派生集 link，有一个属性 A，是一个 2×3 的矩阵，对应 2 个不等式约束的系数矩阵。集 row 和 col 也称为派生集 link 的父集。

集的成员列表 (/member_list/) 有显式罗列和隐式罗列两种方式。显式罗列要求一次全部列出各个成员，中间用空格或逗号隔开，隐式罗列不必罗列出每个集成员。可采用如下语法：

```
setname/member1..memberN/[: attribute_list];
```

这里的 member1 是集的第一个成员名，memberN 是集的最末一个成员名。Lingo 将自动产生中间的所有成员名。

派生集成员列表被忽略时，成员由父集成员所有的组合构成，这样的派生集成为稠密集。如果限制派生集的成员，使它成为父集成员所有组合构成的集合的一个子集，这样的派生集成为稀疏集。

- 数据部分

数据部分提供了模型相对静止部分和数据分离的可能性，这对模型的修改和维数的缩放非常便利。

数据部分以关键字 "data" 开始，以关键字 "enddata" 结束。其语法如下：

```
object_list = value_list;
```

数值列 (value_list) 包含要分配给对象列中的对象的值，用逗号或空格隔开。注意属性值的个数必须等于集成员的个数。在上述程序中 9-12 行依次指定了属性 b, c 和 A 的值。

- 目标与约束段

上述程序中 15-17 行给出了目标函数和约束条件。@sum 表示对 col 定义的变量求和，即 $\sum_j c_j x_j$；@for(row(i):…) 表示约束条件 $Ax \geqslant b$，由于 row 长度为 2，故该循环执行 2 次，对应题目中两个约束。

根据 Lingo 程序的特点，如要扩大例 5.8 中线性规划模型的规模，只需在例 5.8 程序基础上改变行数、列数以及相应的数据集合即可。

2) Lingo 的基本运算符

- 算术运算符

算术运算符是针对数值进行操作的。Lingo 提供了 5 种二元运算符：

^ 乘方, * 乘, / 除, + 加, - 减.

这些运算符的优先级由高到低为: ^, *, /, +, -.

运算符的运算次序为从左到右按优先级高低来执行. 运算的次序可以用圆括号 "()" 来改变.

- 逻辑运算符

在 Lingo 中, 逻辑运算符主要用于集循环函数的条件表达式中, 来控制在函数中哪些集成员被包含, 哪些被排斥. 在创建稀疏集时用在成员资格过滤器中.

Lingo 有 9 种逻辑运算符:

#not#　　否定该操作数的逻辑值.
#eq#　　如两个运算数相等, 则为 true; 否则为 flase.
#ne#　　如两个运算符不相等, 则为 true; 否则为 flase.
#gt#　　如左边的运算符严格大于右边的运算符, 则为 true; 否则为 flase.
#ge#　　如左边的运算符大于或等于右边的运算符, 则为 true; 否则为 flase.
#lt#　　如左边的运算符严格小于右边的运算符, 则为 true; 否则为 flase.
#le#　　如左边的运算符小于或等于右边的运算符, 则为 true; 否则为 flase.
#and#　　仅当两个参数都为 true 时, 结果为 true; 否则为 flase.
#or#　　仅当两个参数都为 false 时, 结果为 false; 否则为 true.

- 关系运算符

Lingo 有三种关系运算符: "=" "<=" 和 ">=". Lingo 中 "<" 表示 "≤", ">" 表示 "≥". 注意 Lingo 并不支持严格小于和严格大于关系运算符.

3) Lingo 的函数

Lingo 提供了 9 种类型的内部函数, 借助这些函数, 可以利用 Lingo 建立并求解大量复杂的优化模型. 下面仅介绍一些常用函数的功能、格式和使用方法.

- 数学函数

@abs(x)　　　　　返回 x 的绝对值.
@sin(x)　　　　　返回 x 的正弦值, x 采用弧度制.
@cos(x)　　　　　返回 x 的余弦值.
@tan(x)　　　　　返回 x 的正切值.
@exp(x)　　　　　返回常数 e 的 x 次方.
@log(x)　　　　　返回 x 的自然对数.
@lgm(x)　　　　　返回 x 的 Gamma 函数的自然对数.
@sign(x)　　　　　如果 x<0 返回-1; 否则, 返回 1.
@floor(x)　　　　　返回 x 的整数部分. 当 x>=0 时, 返回不超过 x 的最大整数; 当 x<0 时, 返回不低于 x 的最大整数.
@smax(x1,x2,...,xn)　　返回 $x_1, x_2, ..., x_n$ 中的最大值

@smin(x1,x2,…,xn)　　返回 $x_1, x_2, …, x_n$ 中的最小值
- 变量范围函数

变量界定函数实现对变量取值范围的附加限制，共 4 种：

@bin(x)　　　　　限制 x 为 0 或 1.
@gin(x)　　　　　限制 x 为整数.
@bnd(l,x,u)　　　限制 $l \leqslant x \leqslant u$.
@free(x)　　　　 取消对变量 x 的默认下界为 0 的限制，即 x 可以取任意实数.

在默认情况下，Lingo 规定变量是非负的，也就是说下界为 0，上界为 $+\infty$. @free 取消了默认的下界为 0 的限制，使变量也可以取负值. @bnd 用于设定一个变量的上下界，它也可以取消默认下界为 0 的约束.

- 集循环函数

集循环函数遍历整个集进行操作. 常用的集循环函数有 4 个，即控制循环函数@for，求和函数@sum，求最大和最小值的函数@max 与@min. 它们的统一格式为：

@function(setname[(set_index_list)[|conditional_qualifier]]: expression_list).

@function 相应于上面提到的四个集循环函数之一；setname 是要遍历的集；set_index_list 是集索引列表，conditional_qualifier 是用来限制集循环函数的范围，这两者都是可选项. 当集循环函数遍历集的每个成员时，Lingo 都要对 conditional_qualifier 进行评价，若结果为真，则对该成员执行@function 操作，否则跳过，继续执行下一次循环. expression_list 是被应用到每个集成员的表达式列表，当用的是@for 函数时，expression_list 可以包含多个表达式，其间用逗号隔开. 这些表达式将被作为约束加到模型中. 当使用其余的三个集循环函数时，expression_list 只能有一个表达式. 如果省略 set_index_list，那么在 expression_list 中引用的所有属性的类型都是 setname 集.

① @for 函数

该函数用来产生对集成员的约束. 基于建模语言的标量需要显式输入每个约束，而@for 函数允许只输入一个约束，然后 Lingo 自动产生每个集成员的约束.

例如要产生自然数中前 10 个奇数，可用如下方式实现：

```
model:
sets:
   number/1..10/:x;
endsets
   @for(number(i): x(i)=2*i-1);
end
```

② @sum 函数

该函数返回遍历指定的集成员的一个表达式的和.

例如求向量[2,5,1,5,3,8,6,12,9]中从第 3 个数开始，连续 5 个数的和. 实现的 Lingo 程序如下:

```
model:
sets:
    number/1..9/:x;
endsets
data:
    x = 2,5,1,5,3,8,6,12,9;
enddata
    total=@sum(number(i) | i#ge#3#and#i #le#7: x(i));
! 此处 i#ge#3#and#i #le#7 表示仅对满足特定要求的元素求和，即 $3 \leq i \leq 7$;
end
```

其计算结果为:

Variable	Value
TOTAL	23.00000
X(1)	2.000000
X(2)	5.000000
X(3)	1.000000
X(4)	5.000000
X(5)	3.000000
X(6)	8.000000
X(7)	6.000000
X(8)	12.00000
X(9)	9.000000

③ @min 和 @max 函数

用于返回指定的集成员的一个表达式的最小值或最大值.

如分别求向量[2,5,1,5,3,8,6,12,9]前 5 个数中的最大值以及后 5 个数中最小值，实现代码为:

```
model:
data:
    m=9;   ! 定义向量长度参数.
enddata
sets:
    number/1..m/:x;
endsets
data:
    x=2,5,1,5,3,8,6,12,9;
```

```
enddata
    max_val=@max(number(i) | i #le#5: x);
    min_val=@min(number(i) |i #ge#m- 4: x);
end
```

计算结果为:

Variable	Value
M	9.000000
MAX_VAL	5.000000
MIN_VAL	3.000000

其他还有诸如金融函数、概率函数、集操作函数、数据输入输出函数、各种辅助函数等. 今后如需要用到这些函数, 可查阅专门介绍 Lingo 的书籍或使用 Lingo 在线帮助菜单.

后面的学习中我们会结合具体的案例再来介绍 Lingo 的使用.

5.2 线性规划模型

线性规划研究的实际问题多种多样, 如资源分配问题、生产计划问题、物资运输问题、合理下料问题、库存问题、劳动力安排问题、最优设计问题等. 线性规划模型类似于高等数学中的条件极值问题, 只是其目标函数和约束条件都限定为线性函数. 线性规划模型的求解方法目前仍以单纯形法为主要方法, 该方法于 1947 年由美国数学家丹茨格 (G.B.Dantzig) 提出, 经过多年的发展完善, 已经形成比较成熟的算法, 同时配合计算机技术的广泛应用使得该方法得到空前的普及应用. 目前, 大多数数学软件都可以求解一般线性规划模型, 本书主要采用 MATLAB 和 Lingo 软件.

案例 1: 生产计划安排问题

某工厂计划生产甲、乙两种产品, 主要材料有钢材 3800 kg、铜材 2200 kg 和专用设备能力 3000 台时. 材料与设备能力的消耗定额以及单位产品所获利润如表 5.1 所示, 问如何安排生产, 才能使该厂所获利润最大?

表 5.1 生产相关信息

材料与设备	产品 甲 (件)	乙 (件)	现有材料与设备能力
钢材 (kg)	9	5	3800
铜材 (kg)	5	6	2200
设备能力 (台时)	5	11	3000
单位产品的利润 (元)	80	130	

模型建立：设甲、乙两种产品计划生产量分别为 x_1，x_2 (件)，总的利润为 z (元)．问题即为求变量 x_1，x_2 的值使总利润 $z = 80x_1 + 130x_2$ 最大．综合材料与设备能力限制可建立数学模型：

$$\max \quad z = 80x_1 + 130x_2$$

$$\text{s.t.} \begin{cases} 9x_1 + 5x_2 \leqslant 3800 \\ 5x_1 + 6x_2 \leqslant 2200 \\ 5x_1 + 11x_2 \leqslant 3000 \\ x_1, x_2 \geqslant 0 \end{cases}$$

模型求解：该模型是比较简单的二元线性规划模型，可以采用图解法求解，在这里我们直接利用软件求解，在 Lingo 中按模型形式输入如下代码：

```
max=80*x1+130*x2;
9*x1+5*x2<3800;
5*x1+6*x2<2200;
5*x1+11*x2<3000;
```

将程序文件保存后利用 Solve 菜单中的 Solve 选项或工具栏 按钮执行程序．求解后得到如下结果：

```
Global optimal solution found.
  Objective value:                    40640.00
  Infeasibilities:                    0.000000
  Total solver iterations:                   2

        Variable         Value        Reduced Cost
              X1      248.0000            0.000000
              X2      160.0000            0.000000

             Row   Slack or Surplus      Dual Price
               1          40640.00        1.000000
               2          768.0000        0.000000
               3          0.000000        9.200000
               4          0.000000        6.800000
```

从输出结果可知通过两次迭代获得全局最优解，其中最佳生产计划为甲乙两种产品分别生产 248 件和 160 件，最大获利 40640 元．

结果分析：在 Lingo 的输出报告中，不仅告诉了我们最优解和最优值，同时还附带给出了许多有价值的信息，下面结合本题简单分析一下．

(1) 模型中三个约束条件的右端分别表示钢材、铜材和专用设备能力的资源限制，运行结果中的 Row1-4 分别表示目标函数及三个约束条件. 在输出结果中的 Slack or Surplus (松弛或剩余变量) 给出了在最优解的情况下三种资源是否还有剩余. 很明显，钢材还剩余 768 kg，铜材和专用设备能力已经用完. 通常称资源剩余为 0 的约束为紧约束.

(2) 输出报告中的 Dual Price (对偶价格，经济学上也称为影子价格) 表示在最优解的情况下资源每增加一个单位目标总利润的增量. 如每增加 1 kg 铜材，利润可以增加 9.2 元，每增加 1 台时设备能力，利润可增加 6.8 元，而增加钢材的量不会使得利润增大. 所以所谓资源的影子价格就是某种资源从原来的量增加一个单位时，目标函数最优值的增加值. 注意，影子价格不是资源的市场价格，而是在取得最大收益时，收益对应于原料的边际收益值. 当某资源的市场价格低于影子价格时，管理者应考虑购买原料增加收益. 因此分析影子价格可以为企业管理者提供决策参考信息.

案例 2：营养搭配方案

由于每人每周对每种营养成分的最低需求量以及各种蔬菜所含各种营养成分各不相同，如何制定合理的营养搭配方案使得花费最小而又能满足人体营养需求的最低要求，是营养搭配师的主要职责. 某医院营养室根据表 5.2 中所列 8 种蔬菜的供应量，在制定下一周菜单时，规定小白菜、豆芽的供应一周内不多于 20 千克，胡萝卜供应一周内不低于 10 千克，不高于 35 千克，其他蔬菜的供应在一周内不多于 30 千克，每周共需供应 150 千克蔬菜，为了使费用最小又满足营养成分等其他方面的要求，问在下一周内应当如何合理的安排食谱？

表 5.2　各种蔬菜的营养成分表

成份 蔬菜	热量 (卡)	水分 (克)	维生素 A(IU)	维生素 C (毫克)	钾 (毫克)	纤维质 (克)	市场单价 (元/千克)
小白菜	13	95.7	781	40.0	240	1.8	2
菠菜	22	93.0	2106	9.0	460	2.4	4
胡萝卜	38	89.7	5100	4.0	290	2.6	5
小黄瓜	17	95.2	93	4.0	90	0.9	3
豆芽	33	90.6		183.6	190	1.7	6
玉米	111	74.2	8	6.0	240	4.6	7
香菇	40	88.5	0	0.2	280	3.9	12
番茄	26	92.9	278	21.0	210	1.2	
人体最低需求量/周	12000 (卡)	17500 (克)	24500 (IU)	420 (毫克)	2100 (毫克)	175 (克)	

注：此表为 100 克蔬菜所含的营养成分，IU 表示国际单位. 表中各种营养成分的测量值在不同地区不同时段可能存在一定差异，在此仅供参考.

建模过程： 设 $x_i(i=1,2,\cdots,8)$ 分别表示在下一周内应当供应的小白菜、菠菜、胡萝卜、小黄瓜、豆芽、玉米、香菇及番茄的量(千克)，则费用的目标函数为
$$f = 2x_1 + 4x_2 + 5x_3 + 3x_4 + 6x_5 + 7x_6 + 12x_7 + 6x_8.$$
根据人体每周对各种营养成分的需求量，可以得到如下需求约束：
$$\begin{cases} 13x_1 + 22x_2 + 38x_3 + 17x_4 + 33x_5 + 111x_6 + 40x_7 + 26x_8 \geqslant 1200 \\ 95.7x_1 + 93x_2 + 89.7x_3 + 95.2x_4 + 90.6x_5 + 74.2x_6 + 88.5x_7 + 92.9x_8 \geqslant 1750 \\ 781x_1 + 2106x_2 + 5100x_3 + 93x_4 + 8x_6 + 278x_8 \geqslant 2450 \\ 40x_1 + 9x_2 + 4x_3 + 4x_4 + 183.6x_5 + 6x_6 + 0.2x_7 + 21x_8 \geqslant 42 \\ 240x_1 + 460x_2 + 290x_3 + 90x_4 + 190x_5 + 240x_6 + 280x_7 + 210x_8 \geqslant 210 \\ 1.8x_1 + 2.4x_2 + 2.6x_3 + 0.9x_4 + 1.7x_5 + 4.6x_6 + 3.9x_7 + 1.2x_8 \geqslant 17.5 \end{cases}$$

需要注意的是，表中数据是每 100 克食物中所含营养成分的量，而变量是以千克为单位，所以数据要作适当的转化处理，这里很明显就是各式两边除以 10 即可。

另外，对食物需求的总量，各种蔬菜需求的上限和下限有如下约束：
$$x_1 + x_2 + x_3 + x_4 + x_5 + x_6 + x_7 + x_8 = 150,$$
$$0 \leqslant x_1 \leqslant 20, 0 \leqslant x_5 \leqslant 20, 10 \leqslant x_3 \leqslant 35, 0 \leqslant x_j \leqslant 30, \quad j = 2,4,6,7,8.$$

于是可建立该问题的线性规划数学模型：

min $\quad f = 2x_1 + 4x_2 + 5x_3 + 3x_4 + 6x_5 + 7x_6 + 12x_7 + 6x_8$

s.t. $\begin{cases} 13x_1 + 22x_2 + 38x_3 + 17x_4 + 33x_5 + 111x_6 + 40x_7 + 26x_8 \geqslant 1200 \\ 95.7x_1 + 93x_2 + 89.7x_3 + 95.2x_4 + 90.6x_5 + 74.2x_6 + 88.5x_7 + 92.9x_8 \geqslant 1750 \\ 781x_1 + 2106x_2 + 5100x_3 + 93x_4 + 8x_6 + 278x_8 \geqslant 2450 \\ 40x_1 + 9x_2 + 4x_3 + 4x_4 + 183.6x_5 + 6x_6 + 0.2x_7 + 21x_8 \geqslant 42 \\ 240x_1 + 460x_2 + 290x_3 + 90x_4 + 190x_5 + 240x_6 + 280x_7 + 210x_8 \geqslant 210 \\ 1.8x_1 + 2.4x_2 + 2.6x_3 + 0.9x_4 + 1.7x_5 + 4.6x_6 + 3.9x_7 + 1.2x_8 \geqslant 17.5 \\ x_1 + x_2 + x_3 + x_4 + x_5 + x_6 + x_7 + x_8 = 150 \\ 0 \leqslant x_j \leqslant 20, j = 1,5 \\ 10 \leqslant x_3 \leqslant 35 \\ 0 \leqslant x_j \leqslant 30, j = 2,4,6,7,8 \end{cases}$

模型求解： 在 Lingo 中输入如下程序语句：

```
min=2*x1+4*x2+5*x3+3*x4+6*x5+7*x6+12*x7+6*x8;
13*x1+22*x2+38*x3+17*x4+33*x5+111*x6+40*x7+26*x8>1200;
95.7*x1+93*x2+89.7*x3+95.2*x4+90.6*x5+74.2*x6+88.5*x7+92.9*x8>1750;
781*x1+2106*x2+5100*x3+93*x4+8*x6+278*x8>2450;
40*x1+9*x2+4*x3+4*x4+183.6*x5+6*x6+0.2*x7+21*x8>42;
```

```
240*x1+460*x2+290*x3+90*x4+190*x5+240*x6+280*x7+210*x8>210;
1.8*x1+2.4*x2+2.6*x3+0.9*x4+1.7*x5+4.6*x6+3.9*x7+1.2*x8>17.5;
x1+x2+x3+x4+x5+x6+x7+x8=150;
x1<20;
x5<20;
x3>10;
x3<35;
x2<30;
x4<30;
x6<30;
x7<30;
x8<30;
```

运行后得到如下结果:

Global optimal solution found.
Objective value: 635.0000
Infeasibilities: 0.000000
Total solver iterations: 1

Variable	Value	Reduced Cost
X1	20.00000	0.000000
X2	30.00000	0.000000
X3	35.00000	0.000000
X4	30.00000	0.000000
X5	5.000000	0.000000
X6	0.000000	1.000000
X7	0.000000	6.000000
X8	30.00000	0.000000

Row	Slack or Surplus	Dual Price
1	635.0000	-1.000000
2	2505.000	0.000000
3	12189.50	0.000000
4	265980.0	0.000000
5	2836.000	0.000000
6	38490.00	0.000000
7	253.0000	0.000000
8	0.000000	-6.000000
9	0.000000	4.000000
10	15.00000	0.000000
11	25.00000	0.000000
12	0.000000	1.000000
13	0.000000	2.000000
14	0.000000	3.000000

	15	30.00000	0.000000
	16	30.00000	0.000000
	17	0.000000	0.000000

可见最佳的食物搭配方案为一周安排 20 千克小白菜, 30 千克菠菜, 35 千克胡萝卜, 30 千克小黄瓜, 5 千克豆芽和 30 千克番茄, 方案最小费用为 635 元.

为了对比上面用 Lingo 软件求解的结果, 下面运用 MATLAB 优化工具箱重新求解, 代码如下:

```
clear
f=[2 4 5 3 6 7 12 6];
A=-[13 22 38 17 33 111 40 26;
95.7 93 89.7 95.2 90.6 74.2 88.5 92.9;
781 2106 5100 93 0 8 0 278;
40 9 4 4 183.6 6 0.2 21;
240 460 290 90 190 240 280 210;
1.8 2.4 2.6 0.9 1.7 4.6 3.9 1.2];
b=-[1200 1750 2450 42 210 17.5]';
aeq=[1 1 1 1 1 1 1 1];
beq=[150];
lb =[0 0 10 0 0 0 0 0]';
ub=[20 30 35 30 20 30 30 30]';
[x,fval]=linprog(f,A,b,aeq,beq,lb,ub)
```

求解结果如下:

```
Optimization terminated.
x =

    20.0000
    30.0000
    35.0000
    30.0000
    14.1301
     0.0000
     0.0000
    20.8699


fval =

   635.0000
```

从格式上看, MATLAB 和 Lingo 求解线性规划问题时有较大差别, Lingo 语句在形式上与模型具有较大的相似性, 使得输入比较直观, 但如果约束条件多, 变量多, 程序相对冗长, 而 MATLAB 所有数据均用矩阵形式输入, 形式比较简单紧凑，也易于修改，但需要事先对模型进行变形整理，化成标准形式．至于选用哪种工具，取决于个人喜好和问题自身特点．

一般的营养搭配问题可以描述为：

有 n 种食物，每种食物含有 m 种营养成分．如果用 a_{ij} 表示一个单位的第 j 种食物含有第 i 种营养成分的数量，用 b_i 表示每个人每天对第 i 种营养成分的需求量，用 c_j 表示第 j 种食物的市场单价，而 x_j 表示第 j 种食物的消耗量，则满足各种营养成分需求量同时又使食物总成本最低的食物搭配模型为：

$$\min \quad Z = \sum_{j=1}^{n} c_j x_j$$

$$\text{s.t.} \begin{cases} \sum_{j=1}^{n} a_{ij} x_j \geq b_i, i=1,\cdots,m \\ x_j \geq 0, j=1,\cdots,n \end{cases}.$$

5.3 整数规划和 0-1 规划模型

整数规划是指决策变量有整数要求的数学规划 (integer programming)，按照模型是否线性分为线性整数规划和非线性整数规划，这一节只介绍整数线性规划．整数线性规划中如果所有决策变量都是整数，则称为纯整数规划；若只有部分变量为整数，则称为混合整数规划；若决策变量只能取 0 或 1，则称为 0-1 规划．上一节指出线性规划主要使用单纯形法求解，对整数规划而言，当解是很大的数的时候，可以考虑先求一般线性规划的解，然后四舍五入得到整数解，但这种方法往往不能得到整数规划真正的最优解，所以必须有专门针对这类规划的解法．现在求解整数规划的算法主要是分支定界法和割平面法，这两种方法都是以求解线性规划的方法为基础．而 0-1 规划的求解使用隐枚举法，它不需要用单纯形法先求解线性规划，而是依次检查变量等于 0 或 1 的某种组合，以便使目前最好的可行解不断加以改进，最终获得最优解．隐枚举法不是简单的穷举法，它通过分析、判断排除了许多组合作为最优解的可能性，使得计算得到简化．如想进一步了解这些算法的含义和用法，请参阅专门的运筹学书籍．整数规划的求解主要使用 Lingo 软件．

案例 3：铁路平板车装货问题

问题描述：有七种规格的包装箱要装到两辆铁路平板车上去．包装箱的宽和高是一样的，但厚度 (t，以厘米计) 及重量 (w，以公斤计) 是不同的．表 5.3 给出了每种包装箱的厚度、重量以及数量．图 5.1 中每辆平板车有 10.2 米长的地方可用来装包装箱(像面包片那样),载重为 40 吨. 由于当地货运的限制,对 C_5, C_6, C_7 类的包装箱的总数有一定的限制:这类箱子所占的空间(厚度)不能超过 302.7 厘米. 试把包装箱装到平板车上使得浪费的空间最小.

表 5.3 铁路平板车包装箱参数

	C_1	C_2	C_3	C_4	C_5	C_6	C_7
t(厘米)	48.7	52.0	61.3	72.0	48.7	52.0	64.0
w(公斤)	2000	3000	1000	500	4000	2000	1000
件数	8	7	9	6	6	4	8

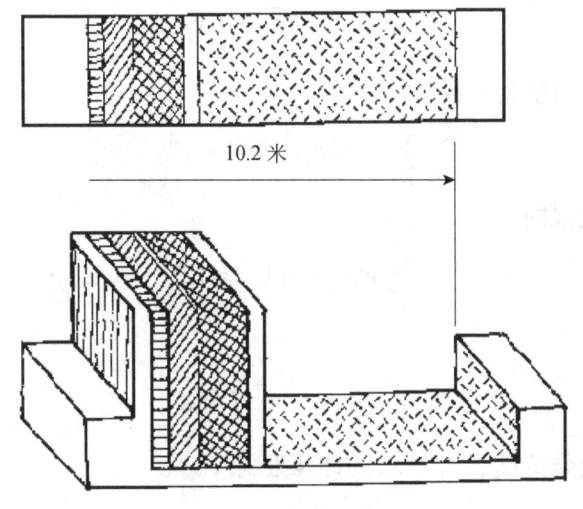

图 5.1 平板车示意图

问题分析: 题目中所有包装箱的总重量为 89 吨,大于两辆平板车的总载重量 80 吨,所以只能选择性的装载货物,就是从不同规格的包装箱中选择部分装车,使得浪费空间最小. 由于包装箱可以像面包片那样叠放,因此浪费空间是指平板车可装车长度 10.2 米与每辆车所有包装箱厚度总和的差值. 因此可以等效地把浪费空间最小转化成两辆车装车总量最大. 装车时还要注意包装箱的重量和厚度受到平板车装载条件的限制以及货物总量的限制. 而且货物是不可拆分的,所以这是一个典型的整数线性规划问题. 同时两辆平板车之间又存在相互的制约关系,在考虑一辆平板车时,必须同时考虑第二辆平板车. 对题目中 "由于当地货运的限制,对 C_5, C_6, C_7 类的包装箱的总数有一定的限制: 这类箱子所占的空间(厚度)不能超过 302.7 厘米." 可以理解成每辆车这三类货物的装车总数不超过 302.7 厘米,也可以是两辆车装载三类货物的总量不超过 302.7 厘米. 这里我们按第二种理解来处理.

模型假设：

1. 各个货物之间排列时靠在一起，包装箱之间的空隙不计；
2. 装载的过程中不考虑货物在车上的排列次序及各个货物的重量分布，排除因局部过重而造成平板车失衡的情况；
3. 铁路平板车只能放置一列包装箱；
4. 两辆平板车装载 C_5, C_6, C_7 三类包装箱的总厚度不超过 302.7 厘米.

建立模型： 设 x_{ij} 表示第 i 辆平板车装载 C_j 包装箱的件数，$i=1,2$，$j=1,2,\cdots,7$，t_j, w_j, n_j 分别表示 C_j 包装箱的厚度、单个重量和可供装车的件数，装车总厚度为 T. 根据前面分析，目标函数可表示为

$$\max\ T = \sum_{i=1}^{2}\sum_{j=1}^{7} t_j x_{ij}.$$

各种包装箱可供装车数量的限制：

$$\sum_{i=1}^{2} x_{ij} \leq n_j,\ j=1,\cdots,7;$$

平板车载重限制：

$$\sum_{j=1}^{7} w_j x_{ij} \leq 40,\ i=1,2;$$

厚度限制：

$$\sum_{j=1}^{7} t_j x_{ij} \leq 10.2,\ i=1,2;$$

两辆车对包装箱 C_5，C_6，C_7 的特殊限制：

$$\sum_{i=1}^{2}\sum_{j=5}^{7} t_j x_{ij} \leq 3.027.$$

最后指出所有决策变量都是整数变量. 以上目标函数和各约束条件构成一整数线性规划模型.

模型求解： 在 Lingo 中输入程序代码:

```
max=0.487*x11+0.52*x12+0.613*x13+0.72*x14+0.487*x15+0.52*x16+0.64*x17
+0.487*x21+0.52*x22+0.613*x23+0.72*x24+0.487*x25+0.52*x26+0.64*x27;
[c1]x11+x21<8;
[c2]x12+x22<7;
[c3]x13+x23<9;
[c4]x14+x24<6;
[c5]x15+x25<6;
[c6]x16+x26<4;
[c7]x17+x27<8;
[car1w]2*x11+3*x12+x13+0.5*x14+4*x15+2*x16+x17<40;
[car2w]2*x21+3*x22+x23+0.5*x24+4*x25+2*x26+x27<40;
```

[car1l]0.487*x11+0.52*x12+0.613*x13+0.72*x14+0.487*x15+0.52*x16+0.64*x17<10.2;
[car2l]0.487*x21+0.52*x22+0.613*x23+0.72*x24+0.487*x25+0.52*x26+0.64*x27<10.2;
[c567]0.487*x15+0.52*x16+0.64*x17+0.487*x25+0.52*x26+0.64*x27<3.027;
@gin(x11); @gin(x12); @gin(x13); @gin(x14); @gin(x15); @gin(x16); @gin(x17);
@gin(x21); @gin(x22); @gin(x23); @gin(x24); @gin(x25); @gin(x26); @gin(x27);

计算结果如下:

```
Global optimal solution found.
  Objective value:                    20.39400
  Objective bound:                    20.39400
  Infeasibilities:                     0.000000
  Extended solver steps:                  38428
  Total solver iterations:               101190
```

Variable	Value	Reduced Cost
X11	8.000000	-0.4870000
X12	1.000000	-0.5200000
X13	0.000000	-0.6130000
X14	6.000000	-0.7200000
X15	3.000000	-0.4870000
X16	0.000000	-0.5200000
X17	0.000000	-0.6400000
X21	0.000000	-0.4870000
X22	6.000000	-0.5200000
X23	9.000000	-0.6130000
X24	0.000000	-0.7200000
X25	0.000000	-0.4870000
X26	3.000000	-0.5200000
X27	0.000000	-0.6400000

Row	Slack or Surplus	Dual Price
1	20.39400	1.000000
C1	0.000000	0.000000
C2	0.000000	0.000000
C3	0.000000	0.000000
C4	0.000000	0.000000
C5	3.000000	0.000000
C6	1.000000	0.000000
C7	8.000000	0.000000
CAR1W	6.000000	0.000000
CAR2W	7.000000	0.000000
CAR1L	0.3000000E-02	0.000000
CAR2L	0.3000000E-02	0.000000
C567	0.6000000E-02	0.000000

即最优的装车方案为：$x_{11}=8$, $x_{12}=1$, $x_{13}=0$, $x_{14}=6$, $x_{15}=3$, $x_{16}=0$, $x_{17}=0$; $x_{21}=0$, $x_{22}=6$, $x_{23}=9$, $x_{24}=0$, $x_{25}=0$, $x_{26}=3$, $x_{27}=0$.

结果分析： 在最优装车方案下，装载的总厚度为 20.394 米，剩余空间有 0.6 厘米。此时两辆车装车总长度均为 10.197 米，装车总重分别为 34 吨和 33 吨，装载 C_5, C_6, C_7 三类货物总长度为 3.021 米。

注：背包问题是一类经典的优化问题，在计算机科学和运筹学中有着广泛的应用。背包问题的基本思想是：给定一组物品和一个背包，物品具有一定的重量和价值，背包有一个最大承载重量，如何选择放入背包内的物品，使得放入背包的物品总重量不超过背包的容量，并且总价值最大。而本问中的物品有长度、重量两项约束，属于二维背包问题，可以利用数学规划或动态规划求解。

案例 4：人力资源配置问题

某地区玻璃厂有一昼夜生产的流水线，根据经验及观察统计，每天各个时段需要的工作人员数量如表 5.4。

表 5.4 车间工作人员需求信息

班次	时间区段	所需人数
1	8:00~12:00	150
2	12:00~16:00	160
3	16:00~20:00	160
4	20:00~0:00	120
5	0:00~4:00	100
6	4:00~8:00	100

设车间工作人员分别在各时间区段一开始时上班，并连续工作八小时，即连续工作两班，问该流水线至少配备多少名工作人员才能满足实际需要？

模型建立： 设 x_i 为第 i 时段初开始工作的人数，由于从第 i 时段开始上班的人在第 $i+1$ 时段会继续上班 (注意如果 i 取 6，则 $i+1$ 应取 1)，则可建立如下模型：

$$\min \ S = x_1 + x_2 + \cdots + x_6$$

$$\text{s.t.} \begin{cases} x_1 + x_6 \geqslant 150 \\ x_1 + x_2 \geqslant 160 \\ x_2 + x_3 \geqslant 160 \\ x_3 + x_4 \geqslant 120 \\ x_4 + x_5 \geqslant 100 \\ x_5 + x_6 \geqslant 100 \\ x_i \geqslant 0, x_i \in N, i=1,\cdots,6 \end{cases}$$

模型求解：由于每时段需要的人数是整数，所以利用 Lingo 求解该整数规划模型. 其 Lingo 程序如下：

```
sets:
time/1..6/:required,worker;
endsets
data:
required=150 160 160 120 100 100;
enddata
min=@sum(time: worker);!各时段需求约束;
@for(time(i): worker (i)+ worker (@wrap(i-1,6))>=required(i));!各变量整数约束;
@for(time:@gin(worker));
```

注：程序中使用了集操作函数@wrap(i,N)，用来转换集合两端的索引. 也就是说，在集合循环函数中，当达到集合的最后 (或第一个) 成员后，可以用@wrap 函数把索引转到集合的第一个 (或最后一个) 成员. @wrap(i,N) 的返回值当 i 位于区间[1,N]内时返回 i，否则返回 j=i-k*N，k 为整数，且 j 位于区间[i,N]内. 如@wrap(2,5) 返回值为 2, @wrap(16,5) 返回值为 1. 在这里的作用是让@wrap(0,6) 返回到 6. 该函数在循环、多阶段计划编制中可将计划的结束点平移到起始点.

计算结果为：

```
Global optimal solution found.
  Objective value:                              410.0000
  Objective bound:                              410.0000
  Infeasibilities:                              0.000000
  Extended solver steps:                               0
  Total solver iterations:                             6


                   Variable           Value        Reduced Cost
                 REQUIRED(1)        150.0000          0.000000
                 REQUIRED(2)        160.0000          0.000000
                 REQUIRED(3)        160.0000          0.000000
                 REQUIRED(4)        120.0000          0.000000
                 REQUIRED(5)        100.0000          0.000000
                 REQUIRED(6)        100.0000          0.000000
                   WORKER(1)        150.0000          1.000000
                   WORKER(2)        40.00000          1.000000
                   WORKER(3)        120.0000          1.000000
                   WORKER(4)        0.000000          1.000000
                   WORKER(5)        100.0000          1.000000
                   WORKER(6)        0.000000          1.000000
```

Row	Slack or Surplus	Dual Price
1	410.0000	-1.000000
2	0.000000	0.000000
3	30.00000	0.000000
4	0.000000	0.000000
5	0.000000	0.000000
6	0.000000	0.000000
7	0.000000	0.000000

即 6 个时段初开始工作人员数量分别为: $x_1=150$; $x_2=40$; $x_3=120$; $x_4=0$; $x_5=100$; $x_6=0$. 共计至少需要车间工作人员共 410 名.

生产实际中经常会遇到通过切割、剪裁、冲压等手段，将原材料加工成所需尺寸的问题，称为建筑材料的下料问题. 在下料过程中，如何按照建筑工艺要求，确定最佳的下料方案，使得浪费的资源最小，是常见的一类优化问题. 下面两个案例分别从一维和二维的角度介绍了这类问题如何使用最优化方法加以解决.

案例 5: 建筑钢条的下料问题 I

问题描述: 某建筑工地采购的钢筋长度均为 12 m，实际需要的钢条尺寸分别是 10 m 的 60 根，7 m 的 100 根，4 m 的 270 根，3 m 的 330 根，问采用什么样的切割模式最省材料，假设原材料足够用.

问题分析: 所谓切割模式是指一根钢条可以切割成不同尺寸的小段钢条的组合方式. 例如: 我们可以将 12 m 的钢筋切割成 1 根 7 m 的和 1 根 3 m 的，余料为 2 m; 或切割成 2 根 4 m 的和 1 根 3 m，余料为 1 m. 很明显，从节约资源的角度分析，任何一种实际的切割模式其剩余的余料不应该超过工地需要的最短尺寸，也就是说如果余料大于最小需求尺寸，应该进行继续切割，直至余料小于最小可用尺寸. 通常我们把满足该条件的切割模式称为可行的切割模式.

在这种前提下，本问题可行的切割模式一共有 7 种，如表 5.5 所示.

表 5.5 钢筋下料的合理切割模式

模式	10 m 根数	7 m 根数	4 m 根数	3 m 根数	余料 (m)
1	1	0	0	0	2
2	0	1	1	0	1
3	0	1	0	1	2
4	0	0	3	0	0
5	0	0	2	1	1
6	0	0	1	2	2
7	0	0	0	4	0

这样问题就转化为: 在满足建筑需求的情况下，找出合适的切割模式并确定

切割的原料钢筋的根数,使得资源最为节省. 对于节省可以有两种评价标准: 一是切割后剩余的总余料量最小,二是切割原料钢筋的总根数最少. 下面分两个目标加以讨论.

模型建立:

决策变量: x_i 表示按照第 i 种模式 ($i=1,2,\cdots,7$) 切割的原始钢筋的根数,显然它们均为非负整数.

目标函数: 如果以切割后剩余的总余料量最小为目标,则由表 5.5 可得

$$\min Z_1 = 2x_1 + x_2 + 2x_3 + x_5 + 2x_6,$$

若以切割原料钢筋的总根数最少为目标,则有

$$\min Z_2 = x_1 + x_2 + x_3 + x_4 + x_5 + x_6 + x_7.$$

约束条件: 为满足建筑工地的需求,由确定的切割模式应有

$$x_1 \geqslant 60,$$
$$x_2 + x_3 \geqslant 100,$$
$$x_2 + 3x_4 + 2x_5 + x_6 \geqslant 270,$$
$$x_3 + x_5 + 2x_6 + 4x_7 \geqslant 330.$$

该模型是整数线性规划模型,下面分别在这两种目标下求解.

模型求解:

1. 先求以切割后剩余的总余料量最小为目标函数所构成的整数规划模型,在 Lingo 中输入如下代码:

```
min=2*x1+x2+2*x3+x5+2*x6;
x1>=60;
x2+x3>=100;
x2+3*x4+2*x5+x6>=270;
x3+x5+2*x6+4*x7>=330;
@gin(x1);@gin(x2);@gin(x3);@gin(x4);@gin(x5);@gin(x6);@gin(x7);
```

求解可以得到最优解如下:

```
        Global optimal solution found.
Objective value:                              220.0000
Objective bound:                              220.0000
Infeasibilities:                              0.000000
Extended solver steps:                               0
Total solver iterations:                             0

                  Variable       Value        Reduced Cost
                        X1    60.00000           2.000000
                        X2    100.0000           1.000000
```

X3	0.000000	2.000000
X5	0.000000	1.000000
X6	0.000000	2.000000
X4	90.00000	0.000000
X7	83.00000	0.000000

Row	Slack or Surplus	Dual Price
1	220.0000	-1.000000
2	0.000000	0.000000
3	0.000000	0.000000
4	100.0000	0.000000
5	2.000000	0.000000

也就是说第 1 种模式切割 60 根，第 2 种模式切割 100 根，第 4 种模式切割 90 根，第 7 种模式切割 83 根，总的余料量为 220 m．从结果可以看出，余料为 0 的切割模式都出现在最优解中，当然这并不表示选择最优方案时只看余料量大小，还要看需求量的情况．

2. 再求以切割原料钢筋的总根数最少为目标函数构成的整数规划模型，同样应用 Lingo 求解，得到最优解如下：

```
Global optimal solution found.
Objective value:                    300.0000
Objective bound:                    300.0000
Infeasibilities:                    0.000000
Extended solver steps:                     0
Total solver iterations:                   4
```

Variable	Value	Reduced Cost
X1	60.00000	1.000000
X2	100.0000	1.000000
X3	0.000000	1.000000
X4	57.00000	1.000000
X5	0.000000	1.000000
X6	0.000000	1.000000
X7	83.00000	1.000000

即第 1 种模式切割 60 根，第 2 种模式切割 100 根，第 4 种模式切割 57 根，第 7 种模式切割 83 根，总需要的最小钢筋数量为 300 根．相应的总余料量为 220 m．

案例 6：玻璃剪裁问题

问题描述：某建筑公司承建一住宅大楼，该大楼共 16 层，每层有 A、B 两种户型 4 套房，房屋朝向不同，规格相同，共需要 3 种型号的玻璃做窗户，已知每套房所需各种窗户的规格 (尺寸)、数量如表 5.6. 市场上能够买到的整块玻璃材料的规格 (尺寸) 是长*宽为 210*250(cm*cm)，单价为 110 元/块，因此必须对原材料进行合理的裁剪. 根据以上信息，为建筑公司确定最佳的玻璃裁剪方案，使公司浪费最小.

表 5.6 各种窗户的规格 (尺寸)

窗户 I		窗户 II		窗户 III	
长*宽 (cm*cm)	数量 (扇)	长*宽 (cm*cm)	数量 (扇)	长*宽 (cm*cm)	数量 (扇)
60*80	12	120*75	8	150*85	10

问题分析： 该问题和钢筋的切割问题类似，都属于下料问题，所不同的是一个是一维的，一个是二维的. 同前面一样，问题的关键依然是如何根据需求量确定合理的剪裁模式，但二维切割模式的确定要比一维复杂得多. 在本题中对 210*250 规格的整块玻璃，不妨记其高 (长) 为 210 cm, 宽为 250 cm, 见图 5.2. 由于需要的窗户规格差异较大，导致可能组合的剪裁模式纷繁复杂，考虑到剪裁工艺不宜太复杂并且要易于操作，必须对剪裁模式加以筛选，明确哪些是可用的. 为此先对切割顺序加以确定，我们假定玻璃切割时首先沿平行于宽的方向切割成"条形"材质，即"横切"，再对"条形"材质沿平行于高的方向剪裁成需要的各种规格，称为"竖切". 并且假定同一条形材质尽量切割成同一规格的成品. 同时，注意到原材料的规格，其高为 210 cm, 可以分解成三种窗户的长、宽尺寸的各种组合方式：150 cm+60 cm, 3*60 cm+30 cm, 2*60 cm+80 cm+10 cm, 2*75 cm+60 cm, 120 cm+75 cm+15 cm, 120 cm+80 cm+10 cm 等等. 所以如果以这些量为标准，以高为切割基准进行横切，那么在高方向的余料尺寸多数情况下可控制在 15 cm 范围内. 根据以上思想和假定，获得了如下可行的 9 种剪裁模式，其中阴影代表余料部分，方框中的数字表示该块玻璃的规格，注意 80*60 和 60*80 是一样的，只不过表示横放和竖放的区别，前面数字是高 (长), 后者代表宽，其他类似.

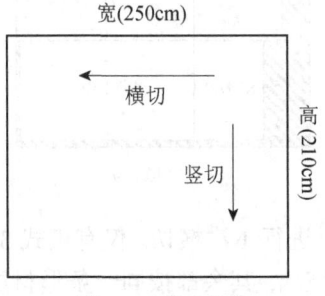

图 5.2 玻璃规格

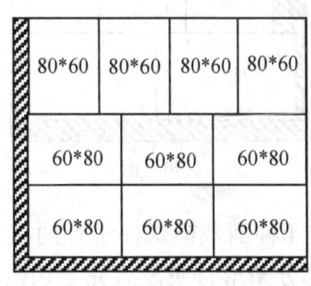

模式1

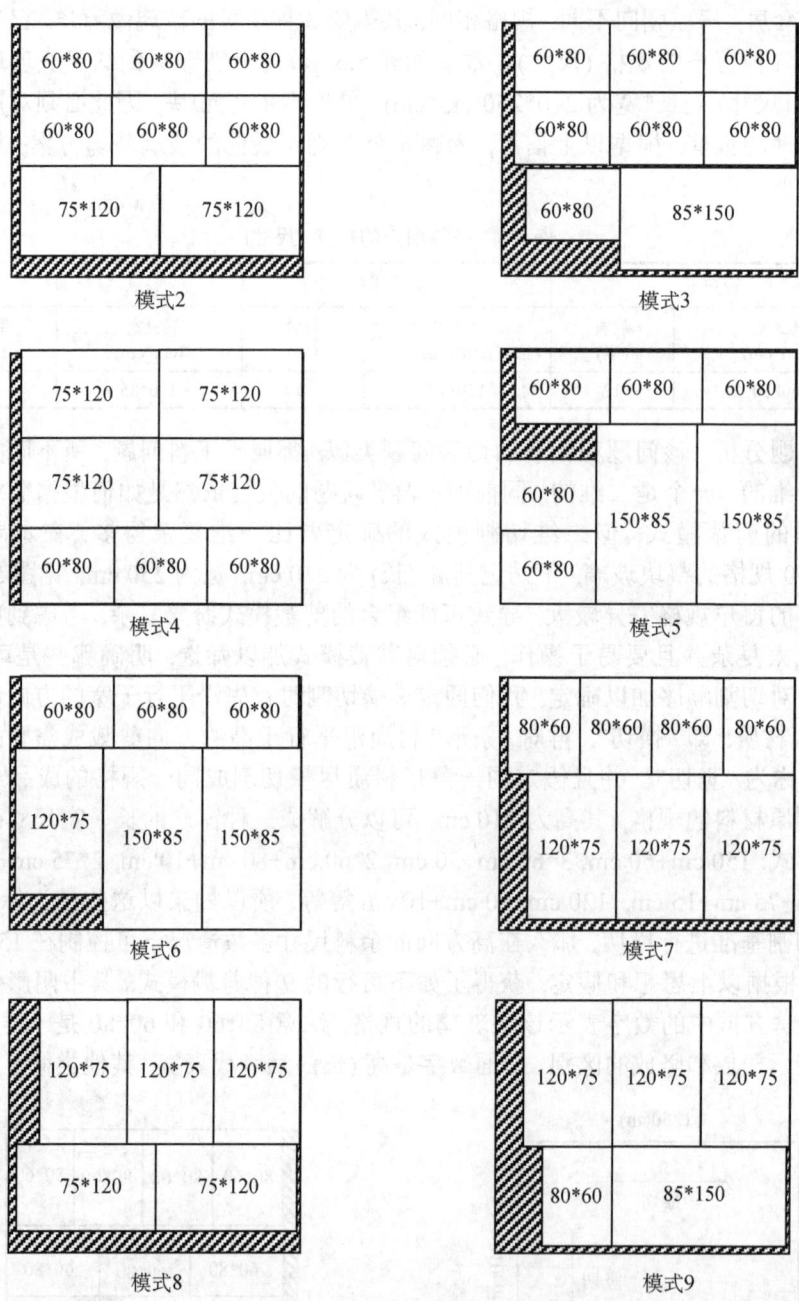

前 4 种剪裁模式先进行两次横切, 后 5 种只进行 1 次横切. 仅有模式 3、5、6、9 部分条形材质没有完全切割成同一规格的玻璃, 其余都按同一条形材质剪裁同一规格进行. 以上各种模式均以高为基准先进行横切 (切到底), 如果以宽为基

准先进行竖切(仍然切到底),则余料损失普遍要大得多,而且获得的有效玻璃较少. 对于横竖各切 2 刀可以得到 9 块 80*60 的玻璃的模式, 因少于模式 1 的 10 块, 所以没有列出. 因此以上切割模式针对题目规格是合理的. 各种剪裁模式获得三种规格玻璃以及相应余料见表 5.7.

表 5.7 9 种剪裁模式信息

模式\玻璃	60*80	120*75	150*85	余料 (cm^2)
1	10	0	0	4500
2	6	2	0	5700
3	7	0	1	6150
4	3	4	0	2100
5	5	0	2	3000
6	3	1	2	3600
7	4	3	0	6300
8	0	5	0	7500
9	1	3	1	7950

基本假设:

(1) 对原材料玻璃一般先进性横切, 再进行竖切, 而且切割成的条形材质尽量剪裁成同一规格的玻璃;

(2) 考虑到剪裁工艺不宜太复杂并且要易于操作, 本题中仅考虑在前面提到的 9 种剪裁模式中进行选择;

(3) 切割过程中不考虑玻璃的破损问题, 余料损失是指不能再切成可用窗户玻璃的边角剩余部分的总和, 对切割成的各种成品玻璃的上限不做限制;

(4) 最佳的玻璃裁剪方案可以理解成余料损失总和最小或所用原材料玻璃块数最少.

模型建立与求解: 设第 i 种模式剪裁 x_i 块玻璃, 余料总和为 $Z(\text{cm}^2)$, 根据前面分析, 目标函数可表示为:

$$\min \ Z = 4500x_1 + 5700x_2 + 6150x_3 + 2100x_4 + 3000x_5 \\ + 3600x_6 + 6300x_7 + 7500x_8 + 7950x_9.$$

约束条件主要考虑 9 种模式切割产生的三种型号的玻璃要满足建筑需求, 由于大楼有 16 层, 每层 4 套房, 所以表 5.6 中三种玻璃需求量均应乘以 64, 即:

$$10x_1 + 6x_2 + 7x_3 + 3x_4 + 5x_5 + 3x_6 + 4x_7 + x_9 \geqslant 768,$$
$$2x_2 + 4x_4 + x_6 + 3x_7 + 5x_8 + 3x_9 \geqslant 512,$$
$$x_3 + 2x_5 + 2x_6 + x_9 \geqslant 640.$$

最后所有变量均应是非负整数，即 $x_i \in N(i=1,\cdots,9)$。

在 Lingo 中输入如下代码

```
min=4500*x1+5700*x2+6150*x3+2100*x4+3000*x5+3600*x6+6300*x7+7500*x8+7950*x9;
10*x1+6*x2+7*x3+3*x4+5*x5+3*x6+4*x7+x9>=768;
2*x1+4*x4+x6+3*x7+5*x8+3*x9>=512;
x3+2*x5+2*x6+x9>=640;
@gin(x1);@gin(x2);@gin(x3);@gin(x4);@gin(x5);@gin(x6);@gin(x7);@gin(x8);@gin(x9);
s0=4500*x1+5700*x2+6150*x3+2100*x4+3000*x5+3600*x6+6300*x7+7500*x8+7950*x9;
!余料;
s1=10*x1+6*x2+7*x3+3*x4+5*x5+3*x6+4*x7+x9-768; !第一种规格玻璃未使用张数;
s2=2*x1+4*x4+x6+3*x7+5*x8+3*x9-512; !第二种规格玻璃未使用张数;
s3=x3+2*x5+2*x6+x9-640; !第三种规格玻璃未使用张数;
s=s1*60*80+s2*120*75+s3*150*85+s0; !总余料;
```

得到如下结果：

```
Global optimal solution found.
Objective value:                              1228800.
Objective bound:                              1228800.
Infeasibilities:                              0.000000
Extended solver steps:                               0
Total solver iterations:                             2

           Variable           Value        Reduced Cost
                 X1        0.000000            4500.000
                 X2        0.000000            5700.000
                 X3        0.000000            6150.000
                 X4        128.0000            2100.000
                 X5        320.0000            3000.000
                 X6        0.000000            3600.000
                 X7        0.000000            6300.000
                 X8        0.000000            7500.000
                 X9        0.000000            7950.000

                Row    Slack or Surplus          Dual Price
                  1            1228800.           -1.000000
                  2            1216.000            0.000000
                  3            0.000000            0.000000
                  4            0.000000            0.000000
```

即第 4 种模式剪裁 128 块，第 5 种模式剪裁 320 块，总余料为 1228800 cm^2。

如果以使用原材料玻璃数量最小为目标，即

$$\min W = x_1 + x_2 + x_3 + x_4 + x_5 + x_6 + x_7 + x_8 + x_9,$$

则由于约束条件不变，只需将前面程序目标函数修改，便可求出解为：

```
Global optimal solution found.
Objective value:                              359.0000
Objective bound:                              359.0000
Infeasibilities:                              0.000000
Extended solver steps:                               0
Total solver iterations:                             2

              Variable         Value        Reduced Cost
                    X1      0.000000          1.000000
                    X2      0.000000          1.000000
                    X3      0.000000          1.000000
                    X4      0.000000          1.000000
                    X5      0.000000          1.000000
                    X6    320.000000          1.000000
                    X7      0.000000          1.000000
                    X8     39.000000          1.000000
                    X9      0.000000          1.000000

                   Row   Slack or Surplus     Dual Price
                    1       359.0000          -1.000000
                    2       192.0000           0.000000
                    3         3.000000         0.000000
                    4         0.000000         0.000000
```

此时最佳剪裁方案为模式 6 切割 320 块，模式 8 切割 39 块，最少需要 359 块玻璃．直接计算得余料损失为 1444500 cm^2．

结果分析：以上两个不同目标得到的最优解完全不同．第一种情况用了 448 块玻璃，比第二种情况多了 89 块玻璃．而且第一种情况产生的成品中 80*60 的玻璃剩余 1216 块，远大于第二种情况的数量．如果假定超出需求量的都是浪费，那么第一种情况的真正余料是 1216×80×60+1228800=7065600 cm^2；第二种情况剩余 80*60 的 192 块，120*75 的 3 块，所以总余料为 2393100 cm^2．可见在多余的产品无用时，以使用玻璃块数最少为目标更能有效减少浪费．

注：案例 5 和案例 6 都属于原材料的下料问题，前者是一维，后者是二维，不管哪种情况，确定合理的切割模式是解决问题的关键．有时由于需求成品规格多，会导致切割模式复杂，为了现实的可操作性，必须对切割模式做一些限制，达到简化的目的，这在下一节会进一步介绍．下料问题中通常以总余料最少或使用原材料数量最少为目标，以各种需求量为约束建立整数线性规划模型．

案例 7：超市连锁店选址问题

问题描述： 某企业准备在城市东、西、北三区建立超市连锁店，假设三个区共有 8 个位置点 $A_i(i=1,2,\cdots,8)$ 可供选择，且规定：东区只能在 A_1,A_2,A_3 中至多选两个；西区则在 A_4,A_5,A_6 中至少选两个；北区则在 A_7,A_8 中至少选一个；总体上不能超过 5 个．如果选用 A_i，前期投资估计为 b_i 万元，每年可获利润估计为 c_i 万元，问在投资总额不超过 600 万元的条件下，怎样选址可使企业年利润最大？

前期投资 b_i 与每项投资每年获利 c_i 见表 5.8．

表 5.8 投资额与获利

i	1	2	3	4	5	6	7	8
b_i（万元）	100	110	150	120	150	70	60	80
c_i（万元）	20	37	43	39	41	17	16	19

问题分析： 该问题涉及对象 (各区) 只是选择或不选择，而不是我们熟悉的某个量取多少值的问题，因此不能简单地用前面的方法来处理．为此我们引入 0-1 变量 $x_i(i=1,2,\cdots,7)$，令 $x_i=1$ 表示 A_i 点被选中，而 $x_i=0$ 表示 A_i 点未被选中．

建立模型： 当 A_i 点被选中时，$c_i x_i$ 表示在 A_i 点设立超市时每年可获利润估计值，设 f 为公司年收益，则目标函数为

$$\max\quad z=\sum_{i=1}^{8}c_i x_i.$$

约束条件有这样几方面：投资总额不超过 600 万元，有

$$\sum_{i=1}^{8}b_i x_i \leqslant 600,$$

区域选择限制

$$x_1+x_2+x_3 \leqslant 2,$$
$$x_4+x_5+x_6 \geqslant 2,$$
$$x_7+x_8 \geqslant 1,$$

总量限制

$$\sum_{i=1}^{8}x_i \leqslant 5.$$

决策变量均为 0-1 变量限制，即 $x_i \in \{0,1\}, i=1,\cdots,8$．

综合以上信息，得到如下 0-1 规划模型

$$\max \quad z = \sum_{i=1}^{8} c_i x_i$$

$$\text{s.t.} \begin{cases} \sum_{i=1}^{8} b_i x_i \leq 600 \\ \sum_{i=1}^{8} x_i \leq 5 \\ x_1 + x_2 + x_3 \leq 2 \\ x_4 + x_5 + x_6 \geq 2 \\ x_7 + x_8 \geq 1 \\ x_i \in \{0,1\}, i = 1, \cdots, 8 \end{cases}$$

注：由于决策变量是 0-1 变量，表达式 $x_1 + x_2 + x_3 \leq 2$ 有以下几种可能性：三个变量中有两个为 1，另一个为 0；有一个为 1，另两个为 0；三个都为 0.

模型求解：在 Lingo 中输入程序代码：

```
max=20*x1+37*x2+43*x3+39*x4+41*x5+17*x6+16*x7+19*x8;
100*x1+110*x2+150*x3+120*x4+150*x5+70*x6+60*x7+80*x8<=600;
x1+x2+x3+x4+x5+x6+x7+x8<=5;
x1+x2+x3<=2;
x4+x5+x6>=2;
x7+x8>=1;
@bin(x1);@bin(x2);@bin(x3);@bin(x4);@bin(x5);@bin(x6);@bin(x7);@bin(x8);
```

求解结果如下：

```
Global optimal solution found.
  Objective value:                              176.0000
  Objective bound:                              176.0000
  Infeasibilities:                              0.000000
  Extended solver steps:                               0
  Total solver iterations:                             0


            Variable           Value        Reduced Cost
                  X1        0.000000           -20.00000
                  X2        1.000000           -37.00000
                  X3        1.000000           -43.00000
                  X4        1.000000           -39.00000
                  X5        1.000000           -41.00000
                  X6        0.000000           -17.00000
                  X7        1.000000           -16.00000
                  X8        0.000000           -19.00000
```

Row	Slack or Surplus	Dual Price
1	176.0000	1.000000
2	10.00000	0.000000
3	0.000000	0.000000
4	0.000000	0.000000
5	0.000000	0.000000
6	0.000000	0.000000

于是最佳的选址方案为：在 A_2，A_3，A_4，A_5，A_7 这 5 个点设立超市连锁店，预计可获得的利润为 176 万元．

案例 8：外文翻译的指派问题

问题描述：已知某翻译公司有 5 种外文的翻译任务，表 5.9 给出了公司目前 5 名员工翻译 5 种外文的速度(印刷符号/小时)，试解决以下问题．

表 5.9 5 人翻译 5 种外文的速度

员工＼语种	英语	俄语	日语	德语	法语
甲	900	400	600	800	500
乙	800	500	900	1000	600
丙	900	700	300	500	800
丁	400	800	600	900	500
戊	1000	500	300	600	800

(1) 规定每人专门负责一个语种的翻译工作，问应该如何指派，使总的工作效率最高？

(2) 若甲不懂德文，乙不懂日文，其他信息不变，又应该如何指派？

(3) 如果戊因为特殊原因，不能参与翻译工作，意味着有人需要翻译两种语言且考虑翻译工作的连续性，不能由多人完成一种语言的翻译，此时又该如何指派，使总的效率最高？

模型分析：该问题是多人完成多项任务的指派问题，可以采用穷举法．这里可能的组合共有 5!＝120 种，可以计算出每种组合的总的效率，然后比较，找出效率最大的组合，即为所求的最佳指派方案．但这样工作量很大，非常麻烦．事实上，可以借助 0-1 变量来表示某人是否选择某种语言，想办法建立 0-1 规划模型加以求解．对第一个问题，应该是 5 个人分别完成一项翻译工作，属于任务和人数相等的情况，而且每个人都能完成每一种语言的翻译工作；第二个问题和第一问相似，只不过要排除甲翻译德文，乙翻译日文这两种情况；第三问是人数低于任务数的情况，需要个别人兼职完成多项任务．

模型的建立与求解：设 $i=1,2,\cdots,5$ 依次对应甲、乙、丙、丁、戊 5 名翻译员工, 而 $j=1,2,\cdots,5$ 分别表示英语、俄语、日语、德语和法语 5 种语言. 令 $x_{ij}=1$ 表示第 i 名员工翻译第 j 种语言, 而 $x_{ij}=0$ 表示第 i 名员工不翻译第 j 种语言. c_{ij} 表示第 i 名员工翻译第 j 种语言的速度 (效率), z 为翻译的总效率, 则有目标函数

$$\max \quad z=\sum_{i=1}^{5}\sum_{j=1}^{5}c_{ij}x_{ij}.$$

(1) 在第一问中, 规定每人专门负责一个语种的翻译工作, 意味着每个人能且只能翻译一种语言, 即

$$\sum_{j=1}^{5}x_{ij}=1, \quad i=1,\cdots,5.$$

并且每种语言有且只有一人参与, 即有

$$\sum_{i=1}^{5}x_{ij}=1, \quad j=1,\cdots,5.$$

综合目标函数和以上约束条件, 得到问题 (1) 的 0-1 规划模型

$$\max \quad z=\sum_{i=1}^{5}\sum_{j=1}^{5}c_{ij}x_{ij}$$

$$\text{s.t.} \begin{cases} \sum_{j=1}^{5}x_{ij}=1, & i=1,\cdots,5 \\ \sum_{i=1}^{5}x_{ij}=1, & j=1,\cdots,5. \\ x_{ij}\in\{0,1\} \end{cases}$$

在 Lingo 中输入程序代码:

```
sets:
worker/w1..w5/;              !定义原始集 worker, 有 5 个成员;
language/la1..la5/;          !定义原始集 language, 有 5 个成员;
links(worker,language):c,x;  !定义派生集 links;
endsets
!效率矩阵;
data:
c=900 400 600 800 500
   800 500 900 1000 600
   900 700 300 500 800
   400 800 600 900 500
   1000 500 300 600 800;
enddata
!目标函数;
max = @sum(links:c*x);
```

```
!每个人参与一项翻译工作;
@for(worker(i):@sum(language(j):x(i,j))=1);
!每种语言有且仅有一人参与翻译;
@for(language(j):@sum(worker(i):x(i,j))=1);
!0-1 变量;
@for(links:@bin(x));
```

求解后输出结果 (仅展示部分) 为:

```
Global optimal solution found.
  Objective value:                              4300.000
  Objective bound:                              4300.000
  Infeasibilities:                              0.000000
  Extended solver steps:                               0
  Total solver iterations:                             0

                   Variable           Value       Reduced Cost
                   X(W1, LA1)      0.000000         -900.0000
                   X(W1, LA2)      0.000000         -400.0000
                   X(W1, LA3)      0.000000         -600.0000
                   X(W1, LA4)      1.000000         -800.0000
                   X(W1, LA5)      0.000000         -500.0000
                   X(W2, LA1)      0.000000         -800.0000
                   X(W2, LA2)      0.000000         -500.0000
                   X(W2, LA3)      1.000000         -900.0000
                   X(W2, LA4)      0.000000         -1000.000
                   X(W2, LA5)      0.000000         -600.0000
                   X(W3, LA1)      0.000000         -900.0000
                   X(W3, LA2)      0.000000         -700.0000
                   X(W3, LA3)      0.000000         -300.0000
                   X(W3, LA4)      0.000000         -500.0000
                   X(W3, LA5)      1.000000         -800.0000
                   X(W4, LA1)      0.000000         -400.0000
                   X(W4, LA2)      1.000000         -800.0000
                   X(W4, LA3)      0.000000         -600.0000
                   X(W4, LA4)      0.000000         -900.0000
                   X(W4, LA5)      0.000000         -500.0000
                   X(W5, LA1)      1.000000         -1000.000
                   X(W5, LA2)      0.000000         -500.0000
                   X(W5, LA3)      0.000000         -300.0000
                   X(W5, LA4)      0.000000         -600.0000
                   X(W5, LA5)      0.000000         -800.0000
```

即甲翻译德语, 乙翻译日语, 丙翻译法语, 丁翻译俄语, 戊翻译英语, 最大效率为 4300. 需要注意的是在以整体效率最高为目标的情况下, 每个人不一定从事自己最擅长的工作，每项工作也不一定由该项工作最出色的人去完成．例如甲最擅长英语，但却被指派翻译德语．

(2) 第二问中甲不懂德文，乙不懂日文，即甲不能翻译德文，乙不能翻译日文，属于有限制的指派问题，只需要在 (1) 的约束条件中加上 X(1,4) = 0, X(2,3) = 0 即可．将上述程序稍加修改后重新求解得到 X(1,3) = X(2,4) = X(3,5) = X(4,2) = X(5,1) = 1，显然结果是将 (1) 的最佳方案中甲和乙的任务对调，其他未变，总效率为 4200．

(3) 第三问中去掉戊后只有 4 名翻译，要完成 5 项工作，如果剩下每个人都参与，必定有一人要完成 2 种语言的翻译工作．于是约束条件应该调整为

$$1 \leq \sum_{j=1}^{5} x_{ij} \leq 2, \quad i = 1, \cdots, 4,$$

则相应的 0-1 规划模型为

$$\max \quad z = \sum_{i=1}^{4} \sum_{j=1}^{5} c_{ij} x_{ij}$$

$$\text{s.t.} \begin{cases} 1 \leq \sum_{j=1}^{5} x_{ij} \leq 2, \quad i = 1, \cdots, 4 \\ \sum_{i=1}^{4} x_{ij} = 1, \quad j = 1, \cdots, 5 \\ x_{ij} \in \{0,1\} \end{cases}.$$

将 (1) 中的程序适当修改，重新求解模型得到：X(1,1) = X(2,3) = X(2,4) = X(3,5) = X(4,2)．即甲变成翻译英语，乙同时翻译日语和德语，丙和丁还是分别翻译法语、俄语．此时的最高效率为 4400．

最后，请读者考虑这样一个问题，如果人数多于任务数，比如 5 个人，只有英语、德语、法语三种语言需要翻译，同样假定一种语言只能 1 人参与，那么又该如何建立模型？读者可以仿照上面的案例自己尝试．

注：像案例 8 这样的问题称为指派问题或分派问题 (assignment problem)．典型的指派问题的描述是：有 m 项工作，恰好有 m 个人来完成，一个人只完成一项工作，一项工作只由一个人来完成，由于个人的专长不同，完成任务的效率也就不同，于是要合理指派哪个人去完成哪项任务，使完成 m 项任务的总效率最高．指派问题同运输问题一样，是具有一定模型特征的一类问题的总称，如 m 项加工任务如何在 m 台机床上分配；m 条航线如何指定 m 艘船去航行等等．指派问题也是运输问题的特例，相当于将某人运送到某个岗位，一般用 0-1 规划求解．对于任务和人数不等的指派问题可以类似处理，如案例 8 中的问题 (3)．

5.4 非线性规划模型

案例 9：建筑钢条的下料问题 Ⅱ

问题描述： 下料问题中如果使用过多切割模式，会使切割工艺变得复杂，增加生产成本和工作量，假定在案例 5 中不同的切割模式不超过 3 种，试用案例 5 的数据，确定最节省资源的切割方法．

问题分析： 对案例 5 的求解运用的是线性规划模型，在需求钢筋类型不太多的情况下可以通过枚举法首先确定哪些切割模式是可行的．但如果需求的钢筋规格不断增大，枚举法的工作量将越来越大．而且使用过多切割模式，会使切割工艺变得复杂，增加生产成本和管理成本，因此题目要求我们限定切割模式不超过 3 种，但怎样选择切割模式，却是未知的，这只有在动态优化中来寻找，为此我们选用整数非线性规划模型来解决该问题．该方法可以同时确定切割模式和切割方案，是一种解决这类下料问题的普遍使用的方法．

同案例 5 一样，一个合理的切割模式的余料应该小于建筑工地需要钢筋的最小尺寸，即 3 m，又由于题目中参数都是整数，所以合理的切割模式的余料量不能大于 2 m．对于目标函数，同样可以有两种，这里我们仅选择总根数最少为目标进行求解．

模型建立： 由于要求不同切割模式不能超过 3 种，可以用 x_i 表示第 i 种模式 ($i=1,2,3$，这里的切割模式是待定的) 切割的原料钢筋的根数，显然它们为非负整数．设在第 i 种切割模式下每根原料钢筋生产 10 m，7 m，4 m 和 3 m 的钢筋数量分别为非负整数 $r_{1i}, r_{2i}, r_{3i}, r_{4i}$．

如果以切割原料钢筋的总根数最少，则目标为

$$\min \ x_1 + x_2 + x_3.$$

为满足建筑工地的需求，应有

$$r_{11}x_1 + r_{12}x_2 + r_{13}x_3 \geqslant 60,$$
$$r_{21}x_1 + r_{22}x_2 + r_{23}x_3 \geqslant 100,$$
$$r_{31}x_1 + r_{32}x_2 + r_{33}x_3 \geqslant 270,$$
$$r_{41}x_1 + r_{42}x_2 + r_{43}x_3 \geqslant 330.$$

因为每一种切割模式必须可行、合理，即每根原料钢筋切割成的成品量长度总和不能超过 12 m，也不能少于 10 m (因为余料量不能大于 2 m)，于是有

$$10 \leqslant 10r_{11} + 7r_{21} + 4r_{31} + 3r_{41} \leqslant 12,$$
$$10 \leqslant 10r_{12} + 7r_{22} + 4r_{32} + 3r_{42} \leqslant 12,$$
$$10 \leqslant 10r_{13} + 7r_{23} + 4r_{33} + 3r_{43} \leqslant 12.$$

以上建立的整数非线性规划模型是可以求解的，但为了简化计算，提高效率，可以进一步作如下限定，一是决策变量有一个自然排序，不妨设

$$x_1 \geqslant x_2 \geqslant x_3.$$

二是考虑极端情况，所有需求量的总长度不应该超过切割钢筋的总长度，即根数总和乘以单位长度 12 m (有余料浪费的存在)：

$$12(x_1 + x_2 + x_3) \geqslant 60 \times 10 + 100 \times 7 + 270 \times 4 + 330 \times 3 = 3370.$$

考虑各变量均为整数，于是上式等效于

$$x_1 + x_2 + x_3 \geqslant 281.$$

三是考虑比较简单直观的切割方法，每种模式切割的成品尽量满足一种尺寸，如第一种模式切割成 10 m，需 60 根，第二种模式切割成 1 段 7 m 和 1 段 3 m 的，需切割 100 根，第三种模式为切割 2 根 4 m 加 1 根 3 m，共计切割 230 根．这样切割成 4 m 的共有 460 根，3 m 的共计 330 根，已经满足需求．在这种特殊情况下共需切割 390 根，

$$x_1 + x_2 + x_3 \leqslant 390.$$

模型求解： 将上述模型在 Lingo 中求解

```
sets:
!定义 3 种模式;
pattern/1..3/:x;
!定义钢条的 4 种规格，需求量;
type/1..4/:size,demand;
!建立 4*3 的矩阵 r;
link(type,pattern):r;
endsets
data:
size=10 7 4 3;
demand=60 100 270 330;
enddata
!目标函数;
min=@sum(pattern:x);
!需求约束;
@for(type(i):@sum(pattern(j):r(i,j)*x(j))>=demand(i));
!合理性约束;
@for(pattern(i):@sum(type(j):size(j)*r(j,i))<=12);
@for(pattern(i):@sum(type(j):size(j)*r(j,i))>=10);
@sum(pattern:x)<=390;
@sum(pattern:x)>=281;
@for(pattern(i)|i#le#2:x(i)>=x(i+1));
!整数约束;
@for(link:@gin(r));
```

经过运行，得到输出如下：

```
  Global optimal solution found.
  Objective value:                              330.0000
  Objective bound:                              330.0000
  Infeasibilities:                              0.000000
  Extended solver steps:                               1
  Total solver iterations:                         11629

                 Variable          Value        Reduced Cost
                     X(1)        169.0000         0.000000
                     X(2)        101.0000         0.000000
                     X(3)        60.00000         0.000000
                  SIZE(1)        10.00000         0.000000
                  SIZE(2)        7.000000         0.000000
                  SIZE(3)        4.000000         0.000000
                  SIZE(4)        3.000000         0.000000
                DEMAND(1)        60.00000         0.000000
                DEMAND(2)        100.0000         0.000000
                DEMAND(3)        270.0000         0.000000
                DEMAND(4)        330.0000         0.000000
                   R(1, 1)       0.000000         -168.9993
                   R(1, 2)       0.000000         -100.9998
                   R(1, 3)       1.000000         -59.99955
                   R(2, 1)       0.000000         0.000000
                   R(2, 2)       1.000000         0.000000
                   R(2, 3)       0.000000         0.000000
                   R(3, 1)       1.000000         -168.9993
                   R(3, 2)       1.000000         -100.9998
                   R(3, 3)       0.000000         -59.99955
                   R(4, 1)       2.000000         0.000000
                   R(4, 2)       0.000000         0.000000
                   R(4, 3)       0.000000         0.000000
```

求解结果显示，选用的切割模式有表 5.5 中的 1, 2 和 6. 其中模式 6 切割 169 根，模式 2 切割 101 根，模式 1 切割 60 根。切割钢筋的总数为 330 根，余料总量为 559 m.

注：若要使用余料总量最小为目标，则目标函数应为

$$\min \quad z = \sum_{i=1}^{3}[12-(10r_{1i}+7r_{2i}+4r_{3i}+3r_{4i})]x_i.$$

具体的结果大家可以仿照上面的方法求解，同时比较不同目标对应解的区别。

案例 10：商品的营销策略

问题描述： 某装饰材料公司主营油漆业务，前期该公司以每桶 2 元的价格采

购了一批彩漆. 公司既想卖个好价钱, 获得好的收益, 又想尽快收回资金, 于是想到广告宣传. 根据经验, 一般情况下随着彩漆售价的提高, 预期销售量将减少, 该公司对此进行了估算, 结果见表 5.10. 同时分析了投入一定的广告费后, 销售量将有所增长, 可由销售增长因子来表示. 根据经验, 广告费与销售增长因子关系见表 5.11. 显然提高售价会增加收益, 但是销售量会受到影响; 加大广告宣传, 销售量会增加, 但要支付费用. 问装饰材料公司应采取怎样的营销战略才能使总的预期利润最大?

表 5.10 彩漆预期销售量

售价 (元)	预期销售量 (桶)
2.00	41000
2.50	38000
3.00	34000
3.50	32000
4.00	29000
4.50	28000
5.00	25000
5.50	22000
6.00	20000

表 5.11 投入广告销售增长因子

广告费 (元)	销售增长因子
0	1.00
10000	1.20
20000	1.50
30000	1.75
40000	1.90
50000	2.00
60000	1.90
70000	1.75

模型建立: 设该材料的售价为 x 元/桶, 预期销售量为 y 桶, 广告费为 z 元, δ 表示销售增长因子, 获得的总利润记为 W 元. 由表 5.10 易见预期销售量 y 随着售价 x 的增加而单调下降, 而销售增长因子 δ 在开始时随着广告费 z 的增加而增加, 在广告费 z 等于 50000 元时达到最大值, 然后在广告费增加时反而有所回落. 下面给出用 MATLAB 绘出的散点图, 见图 5.3, 图 5.4.

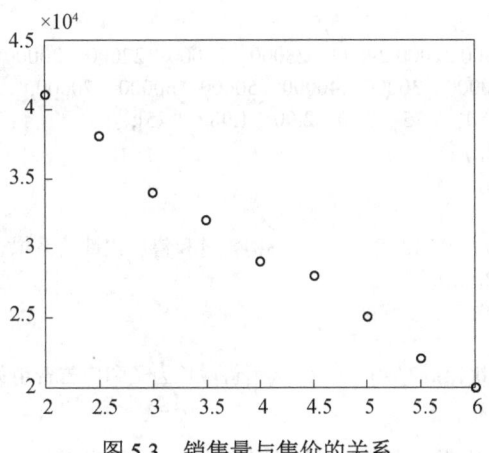

图 5.3 销售量与售价的关系

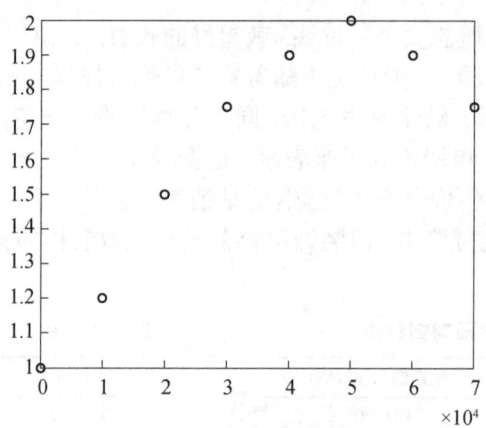

图 5.4 销售增长因子与广告费的关系

从图 5.3 和图 5.4 易见，售价 x 与预期销售量 y 近似于一条直线，广告费 z 与销售增长因子 δ 近似于一条二次曲线，为此选用经验模型为
$$y = a_0 + a_1 x,$$
$$\delta = b_0 + b_1 z + b_2 z^2,$$
系数 a_0, a_1, b_0, b_1, b_2 是待定参数，可由给定数据进行拟合.

于是可建立利润基于广告费用和销售价格的非线性优化模型：
$$\begin{cases} \max\limits_{x,z} W = (b_0 + b_1 z + b_2 z^2)(a_0 + a_1 x)(x - 2) - z \\ \text{s.t.} \quad x > 0, z > 0 \end{cases}.$$

模型求解：模型的求解要分成两步完成，第一步，先利用数据拟合出上述线性和二次曲线的参数. 在 MATLAB 中，输入代码：

```
a=[2   2.5   3   3.5   4   4.5   5   5.5   6;
   41000 38000 34000 32000 29000  28000  25000  22000  20000];
b=[ 0   10000   20000   30000   40000   50000   60000   70000;
   1.00  1.20   1.50    1.75    1.90    2.00    1.90    1.75];
A=polyfit(a(1,:),a(2,:),1)
z1=polyval(A,a(1,:));
figure(1)
plot(a(1,:),a(2,:),'o',a(1,:),z1,'r-')       %销售量和售价线性关系拟合图.
B=polyfit(b(1,:),b(2,:),2);
z2=polyval(B,b(1,:));
figure(2)
plot(b(1,:),b(2,:),'o',b(1,:),z2,'r-')       %销售增长因子和广告费用关系拟合图.
B=vpa(B,5)
```

运行程序后，画出散点图和拟合曲线见图 5.5 和图 5.6.

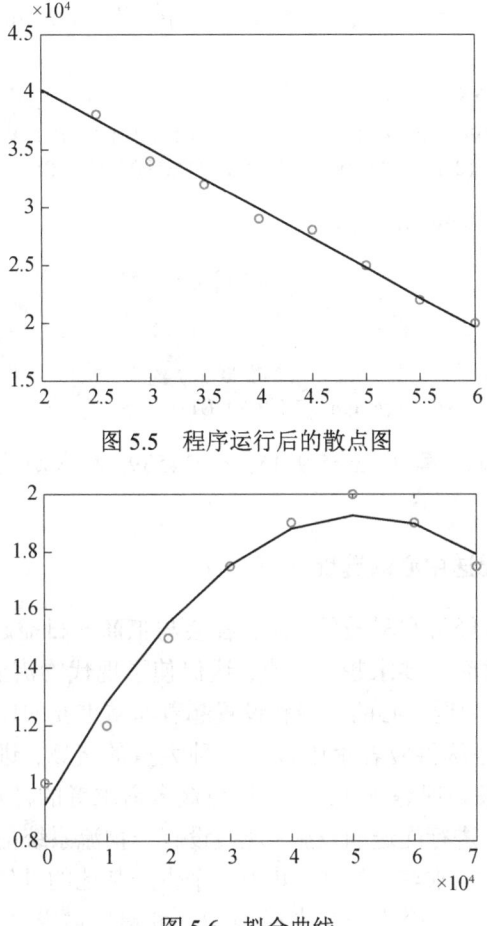

图 5.5 程序运行后的散点图

图 5.6 拟合曲线

同时得到拟合多项式的系数输出为:

```
A = 1.0e+004 *
   -0.5133     5.0422
B = [ -.38095e-9, .39048e-4, .92500]
```

即 $a_0 = 50422, a_1 = -5133, b_0 = 0.9250, b_1 = 3.9048 \times 10^{-5}, b_2 = -3.8905 \times 10^{-10}$。

其次用 MATLAB 求解优化模型,因 MATLAB 中仅能求极小值,为此将优化模型转化为

$$\begin{cases} \min_{x,z}(-W) = z - (b_0 + b_1 z + b_2 z^2)(a_0 + a_1 x)(x - 2) \\ \text{s.t.} \quad x > 0, z > 0 \end{cases}$$

该模型属于有约束的多元函数极值问题,即目标函数非线性的数学规划,可用 MATLAB 中的 fmincon 函数进行求解,步骤如下:

在 MATLAB 中先定义非线性目标函数,函数名为 adv.m:

```
function f=adv(x);
A=1.0e+004 *[-0.5133,5.0422];
B= [ -.38095e-9, .39048e-4, .92500];    %前面求解出的拟合系数.
f=x(2)-(B(3)+B(2)*x(2)+B(1)*x(2)^2)*(A(2)+A(1)*x(1))*(x(1)-2);
```

建立主程序文件 adv_main.m:

```
x0=[1;1];                               %迭代初值.
A=[]; b=[];
Aeq=[]; beq=[];
VLB=[0;0]; VUB=[];                      %变量非负约束.
[x,fval]=fmincon('adv',x0,A,b,Aeq,beq,VLB,VUB)
```

执行后求解出最优解为: $x = 5.9115$, $z = 34539$, 利润函数 W 相应的最大值为 108336 元.

案例 11: 物流配送中心的选址

问题描述: 随着经济和科技的发展, 社会与工商业日益趋向于高效率和快节奏, 对服务质量和时间的要求越来越高, 这促使了现代物流业的飞速发展. 在一个现代物流系统中, 配送中心的选择和设置起着非常重要的作用.

所谓配送中心是从供应者手中接受多种大量的货物, 进行倒装、分类、保管、流通加工和情报处理等作业, 然后按照众多需求者的订货要求备齐货物, 以令人满意的服务水平进行配送的设施. 现假设有一物流系统由 3 个生产基地, 2 个物流配送中心和 4 个需求客户组成. 其中三个生产基地的具体坐标 (a_1, b_1) 和生产能力 (产能) 见表 5.12, 四个客户的坐标 (a_2, b_2) 和最低需求量见表 5.13. 如果从生产基地到物流配送中心以及从物流配送中心到客户的运输费与运输量以及运输距离成正比, 试确定两个配送中心的位置, 使整个物流系统完成配送的总成本最小.

表 5.12 三个生产基地的坐标和产能

	基地 1	基地 2	基地 3
a_1(km)	0	100	0
b_1(km)	0	150	200
生产能力	300	350	500

表 5.13 四个客户的坐标和需求量

	客户 1	客户 2	客户 3	客户 4
A_2(km)	200	250	300	250
B_2(km)	0	50	200	320
需求量	200	150	300	350

问题分析： 该问题要求选择最佳的配送中心位置和最佳运输方案使总费用最低，这是一个典型的最优化问题. 根据题目描述，在一个物流系统中，货物应该从生产基地到配送中心，再由配送中心分发到各个客户，而不考虑厂家直接到客户的情形. 整个物流系统配送的总成本包括从生产基地到配送中心以及配送中心到客户的两部分运输费用的总和，已知运输费用等于运量和运输距离的乘积. 如果配送中心位置确定，则各生产基地和客户到配送中心的距离都是可计算的已知量，该问题的目标函数可以表示成以基地到中心以及中心到客户的运输量为决策变量的线性表达式. 但由于配送中心的位置未定，所以配送中心的坐标也要视为决策变量，于是目标函数中出现决策变量的乘积，这应是非线性规划问题. 约束条件需要考虑各个生产基地的输出量不应超过其产能，各配送中心到客户的运量不应低于其需求量，当然对每个配送中心，输入的量还应等于输出的量.

模型假设：

(1) 各个基地生产的货物必须先经过物流配送中心配送后转运到客户，不考虑厂家直接运输到客户的情形；

(2) 两点之间运输距离假定为直线距离，配送中心的选址仅以物流系统总费用最小为目标，不考虑环境条件的限制，配送中心不能和生产基地或客户点重叠；

(3) 从生产基地到物流配送中心以及从配送中心到客户的运输费与运输量以及运输距离成正比，不妨用运输距离乘以运输量表示运输费用；

(4) 本问题中仅以运输费用总和作为目标，不考虑诸如存储费等其他费用.

符号设定：

d_{ij}：从生产基地 i 到各物流配送中心 j 的距离，$i=1,2,3; j=1,2$；

$\bar{d}_{jk}$：从物流配送中心 j 到各需求客户 k 的距离，$j=1,2; k=1,\cdots,4$；

x_{ij}：从生产基地 i 到各物流配送中心 j 的运输量；

y_{jk}：从物流配送中心 j 到各需求客户 k 的运输量；

S_i：第 i 个生产基地的生产能力；

D_k：第 k 个客户的需求量；

F：物流系统总的配送成本.

模型建立： 根据以上分析，容易得到如下以整个物流系统的总运输费用最小为目标函数的非线性规划模型：

$$\min \quad F = \sum_{i=1}^{3}\sum_{j=1}^{2} x_{ij}d_{ij} + \sum_{j=1}^{2}\sum_{k=1}^{4} y_{jk}\bar{d}_{jk}$$

$$\text{s.t.} \begin{cases} \sum_{j=1}^{2} x_{ij} \leq S_i, & i=1,2,3 \\ \sum_{j=1}^{2} y_{jk} \geq D_k, & k=1,\cdots,4 \\ \sum_{i=1}^{3} x_{ij} = \sum_{k=1}^{4} y_{jk}, & j=1,2 \\ x_{ij} \geq 0, y_{jk} \geq 0 \end{cases}.$$

约束条件说明：第一组约束条件表示各个生产基地输出货物量不超过其产能；第二组表示每个客户需求量约束；第三组是各配送中心输入输出的平衡约束，因为物流配送中心既不消耗物资又不生产物资，所以运入的量等于运出的量；最后是运输量的非负约束。

模型求解：在 MATLAB 中求解. 为了表述方便，先将决策变量对应如下：$x_{11} = z_1$；$x_{21} = z_2$；$x_{31} = z_3$；$x_{12} = z_4$；$x_{22} = z_5$；$x_{32} = z_6$；$y_{11} = z_7$；$y_{12} = z_8$；$y_{13} = z_9$；$y_{14} = z_{10}$；$y_{21} = z_{11}$；$y_{22} = z_{12}$；$y_{23} = z_{13}$；$y_{24} = z_{14}$；$(z_{15}, z_{16}), (z_{17}, z_{18})$ 为两个配送中心的坐标变量.

1) 定义非线性目标函数 center.m 如下：

```
function f=center(z)
a1=[0 100 0];              %生产基地坐标.
b1=[0 150 200];
a2=[200 250 300 250];      %客户坐标.
b2=[0 50 200 320];
f1=0; f2=0; f3=0; f4=0;
```

%f1 是三个生产基地到物流中心 C1 的运费总额，其中 z(1) 至 z(3) 为三个生产基地往中心 C1 的运量，(z(15), z(16)) 为中心 C1 的位置.

```
for i=1:3
    d(i)=sqrt((a1(i)-z(15))^2+(b1(i)-z(16))^2);
    f1=d(i)*z(i)+f1;
end
```

%f2 是三个生产基地到物流中心 C2 的运费总额，其中 z(4) 至 z(6) 为三个生产基地往中心 C2 的运量，(z(17), z(18)) 为中心 C2 的位置.

```
for i=4:6
    d(i)=sqrt((a1(i-3)-z(17))^2+(b1(i-3)-z(18))^2);
    f2=d(i)*z(i)+f2;
end
```

%f3 是物流中心 C1 到四个客户地的运费总额，其中 z(7) 至 z(10) 为中心 C1

到四个客户地的运量.

```
for i=7:10
    d(i)=sqrt((a2(i-6)-z(15))^2+(b2(i-6)-z(16))^2);
    f3=d(i)*z(i)+f3;
end
```

%f4 是物流中心 C2 到四个客户地的运费总额, 其中 z(11) 至 z(14) 为中心 C2 到四个客户地的运量.

```
for i=11:14
    d(i)=sqrt((a2(i-10)-z(17))^2+(b2(i-10)-z(18))^2);
    f4=d(i)*z(i)+f4;
end
f=f1+f2+f3+f4;
```

2) 主程序 center_main 如下:

```
clear
S=[300 350 500];                    %生产基地产量.
D=[200 150 300 350];                %客户需求量.
w1=100*ones(1,14);
z0=[w1 100 100 200 200];            %定义初值向量.
a=[1 0 0 1 0 0 0 0 0 0 0 0 0 0 0 0 0 0;   %产能约束
   0 1 0 0 1 0 0 0 0 0 0 0 0 0 0 0 0 0;
   0 0 1 0 0 1 0 0 0 0 0 0 0 0 0 0 0 0;
   0 0 0 0 0 0 -1 0 0 0 -1 0 0 0 0 0 0 0;  %需求约束
   0 0 0 0 0 0 0 -1 0 0 0 -1 0 0 0 0 0 0;
   0 0 0 0 0 0 0 0 -1 0 0 0 -1 0 0 0 0 0;
   0 0 0 0 0 0 0 0 0 -1 0 0 0 -1 0 0 0 0];
b=[S';-D'];
Aeq=[1 1 1 0 0 0 -1 -1 -1 -1 0 0 0 0 0 0 0 0;   %配送中心平衡约束
     0 0 0 1 1 1 0 0 0 0 -1 -1 -1 -1 0 0 0 0];
beq=[0;0];
vlb=[zeros(14,1);-inf;-inf;-inf;-inf];
vub=[];    %vlb 和 vub 中前 14 个变量表示运输量下限为 0, 上限为∞; 后 4 个分量表示配
送中心坐标在-∞到∞之间.
[z,fval,exitflag,output]=fmincon('center',z0,a,b,Aeq,beq,vlb,vub)
```

3) 求解结果主要内容:

```
z =
 300.0000   50.0000        0        0  300.0000  350.0000  200.0000  150.0000        0        0        0        0
 300.0000  350.0000  167.3793   14.1049  144.2012  205.2819
fval =
   2.5172e+005.
```

于是得到各生产基地、配送中心和客户之间最佳的运输量，见表 5.14. 两个配送中心的最佳位置为 C1(167.3793, 14.1049), C2(144.2012, 205.2819). 此时整个物流系统总的配送成本为 251720.

表 5.14　生产基地、配送中心与客户之间的最佳运输量

	基地 1	基地 2	基地 3	客户 1	客户 2	客户 3	客户 4
中心 C1	300	50	0	200	150	0	0
中心 C2	0	300	350	0	0	300	350

4) 结果分析：

(1) 非线性规划求解中初值选取是很重要的，不同初值产生的最优解可能不同. 在主程序中，前 14 个决策变量代表运输量，取其初值为 100，后 4 个代表配送中心坐标，初值定为 (100, 100) 和 (200, 200)，在求解过程中不断调整取值，如将运输量初值 100 改成 50 或 1，最优解都没有改变，如改成 180，最优值变为 259920，大于 251720，改成其他数值也有相似结果，有时甚至不收敛，因此表 5.14 中的最优解更合理一些. 对于该问题，还有一种比较好的初值选取方法是先设定两个配送中心坐标，将问题转化成线性规划求解，并将最优解连同设定坐标组成初值向量，如中心坐标取为 (200, 100), (150, 200)，求出对应线性规划问题的最优解为 z=[150 200 0 0 150 500 200 150 0 0 0 0 300 350]，添上固定的中心坐标后构成初值 z_0，再利用非线性规划求出最优解同表 5.14 一致. 在初值选取过程中最优值曾出现 250840，优于 251720，但此时最佳配送中心位置出现 (0, 0)，同题目中基地 1 重叠，与假设不符，所以不予考虑.

(2) 为了直观反映配送中心的位置，在 MATLAB 中执行下面程序

```
a1=[0 100 0]; b1=[0 150 200];
a2=[200 250 300 250]; b2=[0 50 200 320];
a3=[167.3793 144.2012]; b3=[14.1049 205.2819];
plot(a1,b1,'ro',a2,b2,'b*',a3,b3,'g+')
text(a3(1),b3(1),'C1')
text(a3(2),b3(2),'C2')
```

输出图 5.7，其中 C1 和 C2 为配送中心的位置，'o' 为生产基地，'*' 号为客户位置.

注：对非线性规划问题的求解，初值的选取很关键，一般情况下，应该先求出一个初步的最优解，并将其重新作为初值，继续求解. 如果不同初值求出的最优解不同，应进行比较找出最优值最小 (最大) 时对应的解作为问题的最优解. 只有在反复试验对比中才能找到合适的最优解.

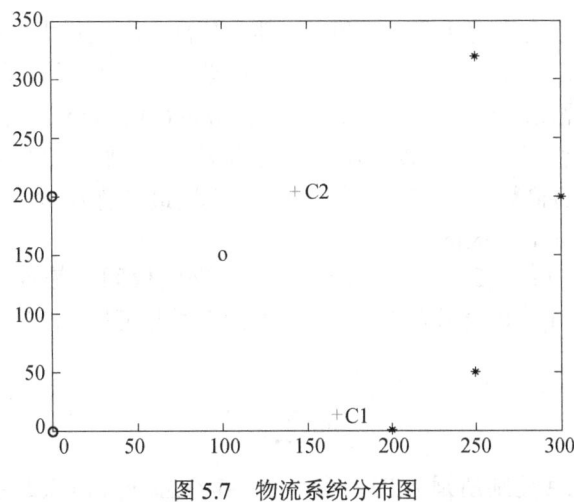

图 5.7 物流系统分布图

该问题属于配送中心不确定,根据总费用最小和最短直线距离来建立非线性优化模型. 现实中配送中心的选取往往还会受到自然环境的限制,如果已经给出若干备选的中心地址,要在其中选取部分作为配送中心,则此时应建立 0-1 非线性混合规划问题.

5.5 实战篇——储药柜竖向隔板间距类别的设计

5.5.1 问题背景与问题提出

医疗拥挤是大型医院常出现的就医现象,即便是门诊药房,也常常人满为患. 在领药高峰期,病人需要排成长队,等待药剂师按照医生开具的处方,从药架上取下药品发给病人. 由于药品摆放分散,病人往往需要等待较长时间. 此外,由于药品是由药剂师手工发放,难免出现差错. 为了提高药品的发放效率和准确率,急需一种自动化程度高的药房. 而对于这种药房而言,储药柜的设计是关键. 2014 年全国大学生数学建模竞赛 D 题提出了储药柜的设计问题,该问题要求参赛者从数学的角度设计储药柜,具体问题和附件可参见全国大学生数学建模竞赛官网. 我们在此主要讨论第一个问: 根据附件的药盒型号,设计储药柜竖向隔板最少的间距类别以及各类别所适合的药盒.

5.5.2 问题分析与模型建立

从附件给出的药盒型号可知,药盒共 1919 种,药盒的长度范围是 38 mm—139 mm,药盒的宽度范围是 10 mm—56 mm,药盒的高度范围是 28 mm—125 mm. 每一个药盒的长度均大于其高度和宽度; 除编号为 830, 959, 944, 1339,

397 和 1096 的药盒宽度略大于其高度外，其余药盒的高度均大于其宽度.

竖向隔板间距主要取决于药盒的宽度，因要求药盒与两侧隔板需留 2 mm 的空隙，那么竖向隔板的间距范围是 12 mm—58 mm (将 2 mm 的空隙理解为双侧总共空隙). 从药盒的型号数据以及施工方面考虑，我们假设竖向隔板的间距设计是以 mm 为单位的整数，那么竖向隔板的间距类别最多有 47 类，第 1—47 类间距的宽度分别为 12 mm—58 mm.

用 0-1 变量 x_i ($i=1,2,\cdots,47$) 描述第 i 类竖向隔板间距是否设计，$x_i=1$ 表示设计第 i 类间距，$x_i=0$ 表示未设计第 i 类间距. 由此可知，设计的竖向隔板间距类别最少是:

$$\min \sum_{i=1}^{47} x_i.$$

对于每种间距类别所适合的药盒，用 0-1 变量 y_{ji} ($i=1,2,\cdots,47$, $j=1,2,\cdots,1919$) 描述第 j 种药盒是否选用了第 i 类竖向隔板间距，$y_{ji}=1$ 表示第 j 种药盒选用第 i 类间距，$y_{ji}=0$ 表示第 j 种药盒未选用第 i 类间距. 对于药盒而言，每种药盒至少选择使用一种竖向隔板间距类别，不过题目要求间距类别最少，因此可以要求药盒仅选择使用一种竖向隔板间距类别，即

$$\sum_{i=1}^{47} y_{ji} = 1, \quad j=1,2,\cdots,1919.$$

下面我们分析药盒选用竖向隔板间距类别需要满足的条件，给出药盒适合的竖向隔板间距的上下界. 记第 i 种竖向隔板间距类别的宽度 cw_i，第 j 种药盒的长度、高度和宽度分别 l_j，h_j 和 w_j.

(1) 下界的确定: 药盒与两侧隔板共留 2 mm 的空隙.

如果第 j 种药盒选用第 i 类竖向隔板间距类别，那么第 i 种竖向隔板间距类别的宽度需大于等于第 j 种药盒的宽度加上 2，即

$$cw_i \geqslant w_j + 2.$$

(2) 上界的确定: 在药槽内药盒不发生并排重叠、侧翻或水平旋转.

我们模拟发生这些现象的临界状态，图 5.8 是一个药盒及药盒并排重叠、侧翻或水平旋转的示意图.

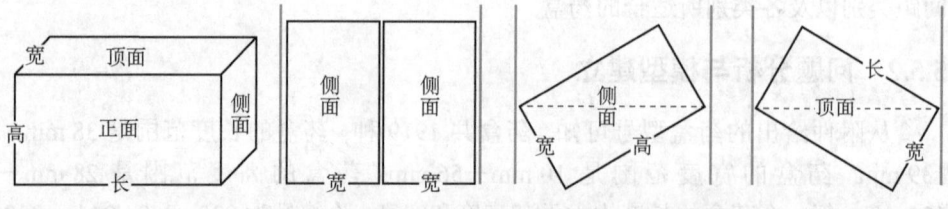

图 5.8 药盒及药盒并排重叠、侧翻或水平旋转示意图

① 防止并排重叠: 隔板间距不能超过药盒宽度的 2 倍, 即
$$cw_i < 2w_j \text{ 或 } cw_i \leqslant 2w_j - 1.$$

② 防止侧翻: 隔板间距不能超过宽高对角线的长度, 即
$$cw_i \leqslant \sqrt{w_j^2 + h_j^2}.$$

③ 防止水平旋转: 隔板间距不能超过宽长对角线的长度, 即
$$cw_i \leqslant \sqrt{w_j^2 + l_j^2}.$$

综合上述三种情况, 可以得到药盒适合的竖向间距宽度的上确界:
$$cw_i \leqslant \min\left\{2w_j - 1, \sqrt{w_j^2 + h_j^2}, \sqrt{w_j^2 + l_j^2}\right\} = \min\left\{2w_j - 1, \sqrt{w_j^2 + h_j^2}\right\}.$$

综合上述讨论, 我们可得到第 j 种药盒选择第 i 种竖向隔板间距类别的条件限制 (推送顺利且不出现并排重叠、侧翻或水平旋转), 即
$$y_{ji} \cdot \inf_j \leqslant y_{ji} \cdot cw_i \leqslant y_{ji} \cdot \sup_j,$$

其中, $\inf_j = w_j + 2$ 和 $\sup_j = \min\{2w_j - 1, f_j^1, f_j^2\} = \min\{2w_j - 1, f_j^1\}$ 分别表示第 j 种药盒适合的竖向隔板间距的下确界和上确界, $f_j^1 = \sqrt{w_j^2 + h_j^2}$ 表示第 j 种药盒的宽高对角线长; $f_j^2 = \sqrt{w_j^2 + l_j^2}$ 表示第 j 种药盒的宽长对角线长.

接下来我们分析药盒的选择与竖向间距类别设计与否的关系. 对于竖向隔板间距类别而言, 并非每一种间距类别都需要设计. 一旦有药盒选用第 i 种竖向隔板间距类别, 那么必须设计第 i 种间距类别, 否则无须设计, 即

$$x_i = \begin{cases} 1, & \sum_{j=1}^{1919} y_{ji} \neq 0 \\ 0, & \sum_{j=1}^{1919} y_{ji} = 0 \end{cases}.$$

综合上述讨论, 我们可以得到储药柜竖向隔板间距最少的数学规划模型:

目标函数: $\min \sum_{i=1}^{47} x_i$.

约束条件:
$$y_{ji} \cdot \inf_j \leqslant y_{ji} \cdot cw_i \leqslant y_{ji} \cdot \sup_j,$$

$$\sum_{i=1}^{47} y_{ji} = 1, j = 1, 2, \cdots, 1919,$$

$$x_i = \begin{cases} 1, & \sum_{j=1}^{1919} y_{ji} \neq 0 \\ 0, & \sum_{j=1}^{1919} y_{ji} = 0 \end{cases},$$

$$x_i, y_{ji} = 0 \text{ 或 } 1.$$

5.5.3 模型求解与结果

对于该模型的求解,将非线性的约束 $x_i = \begin{cases} 1, & \sum_{j=1}^{1919} y_{ji} \neq 0 \\ 0, & \sum_{j=1}^{1919} y_{ji} = 0 \end{cases}$ 转化为 $x_i \leqslant \sum_{j=1}^{1919} y_{ji}$,

$x_i \geqslant y_{ji}$ 即可用 Lingo 求解. 不过这个问题的计算比较简单,使用枚举法就能解决,解决的关键在于从每一种药盒能选择的药槽宽度的上确界 $\sup_j = \min\{2w_j - 1, f_j^1, f_j^2\}$ 和下确界 $\inf_j = w_j + 2$,确定共用储药槽的宽度. 药盒集合 A 共用的间距宽度 w: $\inf_j \leqslant w \leqslant \sup_j, \forall j \in A$. 药盒集合 A 共用的药槽宽度上限: $\min\{\sup_j, j \in A\}$.

因 $\min\{\sup_j : w_j \in [10, 56]\} = 19$,即所有药盒共用的药槽宽度上限为 19 mm, 故可将第一类竖向隔板间距设计为 19 mm,宽度范围为 10 mm—17 mm 的药盒均选择该间距类别.

因 $\min\{\sup_j : w_j \in [18, 56]\} = 34.99$,即余下药盒 (药盒宽度大于等于 18 mm) 共用的药槽宽度上限为 34.99 mm, 故可将第二类竖向隔板间距设计为 34 mm, 宽度范围为 18 mm—32 mm 的药盒均选择该药槽.

因 $\min\{\sup_j : w_j \in [33, 56]\} = 46.67$,即余下药盒 (药盒宽度大于等于 33 mm) 共用的药槽宽度上限为 46.67 mm, 故可将第三类竖向隔板间距设计为 46 mm, 宽度范围为 33 mm—44 mm 的药盒均选择该药槽.

因 $\min\{\sup_j : w_j \in [45, 56]\} = 63.64$,即余下药盒 (药盒宽度大于等于 33 mm 共用的药槽宽度上限为 63.64 mm, 故可将第四类竖向隔板间距选择为 58 mm (药盒最大宽度为 56 mm), 宽度范围为 45 mm—56 mm 的药盒均选择该药槽.

由枚举法的结果, 我们可以得到储药柜竖向隔板间距的设计方案, 以及每种间距类别所对应的药盒规格, 见表 5.15.

表 5.15 储药柜竖向隔板间距设计方案

竖向隔板间距类别	药盒宽度范围	药盒数量
19 mm	10 mm—17 mm	286
34 mm	18 mm—32 mm	1096
46 mm	33 mm—44 mm	342
58 mm	45 mm—56 mm	195

5.6 实战篇——奥运场馆的优化设计

5.6.1 问题提出

为满足 2008 年奥运会期间人们的消费需求和出于商业考虑, 需在比赛主场馆鸟巢、国家体育馆, 以及水立方周边地区建设一些小型临时商业网点 (见图 5.9), 称为迷你超市 (Mini Supermarket, 简称 MS) 网. 通过对预演运动会的问卷调查得到了三份统计数据, 并假定奥运会期间每位观众某一天平均出行两次. 结合这些信息在所给的 access 数据库中找出观众在出行、用餐和购物等方面所反映的统计规律, 并利用这些数据和规律测算图 5.9 中 20 个商区的人流量分布情况, 其中要考虑各种出行方式、站台分布、就餐习惯、餐馆分布、场馆布局等的影响. 最后根据测算的各商区人流量百分比建立模型, 求解出 20 个商区内 MS 网点的设计方案, 也就是每个商区中两种规模的 MS 类型的数量, 并且要满足观众购物需求, 分布的均衡性及获利要求. (原问题的详细描述请参见 2004 年中国大学生数学建模竞赛 A 题).

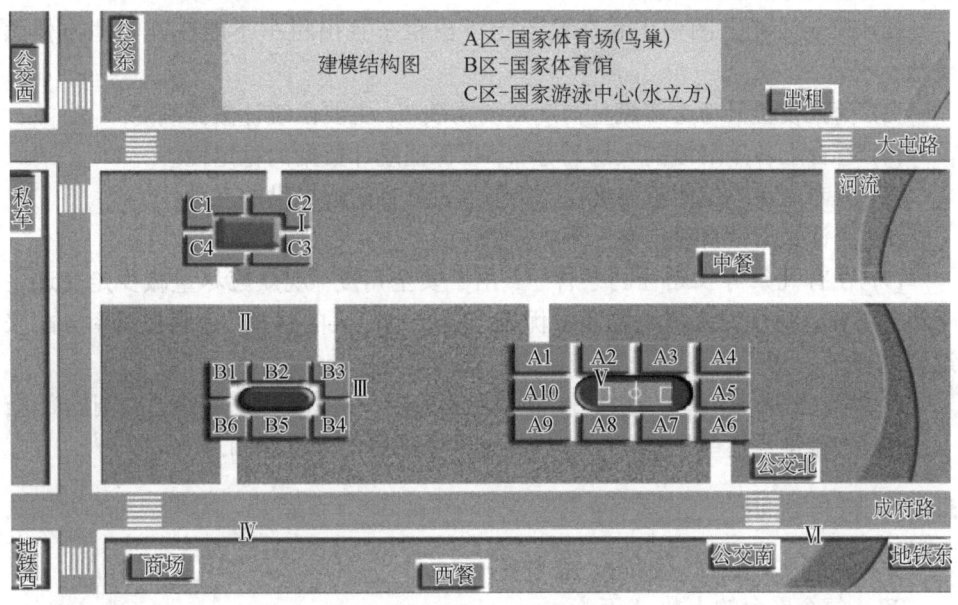

图 5.9 20 个商区人流量分布情况

5.6.2 问题分析

对于题目中第一个问题, 可以直接对给出的 access 数据库中的调查数据做出统计分析，容易得出观众在出行、用餐以及购物等方面的规律．在对第二个问题人流量分布(百分比)的统计时，考虑到条件给出每位观众平均某一天出行两次，以及实际生活经验，可以把它分成三部分完成：其中第一部分为从各乘车站点进入场馆时经过各商区的人流量，第二部分为观众去就餐时经过各商区的人流量，第三部分为就餐后部分观众返回各自的乘车站的过程中经过商区的人流量．从某个入口进入的观众在简化情形下可看成均匀分布到各看台，且沿体育馆顺(逆)时针方向的分配应该看作各占 1/2．以某个入口为起点，经过各商区的人流量可通过引入流量递减系数(场馆商区数目的倒数)建立递归计算公式．各看台用餐方式比例仍以统计数据来计算，沿最短路径经过各商区到就餐点的人流量应逐步递增．返回车站时类似讨论，将几部分累加可以计算出一天中总的流量．对 20 个商区内的 MS 网点的设计，考虑到问题中三个基本要求的限定和观众购买欲望的约束，对各商区中不同规模 MS 的个数的求解可建立一个优化模型．

5.6.3 模型假设

(1) 假设馆区内观众均沿图中人行道路行走，以便利用最短路径原则确定处在各个位置的观众的行进路线；

(2) 观众只能在图中出租车站点上下出租车且出租车不能在其他地方任意停放；

(3) 商区设置只考虑客流量与观众购物欲望，主要由统计数据确定；

(4) 看台上各年龄段的人均匀分布，以保证统计数据的稳定性；

(5) 只考虑在场馆附近用餐，且就餐方式只有问题提供的三种；

(6) 统计数据具有稳定性，可推广性；

(7) 在有几条等长路径的条件下，出于安全角度，观众应尽量减少走交通主干道，或考虑观众的逛街购物需求优先选择经过商区的路径，否则按概率分配来选择路径；

(8) 考虑到人流流动的连续性，观众要到另一个相隔商区时都经过中间的商区；

(9) 人流量是指单位时间(天)内经过某个商区的人次总和．

5.6.4 符号说明

W：场馆 A、B、C 总容量，20 万人；

W_0：每个看台的人数，1 万人；

r_i：统计数据中各乘车点的人数占总人数的百分比 ($i=1,\cdots,6$，顺序依次为：公交东西 r_1，出租 r_2，私车 r_3，地铁西 r_4，公交南北 r_5，地铁东 r_6)；

l_i：统计数据中各就餐方式的人数占总人数的百分比(按就餐方式)，($i=1,\cdots,3$ 分别代表中餐、西餐、商场就餐)；

δ_i：各场馆容量百分比 ($i=1,2,3$ 分别代表 A、B、C 三个场馆);

α_j：流量递减系数 (某一场馆内商区总数的倒数，$j=1,\cdots,3$ 分别代表 A、B、C 三个场馆);

γ：购买指数 (所有到场观众购买商品的人数百分比);

N_i：从各乘车站点到第 i 个入口的总人数 ($i=1,\cdots,6$，共 6 个入口，见附图一中编号);

x_{ij}：第 i 个商业区内第 j 个 MS 的数量 ($i=1,\cdots,20;j=1,2$)，商业区的编号为从 $A_1 \to A_{10}; B_1 \to B_6; C_1 \to C_4$ 的顺序依次为 1 到 20;

μ：上座率;

p_i：第 i 个商业区内人流量百分比 ($i=1,\cdots,20$)，商业区的编号为从 $A_1 \to A_{10}; B_1 \to B_6; C_1 \to C_4$ 的顺序依次为 1 到 20.

5.6.5 模型建立与求解

1) 问卷调查数据的统计规律

根据 access 数据库中提供的三份类型相同的问卷调查表，利用 access 按观众在出行、购物和用餐等方面的喜好对每个调查表进行归类统计，然后把同类型数据累加，分别得到各种出行方式，就餐形式和不同消费档次的人数.

(1) 出行方式

数据表和相应的统计直方图分别如表 5.16 和图 5.10 所示. 其中调查总人数为 10600.

表 5.16 出行方式数据表

出行方式	1	2	3	4	5	6
人数	1774	1828	2010	958	2006	2024
比例	16.74%	17.25%	18.96%	9.04%	18.92%	19.09%

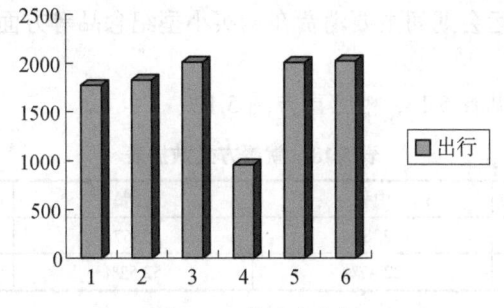

图 5.10 统计直方图

注: 1: 公交 (南北) 2: 公交 (东西) 3: 出租 4: 私车 5: 地铁 (东) 6: 地铁 (西)

从上面数据和直方图可以看出观众在出行方式上从总量上看最青睐乘坐地铁, 公交车, 紧随其后的是乘坐出租车, 而驾驶私车的比例相对要小的多. 其中的主要原因是因为地铁相对稳定、舒适、迅捷和经济, 而乘公交最节约, 出租虽然方便迅速, 但相对地铁、公交费用要高, 所以次之, 至于私车由于属于高档消费, 所以所占比例最少, 这是显然的. 根据这些规律我们可以利用它确定各类型车站的客流量, 从而用于计算奥运场馆商业区的人流量.

(2) 购物消费水平

购物消费水平数据见表 5.17, 相应直方图见图 5.11.

表 5.17 消费水平数据表

消费额 (元)	0—100	100—200	200—300	300—400	400—500	大于 500
人数	2060	2629	4668	983	157	103
比例	19.43%	24.80%	44.04%	9.27%	1.48%	0.97%

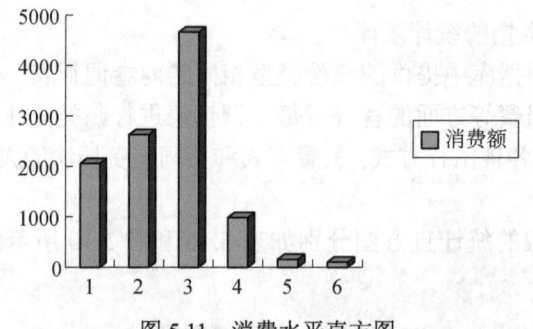

图 5.11 消费水平直方图

注: 1: 消费 0—100 (元) 2: 消费 100—200 (元) 3: 消费 200—300 (元) 4: 消费 300—400 (元) 5: 消费 400—500 (元) 6: 消费 500 (元) 以上.

从购物消费水平的统计数据可以看出绝大多数顾客的消费额在 300 元以内, 而且主要集中在 200—300 元这个段位上. 消费 400 元以上的顾客所占比例极少. 这反映出顾客在奥运会期间主要消费在购买小型纪念品等方面.

(3) 就餐方式

就餐方式数据见表 5.18, 相应直方图 5.12.

表 5.18 就餐方式数据表

方式	中餐	西餐	商场
人数	2382	5567	2651
比例	22.47%	52.52%	25.01%

就餐饮方面而言, 三种方式中西餐是最受欢迎的, 达到了其他两种方式的 2 倍以上, 占了总量的 5 成以上, 而中餐和在商场就餐各占了 2.5 成左右.

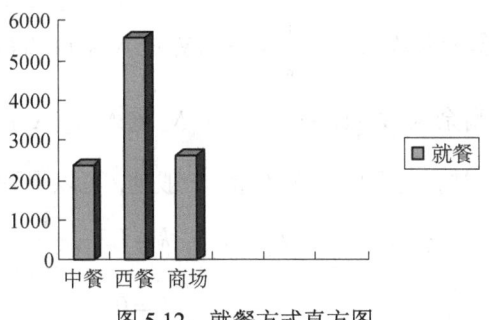

图 5.12 就餐方式直方图

2) 商业区人流量统计

根据问题中所得的统计数据和相关假设,观众的乘车习惯一般不会改变,考虑到乘车的方便程度不同,观众去某个场馆不一定乘车到离场馆最近的车站,所以各站点下车的乘客应该视为按比例到不同场馆,也就是说各场馆内的观众来自各乘车站点. 又根据问题提供的场馆 A,B,C 的容量分别为 10 万, 6 万, 4 万, 因此我们简单认为从每个站点进入各个场馆的人可按照各场馆容量比 5:3:2 分配.

(1) 各区入口人数的计算

在图 (见图 5.9) 中分别标出进入各区 A、B、C 的入口 (每个区有两个入口)(Ⅰ), (Ⅱ), (Ⅲ), (Ⅳ), (Ⅴ), (Ⅵ). 由最短路径原理可知: 公交东、西的乘客可能到: (Ⅰ), (Ⅲ), (Ⅴ) 入口; 公交南、北, 地铁东、西的乘客可能到 (Ⅱ), (Ⅳ), (Ⅵ) 入口; 出租车站的乘客可能到 (Ⅰ), (Ⅲ), (Ⅴ) 入口; 私车站的乘客可能到 (Ⅰ), (Ⅱ), (Ⅲ), (Ⅴ) 入口, 私车站到 C 区的乘客按假设分别到 (Ⅰ), (Ⅱ) 入口的人数各占一半. 故由问题中统计数据得: 进入各个入口的观众数目依次如下:

$$\begin{cases} N_1 = (r_1 + r_2 + r_3/2)W\delta_3 \\ N_2 = (r_4 + r_5 + r_6 + r_3/2)W\delta_3 \\ N_3 = (r_1 + r_2 + r_3)W\delta_2 \\ N_4 = (r_4 + r_5 + r_6)W\delta_2 \\ N_5 = (r_1 + r_2 + r_3)W\delta_1 \\ N_6 = (r_4 + r_5 + r_6)W\delta_1 \end{cases}$$

由于每位观众平均每天出行两次,一次为进出场馆,一次为出场馆后去就餐并返回乘车站点. 所以我们把人流量的统计分为三部分处理, 然后进行累加.

(2) 进出场馆流量统计

进入每个入口的观众购票是随机的, 因而应视为每个入口的观众数量应该均匀分配到各个看台, 根据假设 (8), 从而应该递减地通过各商业区到达各看台入口. 以入口 (Ⅵ) 为例说明统计规律: 从入口 (Ⅵ) 进入 $A_6(k=0)$ 的人数为 N_6, 有 $\alpha_1 N_6$

进入 A_6 对应看台,剩余人数的一半 $\frac{1}{2}(1-\alpha_1)N_6$ 进入 $A_5(A_7)$ (k=1),又有 $\alpha_1 N_6$ 进入 $A_5(A_7)$ 对应看台,剩余人数 $\frac{1}{2}(1-\alpha_1)N_6-\alpha_1 N_6$ 进入 $A_4(A_8)$ (k=2),……. 以此规律可递推出进入场馆时各商业区的人流量. 一般地,可以得到如下模型:

模型 (一): $M_{ik}=\begin{cases}(\frac{1}{2}-(k-\frac{1}{2})\times\alpha_j)\times N_i, & k=1,\cdots,\frac{1}{2\alpha_j}.\\ N_i, & k=0.\end{cases}$

说明: ① $i=1,2$; $j=3$; $i=3,4$; $j=2$; $i=5,6$; $j=1$;

② k 是以入口为初始点 (k=0) 顺次所对应的第 k 个商业区,不一定与商业区编号一致. 例如,对于 A_6 而言 k 对应如表 5.19:

表 5.19 k 与商业区编号对应关系

k	0	1	2	3	4	5
商业区	A_6	A_5	A_4	A_3	A_2	A_1

③ M_{ik} 是与 i 和 k 对应的人流量.

(3) 观看比赛后出场馆去就餐时经过各商业区的人流量

第二部分统计可以把人流量看成是由本商区所对应的看台人数 W_0(固定) 与其他商区经过该商区的人数两部分构成. 不妨以 A 场馆为例 (见图 5.9),先统计出别的商区经过某一商区的流量.

① 去吃中餐时,以商区 A_2 为例计算: 商区 A_6 中吃中餐的人选择经过商区 A_2 的路线的概率为二分之一,则 A_6 中通过商区 A_2 的人数为 $\frac{1}{2}W_0 l_1$;同时易得商区 A_3、A_4、A_5 中吃中餐的所有人都要经过商区 A_2,则 A_3、A_4、A_5 中经过 A_2 的总人数为 $3W_0 l_1$,故其他商区通过商区 A_2 的总人数为: $\frac{7}{2}W_0 l_1$. 由于选择路线的对称性及人流量的均匀分布得商区 A_{10} 与商区 A_2 等同. 按以上方法可推出 $A_3(A_9)$、$A_4(A_8)$、$A_5(A_7)$ 的人数分别为: $\frac{5}{2}W_0 l_1$,$\frac{3}{2}W_0 l_1$,$\frac{1}{2}W_0 l_1$. 特别对于 A_1,其他商区中吃中餐的人均要经过商区 A_1,其总和为 $9W_0 l_1$.

因此,A 区中吃中餐的人经过 A_{k+1} 的流量通式为

$$\begin{cases}\frac{9-2k}{2}W_0 l_1, & k=1,\cdots,4,\\ 9W_0 l_1, & k=0\end{cases} \tag{1}$$

其中 $k=0,\cdots,4$ 分别对应 A_1、$A_2(A_{10})$、$A_3(A_9)$、$A_4(A_8)$、$A_5(A_7)$ 的人流量.

② 用①中同样的方法可以得到吃西餐和商场就餐时其他商区经过 A_{k+1} 的流

量通式:

$$\begin{cases} \dfrac{2k-1}{2}W_0(l_2+l_3), & k=1,\cdots,4 \\ 9W_0(l_2+l_3), & k=5 \end{cases} \quad (2)$$

其中 $k=1,\cdots,5$ 分别对应 $A_2(A_{10})$、$A_3(A_9)$、$A_4(A_8)$、$A_5(A_7)$、A_6 的人流量.

综合 (1), (2) 可得就餐时场馆 A 中商区 A_{k+1} 的人流量模型为

模型 (二): $M(A_{k+1})=\begin{cases} W_0+\dfrac{9-2k}{2}W_0l_1+\dfrac{2k-1}{2}W_0(l_2+l_3) & k=1,\cdots,4 \\ W_0+9W_0l_1 & k=0 \\ W_0+9W_0(l_2+l_3) & k=5 \end{cases}$,

其中 $M(A_{k+1})$ 是指在这种情况下 A_{k+1} 的流量.

应用同样的方法可以建立场馆 B,C 在就餐时人流量的类似统计模型, 不再赘述!

(4) 就餐后返回各乘车站点流量统计

① 就餐后过 A 场馆的观众包括吃中餐后到公交南、北车站, 地铁东站和吃西餐后到出租车站两部分: 中餐后到入口 (V) 的人流量为: $Wl_1(r_5+r_6)$; 西餐后到入口 (VI) 的人流量为: Wl_2r_2.

② 就餐后经过 B 场馆的观众包括吃中餐后到地铁西和在商场就餐后到出租车站的两部分 (到公交东西站及私车站的根据最短路径原则不经过场馆):

吃中餐后到入口 (III) 的人流量: Wl_1r_4; 商场就餐后到入口 (IV) 的人流量: Wl_3r_2.

因此, 就餐后返回各个乘车站时各商业区流量统计模型如下:

模型 (三): $M(A_{k+1})=\begin{cases} Wl_1(r_5+r_6)+Wl_2r_2 & k=0,5 \\ \dfrac{1}{2}(Wl_1(r_5+r_6)+Wl_2r_2) & k=1,2,3,4 \end{cases}$,

$M(B_{k+1})=\begin{cases} Wl_1r_4+Wl_3r_2 & k=2,5 \\ \dfrac{1}{2}(Wl_1r_4+Wl_3r_2) & k=0,1,3,4 \end{cases}$.

注: 在观众就餐后返回乘车点时根据最短路径原则没有经过 C 场馆.

综上所述, 我们得到了一天中统计商业区人流量的三组具体模型, 将每一商区每次统计的流量数据累加得到一天中各个商区的人流量, 再根据此数据容易算出各商区的人流量百分比.

利用 MATLAB 编程求解出各商业区人流量百分比如表 5.20 (程序见附录一)

表 5.20　各商业区人流量百分比

商区	A_1	A_2	A_3	A_4	A_5	A_6	A_7	A_8	A_9	A_{10}
百分比	7.49%	4.38%	4.80%	5.21%	5.63%	11.24%	5.63%	5.21%	4.80%	4.38%
商区	B_1	B_2	B_3	B_4	B_5	B_6	C_1	C_2	C_3	C_4
百分比	4.20%	3.78%	6.29%	3.78%	4.20%	8.69%	1.93%	2.08%	1.93%	4.37%

3) 商区网点方案设计

本章采用两个变量 c_1, c_2 来表示大小不同规模的 MS. 若顾客一天可消费 k 元, $c_i \geq k$ ($i=1,2$) 表示这两种 MS 可以满足顾客的消费需求, 小于号则表示不能满足.

c_1, c_2 显然是和成本相关, 假设该值与成本成正比关系是合理的, 引进成本因子 η. $c_1 \cdot \eta$ 表示 c_1 规模的 MS 的一天的成本.

通过上述分析, 建立网点设计的优化模型如下, x_{i1}, x_{i2} ($i=1,\cdots,20$) 表示某商区内大小不同规模的 MS 的个数:

$$\min \ f = \eta \sum_{i=1}^{20}(c_1 x_{i1} + c_2 x_{i2})$$

模型(四):
s.t.
$$\begin{cases} c_1 x_{i1} + c_2 x_{i2} \geq p_i G, & i=1,\cdots,20 & (3) \\ t_{\min} \leq x_{i1} \leq t_{\max}, & i=1,\cdots,20 & (4) \\ t_{\min} \leq x_{i2} \leq t_{\max}, & i=1,\cdots,20 & (5) \\ TA_{\min} \leq \sum_{i=1}^{10}(x_{i1}+x_{i2}) \leq TA_{\max} & & (6) \\ TB_{\min} \leq \sum_{i=11}^{16}(x_{i1}+x_{i2}) \leq TB_{\max} & & (7) \\ TC_{\min} \leq \sum_{i=17}^{20}(x_{i1}+x_{i2}) \leq TC_{\max} & & (8) \end{cases}$$

目标函数是各个商区内 MS 的成本总和, 该规划寻求这样的 x_{i1}, x_{i2}: 能够满足观众的购买需求, 并且使得各个商区内 MS 的成本总和最小, 以达到最大盈利的目的.

关于约束条件的说明:

① 条件 (3) 中 G 表示平均某一天所有观众购物消费总额的上界, 计算公式为: $G = W \cdot \gamma \cdot \mu \cdot \xi$. ξ 表示一个观众某一天消费额的上界, 该值由问卷调查的数据进行估计. 条件 (3) 要求每个商区的 MS 都能满足观众在该商区的购物需求.

② 条件 (4) 到 (8) 是为了满足各区商业网点的分布均衡. 其中条件 (4)、(5) 限制每一个商区中不同规模的 MS 的个数. 条件 (6)、(7)、(8) 分别限制了鸟巢, 国家体育馆, 水立方周围的 MS 的总数.

③ 求解时指定 $t_{\min}, t_{\max}, TA_{\min}, TA_{\max}, TB_{\min}, TB_{\max}, TC_{\min}, TC_{\max}$ 的值来对平衡性进行控制. 其中 $t_{\min}$, $t_{\max}$ 表示每个商区内不同规模的 MS 的最小和最大数目. $TA_{\min}, TA_{\max}$ 表示 A 馆 (鸟巢) 周围所有商区内不同规模 MS 的总数的最小和最大值, $TB_{\min}, TB_{\max}, TC_{\min}, TC_{\max}$ 分别对应 B 馆和 C 馆.

这是一个线性规划问题. 本章采用 MATLAB 优化工具箱中的线性规划函数 linprog 求解. 它优化下列线性规划模型: (具体程序见附录 (二))

$$\min \quad f^{\mathrm{T}} X$$
$$\text{s.t.} \quad AX \leqslant b.$$

在利用 MATLAB 计算之前先对一些数据进行制定 (可根据需求调整):

在 $t_{\min}=2$, $t_{\max}=25$, $TA_{\min}=30$, $TA_{\max}=200$, $TB_{\min}=18$, $TB_{\max}=120$, $TC_{\min}=12$, $TC_{\max}=80$, $\gamma=0.75$, $\mu=0.7$ 的情况下取不同 c_1, c_2, 根据大量的实验结果, 取两组比较合理的结果如表 5.21 和表 5.22 所示. 由于 linprog 只能求出小数结果, 为了满足顾客的消费需求, 对结果取上界.

表 5.21　$c_1=100000$、$c_2=200000$

商区	A_1	A_2	A_3	A_4	A_5	A_6	A_7	A_8	A_9	A_{10}
类型 1	9	5	6	6	7	12	7	6	6	5
类型 2	6	4	4	4	5	10	4	5	4	4

商区	B_1	B_2	B_3	B_4	B_5	B_6	C_1	C_2	C_3	C_4
类型 1	4	4	7	4	4	10	2	2	2	5
类型 2	4	3	5	3	4	7	2	2	2	4

表 5.22　$c_1=150000$、$c_2=300000$

商区	A_1	A_2	A_3	A_4	A_5	A_6	A_7	A_8	A_9	A_{10}
类型 1	6	3	4	4	4	8	4	4	4	3
类型 2	4	3	3	3	3	6	3	3	3	3

商区	B_1	B_2	B_3	B_4	B_5	B_6	C_1	C_2	C_3	C_4
类型 1	3	3	5	3	3	7	2	2	2	3
类型 2	3	3	3	4	3	5	2	2	2	3

4) 合理性分析

考虑到奥运期间人数比较多, 交通拥挤, 为了保障交通秩序, 出租车不能随意停放而只能停放在规定地点. 考虑人的一般心理, 在不会增加太多路程的情况下观众会选择有 MS 的路径, 以满足购物需求; 如果有多条同样情况的路径 (两条路径上 MS 的个数相同), 不考虑其他情况, 日常生活中一般选择这几条路的概率均相同. 本章的主要假设一定程度上反映了实际情况, 是比较合理的.

对各商区的人流量进行统计时, 对 "出行两次" 的理解比较重要, 本章理解为: 从各个车站进入场馆, 出场馆去吃饭, 吃完饭后返回车站. 这样理解考虑到观众一般不会在没有比赛的情况下, 特地到场馆周围吃饭. 故没有把 "出行两次" 理解为: 从各个车站进入场馆, 看完比赛出场馆回车站, 从各个车站进入吃饭地点, 吃完饭后返回车站.

从人流量分布统计结果可以看出在靠近入口处的人流量百分比较高, 场馆容量越大, 它的周围商业区人流量百分比也相对较高. 比如 A 场馆的两个入口处的商区 A_1 的人流量百分比 7.49%, A_6 的人流量百分比为 11.24%, 从结构图上可以看出, A_6 下方有较多的车站, 并且还有商场餐饮, 西餐店, 这些点的人流量百分比较高是与现实相吻合的.

本章用两个量 c_1, c_2 来描述两个不同规模的 MS. 建立了这两个量、设计方案与观众购物需求、MS 成本之间的关系, 加上对平衡性的限制, 得到一个求最大赢利的优化模型. 得到的结果可以看出人流量百分比较高的商区中 MS 的个数也比较多, 这是合理的.

5) 优缺点评价

利用本模型计算出来的结果与实际情况比较吻合, 有较强的实用性和现实意义, 在观众人数总量一定的情况下便可比较合理的计算出流量百分比. 同时只要给定 MS 的规模便可得出 MS 的数目, 具有一定的推广价值. 如果能考虑到统计信息中调查人群的年龄和性别, 则模型和结果将会更加合理准确.

附录一　流量百分比统计程序

```
clear all;
%shop1,shop2,shop3: 问卷中消费统计数据, [1 2 3 4 5 6].
shop1=[683 833 1590 313 47 34]; shop2=[629 816 1392 269 60 34];
shop3=[748 980 1686 401 50 35];
%walk1,walk2,walk3: 问卷中出行统计数据
%[公交 (南北) 公交 (东西) 出租　私车　地铁 (东) 地铁 (西)]
walk1=[612 598 680 308 645 657]; walk2=[538 558 595 294 605 610];
walk3=[624 672 735 356 756 757];
%eat1,eat2,eat3: 问卷中餐饮统计数据, [中　西　商场]
eat1=[783 1837 880]; eat2=[724 1672 804]; eat3=[875 2058 967];
shop=shop1+shop2+shop3; walk=walk1+walk2+walk3; eat=eat1+eat2+eat3;%总统计量

pnc=0.5; pty=0.3; psl=0.2;%去鸟巢, 体育馆, 水立方人数百分比
tot=sum(shop);          %回收问卷总数
W=200000;               %假设人数, 用来计算流量百分比
W0=10000;               %一个看台的人数
r1=eat(1)/tot;          %吃中餐的人的比例
r2=eat(2)/tot;          %吃西餐的人的比例
```

```
r3=eat(3)/tot;          %在商场吃饭的人的比例
R1=walk(1)/tot;         %乘公交(南北)的人的比例
R2=walk(2)/tot;         %乘公交(东西)的人的比例
R3=walk(3)/tot;         %乘出租的人的比例
R4=walk(4)/tot;         %乘私车的人的比例
R5=walk(5)/tot;         %乘地铁(东)的人的比例
R6=walk(6)/tot;         %乘地铁(西)的人的比例

%计算到每个区入口的人数
num1=(walk(2)+walk(3)+walk(4)*0.5)*psl;
num2=(walk(1)+walk(4)*0.5+walk(5)+walk(6))*psl;
num3=(walk(2)+walk(3)+walk(4))*pty;
num4=(walk(1)+walk(5)+walk(6))*pty;
num5=(walk(2)+walk(3)+walk(4))*pnc;
num6=(walk(1)+walk(5)+walk(6))*pnc;
tnum1=num1/tot*W; tnum2=num2/tot*W; tnum3=num3/tot*W;
tnum4=num4/tot*W; tnum5=num5/tot*W; tnum6=num6/tot*W;

%流量第一部分数据,进入场馆
    %进入场馆A,鸟巢
a=10; N6=zeros(1,a/2+1); N6(1)=tnum6;
for k=1:a/2
    N6(k+1)=(1/2*(1-1/a)-(k-1)*1/a)*N6(1);
end
N5=zeros(1,a/2+1); N5(1)=tnum5;
for k=1:a/2
    N5(k+1)=(1/2*(1-1/a)-(k-1)*1/a)*N5(1);
end
A11=N5(1)+N6(6)*2; A21=N5(2)+N6(5); A31=N5(3)+N6(4); A41=N5(4)+N6(3);
A51=N5(5)+N6(2); A61=N5(6)*2+N6(1); A71=N5(5)+N6(2); A81=N5(4)+N6(3);
A91=N5(3)+N6(4); A101=N5(2)+N6(5);
A1=[A11,A21,A31,A41,A51,A61,A71,A81,A91,A101]

%进入场馆B,体育馆
a=6; N3=zeros(1,a/2+1); N3(1)=tnum3;
for k=1:a/2
    N3(k+1)=(1/2*(1-1/a)-(k-1)*1/a)*N3(1);
end
N4=zeros(1,a/2+1); N4(1)=tnum4;
for k=1:a/2
    N4(k+1)=(1/2*(1-1/a)-(k-1)*1/a)*N4(1);
end
B11=N3(3)+N4(2); B21=N3(2)+N4(3); B31=N3(1)+N4(4)*2;
B41=N3(2)+N4(3); B51=N3(3)+N4(2); B61=N3(4)*2+N4(1);
B1=[B11,B21,B31,B41,B51,B61]
```

```
    %进入场馆C，水立方
a=4; N1=zeros(1,a/2+1); N1(1)=tnum1;
for k=1:a/2
    N1(k+1)=(1/2*(1-1/a)-(k-1)*1/a)*N1(1);
end
N2=zeros(1,a/2+1); N2(1)=tnum2;
for k=1:a/2
    N2(k+1)=(1/2*(1-1/a)-(k-1)*1/a)*N2(1);
end
C11=N1(2)+N2(2); C21=N1(1)+N2(3)*2; C31=N1(2)+N2(2); C41=N1(3)*2+N2(1);
C1=[C11,C21,C31,C41]

%流量第二部分数据，去吃饭
    %由鸟巢出去
A12=W0+9*W0*r1; %A12 A62 去吃饭总流量，A**1 去吃中餐的流量
A221=W0+7*W0*r1/2; A1021=A221; A321=W0+5*W0*r1/2; A921=A321;
A421=W0+3*W0*r1/2; A821=A421; A521=W0+W0*r1/2; A721=A521;
A62=W0+9*W0*(r2+r3);%A**2 去吃西餐和在商场吃饭流量
A222=W0*(r2+r3)/2; A1022=A222; A322=3*W0*(r2+r3)/2; A922=A322;
A422=5*W0*(r2+r3)/2; A822=A422; A522=7*W0*(r2+r3)/2; A722=A522;
t1A2=[A12,(A221+A222),(A321+A322),(A421+A422),(A521+A522)];
t2A2=[A62,(A721+A722),(A821+A822),(A921+A922),(A1021+A1022)];
A2=[t1A2,t2A2]

    %由体育馆出去
B12=W0+W0*r1/2 + W0*(r2+r3)*3/2 + W*psl*(r2+r3)/2; B52=B12;
B22=W0+W0*r1*3/2 + W0*(r2+r3)/2 + W*psl*(r2+r3)/2; B42=B22;
B32=W0+5*W0*r1 + W*psl*(r2+r3); B62=W0+5*W0*(r2+r3) +W*psl*(r2+r3);
B2=[B12,B22,B32,B42,B52,B62]

    %由水立方出去
C12=1.5*W0; C32=C12; C22=W0; C42=W0*4; C2=[C12,C22,C32,C42]

%流量第三部分数据，饭后回去
back5=W*r1*(R5+R6); back6=W*r2*R2; back3=W*r1*R4; back4=W*r3*R2;
A3=ones(1,10).*((back5+back6)/2); A3(1)=back5+back6; A3(6)=A3(1);
B3=ones(1,6).*((back3+back4)/2); B3(3)=back3+back4; B3(6)=A3(3);

%总流量
A=A1+A2+A3
B=B1+B2+B3
C=C1+C2

%最终流量百分比统计
```

```
sum1=sum(A); sum2=sum(B); sum3=sum(C);
nosum=sum1+sum2+sum3;
pa1=A(1)/nosum; pa2=A(2)/nosum; pa3=A(3)/nosum; pa4=A(4)/nosum;
pa5=A(5)/nosum; pa6=A(6)/nosum; pa7=A(7)/nosum; pa8=A(8)/nosum;
pa9=A(9)/nosum; pa10=A(10)/nosum;
pa=[pa1,pa2,pa3,pa4,pa5,pa6,pa7,pa8,pa9,pa10]
pb1=B(1)/nosum; pb2=B(2)/nosum; pb3=B(3)/nosum;
pb4=B(4)/nosum; pb5=B(5)/nosum; pb6=B(6)/nosum;
pb=[pb1,pb2,pb3,pb4,pb5,pb6]
pc1=C(1)/nosum; pc2=C(2)/nosum; pc3=C(3)/nosum; pc4=C(4)/nosum;
pc=[pc1,pc2,pc3,pc4]
```

附录二 各个商区不同 MS 个数的计算程序

```
clear all;
C1=150000; C2=300000;%商场规模

A1=zeros(20,40);
for i=1:20
    A1(i,(2*i-1))=-C1; A1(i,(2*i))=-C2;
end
A2=[1 1 1 1 1 1 1 1 1 1 1 1 1 1 1 1 1 1 1 1 0 0 0 0 0 0 0 0 0 0 0 0 0 0 0 0 0 0 0 0;
    0 0 0 0 0 0 0 0 0 0 0 0 0 0 0 0 0 0 0 0 1 1 1 1 1 1 1 1 1 1 1 1 0 0 0 0 0 0 0 0;
    0 0 0 0 0 0 0 0 0 0 0 0 0 0 0 0 0 0 0 0 0 0 0 0 0 0 0 0 0 0 0 0 1 1 1 1 1 1 1 1];
A3=A2.*(-1);
A=[A1; A2; A3];

%平均消费额上界的计算，数据来源于调查问卷
MAX=2060*100+2629*200+4668*300+983*400+157*500+103*600;
aMAX=MAX/10600;
peoplecount=200000;
gamma=0.75*0.7;
totalMax=peoplecount*aMAX*gamma;

%流量百分比
pa=[0.0749;0.0438;0.0480;0.0521;0.0563;0.1124;0.0563;0.0521;0.0480;0.0438];
pb=[0.0420;0.0378;0.0629;0.0378;0.0420;0.0869];
pc=[0.0193;0.0208;0.0193;0.0437];
p=[pa;pb;pc];

b1=(-totalMax).*p;
b2=[200;120;80;-30;-18;-12];
b=[b1; b2];
```

```
lb=ones(40,1).*2; ub=ones(40,1).*25;

f=zeros(40,1);
for i=1:20
    f(2*i-1)=C1;
    f(2*i)=C2;
end
[X,fval] = linprog(f,A,b,[],[],lb,ub)
```

习 题 5

1. 某饲养场用 n 种原料配合成饲料喂鸡，为了让鸡生长得快，对 m 种营养成分有一个最低标准. 即对 $i=1,\cdots,m$，要求第 i 种营养成分在饲料中的含量不少于 b_i，若每单位第 j 种原料中含第 i 种营养成分的量为 a，第 j 种原料的单价为 c_j，问应如何配制饲料才能使成本最低？

2. 拟分配甲、乙、丙、丁四人去干四项工作，每人干且仅干一项. 他们干各项工作需用天数见表 5.23，问应如何分配才能使总用工天数最少？

表 5.23 4 名工人完成工作所需天数

工人 \ 工作	1	2	3	4
甲	10	9	7	8
乙	5	8	7	7
丙	5	4	6	5
丁	2	3	4	5

3. 某校经预赛选出 A, B, C, D 四名学生，将派他们去参加该地区各学校之间的竞赛. 此次竞赛的四门功课考试在同一时间进行，因而每人只能参加一门，比赛结果将以团体总分计名次 (不计个人名次). 设表 5.24 是四名学生选拔时的成绩，问应如何组队较好？

表 5.24 4 名学生选拔时的成绩

学生 \ 课程	数学	物理	化学	外语
A	90	95	78	83
B	85	89	73	80
C	93	91	88	79
D	79	85	84	87

4. 某工厂生产两种标准件，A 种标准件每个可获利 0.3 元，B 种标准件每个可获利 0.15 元. 若该厂仅生产一种标准件，每天可生产 A 种标准件 800 个或 B 种

标准件 1200 个, 但 A 种标准件还需某种特殊处理, 每天最多处理 600 个, A, B 标准件最多每天包装 1000 个. 问该厂应该如何安排生产计划, 才能使每天获利最大?

5. 将长度为 500 cm 的线材截成长度为 78 cm 的坯料至少 1000 根, 98 cm 的坯料至少 2000 根, 若原料充分多, 在完成任务的前提下, 应如何截切, 使得留下的余料最少?

6. 某厂有原料甲、乙, 生产四种产品 A, B, C, D, 各参数如表 5.25 所示:
(1) 求总收入最大的生产方案;
(2) 当最优生产方案不变时, 分别求出 A, B, C, D 的单价的变化范围;
(3) 当最优基不变时, 分别求出原料甲、乙的变化范围.

表 5.25 4 种产品原材料需求及单价信息

原料	单位消耗产品	A	B	C	D	限额(公斤)
甲		3	2	10	4	18
乙		0	0	2	0.5	3
单价 (万元/万件)		9	8	50	19	

7. 已知某厂生产 5 种产品有关参数如表 5.26 所示:

表 5.26 某厂生产 5 种产品的参数

原料	单位消耗产品	A	B	C	D	E	限额(公斤)
甲		0.1	0	0.2	0.3	0.1	600
乙		0.2	0.2	0.1	0	0.3	500
丙		0	0.3	0	0.2	0.1	300
单价 (元)		4	3	6	5	8	

(1) 求最优生产方案;
(2) 根据市场情况, 计划 A 至少生产 500 件, 求相应生产方案;
(3) 因 E 滞销, 计划停产, 求相应生产方案;
(4) 根据市场情况, 限定 C 不超过 1640 件, 求相应生产方案;
(5) 若限定原料甲需剩余至少 50 公斤, 求相应生产方案;
(6) 若限定生产 A 至少 1000 件, 生产 B 至少 200 件, 求相应生产方案.

8. 要从宽度分别为 3 m 和 5 m 的 B_1 型和 B_2 型两种标准卷纸中, 沿着卷纸伸长的方向切割出宽度分别为 1.5 m, 2.1 m 和 2.7 m 的 A_1 型、A_2 型和 A_3 型三种卷纸 3000 m, 10000 m 和 6000 m. 问如何切割才能使耗费的标准卷纸的面积最少?

9. 某储蓄所每天的营业时间是上午 9:00 到下午 5:00. 根据经验, 每天不同时间段所需要的服务员数量如表 5.27 所示:

表 5.27 不同时段服务员需求数量

时间段 (时)	9-10	10-11	11-12	12-1	1-2	2-3	3-4	4-5
服务员数量	4	3	4	6	5	6	8	8

储蓄所可以雇佣全时和半时两类服务员. 全时服务员每天报酬 100 元, 从上午 9:00 到下午 5:00 工作, 但中午 12:00 到下午 2:00 之间必须安排 1 小时的午餐时间. 储蓄所每天可以雇佣不超过 3 名的半时服务员, 每个半时服务员必须连续工作 4 小时, 报酬 40 元. 问该储蓄所应如何雇佣全时和半时两类服务员? 如果不能雇佣半时服务员, 每天至少增加多少费用? 如果雇佣半时服务员的数量没有限制, 每天可以减少多少费用?

10. 一家保姆服务公司专门向顾主提供保姆服务. 根据估计, 下一年的需求是: 春季 6000 人日, 夏季 7500 人日, 秋季 5500 人日, 冬季 9000 人日. 公司新招聘的保姆必须经过 5 天的培训才能上岗, 每个保姆每季度工作 (新保姆包括培训) 65 天. 保姆从该公司而不是从顾主那里得到报酬, 每人每月工资 800 元. 春季开始时公司拥有 120 名保姆, 在每个季度结束后, 将有 15% 的保姆自动离职.

(1) 如果公司不允许解雇保姆, 请你为公司制定下一年的招聘计划; 哪些季度需求的增加不影响招聘计划? 可以增加多少?

(2) 如果公司在每个季度结束后允许解雇保姆, 请为公司制定下一年的招聘计划.

11. 某公司将甲、乙、丙、丁 4 种不同含硫量的液体原料混合生产 A、B 两种产品. 按照生产工艺的要求, 原料甲、乙、丁必须首先倒入混合池中混合, 混合后的液体再分别与原料丙混合生产 A、B. 已知原料甲、乙、丙、丁的含硫量分别是 3, 1, 2, 1 (%), 进货价格分别为 6, 16, 10, 15 (千元/吨); 产品 A、B 的含硫量分别不能超过 2.5, 1.5 (%), 售价分别为 9, 15 (千元/吨). 根据市场信息, 原料甲、乙、丙的供应没有限制, 原料丁的供应量最多为 50 吨, 产品 A, B 的市场需求量分别为 100 吨、200 吨. 问应如何安排生产?

12. 有 4 名同学到一家公司参加三个阶段的面试: 公司要求每个同学都必须首先找公司秘书初试, 然后到部门主管处复试, 最后到经理处参加面试, 并且不允许插队 (即任何一个阶段 4 名同学的顺序是一样的). 由于 4 名同学的专业背景不同, 所以每人在三个阶段的面试时间也不同, 如表 5.28 所示 (单位: 分钟):

表 5.28 每个同学三个阶段面试时间

	秘书初试	主管复试	经理面试
同学甲	13	15	20
同学乙	10	20	18
同学丙	20	16	10
同学丁	8	10	15

这 4 名同学约定他们全部面试完以后一起离开公司. 假定现在时间是早晨 8:00, 问他们最早何时能离开公司?

13. 南部联盟农场是三个农场的一个联合组织, 这个组织的整体计划在协作技术办公室制定, 目前这个办公室正在制订下一季的产量计划.

每一个农场的农业产出受限于两个量: 可使用的灌溉土地量和水利委员会分配的用于灌溉的水量. 这些数据见表 5.29.

表 5.29 南部联盟农场资源数据

农场	可用的土地 (亩)	水资源分配 (英尺)
1	400	600
2	600	800
3	300	375

适合于三个农场种植的农作物包括棉花、高粱和甜菜. 它们即是下一季考虑种植的三种农作物. 这三种农作物的每亩期望净收益和水的消耗量是不同的. 农业部门已经制定南部联盟农场作物总亩数的最大配额, 见表 5.30.

表 5.30 南部联盟农场的庄稼数据

庄稼	最大配额 (亩)	水的消耗 (英尺)/亩	回报 (元)/亩
甜菜	600	3	8000
棉花	500	2	6000
高粱	325	1	2000

由于用于灌溉的水量有限, 南部联盟农场在下一季不能使用它的全部可灌溉土地用于种植计划的作物. 为确保三个农场均衡, 三农场达成一致: 每一个农场以相同比例使用它的可使用的可灌溉土地. 例如, 农场 1 使用它的土地的 400 亩中的 200 亩, 那么农场 2 将使用它的土地 600 亩中的 300 亩, 农场 3 将使用它的土地 300 亩中的 150 亩. 但是作物的任何组合可能在任何农场种植. 协作技术办公室面临的工作是在满足给定的条件下, 为每一个农场选择每一种作物的种植量, 目标是整体上最大化南部联盟农场净收益. 试建立数学模型求解.

第 6 章 线性代数模型

线性代数作为一门重要的数学工具,不仅在数学各领域有重要的理论意义,还在物理、力学、电路、生物、化学、医学、生产管理等各方面有着广泛而重要的应用.作为数学建模来说,掌握基本的线性代数方法也是必要的.这一章主要结合一些实际问题说明如何建立线性代数模型,并利用工具软件进行辅助分析求解.当然这里给出的案例和各类数学建模竞赛的题目相比,显得相对简单.其主要目的是希望大家能通过这些案例加深对线性代数基本概念、理论和方法的理解,培养数学建模的意识.为了方便后面模型的求解,下面先介绍 MATLAB 中的线性代数工具箱.

6.1 MATLAB 求解线性代数工具简介

在第 2 章,我们已经对在 MATLAB 中如何创建或生成矩阵、对矩阵元素进行访问以及对矩阵进行各种运算等操作做了初步的介绍.这一章将对这些功能做进一步说明,特别结合实际案例对线性方程组的求解进行详细介绍.

1. 符号行列式的计算

行列式的计算是解方程组的基础.行列式的计算分为数字行列式和符号行列式两种情形.对数字行列式直接使用 det 命令可解决,而符号型需要先定义符号变量.

相关命令如下:

```
syms    x, y        % 定义符号变量 x, y.
det(A(x, y))        % 计算含有符号变量 x, y 的行列式.
```

例 6.1 计算 $\begin{vmatrix} x-y & 1 & 1 & 1 \\ 1 & x-y & 1 & 1 \\ 1 & 1 & x+y & 1 \\ 1 & 1 & 1 & x+y \end{vmatrix}$.

解 程序运行结果如下:

```
syms x y
A=[x-y 1 1 1; 1 x-y 1 1; 1 1 x+y 1; 1 1 1 x+y];
det(A)
   ans =
   x^4-2*x^2*y^2-6*x^2+8*x+y^4+2*y^2-3
```

例 6.2 解方程 $\begin{vmatrix} 3 & 2 & 1 & 1 \\ 3 & 2 & 2-x^2 & 1 \\ 5 & 1 & 3 & 2 \\ 7-x^2 & 1 & 3 & 2 \end{vmatrix} = 0$.

解 求解符号行列式的方法,程序如下:

```
clear all                                  % 清除各种变量
syms x                                     % 定义 x 为符号变量
A=[3 2 1 1; 3 2 2-x^2 1; 5 1 3 2; 7-x^2 1 3 2];   % 给矩阵 A 赋值
D=det(A)                                   % 计算矩阵 A 的行列式 D
f=factor(D)                                % 对行列式 D 进行因式分解
X=solve(D)                                 % 求解代数方程 "D=0" 的解
```

运行结果为:

```
   D =
-6+9*x^2-3*x^4
f =
-3*(x-1)*(x+1)*(x^2-2)
X =
        -1
         1
    2^(1/2)
   -2^(1/2)
```

2. 线性方程组的求解

在 MATLAB 中,求解线性方程组的方法有很多,这里介绍几个命令来直接求解.

```
rref(A)                    % 给出 A 的最简行阶梯形矩阵.
linesolve(A, y, options)   % 求解 Ax=y.
null(A, 'r')               % 求齐次方程组 Ax=0 的基础解系.
rrefmovie(A)               % 给出每一步化简的过程.
```

例 6.3 将矩阵 $A = \begin{pmatrix} 2 & 1 & -1 & 3 & 1 \\ 4 & 2 & -5 & 1 & 2 \\ 2 & 1 & -1 & -1 & 1 \end{pmatrix}$ 化为最简行阶梯形矩阵.

解 程序及运行结果如下:

```
A=[2 1 -1 3 1; 4 2 -5 1 2; 2 1 -1 -1 1];
rref(A)
ans =
    1.0000    0.5000         0         0    0.5000
         0         0    1.0000         0         0
```

0	0	0	1.0000	0		

例 6.4 求解线性方程组 $\begin{cases} x_1 + 3x_2 - 2x_3 + 4x_4 + x_5 = 7 \\ 2x_1 + 6x_2 + 5x_4 + 2x_5 = 5 \\ 4x_1 + 11x_2 + 8x_3 + 5x_5 = 3 \\ x_1 + 3x_2 + 2x_3 + x_4 + x_5 = -2 \end{cases}$.

解 程序及结果如下:

```
B=[1 3 -2 4 1 7; 2 6 0 5 2 5; 4 11 8 0 5 3; 1 3 2 1 1 -2];
format rat             % 用有理型输出
rref(B)
ans =
    1     0     0    -19/2     4      71/2
    0     1     0     4       -1     -11
    0     0     1    -3/4      0     -9/4
    0     0     0     0        0      0
```

所以原方程组等价于方程组 $\begin{cases} x_1 - 19/2\, x_4 + 4x_5 = 71/2 \\ x_2 + 4x_4 - x_5 = -11 \\ x_3 - 3/4\, x_4 = -9/4 \end{cases}$.

故方程组的通解为

$$X = c_1 \begin{pmatrix} 19/2 \\ -4 \\ 3/4 \\ 1 \\ 0 \end{pmatrix} + c_2 \begin{pmatrix} -4 \\ 1 \\ 0 \\ 0 \\ 1 \end{pmatrix} + \begin{pmatrix} 71/2 \\ -11 \\ -9/4 \\ 0 \\ 0 \end{pmatrix}, \text{ 其中 } c_1, c_2 \in R.$$

例 6.5 求齐次方程组 $\begin{cases} x_1 + 2x_2 - x_3 - 2x_4 = 0 \\ 2x_1 - x_2 - x_3 + x_4 = 0 \\ 3x_1 + x_2 - 2x_3 - x_4 = 0 \end{cases}$ 的基础解系及全部解.

解 该方程组的矩阵表示形式为 $\begin{pmatrix} 1 & 2 & -1 & -2 \\ 2 & -1 & -1 & 1 \\ 3 & 1 & -2 & -1 \end{pmatrix} X = 0$.

在 MATLAB 命令窗口下, 键入

```
A=[1 2 -1 -2; 2 -1 -1 1; 3 1 -2 -1];
format rat
null(A, 'r')
ans =
```

3/5	0
1/5	1
1	0
0	1

即方程组基础解系的两个向量分别为 $\eta_1 = \begin{pmatrix} 3/5 \\ 1/5 \\ 1 \\ 0 \end{pmatrix}$, $\eta_2 = \begin{pmatrix} 0 \\ 1 \\ 0 \\ 1 \end{pmatrix}$. 故原方程通解为

$y = k_1\eta_1 + k_2\eta_2$ (k_1, k_2 为任意常数).

3. 特征值与特征向量的计算

方阵的特征值与特征向量在矩阵对角化和微分方程组求解等问题中有着广泛的应用，它可以用来分析矩阵的对角化问题、二次型化标准形以及二次型的正定性等问题. 在 MATLAB 中与本实验相关的命令有:

```
P=Poly(A)          % 求 A 的特征多项式.
roots(P)           % 求多项式 P 的零点.
orth(A)            % 求出矩阵 A 的列向量构成空间的一个规范正交基.
[V, U]=eig(A)      % 返回方阵 A 的特征值和特征向量, 其中 U 的对角元素为 A
                     的特征值, V 的列向量为特征值对应的特征向量.
```

例 6.6 求矩阵 $A = \begin{pmatrix} -1 & -2 & 0 \\ 2 & 3 & 0 \\ 2 & 1 & 3 \end{pmatrix}$ 的特征值与特征向量.

解 程序及运行结果如下:

```
>> A=[-1 -2 0; 2 3 0; 2 1 3];
>> E=eig(A)
E =
    3.0000
    1.0000
    1.0000
>> [V, D]=eig(A)
V =
         0   -0.6667    0.6667
         0    0.6667   -0.6667
    1.0000    0.3333   -0.3333
D =
    3.0000         0         0
         0    1.0000         0
         0         0    1.0000
```

例 6.7 将矩阵 $A = \begin{pmatrix} 5 & 2 & 0 \\ 0 & 3 & 2 \\ 0 & 1 & 2 \end{pmatrix}$ 对角化.

程序及运行结果:

```
A=[5 2 0;0 3 2;0 1 2]
[P, U]=eig(A)
```

输出结果为:

```
P =
    1.0000   -0.8729    0.3333
         0    0.4364   -0.6667
         0    0.2182    0.6667
U =
    5    0    0
    0    4    0
    0    0    1
```

可见 A 有 3 个互不相同的特征值, 可相似对角化, 键入命令

```
>>B=inv(P)*A*P
B =
    5.0000   -0.0000         0
         0    4.0000    0.0000
         0   -0.0000    1.0000
```

6.2 投入产出模型

一个国家或地区的经济系统中, 各部门 (或企业) 既有消耗又有生产, 或者说既有 "投入" 又有 "产出". 生产的产品既要满足各部门和系统外的需求, 又要消耗系统各部门所提供的产品, 消耗的目的是为了生产; 生产的结果是为了创造新价值. 显然对每一部门, 物资消耗和新创造的价值等于它生产的总产值. 这就是 "投入" 和 "产出" 之间的平衡关系.

问题描述: 某市有煤矿、发电厂和铁路三个重要产业. 经成本核算, 开采一元钱的煤, 煤矿要支付 0.3 元的电费及 0.25 元的运输费; 生产一元钱的电力, 发电厂要支付 0.65 元的煤作燃料费, 为了运行电厂的辅助设备需消耗本身 0.15 元的电, 还需要 0.1 元的运输费; 而铁路局每创收一元钱的运输费, 铁路要支付 0.6 元的煤费及 0.15 元的电费. 在某一周内, 煤矿接到外地金额为 8 万元的定货, 发电厂接到外地金额为 6.5 万元电的需求. 问三个企业在这一周内总产值各多少才能满足自身及外界的需求? 三个企业间相互支付多少金额? 三个企业能够各创造

多少新价值?

模型假设: 为了简化问题, 不考虑价格变动等其他因素的影响.

模型建立: 设煤矿、电厂和铁路本周内的总产值依次为 x_1, x_2, x_3 元, 则根据需求有如下分配平衡方程组:

$$\begin{cases} x_1 - (0 \times x_1 + 0.65x_2 + 0.6x_3) = 80000 \\ x_2 - (0.3x_1 + 0.15x_2 + 0.15x_3) = 65000 \\ x_3 - (0.25x_1 + 0.1x_2 + 0 \times x_3) = 0 \end{cases}. \tag{6.1}$$

令

$$X = \begin{pmatrix} x_1 \\ x_2 \\ x_3 \end{pmatrix}, A = \begin{pmatrix} 0 & 0.65 & 0.6 \\ 0.3 & 0.15 & 0.15 \\ 0.25 & 0.1 & 0 \end{pmatrix}, Y = \begin{pmatrix} 80000 \\ 65000 \\ 0 \end{pmatrix}.$$

则 (6.1) 变成

$$X - AX = Y,$$

即

$$(E - A)X = Y, \tag{6.2}$$

其中矩阵 E 为单位矩阵, 矩阵 A 称为直接消耗矩阵, X 称为产出向量, Y 称为需求向量, $(E-A)$ 称为列昂杰夫矩阵, 是非奇异矩阵.

投入产出分析表 设 $B = (E-A)^{-1} - E, C = A\begin{pmatrix} x_1 & 0 & 0 \\ 0 & x_2 & 0 \\ 0 & 0 & x_3 \end{pmatrix}, D = (1,1,1)C$. 矩阵 B 叫做完全消耗矩阵, 它与矩阵 A 一起在各个部门之间的投入产出中起平衡作用. 矩阵 C 称为投入产出矩阵, 它的元素表示三个产业之间的投入产出关系, 其中每一行给出了每一个企业分别用于企业内部和其他企业的消耗. 向量 D 称为总投入向量, 它的元素表示煤矿、电厂、铁路得到的总投入, 事实上就是矩阵 C 的对应列元素之和.

根据以上各参数, 可得投入产出分析表 6.1.

表 6.1 投入产出分析表 (单位: 元)

	煤矿	电厂	铁路	外界需求	总产出
煤矿	c_{11}	c_{12}	c_{13}	y_1	x_1
电厂	c_{21}	c_{22}	c_{23}	y_2	x_2
铁路	c_{31}	c_{32}	c_{33}	y_3	x_3
总投入	d_1	d_2	d_3		

计算求解: 按 (6.2) 式易得产出向量 X, 从而可计算矩阵 C 和向量 D. 在

MATLAB 中可实现上述计算,代码如下:

```
A=[0 0.65 0.6; 0.3 0.15 0.15; 0.25 0.1 0];
Y=[80000 65000 0]';
E=eye(3);
X=(E-A)\Y
B=inv(E-A)-E
C=A*diag(X)          %计算投入产出矩阵
D=ones(1, 3)*C       %计算总投入向量
F=X-D'               %计算新创造价值向量
```

计算结果整理后如表 6.2.

表 6.2 投入产出计算结果   (单位:元)

	煤矿	电厂	铁路	外界需求	总产出
煤矿	0	113720	46540	80000	240260
电厂	72080	26240	11630	65000	174950
铁路	60060	17500	0	0	77560
新创造价值	108110	17500	19390		
总投入	132140	157460	58170		

可见煤矿要生产 240260 元的煤,电厂要生产 174950 元的电恰好满足需求. 三个企业间相互支付金额从表中可直接得出.

6.3 交通流量模型

城市道路网中每条道路、每个交叉路口的车流量调查,是分析、评价及改善城市交通状况的基础. 根据实际车流量信息可以设计流量控制方案,必要时设置单行线,以免大量车辆长时间拥堵. 下面考虑一简化的交通流量统计问题.

问题描述:某城市有如图 6.1 所示的交通图,每条道路都是单行线,需要调查每条道路每小时的车流量. 图中的数字表示该条路段的车流数. 如果每个交叉路口进入和离开的车数相等,整个图中进入和离开的车数相等. 试解决以下问题:

(1) 建立确定每条道路流量的线性方程组;

(2) 分析哪些流量数据是多余的;

(3) 为了唯一确定未知流量,需要增添哪几条道路的流量统计.

模型假设:根据题目要求,做以下假设:(1) 全部流入网络的流量等于全部流出网络的流量,这个从图中信息可以确定;(2) 全部流入一个节点的流量等于全部流出此节点的流量.

模型建立:由网络流量假设,每条道路流量的线性方程组为

6.3 交通流量模型

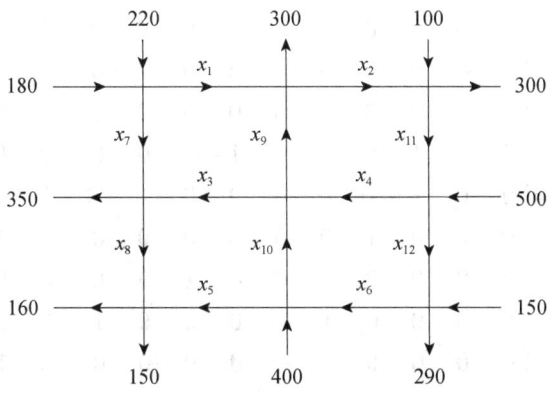

图 6.1　某城市单行线车流量

$$\begin{cases} 180+220 = x_1+x_7 \\ x_1+x_9 = 300+x_2 \\ x_2+100 = 300+x_{11} \\ x_3+x_7 = 350+x_8 \\ x_4+x_{10} = x_3+x_9 \\ x_{11}+500 = x_4+x_{12} \\ x_5+x_8 = 160+150 \\ x_6+400 = x_5+x_{10} \\ x_{12}+150 = x_6+290 \end{cases},$$

即

$$\begin{cases} x_1+x_7 = 400 \\ x_1-x_2+x_9 = 300 \\ x_2-x_{11} = 200 \\ x_3+x_7-x_8 = 350 \\ x_3-x_4+x_9-x_{10} = 0 \\ x_4-x_{11}+x_{12} = 500 \\ x_5+x_8 = 310 \\ x_5-x_6+x_{10} = 400 \\ -x_6+x_{12} = 140 \end{cases}. \tag{6.3}$$

模型求解：上述方程组的系数矩阵为

$$A = \begin{pmatrix} 1 & 0 & 0 & 0 & 0 & 0 & 1 & 0 & 0 & 0 & 0 & 0 \\ 1 & -1 & 0 & 0 & 0 & 0 & 0 & 0 & 1 & 0 & 0 & 0 \\ 0 & 1 & 0 & 0 & 0 & 0 & 0 & 0 & 0 & 0 & -1 & 0 \\ 0 & 0 & 1 & 0 & 0 & 0 & 1 & -1 & 0 & 0 & 0 & 0 \\ 0 & 0 & 1 & -1 & 0 & 0 & 0 & 0 & 1 & -1 & 0 & 0 \\ 0 & 0 & 0 & 1 & 0 & 0 & 0 & 0 & 0 & 0 & -1 & 1 \\ 0 & 0 & 0 & 0 & 1 & 0 & 0 & 1 & 0 & 0 & 0 & 0 \\ 0 & 0 & 0 & 0 & 1 & -1 & 0 & 0 & 0 & 1 & 0 & 0 \\ 0 & 0 & 0 & 0 & 0 & -1 & 0 & 0 & 0 & 0 & 0 & 1 \end{pmatrix}$$

在 MATLAB 中利用命令 rref(B) 将增广矩阵化为阶梯形行最简形式

$$B = \begin{pmatrix} 1 & 0 & 0 & 0 & 0 & 0 & 0 & 0 & 1 & 0 & -1 & 0 & 500 \\ 0 & 1 & 0 & 0 & 0 & 0 & 0 & 0 & 0 & 0 & -1 & 0 & 200 \\ 0 & 0 & 1 & 0 & 0 & 0 & 0 & 0 & 1 & -1 & -1 & 1 & 500 \\ 0 & 0 & 0 & 1 & 0 & 0 & 0 & 0 & 0 & 0 & -1 & 1 & 500 \\ 0 & 0 & 0 & 0 & 1 & 0 & 0 & 0 & 0 & 1 & 0 & -1 & 260 \\ 0 & 0 & 0 & 0 & 0 & 1 & 0 & 0 & 0 & 0 & 0 & -1 & -140 \\ 0 & 0 & 0 & 0 & 0 & 0 & 1 & 0 & -1 & 0 & 1 & 0 & -100 \\ 0 & 0 & 0 & 0 & 0 & 0 & 0 & 1 & 0 & -1 & 0 & 1 & 50 \\ 0 & 0 & 0 & 0 & 0 & 0 & 0 & 0 & 0 & 0 & 0 & 0 & 0 \end{pmatrix}$$

其对应的非齐次方程组可表示为

$$\begin{cases} x_1 = -x_9 + x_{11} + 500 \\ x_2 = x_{11} + 200 \\ x_3 = -x_9 + x_{10} + x_{11} - x_{12} + 500 \\ x_4 = x_{11} - x_{12} + 500 \\ x_5 = -x_{10} + x_{12} + 260 \\ x_6 = x_{12} - 140 \\ x_7 = x_9 - x_{11} - 100 \\ x_8 = x_{10} - x_{12} + 50 \end{cases} \quad (6.4)$$

取 $(x_9, x_{10}, x_{11}, x_{12})$ 为自由未知量,分别赋四组值为 $(1, 0, 0, 0)$, $(0, 1, 0, 0)$, $(0, 0, 1, 0)$, $(0, 0, 0, 1)$,则 (6.4) 对应齐次方程组基础解系中四个解向量为

$\eta_1 = (-1, 0, -1, 0, 0, 0, 1, 0, 1, 0, 0, 0)^T$, $\eta_2 = (0, 0, 1, 0, -1, 0, 0, 1, 0, 1, 0, 0)^T$

$\eta_3 = (1, 1, 1, 1, 0, 0, -1, 0, 0, 0, 1, 0)^T$, $\eta_4 = (0, 0, -1, -1, 1, 1, 0, -1, 0, 0, 0, 1)^T$

取自由未知量 $(x_9, x_{10}, x_{11}, x_{12})$ 为 $(0, 0, 0, 0)$ 得非齐次方程组 (6.4) 的特解

$$\eta^* = (500, 200, 500, 500, 260, -140, -100, 50, 0, 0, 0, 0)^T$$

于是方程组 (6.3) 的通解为 $x = k_1\eta_1 + k_2\eta_2 + k_3\eta_3 + k_4\eta_4 + \eta^*$，其中 k_1, k_2, k_3, k_4 为任意常数，x 的每一个分量即为交通网络未知部分的具体流量，显然它有无穷多解.

结果分析： 从增广矩阵的阶梯形行最简形式可以看出，方程组 (6.3) 中最后一个方程是多余的，即最后一个方程中的流量数据 150 和 290 不用统计. 而如果要唯一确定未知流量，可以增添 x_9, x_{10}, x_{11}, x_{12} (或 x_2, x_9, x_{10}, x_{12} 等) 这几条道路的流量统计. 在特解中，x_6, x_7 为负，这表明对应的两条单行线应该改变方向才合理.

6.4 小行星轨道的确定

问题描述： 科学家要确定一颗小行星绕太阳运行的轨道，他在轨道平面内建立以太阳为原点的直角坐标系，在两坐标轴上取天文测量单位 (一天文单位为地球到太阳的平均距离：9300 万英里). 在 5 个不同的时间对小行星作了 5 次观察，测得轨道上 5 个点的坐标数据如表 6.3 所示.

表 6.3 坐标数据

	x_1	x_2	x_3	x_4	x_5
X 坐标	3.8635	4.5256	5.1863	5.7068	6.2569
	y_1	y_2	y_3	y_4	y_5
Y 坐标	0.2186	0.7816	1.4936	2.2249	3.4522

Kepler (开普勒) 第一定律告诉我们小行星轨道是椭圆，试根据以上数据确定椭圆的方程以及各个参数.

问题分析与模型建立：

由 Kepler 第一定律知，小行星轨道为一椭圆. 而椭圆属于二次曲线，它的一般形式为

$$a_1 x^2 + 2a_2 xy + a_3 y^2 + 2a_4 x + 2a_5 y + 1 = 0. \tag{6.5}$$

科学家确定小行星运动的轨道，依据的是轨道上五个点的坐标数据：(x_1, y_1), (x_2, y_2), (x_3, y_3), (x_4, y_4), (x_5, y_5). 为了确定方程中的待定系数，将五个点的坐标分别代入方程 (6.5)，得

$$\begin{cases} a_1 x_1^2 + 2a_2 x_1 y_1 + a_3 y_1^2 + 2a_4 x_1 + 2a_5 y_1 = -1 \\ a_1 x_2^2 + 2a_2 x_2 y_2 + a_3 y_2^2 + 2a_4 x_2 + 2a_5 y_2 = -1 \\ a_1 x_3^2 + 2a_2 x_3 y_3 + a_3 y_3^2 + 2a_4 x_3 + 2a_5 y_3 = -1 \\ a_1 x_4^2 + 2a_2 x_4 y_4 + a_3 y_4^2 + 2a_4 x_4 + 2a_5 y_4 = -1 \\ a_1 x_5^2 + 2a_2 x_5 y_5 + a_3 y_5^2 + 2a_4 x_5 + 2a_5 y_5 = -1 \end{cases}.$$

这是一个包含五个未知数的线性方程组, 写成矩阵

$$\begin{pmatrix} x_1^2 & 2x_1y_1 & y_1^2 & 2x_1 & 2y_1 \\ x_2^2 & 2x_2y_2 & y_2^2 & 2x_2 & 2y_2 \\ x_3^2 & 2x_3y_3 & y_3^2 & 2x_3 & 2y_3 \\ x_4^2 & 2x_4y_4 & y_4^2 & 2x_4 & 2y_4 \\ x_5^2 & 2x_5y_5 & y_5^2 & 2x_5 & 2y_5 \end{pmatrix} \begin{pmatrix} a_1 \\ a_2 \\ a_3 \\ a_4 \\ a_5 \end{pmatrix} = \begin{pmatrix} -1 \\ -1 \\ -1 \\ -1 \\ -1 \end{pmatrix},$$

利用测量数据, 可以求解该线性方程组, 进而确定方程 (6.5), 但所得的是二次曲线方程的一般形式. 为了知道小行星轨道的一些参数, 必须将二次曲线方程化为椭圆的标准形式:

$$\frac{x^2}{a^2} + \frac{y^2}{b^2} = 1.$$

由于太阳的位置是小行星轨道的一个焦点, 这时可以根据椭圆的长半轴 a 和短半轴 b 计算出小行星的近日点和远日点距离.

根据解析几何中二次曲线理论, 椭圆经过平移和旋转两种变换后方程可表示为

$$\lambda_1 x^2 + \lambda_2 y^2 + \frac{|D|}{|C|} = 0,$$

这里

$$C = \begin{pmatrix} a_1 & a_2 \\ a_2 & a_3 \end{pmatrix}, \quad D = \begin{pmatrix} a_1 & a_2 & a_4 \\ a_2 & a_3 & a_5 \\ a_4 & a_5 & 1 \end{pmatrix}.$$

其中 D 为二次曲线的矩阵, λ_1, λ_2 为矩阵 C 的特征根 (不妨设 $\lambda_1 \leqslant \lambda_2$), 即二次曲线 (6.5) 的特征根.

所以, 椭圆长半轴: $a = \sqrt{\left|\frac{|D|}{\lambda_1|C|}\right|}$; 椭圆短半轴: $b = \sqrt{\left|\frac{|D|}{\lambda_2|C|}\right|}$; 椭圆半焦距: $c = \sqrt{a^2 - b^2}$. 而椭圆的中心坐标 (x_0, y_0) 满足下面的方程组:

$$\begin{cases} a_1 x + a_2 y + a_4 = 0 \\ a_2 x + a_3 y + a_5 = 0 \end{cases}.$$

因为原点即太阳是椭圆的一个焦点, 因此利用两个焦点关于中心对称, 可知另一个焦点的坐标为 $(2x_0, 2y_0)$.

模型求解: 根据以上分析, 在 MATLAB 中编写如下程序

```
format short
clear; clc;
```

```
x=[3.8635 4.5256 5.1863 5.7068 6.2569]';
y=[0.2186 0.7816 1.4936 2.2249 3.4522]';
plot(x, y, 'r*' )
hold on
%求解线性方程组, 确定二次曲线的系数
b=-ones(length(x), 1);
A=[x. ^2 2*x. *y y. ^2 2*x 2*y];
a=A\b
%绘制小行星轨道椭圆曲线
syms s t
eq1=a(1)*s^2+2*a(2)*s*t+a(3)*t^2+2*a(4)*s+2*a(5)*t+1;
ezplot(eq1, [-2, 78], [-2, 87])
title('小行星轨迹')
hold on
grid on
%小行星轨道的相关参数
C=[a(1) a(2); a(2) a(3)];
D=[a(1) a(2) a(4); a(2) a(3) a(5); a(4) a(5) 1];
X=C\[-a(4); -a(5)];                %确定椭圆中心坐标
x0=X(1); y0=X(2);
[U, d]=eig(C);                     %求 C 的特征值和特征向量
f=det(D)/det(C);                   %计算 C 和 D 的行列式的比值
a0=sqrt(-f/d(2, 2))                %确定椭圆半长轴和半短轴
b0=sqrt(-f/d(1, 1))
c=sqrt(a0^2-b0^2)                  %确定椭圆半焦距
h=a0-c                             %确定小行星近日点距离
H=a0+c                             %确定小行星远日点距离
x1=2*x0; y1=2*y0;                  %确定椭圆除原点外另一焦点坐标
plot(x0, y0, 'ro', 0, 0, 'b+', x1, y1, 'b+')   %在图中标注中心和两个焦点
%动画演示小行星运动轨迹
t=0: 0.1: 2*pi;
u=a0*cos(t); v=b0*sin(t);
U=[U(:, 2), U(:, 1)];
V=U*[u; v];
x1=V(1,:)+x0; y1=V(2,:)+y0;
n=length(t); s=1: n; si=1: 0.1: n;
x2=interp1(s, x1, si); x2=[x2, x2, x2, x2, x2];
y2=interp1(s, y1, si); y2=[y2, y2, y2, y2, y2];
comet(x2, y2)
```

运行后整理得到以下参数值:

二次曲线的系数: $(a_1, a_2, a_3, a_4, a_5)$ = (−0.3558, 0.2000, −0.4006, 0.4930, 0.4192).

半长轴 a0 =4.3613; 半短轴 b0 =2.4100; 焦距 c =3.6350;

近日点距离 h =0.7263; 远日点距离 H=7.9963.

椭圆轨迹见图 6.2.

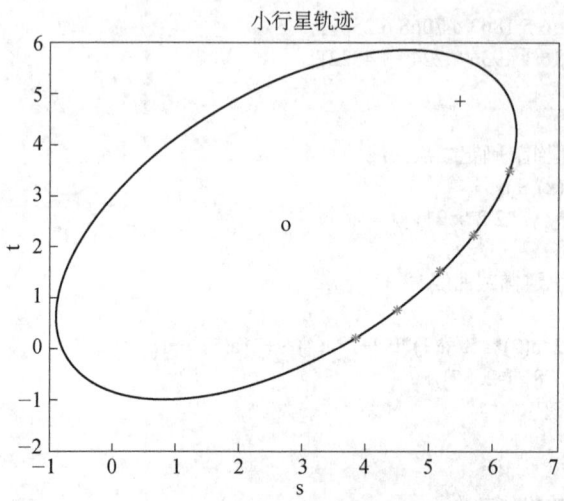

图 6.2　小行星运行椭圆轨迹

图中 "*" 表示测量数据点，"o" 代表椭圆中心，"+" 代表两个焦点.

6.5　Hill 密码的加密与解密

密码学在经济和军事方面起着极其重要的作用. 现代密码学涉及很多高深的数学知识, 这里仅介绍一种初级的加密方法.

密码学中将信息代码称为**密码**, 尚未转换成密码的文字信息称为**明文**, 由密码表示的信息称为**密文**. 从明文到密文的过程称为**加密**, 反之为**解密**. 20 世纪初, 希尔(Hill)通过线性变换对传输信息进行加密处理, 提出了在密码史上有重要地位的希尔加密算法, 图 6.3 说明了 Hill 密码加密的过程. 下面简要介绍该算法的基本思想.

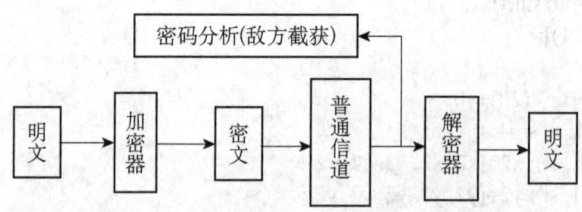

图 6.3　保密通信的基本模型

问题提出: 若要发出信息 attack, 试用 Hill3 密码对该信息进行加密, 并给出加密后得到的密文及相应的解密方法.

模型假设: (1) 假定每个字母都对应一个非负整数, 空格和 26 个英文字母依次对应整数 0~26 (见表 6.4).

6.5 Hill 密码的加密与解密

表 6.4 空格及字母的整数代码表

项目	空格	A	B	C	D	E	F	G	H	I	J	K	L	M
代码	0	1	2	3	4	5	6	7	8	9	10	11	12	13
项目	N	O	P	Q	R	S	T	U	V	W	X	Y	Z	
代码	14	15	16	17	18	19	20	21	22	23	24	25	26	

(2) 假设将单词 **attack** 从左到右，每 3 个字母分为一组，并将对应的 3 个整数排成 3 维的列向量，最后一组字母数少于 3 时用空格代替. 加密后仍为 3 维的列向量，其分量仍为整数.

模型建立： 设列向量 α 为明文，选一个三阶可逆矩阵 A 作为加密矩阵，使密文 $\beta = A\alpha$，而且接收方能由 β 根据 $\alpha = A^{-1}\beta$ 准确地解出 α. 为了避免小数引起误差，并且确保 β 也是整数向量，A 和 A^{-1} 的元素应该都是整数. 注意到，当整数矩阵 A 的行列式为 ± 1 时，A^{-1} 也是整数矩阵. 因此发出信息 attack 的问题就转化为：

(1) 按表 6.4 把 attack 分解成两个列向量 α_1, α_2.
(2) 构造一个行列式为 ± 1 的 3 阶整数可逆矩阵 $A(A \neq E)$.
(3) 计算 $A\alpha_1$ 和 $A\alpha_2$.
(4) 翻译成密文.
(5) 给出解密过程.

模型求解： (1) 由以上假设可知 $\alpha_1 = (1, 20, 20)^T$, $\alpha_2 = (1, 3, 11)^T$.

(2) 选定加密矩阵. 事实上对 3 阶单位矩阵 $E = \begin{pmatrix} 1 & 0 & 0 \\ 0 & 1 & 0 \\ 0 & 0 & 1 \end{pmatrix}$ 进行几次适当的初等变换(如把某一行的整数倍加到另一行，或交换某两行)，根据行列式的性质可知，这样得到的矩阵 A 的行列式为 1 或 -1，这里取 $A = \begin{pmatrix} 5 & 3 & 1 \\ 2 & 1 & 0 \\ 13 & 6 & 0 \end{pmatrix}$, $|A| = -1$.

(3) 将向量 x_1, x_2 左乘矩阵 A，得到两个新向量

$$\beta_1 = \begin{pmatrix} 5 & 3 & 1 \\ 2 & 1 & 0 \\ 13 & 6 & 0 \end{pmatrix} \begin{pmatrix} 1 \\ 20 \\ 20 \end{pmatrix} = \begin{pmatrix} 85 \\ 22 \\ 133 \end{pmatrix}, \quad \beta_2 = \begin{pmatrix} 5 & 3 & 1 \\ 2 & 1 & 0 \\ 13 & 6 & 0 \end{pmatrix} \begin{pmatrix} 1 \\ 3 \\ 11 \end{pmatrix} = \begin{pmatrix} 25 \\ 5 \\ 31 \end{pmatrix}.$$

对向量 β_1, β_2 利用表 6.4 反查对应的字母时，发现有些数值超过了表值的范围，解决办法是加减 27 的整数倍，使其转化成 0~26 之间的一个数，这种运算称为**模 27 运算**，表示为

$$\begin{pmatrix}85\\22\\133\end{pmatrix}(\bmod 27)=\begin{pmatrix}4\\22\\25\end{pmatrix},\quad \begin{pmatrix}25\\5\\31\end{pmatrix}(\bmod 27)=\begin{pmatrix}25\\5\\4\end{pmatrix}.$$

再查表得到相应的密文为: DVYYED

(4) 密文的解密, 其实就是上述加密过程的逆转.

首先求出 A 的逆矩阵 $A^{-1}=\begin{pmatrix}0 & -6 & 1\\ 0 & 13 & -2\\ 1 & -9 & 1\end{pmatrix}$, 然后将密文分组查表得到相应的表值为 $\beta_1=(4\ 22\ 25)^{\mathrm{T}}$, $\beta_2=(25\ 5\ 4)^{\mathrm{T}}$. 但是 β_1, β_2 是经过模 27 运算得到的结果, 因此由 $A^{-1}\beta_1$, $A^{-1}\beta_2$ 并不能直接得到前面明文的表值向量. 这涉及矩阵的模 m 可逆问题, 这里并不详细介绍. 具体应用中只需进行 $A^{-1}(\bmod 27)$ 运算, 即将 A^{-1} 中元素通过加减 27 成集合 $\{0,1,2,\cdots,26\}$ 上的矩阵, 即有 $A^{-1}=\begin{pmatrix}0 & 21 & 1\\ 0 & 13 & 25\\ 1 & 18 & 1\end{pmatrix}$.

于是, 有 $A^{-1}\beta_1=(487\ 911\ 425)^{\mathrm{T}}$, $A^{-1}\beta_2=(109\ 165\ 119)^{\mathrm{T}}$, 再进行模 27 运算得到 $\alpha_1=(1,20,20)^{\mathrm{T}}$, $\alpha_2=(1,3,11)^{\mathrm{T}}$. 查表 6.4 即可得到明文信息.

模型分析: 如果要发送一个英文句子, 在不记标点符号的情况下, 我们仍然可以把句子(含空格)从左到右每 3 个字符分为一组(最后不足 3 个字母时用空格补上). 当然也可以将 2 字符分为一组, 具体见如下模型应用.

模型应用: 甲方收到与之有秘密通信往来的乙方的一条加密信息, 其内容为:

F G W 空格 B P H I H P C B W Q R T W E.

若已知甲乙双方相互约定采用 Hill2 密码, 密钥为二阶矩阵 $A=\begin{pmatrix}1 & 2\\ 1 & 3\end{pmatrix}$, 请解密这段密文.

按照上述方法进行解密, 将密文分组为 FG W 空格 BP HI HP CB WQ RT WE, 查表得到对应表值, 由下面程序完成相关计算.

```
clear all,clc
A=[1 2;1 3];              %加密矩阵
B=inv(A);                 %A 的逆矩阵
C=[6 23 2 8 8 3 23 18 23;
   7 0 16 9 16 2 17 20 5];   %密文表值矩阵
[m,n]=size(C);
for i=1:m
    for j=1:m
```

```
            if B(i,j)>=27
                B(i,j)=B(i,j)-27;   %A 的逆矩阵 B 模 27 运算
            else if   B(i,j)<0
                B(i,j)=B(i,j)+27;
            end
          end
        end
    end
end
format rat,B
D=B*C;
for i=1:m
    for j=1:n
        for k=1:100          %足够的循环次数保证每个元素介于 0-26 之间
            if D(i,j)>=27
                D(i,j)=D(i,j)-27;    %解密模 27 运算
            end
        end
    end
end
D                            %明文表值矩阵
```

执行后输出下列结果:

```
D =
    4   15    1    6   19    5    8   14    5
    1    4   14    1    8   26   21    2    9
```

对照表 6.4 得到明文字母并经汉语拼音组合得到明文为: DAO DAN FA SHE ZHUN BEI, 即 "导弹发射准备".

习 题 6

1. 一种佐料由四种原料 A、B、C、D 混合而成. 这种佐料现有两种规格, 这两种规格的佐料中, 四种原料的比例分别为 2: 3: 1: 1 和 1: 2: 1: 2. 现在需要四种原料的比例为 4: 7: 3: 5 的第三种规格的佐料. 问第三种规格的佐料能否由前两种规格的佐料按一定比例配制而成?

2. 蛋白质、碳水化合物和脂肪是人体每日必需的三种营养, 但过量的脂肪摄入不利于健康. 人们可以通过适量的运动来消耗多余的脂肪. 设三种食物 (脱脂牛奶、大豆面粉、乳清) 每 100 克中蛋白质、碳水化合物和脂肪的含量以及慢跑 5 分钟消耗蛋白质、碳水化合物和脂肪的量如表 6.5 所示:

表 6.5 3 种营养成分需求与消耗分析表

营养	每 100 克食物所含营养 (克)			慢跑 5 分钟消耗量 (克)	每日需要的营养量 (克)
	牛奶	大豆面粉	乳清		
蛋白质	36	51	13	10	33
碳水化合物	52	34	74	20	45
脂肪	10	7	1	15	3

问怎样安排饮食和运动才能实现每日的营养需求?

3. 某乡镇有甲、乙、丙三个企业. 甲企业每生产 1 元的产品要消耗 0.35 元乙企业的产品和 0.3 元丙企业的产品. 乙企业每生产 1 元的产品要消耗 0.85 元甲企业的产品,0.15 元自产的产品和 0.25 元丙企业的产品. 丙企业每生产 1 元的产品要消耗 0.75 元甲企业的产品和 0.2 元乙企业的产品. 在一个生产周期内,甲、乙、丙三个企业生产的产品价值分别为 150 万元,160 万元,90 万元,同时各自的固定资产折旧分别为 30 万元,25 万元和 6 万元.

(1) 求一个生产周期内这三个企业扣除消耗和折旧后的新创价值.

(2) 如果这三个企业接到外来订单分别为 60 万元,70 万元,40 万元,那么他们各生产多少才能满足需求?

4. 有一个平面结构如下所示,有 13 条梁 (图中标号的线段) 和 8 个铰接点 (图中标号的圈) 联结在一起. 其中 1 号铰接点完全固定,8 号铰接点竖直方向固定,并在 2 号,5 号和 6 号铰接点上,分别有图示的 10 吨,15 吨和 20 吨的负载. 在静平衡的条件下,任何一个铰接点上水平和竖直方向受力都是平衡的. 已知每条斜梁的角度都是 45º.

(1) 列出由各铰接点处受力平衡方程构成的线性方程组.

(2) 用 MATLAB 软件求解该线性方程组,确定每条梁受力情况.

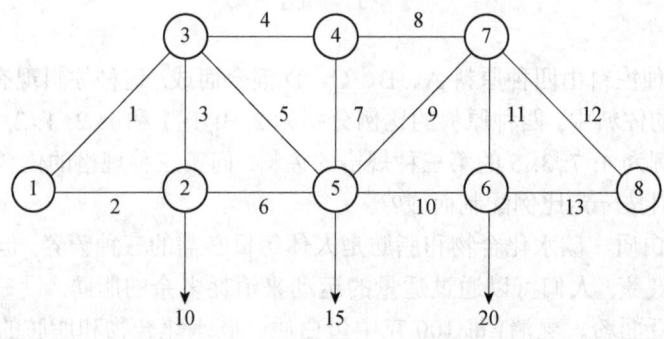

5. 配平下列化学反应式

(1) $FeS + KMnO_4 + H_2SO_4 \longrightarrow K_2SO_4 + MnSO_4 + Fe_2(SO_4)_3 + H_2O + S\downarrow$.

(2) $Al_2(SO_4)_3 + Na_2CO_3 + H_2O \longrightarrow Al(OH)_3\downarrow + CO_2\uparrow + Na_2SO_4$.

6. 甲, 乙, 丙三个农民组成互助组, 每人工作 6 天 (包括为自己家干活的天数), 刚好完成他们三人家的农活, 其中甲在甲, 乙, 丙三家干活的天数依次为: 2, 1.5, 2.5; 乙在甲, 乙, 丙三家各干 2 天活, 丙在甲, 乙, 丙三家干活的天数依次为: 1.5, 2.5, 2. 根据三人干活的种类, 速度和时间, 他们确定三人不必相互支付工资刚好公平. 随后三人又合作到邻村帮忙干了 2 天 (各人干活的种类和强度不变), 共获得工资 600 元. 问他们应该怎样分配这 600 元工资才合理?

7. 斐波拉契 (Fibonacci) 兔子问题. 13 世纪初, 欧洲数学家斐波拉契写了一本叫做《算盘书》的著作. 书中有许多有趣的数学题, 其中最有趣的是下面这个题目:

如果一对兔子每月能生 1 对小兔子, 而每对小兔在它出生后的第 3 个月里, 又能开始生 1 对小兔子, 假定在不发生死亡的情况下, 由 1 对初生的兔子开始, 1 年后能繁殖成多少对兔子?

斐波拉契把推算得到的头几个数摆成一串: 1, 1, 2, 3, 5, 8, 13, ⋯

这串数里隐含着一个规律: 从第 3 个数起, 后面的每个数都是它前面那两个数的和. 而根据这个规律推算出来的数, 构成了数学史上一个有名的"斐波拉契数列". 这个数列有许多奇特的性质. 例如, 从第 3 个数起, 每个数与它后面那个数的比值, 都很接近于 0.618, 正好与"黄金分割律"相吻合.

记斐波拉契数列为 $F_1, F_2, F_3, F_4, F_5, \cdots$ 先求矩阵 A 使得

$$\begin{pmatrix} F_{k+2} \\ F_{k+1} \end{pmatrix} = A \begin{pmatrix} F_{k+1} \\ F_k \end{pmatrix},$$

再计算出斐波拉契数列的前 30 项, 并计算 $F_3/F_4, F_4/F_5, \cdots, F_{29}/F_{30}$.

8. 一农场饲养的某种动物所能达到的最大年龄为 15 岁, 将其分成三个年龄组: 第一组, 0~5 岁; 第二组, 6~10 岁; 第三组, 11~15 岁. 动物从第二年龄组起开始繁殖后代, 经过长期统计, 第二组和第三组的繁殖率分别为 4 和 3. 第一年龄和第二年龄组的动物能顺利进入下一个年龄组的存活率分别为 $\frac{1}{2}$ 和 $\frac{1}{4}$. 假设农场现有三个年龄段的动物各 200 头, 问 10 年后农场三个年龄段的动物各有多少头?

第 7 章 微分方程建模

在研究实际问题时,常常会联系到某些变量的变化率或导数,这样所得到变量之间的关系式就是微分方程模型. 微分方程作为数学科学的重要学科,已经有三百多年的发展历史,其解法和理论已逐渐完备,可以为分析和求方程的解提供足够的理论支撑,使得微分方程模型具有较大的普遍性、有效性和非常丰富的数学内涵. 微分方程模型通常包括常微分方程模型、积分方程模型、偏微分方程模型、差分方程模型及其各种类型的方程组模型. 微分方程建模是一种解决实际问题的极有效的数学手段和方法,对于现实世界的变化,人们往往关注的是其变化速度、加速度以及所处位置随时间的变化规律,其规律一般可以用微分方程或方程组表示,微分方程建模适用的领域比较广,它在物理学、化学、航空航天、生物医学、生态、环境、人口、考古、交通、资源利用、金融及社会科学领域都有极其广泛的应用. 建立微分方程模型对于我们进行科学的描述、分析、预测和控制有着非常重要的意义和作用. 微分方程模型根据其表现特性可分为连续和离散两种形式,其中的连续模型适用于常微分方程和偏微分方程及其方程组建模;离散模型适用于差分方程及其方程组建模. 需要注意的是: 微分方程反映的是变量之间的间接关系,因此要得到直接关系,就得解微分方程或方程组. 求解微分方程常见的有 3 种方法: ①求精确解; ②求数值解 (近似解); ③定性理论方法. 不同方法适用不同类型的模型,其中能够求精确解的方程是非常有限的.

本章学习的重点是掌握常用的微分方程建模方法,熟悉一些经典的微分方程案例,了解微分方程求解的一些基本方法和原理,熟练掌握 MATLAB 求解微分方程的各种工具. 下面,我们给出如何利用微分方程知识建立数学模型的几种方法.

7.1 建立微分方程模型的方法

7.1.1 利用规律或题目隐含的等量关系建立微分方程模型

利用数学、物理、化学等学科中的定理或经过实验检验的规律等来建立微分方程模型. 如: 力学中的牛顿第二运动定律、电学中的基尔霍夫定律、热学中的冷却定律等. 从这些知识出发我们可以建立相应的微分方程模型. 当然题目本身也可能隐含着一些等量关系,这也是我们建立微分方程模型的基础.

7.1.2 利用导数的定义建立微分方程模型

导数是微积分中一个基础而又重要的概念,其定义为
$$\frac{dy}{dx} = \lim_{\Delta x \to 0} \frac{\Delta y}{\Delta x},$$
商式 $\Delta y/\Delta x$ 表示函数增量与自变量的改变量的比值,就是函数的瞬时平均变化率,故导数就是函数的变化率. 函数在某点的导数,就是函数在该点的变化率. 由于现实中很多事物都在随时间不停地发展变化,而变化就必然有变化率,因此常用导数来建立描述研究对象变化规律的微分方程模型.

一个典型例子就是考古学中文物年代的测定,通常是考察其中的放射性物质(如镭、铀等) 的裂变情况. 科学家已经证明放射性物质裂变速度 (单位时间裂变的质量,即其变化率) 与其存余量成正比. 假设时刻 t 时该放射性物质的存余量 x 是 t 的函数,由裂变规律可以建立微分方程模型
$$\frac{dx}{dt} = -kx,$$
其中 k 是正比例常数 $(k > 0)$,与放射性物质本身有关. 求解该模型得 $x = ce^{-kt}$,其中 c 是由初始条件确定的常数. 从这个关系式出发,不难计算出该文物的绝对年龄的近似值.

另外,在经济学领域中,导数概念也有着广泛的应用,通常将各种函数的**导函数** (即函数变化率) 称为该函数的边际函数,从而得到经济学中的边际分析理论.

7.1.3 利用微元法建立微分方程模型

利用已知的定理与规律寻找微元之间的关系式也是建立微分方程模型的重要手段,与第一种方法不同的是对微元而不是直接对函数及其导数应用规律. 微元法是科学研究中的常用方法,是从部分到整体的思维方法. 一般的,如果某一实际问题中所求的变量 I 符合以下条件,就可以考虑利用微元法来建立微分方程模型: I 是与一个变量 x 的变化区间 $[a, b]$ 有关的量;I 对于区间 $[a, b]$ 具有可加性;部分量 ΔI_i 的近似值可用 $f(\xi_i)\Delta x_i$ 表示. 微元法的步骤可描述为: 首先根据问题的具体情况,选取一个变量,如 x 为自变量,并确定其变化区间 $[a, b]$;在区间 $[a, b]$ 中随便选取一个任意小的区间并记作 $[x, x+dx]$,求出相应于这个区间的部分量 ΔI 的近似值. 如果 ΔI 能近似的表示为 $[a, b]$ 上的一个连续函数在 x 处的值 $f(x)$ 与 dx 的乘积,我们就把 $f(x)dx$ 称为量 I 的微元且记作 dI. 于是可以建立起该问题的微分方程模型 $dI = f(x)dx$. 对于比较简单的问题,两边积分就可以求解该模型.

微元法被广泛应用于各种领域,例如在几何上求曲线的弧长、平面图形的面

积、旋转曲面的面积、旋转体体积、空间立体体积;代数方面求近似值;物理上求变力做功、压力、平均值、静力矩与重心等. 这些问题都可以先建立他们的微分方程模型, 然后求解.

7.1.4 模拟近似法

在生物、经济等学科的实际问题中, 许多现象的规律性不是很清楚, 即使有所了解也是极其复杂的, 建模时在不同的假设下去模拟实际的现象, 建立能近似反映问题的微分方程, 然后从数学上求解或分析微分方程解的性质, 再去同实际情况对比, 检验此模型能否刻画、模拟某些实际现象.

7.2 一些简单的微分方程模型

7.2.1 理想单摆运动的周期

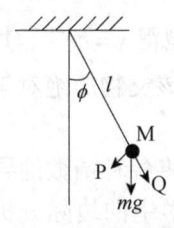

图 7.1 单摆示意图

问题描述: 数学摆是系于一根长度为 l 的线上质量为 m 的质点 M. 在重力作用下, 它在垂直于地面的平面上沿圆周运动, 如图 7.1 所示. 试确定摆的运动周期.

模型建立与求解: 取反时针运动方向为计量摆与铅垂线所成的角 ϕ 的正方向. 从图中不难看出, 小球所受的合力为 $mg\sin\phi$, 则由牛顿第二定律, 得到摆的运动方程为 (线加速度=角加速度×半径)

$$ml\frac{d^2\phi}{dt^2}=-mg\sin\phi,$$

即

$$\frac{d^2\phi}{dt^2}=-\frac{g}{l}\sin\phi.$$

这是理想单摆的运动方程, 当摆只是微小振动, 即 $|\phi|$ 比较小时, 可以取 $\sin\phi$ 的近似值 ϕ 代入上式, 这样就得到微小振动时摆的运动方程:

$$\begin{cases}\dfrac{d^2\phi}{dt^2}=-\dfrac{g}{l}\phi\\ \phi'(0)=0,\phi(0)=\phi_0\end{cases}$$

求解得

$$\phi(t)=\phi_0\cos\omega t,$$

其中 $\omega=\sqrt{\dfrac{g}{l}}$. 显然当 $t=\dfrac{T}{4}$ 时, $\phi(t)=0$, 故有

则
$$\sqrt{\frac{g}{l}} \cdot \frac{T}{4} = \frac{\pi}{2},$$
$$T = 2\pi\sqrt{\frac{l}{g}}.$$

这就是我们在中学学习的理想单摆在微小振动时的周期公式. 如果单摆是在一个有阻力的介质中摆动或有其他外部阻力存在, 则摆的运动方程中合外力将相应改变.

7.2.2 断代问题

问题描述: 在巴基斯坦一个洞穴里, 考古学家发现了古代的人骨碎片, 通过做 C^{14} (碳 14) 年代测定, 科研人员发现古尸中 C^{14} 与 C^{12} 的比例仅仅是活体组织内的 6.24%, 能否判断此人生活在多少年前?

方法原理: 测定文物年代的最精确的方法之一就是 C^{14} 年代测定方法, 该方法是 1949 年美国芝加哥大学 W. F. Libby 发现的, 是考古工作者研究断代的重要手段之一. 这种方法的依据主要是宇宙线中子穿过大气层时撞击空气中的氮核, 引起核反应而生成具有放射性的 C^{14}. 从古至今, 碳 C^{14} 不断产生, 同时其本身又在不断地放出 β 射线而裂变为氮. 大气中 C^{14} 处于动态平衡状态, C^{14} 被植物吸收, 这些植物又被动物吃下, 经过一系列交换过程进入活体组织, 直到在生物体内达到平衡浓度, 即在活体中, C^{14} 的数量与稳定的 C^{12} 的数量成正比, 生物体死亡后, 交换过程停止, 放射性碳便按照放射性元素裂变规律衰减, 裂变速率与剩余量成正比, 比例系数约为 1/8000.

模型建立与求解: 设 t 为死后年数, 对应的 C^{14} 与 C^{12} 的量分别为 $x_1(t)$ 与 $x_2(t)$, 则
$$y(t) = \frac{x_1(t)}{x_2(t)}.$$

当 $t=0$ 时, $y = y_0$ 即活体中 C^{14} 与 C^{12} 数量的比例, 由裂变速率与剩余量成正比可得如下微分方程:
$$\frac{dx_1}{dt} = -\frac{x_1}{8000},$$
即
$$\frac{dy}{dt} = -\frac{y}{8000},$$
求解, 得
$$y = ce^{-\frac{t}{8000}}.$$

代入初值有
$$y = y_0 e^{-\frac{t}{8000}}.$$
当 $y = 0.0624 y_0$ 时,求得 $t = -8000 \ln 0.0624 \approx 22194$ 年,此即所求死亡年数.

年代测定的修订: 1966 年,耶鲁大学的 Minze Stuiver 和加利福尼亚大学圣地亚哥分校的 Hans E.Suess 在其研究成果中指出: 在 2500~10000 年前这段时间中测得的结果有差异,其原因在于那个年代宇宙射线的放射性强度减弱了,偏差的峰值发生在大约 6000 年以前. 为了解决这个问题,他们提出了一个误差公式,用来校正根据碳测定出的 2300~6000 年前这期间的年代:

$$真正的年代 = C^{14}年代 \times 1.4 - 900.$$

因此校正后此人生活的年代约为 30171 年以前.

7.2.3 GDP 预测

问题描述: 1998 年某国的国内生产总值 (GDP) 为 84402.3 亿元,假如该国能保持每年平均 9.5%左右的相对增长率,问到 2020 年该国的 GDP 是多少?

模型建立与求解: 记 $t=0$ 代表第 1 年,并设第 t 年 GDP 为 $P(t)$. 由题意知,从第 1 年起,$P(t)$ 的相对增长率为 9.5%,易得如下初值问题:

$$\begin{cases} \dfrac{dP(t)}{dt} = 0.095 P(t), \\ P(0) = 84402.3 \end{cases}$$

分离变量,两边同时积分,化简得

$$P(t) = c e^{0.095 t},$$

代入初值得 $c=84402.3$,所以从 1998 年起第 t 年 GDP 为 $P(t) = 84402.3 e^{0.095 t}$,将 $t=22$ 代入,得到 2020 年 GDP 的预测值为 $P(22) \approx 682390$ (亿元).

注: 由于影响 GDP 增长的因素很多,况且每年的增长率也不可能相同,所以上述预测只是一种非常粗糙的估计.

7.2.4 水库污染问题

问题描述: 某水库蓄有 90000 吨不含有害物质的无污染清水,从时间 $t=0$ 开始,含有害物质 6%的污水不断流入该水库. 流入的速度为 5 吨/分钟,在水库中充分混合 (不考虑沉淀和化学反应) 后又以 5 吨/分钟的速度流出水库. 问经过多长时间后水库中有害物质的浓度达到 1%? 水库中有害物质的浓度会不会无限增长?

模型建立与求解: 设在时刻 t 水库中有害物质的含量为 $q(t)$,此时水库中有害物质的浓度为 $q(t)/90000$. 由于水库的水量在整个过程是恒定的,根据基本关系:

单位时间内有害物质的变化量=单位时间内流进水库的有害物质的量-单位时间内流出水库的有害物质的量，于是可以建立如下微分方程模型

$$\frac{dq(t)}{dt}=\frac{6}{100}\times 5-\frac{q(t)}{90000}\times 5=\frac{3}{10}-\frac{q(t)}{18000},$$

初始条件为 $q(0)=0$.

上述方程分离变量得

$$\frac{dq(t)}{q(t)-5400}=-\frac{1}{18000}dt,$$

积分得 $q(t)=5400+Ce^{-\frac{t}{18000}}$. 代入初始条件 $t=0, q=0$ 得 $C=-5400$, 故

$$q(t)=5400(1-e^{-\frac{t}{18000}}).$$

水库中有害物质浓度达到 1% 时，应有 $q(t)=90000\times 1\%=900$（吨）有害物质，由此解得 $t\approx 3281.8$ 小时．即经过 136 天后，水库中有害物质浓度达到 1%．由于 $\lim_{t\to\infty}q(t)=5400$，所以水库中有害物质的最终浓度为 6%，即有害物质的浓度不会无限增长．

7.2.5 刑事侦查中死亡时间鉴定

问题描述： 警察于清晨 7:10 在一住宅内发现一具尸体，测得尸体温度是 25°C，当时环境温度是 18°C，一小时后再次测量，尸体温度下降为 22°C，若人的正常体温是 37°C，请协助警察估计死者的死亡时间．

方法原理： 牛顿冷却定律指出物体在空气中冷却的速度与物体温度和空气温度之差成正比，现将牛顿冷却定律应用于刑事侦查中死亡时间的鉴定．

模型建立与求解： 设环境温度、人体正常体温分别为 T_1 和 T_0，t 时刻尸体的温度为 $T(t)$（t 从被谋杀后计）. 则运用牛顿冷却定律得 $T'(t)=k(T_1-T(t))$，解该方程得通解为

$$T(t)=T_1+(T_0-T_1)e^{-kt}.$$

将题目提供的测量数据代入，得方程组

$$\begin{cases}18+(37-18)e^{-kt}=25\\18+(37-18)e^{-k(t+1)}=22\end{cases}.$$

解得 $e^{-kt}=7/19$ 和 $e^{-k(t+1)}=4/19$ 则 $e^k=7/4$. 计算得

$$t=\frac{\ln 19-\ln 7}{\ln 7-\ln 4}\approx 1.7843 \text{ 小时}.$$

该时间是死者从死亡起到尸体被发现所经历的时间，因此反推回去可推测死者的死亡时间大约是凌晨 5:23.

注意: 该题和 7.2.2 小节断代问题虽然都是对死亡时间的测定, 用的也是微分方程工具, 但两者所用到的科学原理却是截然不同的, 一个是放射性元素的裂变规律, 一个是牛顿冷却定律. 显然该方法只适用于生物体死亡时间较短的情况.

7.2.6 人口增长的 Logistic 模型

人口问题是世界上人们最关心的问题之一. 由于土地、矿产、能源、食品等各方面资源越来越紧缺, 同时人口不断膨胀, 所以严格控制人口增长是我国乃至整个世界面临的一项重要的任务. 事实上, 我国早在 70 年代就提出了计划生育政策, 以控制人口增长, 提高人口素质, 该政策曾经成为我国一项长期的基本国策. 目前, 我国的人口总数已达到近 14 亿, 近几年来每年新增人口仍在一千多万以上, 相当于一个中等国家的人口, 这给国家的经济建设、社会发展和人民生活的改善带来极大的压力和困难. 因此科学合理地描述人口的增长规律, 预测一定时期人口数量变化规律对于制定相关政策有着非常重要的现实意义. 下面介绍一些基本的人口模型.

1. Malthus (马尔萨斯) 模型

模型假设:
(1) 人口净增长率是常数, 或单位时间内人口的增长量与当时的人口成正比.
(2) 人口初值设为 N_0, 人口数量非常大, 因此可以看作随时间是连续变化的.
(3) 人口在空间分布均匀, 没有迁入和迁出, 或迁入和迁出平衡.
(4) 不考虑环境资源对人口增长的影响.
参数说明: t 为自变量, $N(t)$ 为 t 时刻的人口数量, r 为人口净增长率.
模型的建立与求解: 由上述假设, 时间 t 到 $t+\Delta t$ 内人口的增量为
$$N(t+\Delta t) - N(t) = rN(t)\Delta t,$$
令 $\Delta t \to 0$, 则得到微分方程
$$\frac{dN(t)}{dt} = rN(t), \tag{7.1}$$
满足初始条件 $N(0) = N_0$ 的解为
$$N(t) = N_0 e^{rt}.$$
则 $r > 0$ 时, 有 $\lim\limits_{t \to +\infty} N(t) = +\infty$; $r = 0$ 时, 有 $\lim\limits_{t \to +\infty} N(t) = N_0$; $r < 0$ 时, 有 $\lim\limits_{t \to +\infty} N(t) = 0$.

显然根据 Malthus 模型, 人口数量将按照指数规律趋于无穷大, 这是不可能的. 事实上, 指数模型与 19 世纪以前欧洲一些地区人口统计数据比较吻合, 适用于 19 世纪后迁往加拿大的欧洲移民后代, 但不符合 19 世纪后多数地区人口增长规律. 该模型可用于短期人口增长预测, 不能预测较长期的人口增长过程. 其原因是在人口增长的初期, 种群规模较小, 有足够的生存空间、足够的食物, 彼此

间没有利益冲突. 但随着人口规模的逐渐扩大, 对有限的空间、食物和其他生存必须条件的竞争越来越激烈, 这必然影响人口的出生率和死亡率, 从而降低实际增长率, 因而在上述模型中假设增长率为常数, 资源无限是不合理的. 为此学者们提出了下面改进的人口模型.

2. Logistic (逻辑斯蒂) 模型

由于人口增长到一定数量后, 资源、环境等因素对人口增长起到阻滞作用, 且阻滞作用随人口数量增加而变大, 也就是说增长率是 $N(t)$ 的减函数, 为了简化问题, 不妨假设增长率与 $N(t)$ 是线性关系, 表示为

$$r(N) = r - sN, \quad r>0, s>0 \tag{7.2}$$

这里 r 是固有增长率, 可理解为人口增长初期的增长率. 为了确定参数 s, 荷兰生物学家 Verhulst 引入参数 N_m 表示自然资源和环境条件所能容纳的最大人口, 则有 $r(N_m) = 0$, 即 $r - sN_m = 0$, 即 $s = r/N_m$, 于是 (7.2) 变成

$$r(N) = r\left(1 - \frac{N}{N_m}\right),$$

代入 (7.1) 有

$$\begin{cases} \dfrac{dN}{dt} = rN\left(1 - \dfrac{N}{N_m}\right), \\ N(0) = N_0 \end{cases} \tag{7.3}$$

该模型称为 Logistic 方程. 显然方程 (7.3) 既是可分离变量方程, 又是贝努利型方程. 容易求得其解为

$$N(t) = \frac{N_m}{1 + \left(\dfrac{N_m}{N_0} - 1\right)e^{-rt}}. \tag{7.4}$$

显然 $r > 0$ 时, 有 $\lim\limits_{t \to +\infty} N(t) = N_m$. 为了直观理解 Logistic 增长模型的性质, 我们取参数的一组特殊值 N_m=20(亿), N_0=0.3(亿), r=0.2 绘出 Logistic 模型 (7.4) 的图形, 在 MATLAB 中输入代码:

```
f=inline('100/(1+(100/3-1)*exp(-0.2*t))');
%定义 Logistic 模型函数
ezplot(f, [0, 50])
xlabel('t')
ylabel('N')
```

输出结果如图 7.2 所示.

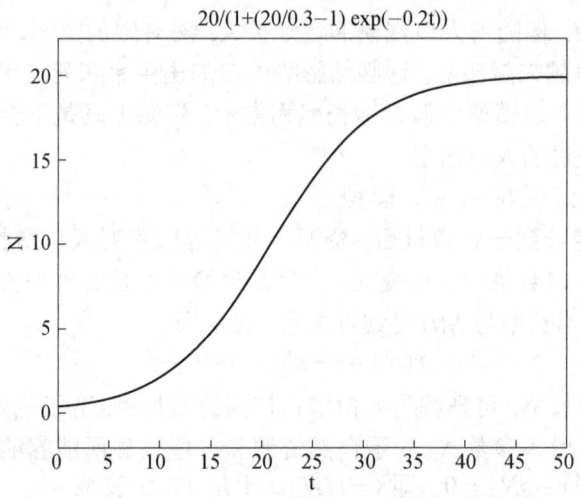

图 7.2 Logistic 模型的 S 型曲线

从图 7.2 中可以看出**函数** (7.4) 的图形是一条 S 型曲线，人口数量开始快速增长，随后增速减缓，直至人口数量趋于最大容量时不再增长。由方程 (7.3) 易知，人口增长最快，即 dN/dt 最大的时候是 $N=N_m/2$ 时，此时拐点出现。

3. 改进的逻辑斯蒂增长模型

增长率与 $N(t)$ 是线性关系的假设不是必须的，这只是增长率是人口数量的减函数的最简情形，在某些情况下该假设未必合理。为此，下面给出了非线性的增长率函数

$$r(N) = r\left(1 - \log_{N_m} N\right),$$

这里 N_m 和 r 的含义同前。显然当人口数量达到最大值时，$r(N_m)=0$，这符合阻滞增长的特点。根据单位时间人口增长量等于增长率乘以人口数量的基本关系，得到如下对数型 Logistic 方程：

$$\begin{cases} \dfrac{dN}{dt} = r\left(1 - \log_{N_m} N\right) N \\ N(0) = N_0 \end{cases}.$$

求解该微分方程模型得

$$N(t) = N_m \cdot \left(\dfrac{N_0}{N_m}\right)^{e^{-\frac{rt}{\ln N_m}}}. \tag{7.5}$$

式 (7.5) 称为改进的 Logistic 模型。

因为 $r>0$，且 N_m 充分大，易知 $\lim\limits_{t\to\infty} e^{-\frac{rt}{\ln N_m}} = 0$，即 $\lim\limits_{t\to\infty} N(t) = N_m$，说明该模型

在人口数量达到一定程度以后趋于稳定,即达到最大容量,其阻滞作用明显.

Logistic 模型及改进形式对不同地区人口数量的拟合效果是比较理想的,这一点在第 10 章数据拟合部分还要特别提到. 不仅如此,该模型还适用于一般生物种群的生长变化规律,1945 年克龙比克 (Crombic) 做了一个人工饲养小谷虫的实验,数学生物学家高斯 (Gauss) 也做了一个原生物草履虫实验,实验结果都和 Logistic 曲线吻合得很好. 大量实验资料表明用 Logistic 模型及其改进形式来描述种群的增长规律,效果是比较理想的,同时该模型在社会经济学领域也有广泛而重要的应用.

7.3 建筑物高度的估计

问题描述: 随着经济的迅速发展,城市建筑物越来越高,地标性建筑不断涌现,如上海的金茂大厦、阿联酋的迪拜塔、美国的帝国大厦等. 假如你现在站在某幢建筑物楼顶,并随身携带一只秒表,你想通过扔下一块石头听回声的方法来估计建筑物的高度. 假定地面平坦、坚硬且没有行人,从扔下石头到听到回声按下秒表的时间为 5 秒,问能否由此计算出建筑物的高度?该方法是否合理?

问题分析与求解: 该方法的原理是先用秒表计量出石块下落的时间,再利用经典运动学规律求解石块的下落高度. 为了简化问题,假设石块下落初速度为 0,下落过程不考虑风的影响以及和墙壁可能碰撞而发生路径改变的情况,也就是说石块是垂直下落的. 下面分几种情况估算建筑物高度并逐步优化结果.

情形 1: 不考虑空气阻力的影响,可以直接利用自由落体运动的公式 $h=gt^2/2$ 来计算. 根据 $t=5$ 秒及重力加速度 $g=9.8$ 米/秒^2,可求得 $h\approx 122.5$ 米. 该结果是自由落体情况下的理想结果,因为没有考虑任何阻力因素,这在现实中是不可能的,所以这个结果是非常粗糙的,实际结果应该小于该值. 下面考虑空气阻力的作用.

情形 2: 除地球引力外,石块下落过程中还受到空气的阻力. 根据流体力学知识,空气阻力同石块下落的速度成正比,阻力系数设为常数 δ,石块质量为 m,由牛顿第二定律可得:

$$F = mg - \delta v = m\frac{dv}{dt}.$$

令 $k=\delta/m$,求出该一阶线性方程的解为

$$v = c_1 e^{-kt} + \frac{g}{k}.$$

代入初始条件 $v(0)=0$,得 $c_1=-g/k$,故有

$$v = \frac{g}{k} - \frac{g}{k}e^{-kt}.$$

积分得

$$h = \frac{g}{k}t + \frac{g}{k^2}e^{-kt} + c_2.$$

代入初始条件 $h(0)=0$，得到计算建筑物高度的公式：

$$h = \frac{g}{k}t + \frac{g}{k^2}e^{-kt} - \frac{g}{k^2} = \frac{g}{k}(t + \frac{1}{k}e^{-kt}) - \frac{g}{k^2}. \tag{7.6}$$

注：将 e^{-kt} 用泰勒公式展开，并令 $k \to 0^+$，即可得出前面不考虑空气阻力时的结果．

假设 $k=0.1$ 并仍取 $t=5$ 秒，则可求得 $h \approx 104.4$ 米．该方法由于考虑了空气阻力，结果相对情形 1 的结论已有明显改进，但还是有不足，原因在于忽略了人听到声音的误差．

情形 3：由于听到回声再按秒表，计算得到的时间中包含了反应时间，所以计算结果还不准确．心理学家认为一般正常人的反应时间为 0.15 秒~0.4 秒，这里不妨设平均反应时间为 0.2 秒，将 $t=5$ 秒，扣除反应时间后应为 4.8 秒，代入 (7.6) 式，求得 $h \approx 96.81$ 米．该结果比前两个结果又改进了不少，但是否就是最后的结果呢？

情形 4：事实上，在情形 3 中还忽略了回声传回来所需要的时间．也就是说石块下落的真正时间应该为 $t-t_1$，这里 $t=4.8$ 秒，t_1 为声音传回来的时间，即高度 h 和声音传播速度的比值，于是可建立如下方程：

$$h = \frac{g}{k}\left(t - \frac{h}{340} + \frac{1}{k}e^{-k\left(t - \frac{h}{340}\right)}\right) - \frac{g}{k^2}.$$

该方程是非线性的，用 MATLAB 中的迭代算法可以求出近似解为 $h \approx 87.41$ 米．但是作为估算，去解一个复杂的非线性方程显然没有必要．事实上，相对于石块下落速度，声音速度要快得多，我们可用情形 3 求出的高度 $h \approx 96.81$ 米，计算声音传播时间 $t_1 \approx 0.285$ 秒，得到石块真正下落时间 $t \approx 4.515$ 秒，将 t 代入 (7.6) 式再算一次，得出建筑物的高度近似值为 $h \approx 86.42$ 米．

情形 4 的结果已经比较好了，但仍然不是完美的解答．因为空气密度随着高度增加会越来越小，这样空气的阻力系数和声音在不同介质中传播速度也不一样，所以要想得到更精确的结果，考虑的因素还很多，这里就不再深入讨论了．

注：该问题的解答从最简单的运动学规律到微分方程知识、级数理论，再到非线性方程求解，涉及微积分、微分方程和计算方法等多学科知识，体现了从简单到复杂，从模糊到清楚的分析解题过程，较好地体现了数学建模的思路和一般方法．

7.4 天然气产量和储量的预测问题

问题描述：天然气资源是我们生产生活中离不开的重要能源. 随着经济的快速增长, 社会各个行业对能源的依赖越来越强, 需求越来越大. 但是任何天然资源都是有限的, 不可能取之不尽、用之不竭. 所以科学分析油气田的储量, 合理开发利用油气资源就显得非常重要了. 表 7.1 给出了某油气田连续 20 个年度的产气量数据, 试建立数学模型对该油气田的产量进行预测, 并评价预测的效果.

表 7.1 某油气田连续 20 个年度的产气量数据

年份	2004	2005	2006	2007	2008	2009	2010
产量 $10^8\,m^3$	19	43	59	82	92	113	138
年份	2011	2012	2013	2014	2015	2016	2017
产量 $10^8\,m^3$	148	151	157	158	155	137	109
年份	2018	2019	2020	2021	2022	2023	
产量 $10^8\,m^3$	89	79	70	60	53	45	

模型假设与符号说明：
(1) 假设产气量数据是油气田正常情况下的真实产量, 无人为因素影响.
(2) 假设油气田的可采储量足够大, 可采时间足够长.
(3) 记 $N(t)$ 为油气田到 t 年的累积产量, $Q(t)$ 为油气田第 t 年的产量, $r(t)$ 为油气田第 t 年的增长率 (在 $N(t)$ 基础上), N_m 为油气田可采储量, t_m 为对应的可采时间.

问题分析与模型建立：先利用 20 个年度的产气量数据在 MATLAB 中绘出产量随时间变化的散点图以及增长率曲线, 程序代码如下:

```
year=1: 1: 20;
data=[19.0, 43.0, 59.0, 82.0, 92.0, 113.0, 138.0, 148.0, 151.0, 157.0, 158.0, 155.0, 137.0, 109.0, 89.0, 79.0, 70.0, 60.0, 53.0, 45.0];
r=[]; N=[];
for i=1: length(data)
    N(i)=sum(data(1: i));           %计算各年度累积产量
    r(i)=data(i)./ N(i);            %计算年度增长率
end
figure(1)
plot(year, N, 'o')
xlabel('t'); ylabel('N(t)')
figure(2)
plot(year, r, '-o')
xlabel('t'); ylabel('r(t)')
```

输出结果见图 7.3 和图 7.4.

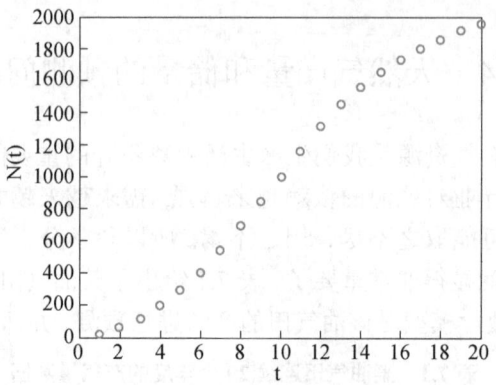

图 7.3　各年累积产气量散点图

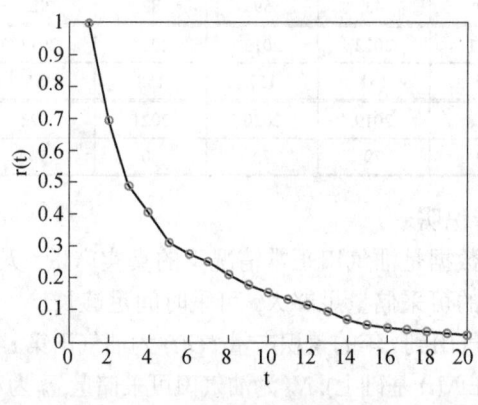

图 7.4　各年度的增长率

综合图 7.3 和图 7.4 反映的趋势和规律，发现产气量的增长率逐渐降低，即增长率 r 是 t 的减函数．累积产量虽不断增加，但增长速度逐渐减弱，所以考虑将指数增长模型用于油气产量预测．从而得到油气田的累积产量 $N(t)$ 与开发时间 t 的关系：

$$\frac{dN(t)}{dt} = r(t)N(t). \tag{7.7}$$

如果开发时间 t 以年为单位，则油气田的年产量 $Q(t) = \dfrac{dN(t)}{dt}$，方程 (7.7) 可改写成

$$\frac{Q(t)}{N(t)} = r(t).$$

要想预测油气田的产量，就必须确定油气产量的增长率 $r(t)$ 的表达式，根据图 7.4 中增长率曲线的变化趋势，可以考虑用诸如负指数函数、反比例函数等近似表示．这里考虑如下经验模型

$$r(t) = ae^{-bt}, \tag{7.8}$$

其中 a, b 是待估计的参数. 于是可建立如下微分方程模型:

$$\begin{cases} \dfrac{dN(t)}{dt} = ae^{-bt} N(t) \\ N(t_m) = N_m \end{cases}.$$

这是一阶线性齐次微分方程, 其解为

$$N(t) = N_m e^{\frac{a}{b}(e^{-bt_m} - e^{-bt})}. \tag{7.9}$$

根据假设, t_m 很大, 则 e^{-bt_m} 应该很小, 可以忽略不计. 所以由 (7.9) 得到预测油气田累积产量的近似模型为

$$N(t) = N_m e^{-\frac{a}{b} e^{-bt}}. \tag{7.10}$$

对式 (7.10) 求导, 即得油气田第 t 年产量的预测模型为

$$Q(t) = a \cdot N_m \cdot e^{-\frac{a}{b} e^{-bt} - bt}. \tag{7.11}$$

为了确定油气田的可采储量 N_m, 对式 (7.10) 两边取自然对数得线性方程:

$$y(t) = \alpha + \beta x(t) \tag{7.12}$$

其中

$$x(t) = e^{-bt}, \quad y(t) = \ln N(t), \quad \alpha = \ln N_m, \quad \beta = -\frac{a}{b}.$$

模型求解:

(1) 对 (7.8) 式两边取自然对数得 $s(t)=A+Bt$, 其中 $s(t)=\ln r(t)$, $A=\ln a$, $B=-b$. 根据油气田实际生产数据, 利用线性拟合计算出截距 A 和斜率 B, 进而计算出 a, b 之值.

(2) 计算出不同时间的 $x(t) = e^{-bt}$ 和 $y(t) = \ln(N(t))$, 在 (7.12) 中对 $y(t)$ 与 $x(t)$ 进行线性回归, 求得截距 α 和斜率 β.

(3) 再由 (7.12) 中关系式 $\alpha = \ln N_m$ 计算出油气田的可采储量 $N_m = e^{\alpha}$.

(4) 将 a, b 和 N_m 的值代入 (7.10) 和 (7.11), 即得预测油气田的累积产量和年产量的计算公式.

(5) 利用所得公式, 计算各个年份累积产量 $N(t)$ 和年产量 $Q(t)$ 的预测值.

MATLAB 源程序如下:

```
clear; clc;
year=1: 1: 20;                    %年份 2004 年记为 1, 2023 年记为 20
data=[19.0, 43.0, 59.0, 82.0, 92.0, 113.0, 138.0, 148.0, 151.0, 157.0, 158.0, 155.0, 137.0, 109.0,
89.0, 79.0, 70.0, 60.0, 53.0, 45.0];
r=[]; N=[]; s=[];
for i=1: length(data)
```

```
        N(i)=sum(data(1: i));           %各年累计产量
        r(i)=data(i)./N(i);              %各年增长率
        s(i)=log(r(i));                  %计算增长率的对数值
        y(i)=log(N(i));                  %计算累计产量的对数值
end
%线性拟合估计参数 a, b
aa=polyfit(year, s, 1)
z=polyval(aa, year);
plot(year, z, 'r-', year, s, 'o')
pause
a=exp(aa(2)); b=-aa(1);
%线性拟合估计 Nm
for i=1: length(data)
        x(i)=exp(-b*year(i));            %计算 x(t)=exp(-bt)
end
bb=polyfit(x, y, 1)
Nm=exp(bb(2));                          %计算油气田的可采储量
%产量预测
Q_year=a*Nm*exp(-a/b*exp(-b*year)-b*year);   %年产量 Q 的预测值
plot(year, Q_year, 'r-', year, data, 'o');   %年产量预测值与实际值对比图
xlabel('t'); ylabel('Q(t)');
pause
N_year=Nm*exp(-a/b*exp(-b*year)) ;          %油气田的累积产量预测值
plot(year, N_year, 'r-', year, N, 'o');      %累积产量预测值与实际值对比图
xlabel('t'); ylabel('N(t)');
```

结果分析：程序输出各对比效果图分别见图 7.5 和图 7.6. 从图 7.5 可以看出年产量预测值与实际值对比显示模型拟合效果良好，基本上反映了数据的变化趋势. 从图 7.6 可见累积产量预测值与实际值在前期拟合效果非常好，后期略有偏差，总体效果比较理想.

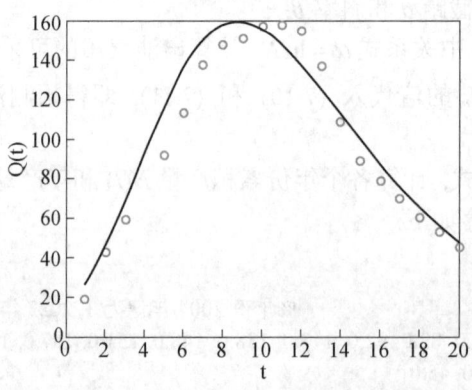

图 7.5　年产量预测值与实际值对比图

7.4 天然气产量和储量的预测问题

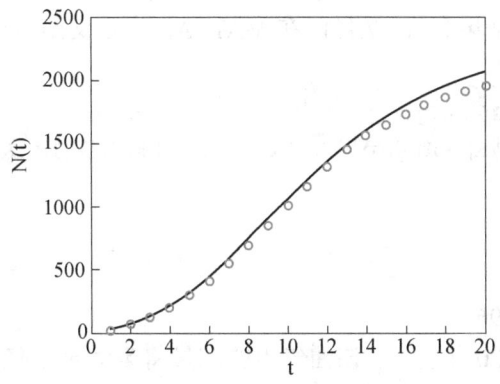

图 7.6 累积产量预测值与实际值对比图

表 7.2 给出了年产量和累积产量预测值的具体计算结果，并与实际值做了对照，从表中可以看出，预测结果基本上是令人满意的.

表 7.2 实际值与预测值对照表

年份	$Q(10^8\,m^3/年)$		$N(10^8\,m^3)$	
	实际值	预测值	实际值	预测值
2004	19	26.647	19	33.743
2005	43	45.456	62	69.355
2006	59	68.603	121	126.116
2007	82	93.526	203	207.158
2008	92	117.186	295	312.742
2009	113	136.898	408	440.203
2010	138	150.896	546	584.621
2011	148	158.490	694	739.850
2012	151	159.934	845	899.544
2013	157	156.114	1002	1057.959
2014	158	148.241	1160	1210.421
2015	155	137.579	1315	1353.513
2016	137	125.280	1452	1485.035
2017	109	112.297	1561	1603.847
2018	89	99.350	1650	1709.643
2019	79	86.946	1729	1802.730
2020	70	75.408	1799	1883.825
2021	60	64.913	1859	1953.895
2022	53	55.534	1912	2014.024
2023	45	47.265	1957	2065.332

根据上述方法，我们还可以预测该油气田未来的可开采时间及相应产量. 根

据前面计算的参数结果和式 (7.11)，在 MATLAB 中定义函数如下：

```
function y=oil(t)
a=0.9515; b=0.1864; Nm=2335.2;
y=a*Nm*exp(-a/b*exp(-b*t)-b*t)-1; %定义年产量为1时对应的代数方程
```

执行命令

```
tm=fsolve('oil', 30)
```

可得 tm= 41.3296

也就是说再过 20 年左右，该油气田的产量将萎缩至 1 亿 m^3 以下；若将 1 改成 10，则可得 8 年后年产量将低于 10 亿 m^3。

上面这些案例虽然建立的模型都涉及微分方程，但基本上都是线性常系数方程或变量分离方程，用初等积分法往往可以直接求解，所以从某种程度上说以上这些案例亦可看作初等模型．然而现实中有着很多常微分方程、方程组的求解是繁琐的，甚至根本无法求出解析表达式，这时依靠人力可能根本不能解决问题，那么借助计算机来辅助求解和近似计算就显得很有必要了．

7.5 求解微分方程的 MATLAB 工具简介

MATLAB 给我们提供了强大的微分方程求解工具，它主要包括常微分方程、方程组求解析解和数值解．

1. 常微分方程的符号解

函数　dsolve

格式　dsolve('方程 1', '方程 2', …, '方程 n', '初始条件', '自变量')

说明　求 n 个微分方程构成的方程组的符号**解** (解析解)．在表达微分方程时，用字母 D 表示求微分，D2、D3 等表示求高阶微分．任何 D 后所跟的字母为因变量，自变量可以指定或由系统规则选定为默认．

例 7.1　求解下列方程

(1) $y'' = y' + e^{2x}$；

(2) $(y')^2 + y^2 = 1$；

(3) $t^2 x'' - 4tx' + 6x = t\ln t$；

(4) $y'' = -a^2 y, y(0) = 1, y'(\pi/a) = 0$．

解　依次输入命令

```
>> D1=dsolve('D2y=Dy+exp(2*x)')
   D2=dsolve('(Dy)^2+y^2=1')
   D3=dsolve('t^2*D2x-4*t*Dx+6*x=t*ln(t)', 't')
   D4=dsolve('D2y=-a^2*y', 'y(0)=1', 'Dy(pi/a)=0')
```

计算结果为：

```
D1 =
    C1 - exp(2*x) - t*exp(2*x) + C2*exp(t)
D2 =
    [       1]
    [      -1]
    [ -sin(t-C1)]
    [  sin(t-C1)]            %说明该方程有 4 个解.
D3 =
    1/4*t*(2*log(t)+3)+C1*t^2+C2*t^3
D4 =
     cos(a*t)
```

例 7.2 求解一阶线性方程组 $\begin{cases} x' = x - y \\ y' = x \end{cases}$.

解 输入命令

```
>> [x, y]=dsolve('Dx=x-y', 'Dy=x')
```

计算结果为:

```
x =
C1*((exp(t/2)*cos((3^(1/2)*t)/2))/2-(3^(1/2)*exp(t/2)*sin((3^(1/2)*t)/2))/2)-
C2*((exp(t/2)*sin((3^(1/2)*t)/2))/2 + (3^(1/2)*exp(t/2)*cos((3^(1/2)*t)/2))/2).
y =
C1*exp(t/2)*cos((3^(1/2)*t)/2) - C2*exp(t/2)*sin((3^(1/2)*t)/2).
```

2. 微分方程数值求解

在生产和科研中所遇到的微分方程 (组) 往往很复杂且大多得不出解析解, 而且实际问题一般带有初值, 所以一般是要求得到解在若干个点上满足特定精度要求的近似值, 或者得到一个满足精确度要求的便于计算的表达式, 这就是微分方程 (组) 的数值求解. 数值求解的方法主要有 Euler 法、龙格-库塔法、线性多步法等方法. 关于这些方法的原理和详细推导请见计算数学相关内容, 这里不做介绍. 我们的侧重点是如何掌握利用 MATLAB 工具对给定的方程求出相应的数值解, 并学会对结果进行必要的分析.

函数 solver   % solver 命令为 ode45, ode23, ode113, ode15s, ode23s, ode23t, ode23tb 等.

格式 [t, x]=solver('f', ts, x0, options)   % t 为自变量, x 为函数值, f 为由待解方程 (组) 写成的 m 文件名 (外部函数), ts=[t_0, t_f], t_0、t_f 为自变量的初值和终值, x_0 为函数的初值, options 用于设定误差限.

说明 (1) 在解 n 个未知函数的方程组时, x_0 和 x 均为 n 维向量, M 文件中的待解方程组应以 x 的分量形式写成.

(2) 使用 MATLAB 软件求数值解时，高阶微分方程必须等价地变换成一阶微分方程组.

(3) 因为没有一种算法可以有效地解决所有的 ODE 问题，为此 MATLAB 提供了多种求解器 Solver，对于不同的 ODE 问题，采用不同的 Solver，具体如表 7.3 所示.

表 7.3 不同求解器 Solver 的特点

求解器 Solver	ODE 类型	特点	说明
ode45	非刚性	一步算法，4、5 阶 Runge-Kutta 方程，累计截断误差达 $(\triangle x)^3$	大部分场合的首选算法
ode23	非刚性	一步算法，2、3 阶 Runge-Kutta 方程，累计截断误差达 $(\triangle x)^3$	使用于精度较低的情形
ode113	非刚性	多步法，Adams 算法，高低精度均可到 $10^{-3} \sim 10^{-6}$	计算时间比 ode45 短
ode23t	适度刚性	采用梯形算法	适度刚性情形
ode15s	刚性	多步法，Gear's 反向数值微分，精度中等	若 ode45 失效时，可尝试使用 ode15s
ode23s	刚性	一步法，2 阶 Rosebrock 算法，低精度	当精度较低时，计算时间比 ode15s 短

例 7.3 求解描述振荡器的经典的 VerderPol 微分方程

$$\frac{d^2y}{dt^2} - 500(1-y^2)\frac{dy}{dt} + y = 0, \quad y(0)=1, y'(0)=0.$$

解 令 $x_1 = y, x_2 = dy/dt$，则微分方程变为一阶微分方程组：

$$\begin{cases} x_1' = x_2 \\ x_2' = 500(1-x_1^2)x_2 - x_1 \\ x_1(0)=1, x_2(0)=0 \end{cases}$$

(1) 建立 M 文件 vdp.m 如下：

```
function dx=vdp(t, x)
    dx=zeros(2, 1);
    dx(1)=x(2);
    dx(2)=500*(1-x(1)^2)*x(2)-x(1);
```

(2) 取 t0=0, tf=2000，建立主程序：

```
[T, Y]=ode15s('vdp', [0 2000], [1 0]);    %用求解器 ode15s 求解
    plot(T, Y(:, 1), '-')                 %画出数值解的图形
```

输出结果如图 7.7 所示.

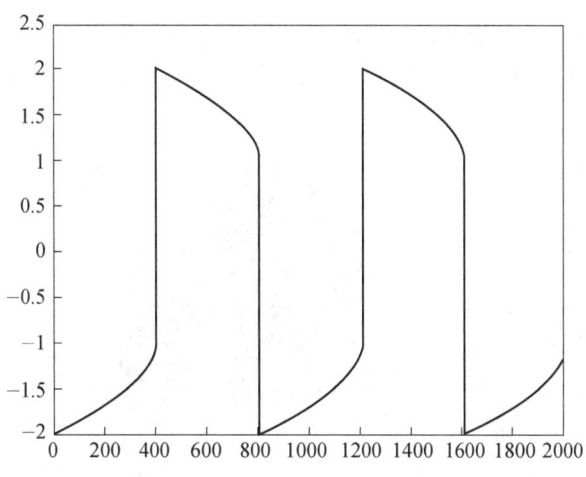

图 7.7 VerderPol 微分方程数值解图形

例 7.4 求解著名的 Lorenz 方程.

$$\begin{cases} \dfrac{dx}{dt} = -\beta x + yz \\ \dfrac{dy}{dt} = -\sigma(y-z) \\ \dfrac{dz}{dt} = -xy + \rho y - z \end{cases}.$$

其中 $\beta = 9/4, \rho = 30, \sigma = 12$,初始条件为 $x(0)=1, y(0)=0, z(0)=0.002$.

解 (1) 建立 M 文件 lorenz.m 如下:

```
function dy=lorenz(t, y)
beta=9/4; ruo=30; segma=12;
    dy=zeros(3, 1);
    dy(1)=-beta*y(1)+y(2)*y(3);
    dy(2)=-segma*(y(2)-y(3));
    dy(3)=-y(1)*y(2)+ruo*y(2)-y(3);
```

(2) 取 t0=0, tf=100, 建立主程序:

```
[T, Y]=ode45('lorenz', [0 100], [1 0 0.002]);
plot3(Y(:, 1), Y(:, 2), Y(:, 3));          %绘制 Lorenz 吸引子的图形
comet3(Y(:, 1), Y(:, 2), Y(:, 3));         %动画演示 Lorenz 吸引子的图形生成过程.
```

注: Lorenz 系统是一个用来研究气象预报的热对流的模型,以 Edward Norton (爱德华·诺顿·洛伦茨) 的姓氏命名. 它是第一个被深入研究的 '奇异吸引子'. Lorenz 模型是第一个被详细研究过的可产生混沌的非线性系统. Lorenz 吸引子有两个明显的螺旋形的轨线,也称为双纽线. 吸引子实际上是一个具有无穷结构的

分形. 事实上 Lorenz 系统的解, 将随着时间的流逝不重复地, 无限次数地奔波于两个分支图形之间, 这就是著名的 Lorenz 吸引子 (Lorenz Attractor), 见图 7.8.

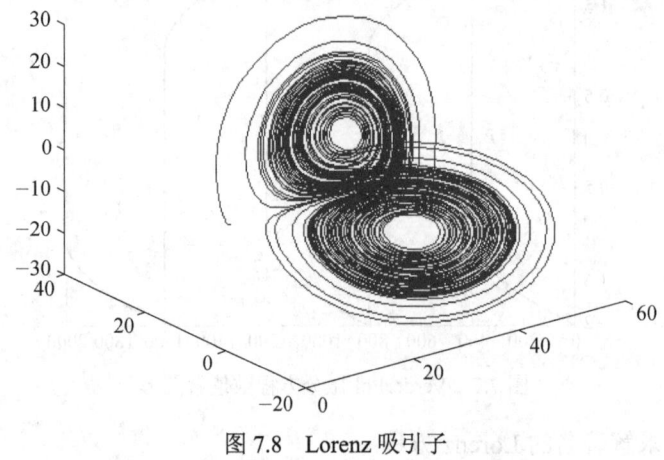

图 7.8　Lorenz 吸引子

7.6　核废料处置方法的安全评价问题

问题背景: 核污染是人类二十一世纪面临的一大难题, 它对人类和地球上其他生物的生命安全产生了巨大的威胁, 所以特别为人类所关注. 每年全世界核电厂都会产生大量核废料, 如何处置这些核垃圾是个严峻的问题. 1986 年切尔诺贝利核电站爆炸, 2011 年福岛核电站核泄漏, 以及 2023 年日本核污染水排海更是对环境造成了巨大的破坏和污染, 严重威胁了人类的生存. 因此和平利用原子能, 妥善处置核废料是一项非常严肃的工作.

目前世界上对低放射性核废料的处置方法常用的有浅土层埋葬和海洋投掷等方法. 浅土层埋葬法在美国、英国、法国等欧美国家采用多年, 主要是将装有放射性废物的容器埋在几米深的混凝土壕沟或坑井中, 并在容器间隙灌入水泥, 最后在上面覆盖土层, 种上植被. 海洋处置方法是将装有核废料的容器投掷到海底. 对于高放射性废物目前只能采用深地层处置. 曾经有一段时间, 美国原子能委员会将浓缩的放射性废物装入密封的圆桶, 然后投掷到水深为 300 ft(1 ft=3.048×10^{-1} m) 的海中. 一些生态学家和科学家担心圆桶在运输过程中会破裂而造成放射性污染. 但美国原子能委员会认为这种做法是安全的. 然而一些工程师通过实验后发现: 当圆桶的下沉速度超过 40 ft/s 时, 就会与海底碰撞而破裂. 试分析这种处置方法的安全性.

已知参数有: 圆桶重量 W=527.436 lb(1 lb=0.453592 kg), 重力加速度 g=32.2 ft/s^2, 圆桶受到的浮力 F=470.327 lb; 圆桶下沉时受到的海水阻力 $D=\delta v$,

$\delta=0.08$ 为阻力系数.

模型建立与求解：假设在圆筒下沉过程中海水风平浪静, 即不考虑海水的流动或潮汐对圆筒下落轨迹的影响. 设圆筒下沉的初速度为 0, t 时刻下沉的位移为 $y(t)$, 速度为 $v(t)$. 对圆桶进行受力分析易知, 圆筒受到重力、浮力和阻力的作用, 根据牛顿第二定律, 可建立如下微分方程模型：

$$m\frac{d^2y}{dt^2}=W-F-D, \tag{7.13}$$

其中 $W=mg$, $D=\delta v$, m 为圆桶质量. 方程 (7.13) 也可以表示为

$$m\frac{dv}{dt}=W-F-D, \tag{7.14}$$

即

$$\begin{cases} \dfrac{dv}{dt}=g-\dfrac{F}{m}-\dfrac{\delta v}{m}. \\ v(0)=0 \end{cases} \tag{7.15}$$

式 (7.15) 的解为

$$v(t)=\frac{W-F}{\delta}(1-e^{-\frac{\delta}{m}t}), \quad t>0.$$

上面的速度函数中各参数均已知, 只要知道圆桶下沉到海底的时间即可计算圆桶与海底碰撞的速度. 为了直观了解速度的变化规律, 下面给出了时间 t 在 [0, 1000] 范围内的速度变化曲线, 如图 7.9 所示.

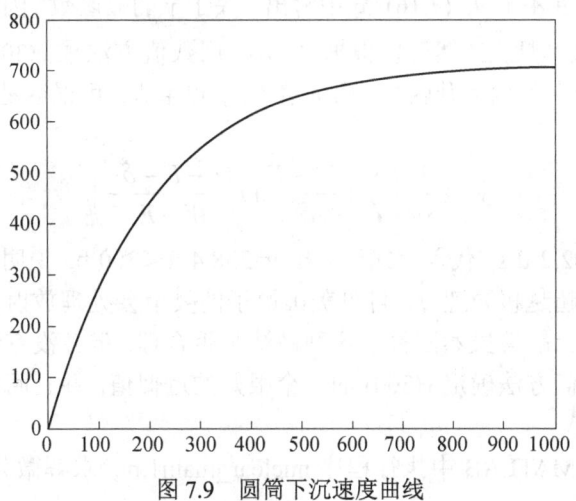

图 7.9 圆筒下沉速度曲线

从图 7.9 中可以看出, 下沉速度不断增大, 但增长速度逐渐减弱, 最后趋于稳定, 于是不妨先计算出上式的极限速度如下：

$$\lim_{t \to \infty} v(t) = \frac{W-F}{\delta} = \frac{527.436 - 470.327}{0.08} \approx 713.86 \text{(ft/s)}.$$

这个数值非常大,只要海底足够深,圆筒的速度会远远超过安全极限值. 但是在投掷到 300 多英尺的海底时,还不能断定 $v(t)$ 究竟是否能超过极限碰撞速度 40 ft/s. 因此需要知道圆桶下落的确切时间,但是时间的确定本身就是一个难点. 由于圆桶下沉到海底的位移是已知的,为此考虑将速度 v 看成位移 y 的函数 $v(y)$,由复合函数微分法有

$$\frac{dv}{dt} = \frac{dv}{dy} \cdot \frac{dy}{dt},$$

代入式 (7.15) 得

$$\begin{cases} v \dfrac{dv}{dy} = g - \dfrac{F}{m} - \dfrac{\delta v}{m}. \\ v(0) = 0 \end{cases}$$

该方程是一阶变量分离方程,变形得

$$\begin{cases} \dfrac{v}{W - F - \delta v} \cdot \dfrac{dv}{dy} = \dfrac{1}{m}. \\ v(0) = 0, y(0) = 0 \end{cases}$$

两边积分得函数方程

$$\frac{W-F}{\delta^2} \ln \frac{W - F - \delta v}{W - F} + \frac{v}{\delta} + \frac{y}{m} = 0. \tag{7.16}$$

但遗憾的是并不能从 (7.16) 式中解出 v 关于 y 的显函数,因此要利用 $v(y)$ 来计算 $v(300)$ 比较麻烦,当然可以根据 (7.16) 用数值方法求 $v(300)$ 的近似解. 注意到 $v=v(y)$ 是一个单调上升函数,而 v 增大,y 也增大,可很容易求出函数 $y=y(v)$ 的解析表达式

$$y = -\frac{W}{g} \left(\frac{v}{\delta} + \frac{W-F}{\delta^2} \ln \frac{W-F-\delta v}{W-F} \right),$$

令 v=40 ft/s, g=32.2 ft/s, 代入上式计算出 y=238.4 ft<300 ft, 说明圆桶还没有沉到海底, 速度已经超越极限速度, 可见美国原子能委员会处理放射性废物的做法是极其危险的. 以上解答虽然回答了这种做法是否合理, 但并没有给出我们想要的数据. 下面用数值方法确定 $v(300)$ 的一个很好的近似值, 并且回避上述繁琐的公式推理.

(1) 首先在 MATLAB 中执行程序 nuclear_main1.m, 求解微分方程 (7.13) 和 (7.15) 的符号解.

MATLAB 程序代码如下:

```
y_t=dsolve('m*D2y+deta*Dy=(W-F)', 'y(0)=0', 'Dy(0)=0', 't'); %求微分方程的符号解.
```

```
v_t=dsolve('m*Dv+deta*v=(W-F)', 'v(0)=0', 't');
y_t=simplify(y_t)                               %化简结果.
v_t=simplify(v_t)
```

(2) 输出结果为:

```
y_t = (m*(F - W))/deta^2 - (t*(F - W))/deta - (m*exp(-(deta*t)/m)*(F - W))/deta^2
v_t = (W - F + exp(-(deta*t)/m)*(F - W))/deta
```

(3) 根据步骤 (2) 求解结果定义函数 nuclear_fun.m

```
function yy=nuclear_fun (t)
W=527.436; F=470.327; g=32.2; deta=0.08; m=W/g;
yy=[(W-F)*(t*deta-m+m*exp(-deta/m*t))/deta^2-300];
%定义非线性方程 y_t =300.
```

注: 若有多个方程, 方括号中应用 ";" 分开.

(4) 建立主程序 nuclear_main2.m

```
clear; clc;
W=527.436; F=470.327; g=32.2; deta=0.08; m=W/g;
t0=2;
t_max=fsolve('nuclear_fun', t0)
%圆桶落到 300ft 深海底时花费时间.
v_max=-(W-F)*(-1+exp(-deta/m*t_max))/deta
%圆桶落到海底的速度.
```

输出结果为:

```
t_max =13.2600
v_max =44.7658
```

即圆桶沉到海底的时间为 13.26 秒, 到达海底的速度已达到 44.7658 米/秒, 超过了极限速度.

上述解答定量的分析了核废料处置方法的安全性, 其结果说明美国原子能委员会这种做法是错误的, 必须加以改进. 现在美国原子能委员会条例明确禁止把低浓度的放射性废物投掷到海里, 改为在一些废弃的煤矿中修建放置核废料的深井.

7.7 食饵-捕食者系统

自然界中的生态系统是一个错综复杂的动态系统, 种群之间可能既是天敌, 又有着不可分割的依赖关系, 如种群 A 靠自然资源生存, 种群 B 靠捕食 A 维持生存, 前者称为食饵, 后者称为捕食者, 这就是本节将讨论的一个简化的生态系统: 食饵 (Prey)–捕食者 (Predator) 系统, 即食饵–捕食者模型, 简称 P-P 模型.

问题描述 (地中海鲨鱼问题): 意大利生物学家 Umberto D'Ancona 一直致力于鱼类种群相互制约关系的研究, 在第一次世界大战期间, 他研究了地中海各港口捕获的各类鱼的数量数据, 并从中发现鲨鱼、鳐鱼等 (捕食者) 的比例有明显增加 (见表 7.4), 而供其捕食的食用鱼 (食饵) 的百分比却显著下降. 因为捕获的各种鱼的比例在某种程度上近似地反映了地中海里各种鱼类数量的比例, 所以研究捕获量有助于了解海洋中种群的数量. 显然战争大大降低了捕鱼量, 使得食用鱼增加, 鲨鱼等也随之增加, 但鲨鱼的比例却大幅增加. 这是一个奇怪的现象. 他无法解释, 于是求助于著名数学家 V.Volterra, 希望建立一个数学模型来定量解释这一现象.

表 7.4 第一次世界大战期间地中海各港口捕获的鲨鱼等的比例

年代	1914	1915	1916	1917	1918
百分比	11.9	21.4	22.1	21.2	36.4
年代	1919	1920	1921	1922	1923
百分比	27.3	16.0	15.9	14.8	10.7

基本假设:

(1) 食饵食物丰富, 独立生存时以指数规律增长, 由于捕食者的存在使增长率降低, 假设降低的程度与捕食者数量成正比;

(2) 捕食者独立生存时死亡率恒定, 由于食饵为它提供食物的作用使其死亡率降低或使之数量增长, 假定增长的程度与食饵数量成正比.

符号说明:

$x(t)$——食饵在 t 时刻的数量; $y(t)$——捕食者在 t 时刻的数量;

r——食饵独立生存时的增长率; d——捕食者独自存在时的死亡率;

a——捕食者捕获食饵的能力; b——食饵对捕食者的供养能力;

e——人类捕获能力系数.

模型 1(不考虑捕捞): 根据假设, 在不考虑人工捕捞的情形下, 食饵的增长速度同食饵数量成正比, 减少速度 (对捕食者而言是增长速度) 与单位时间内捕食者和食用鱼数量的乘积 xy 成正比, 而且捕食者的自然减少速度与它们的数量成正比, 于是可得如下食饵–捕食者模型:

$$\begin{cases} \dfrac{dx}{dt} = x(r - ay) \\ \dfrac{dy}{dt} = y(-d + bx) \end{cases}, \qquad (7.17)$$

其中 $x(0) = x_0$, $y(0) = y_0$ 为食饵和捕食者的初始数量.

该模型反映了在没有人工捕捞的自然环境中食饵与捕食者之间的相互制约关系，并没有考虑环境等因素对种群自身的阻滞作用，是 Volterra 提出的最简单的微分方程模型，称为 Volterra 方程.

模型 (7.17) 无法给出解析解，下面利用 MATLAB 软件进行数值求解. 考虑数据 $r=1, a=0.2, d=0.6, b=0.03, x_0=28, y_0=2$，则模型 (7.17) 变成为

$$\begin{cases} x' = x(1-0.2y) \\ y' = y(-0.6+0.03x) \\ x(0)=28, y(0)=2 \end{cases} \tag{7.18}$$

在 MATLAB 中首先定义函数 shark.m 如下：

```
function dx=shark(t, x)
  r=1; a=0.2; d=0.6; b=0.03;
  dx=zeros(2, 1);
  dx(1)=x(1)*(r-a*x(2));
  dx(2)=x(2)*(-d+b*x(1));
```

然后建立主程序 shark_main.m 如下：

```
[t, x]=ode23('shark', [0 12], [28 2]);
plot(t, x(:, 1), '-', t, x(:, 2), '+'), pause      %绘制食饵和捕食者曲线
plot(x(:, 1), x(:, 2), 20, 5, 'K*')                %绘制相轨线和平衡点 (20, 5)
```

求解结果： 程序执行后分别输出图形 7.10 和图 7.11，其中图 7.10 给出了数值解 $x(t)$ 和 $y(t)$ 的图形，图中实线为食饵数量变化，而 "+" 线为捕食者的曲线. 图 7.11 为相轨线 $x(t)\sim y(t)$.

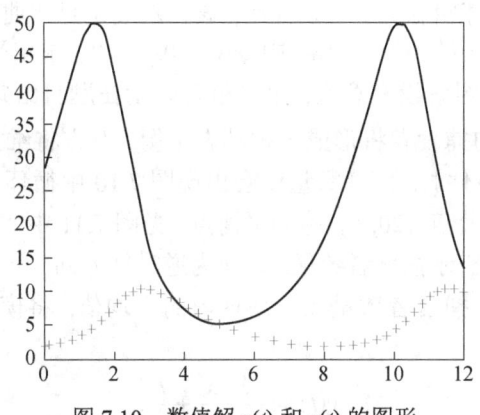

图 7.10 数值解 $x(t)$ 和 $y(t)$ 的图形

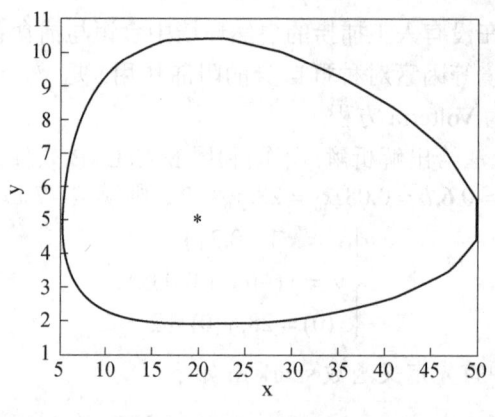

图 7.11 相轨线图形

从图 7.10 可以看出食饵一多，捕食者食物增多，鲨鱼量随即增大，而由于鲨鱼数目增多吃掉大量的食用鱼，鲨鱼又面临食物缺乏的威胁，从而使其数量下降，这时食用鱼相对安全些，于是食用鱼总数又不断回升，就这样，食用鱼和鲨鱼数量交替增减，不断循环，逐渐形成生态的动态平衡，并且它们的循环遵从着一定周期，可以大致看出 $x(t)$ 和 $y(t)$ 都是周期函数。该微分方程组对应的相轨线是一条封闭曲线。实际上，在 (7.17) 中消去 dt，得到

$$\frac{dx}{dy}=\frac{x(r-ay)}{y(-d+bx)},$$

分离变量并积分得

$$\left(x^d e^{-bx}\right)\left(y^r e^{-ay}\right)=c.$$

其中，常数 c 由初始条件确定，可以证明，该相轨线是封闭曲线 (略)，从而等价于 $x(t)$ 和 $y(t)$ 都是周期函数。在 (7.18) 中令 $x'=0, y'=0$，求出平衡解得 $x=y=0$ 或 $x=20$，$y=5$，第一组解没有意义，第二组解表示在题目给定条件下，数量为 20 的食饵和数量为 5 的捕食者将形成一种动态平衡，双方将维持这一数量不变，当初始数量不满足此条件时，两者数量便会出现图 7.10 中循环交替变化的情形，在动态中维持平衡。因此点 (20, 5) 称为平衡点，见图 7.11 中 "*" 点。相轨线的横轴表示食饵数量，纵轴表示捕食者数量，方向为逆时针方向。

下面讨论食饵、捕食者数量在一周期内的平均值，将模型 (7.17) 中第一个方程变形为

$$y(t)=-\frac{1}{a}\cdot\frac{x'}{x}+\frac{r}{a}.$$

将上式在一个周期 T 内积分，因为 $x(T)=x(0)$，则捕食者在一周期内的平均值为

$$\bar{y} = \frac{1}{T}\int_0^T y(t)dt = \frac{1}{T}\left(-\frac{1}{a}\ln(x(t))\bigg|_0^T + \frac{rT}{a}\right) = \frac{r}{a}.$$

同理将模型 (7.17) 中第二个方程变形后在一个周期 T 内积分，可得到食饵在一周期内的平均值为 $\bar{x} = \dfrac{d}{b}$. 将上述数据代入，发现平衡点 (20, 5) 的坐标恰好是食用鱼与鲨鱼在一个周期中的平均值.

模型 2 (考虑捕捞): 要解释为什么捕鱼量下降，鲨鱼的比例却大幅增加，还需要考虑有捕捞的影响. 设人类捕捞系数为 e，则食饵的自然增长率由 r 降为 $r-e$，捕食者的死亡率由 d 增为 $d+e$，由于捕捞时对鱼的种类是不加挑选的，故考虑捕捞影响的 Volterra 方程应为

$$\begin{cases} \dfrac{dx}{dt} = x((r-e) - ay) \\ \dfrac{dy}{dt} = y(-(d+e) + bx) \end{cases}. \tag{7.19}$$

类似于模型 1，还是利用数值求解的方法来分析，这里假设战前捕获系数 $e=0.3$，战争中降为 $e=0.1$，其余参数取值同前. 则战争前与战争中的 Volterra 模型分别为

$$\begin{cases} \dfrac{dx}{dt} = x(0.7 - 0.2y) \\ \dfrac{dy}{dt} = y(-0.9 + 0.03x) \\ x(0) = 28, y(0) = 2 \end{cases}, \tag{7.20}$$

$$\begin{cases} \dfrac{dx}{dt} = x(0.9 - 0.2y) \\ \dfrac{dy}{dt} = y(-0.7 + 0.03x) \\ x(0) = 28, y(0) = 2 \end{cases}. \tag{7.21}$$

模型求解: 对于模型 (7.20) 和 (7.21) 分别定义函数 buhuo1.m 和 buhuo2.m 如下:

```
function dx=buhuo1(t, x)                %模型 (7.20)
    r=1; a=0.2; d=0.6; b=0.03; e=0.3;
    dx=zeros(2, 1);
    dx(1)=x(1)*(r-e-a*x(2));
    dx(2)=x(2)*(-d-e+b*x(1));
function dx=buhuo2(t, x)                %模型 (7.21)
```

```
r=1; a=0.2; d=0.6; b=0.03; e=0.1;
dx=zeros(2, 1);
dx(1)=x(1)*(r-e-a*x(2));
dx(2)=x(2)*(-d-e+b*x(1));
```

建立主程序 buhuo_main.m, 求解两个方程, 并画出两种情况下鲨鱼数在鱼类总数中所占比例 $x_2(t)/[x_1(t)+x_2(t)]$ 的图形, MATLAB 程序代码如下:

```
[t1, x]=ode23('buhuo1', [0 12], [28 2]);
[t2, z]=ode23('buhuo2', [0 12], [28 2]);
x1=x(:, 1); x2=x(:, 2);
y1=x2./(x1+x2);                    %战争前鲨鱼所占比例
z1=z(:, 1); z2=z(:, 2);
y2=z2./(z1+z2);
plot(t1, y1, '-', t2, y2, 'o')     %战争中鲨鱼所占比例
```

运行后输出图形如图 7.12 所示.

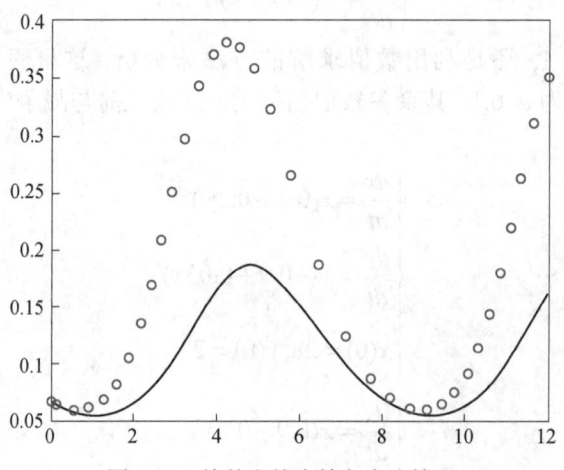

图 7.12 战前和战中鲨鱼占比情况

图中实线为战前的鲨鱼比例, "o" 线为战争中的鲨鱼比例, 显然战争中鲨鱼的比例的确比战前高. 该实验验证了 Ancona 的发现是正常的, 为了作进一步说明, 将 (7.19) 第二个方程变形得

$$x(t) = -\frac{1}{b} \cdot \frac{y'}{y} + \frac{d+e}{b}.$$

类似地, 将上式在一个周期 T 内积分, 可得有捕捞的情况下食饵在一周期内的平均值为 (为了区分无捕捞的情形, 这里用大写字母表示)

$$\bar{X} = \frac{d+e}{b},$$

捕食者在一周期内的平均值为

$$\bar{Y} = \frac{r-e}{a}.$$

很明显，由于战争中捕捞强度减弱，即 e 减少，则 $\bar{X}$ 减少，而 $\bar{Y}$ 增加，这就找到了战争中鲨鱼所占比重为什么增大的原因.

沃特拉原理： 从上面我们可以看到：对于一个食饵-捕食者系统，如果同等地对二者进行捕杀 ($e<r$)，则捕捞强度的增大，对食饵有利；捕捞强度的减少，会对捕食者有利. 这个结果称为 Volterra 原理.

Volterra 模型有着广泛的应用. 例如，当农作物发生病虫害时，不应随随便便地使用杀虫剂，因为杀虫剂在杀死害虫的同时也可能杀死这些害虫的天敌，而害虫与其天敌构成一个双种群捕食系统，其中害虫相当于食饵，天敌相当于捕食者，由于捕杀强度增大，会对食饵有利，这样一来，你会发现使用杀虫剂后，害虫更加猖獗了. 一个很好的案例就是澳洲的吹棉蚧，1968 年偶然传入美国后，严重地威胁着美国的柑橘业. 因此人们又从澳洲引进了它的天敌——澳洲瓢虫，使得吹棉蚧减少到很低的程度. 后来人类发明了农药 DDT，并希望使用它进一步减少吹棉蚧. 然而，同 Volterra 原理相一致，使用 DDT 的结果是吹棉蚧的数目反而增加了. Volterra 原理也告诉我们，在一个食饵—捕食者系统中想消灭其中一个物种是不现实的，最好是实现两者的 "和平共处"，即动态平衡.

注：在这个案例中，我们利用微分方程数值求解和稳定性理论对方程的解做了定性与定量分析，绘制出了解的图形，直观地反映了解的变化规律，也分析了题目中出现的现象的原因，较好地解决了问题. 这就告诉我们对于微分方程或方程组，不一定要把方程的解求出来，通常通过对方程的定性分析也可以得到我们想要的信息. 关于微分方程稳定性理论的知识请大家参阅其他相关书籍.

习 题 7

1. 1972 年发掘长沙市东郊马王堆一号汉墓时，对其棺外主要用以防潮吸水用的木炭分析了它含碳-C^{14} 的量约为大气中的 0.7757 倍，据此，你能推断出此女尸下葬的年代吗？已知碳-C^{14} 的半衰期为 5730 年.

2. 表 7.5 是美国自 1830~2020 年每隔 10 年的人口记录.

表7.5 美国 1830~2020 年人口数据

年份	1830	1840	1850	1860	1870	1880	1890
人口 ($\times 10^6$)	13.2	17.1	23.2	31.4	38.6	50.2	62.9
年份	1900	1910	1920	1930	1940	1950	1960
人口 ($\times 10^6$)	76.2	92.2	105.7	123.1	132.2	151.3	179.3
年份	1970	1980	1990	2000	2010	2020	
人口 ($\times 10^6$)	226.5	248.7	281.1	308.7	204.0	331.4	

参照油气产量和可采储量的预测问题，用这些数据检验 Malthus 人口指数增长模型和 Logistic 模型，根据检验结果进一步讨论人口模型的改进.

3. 某农场饲养的某种动物所能达到的最大年龄为 15 岁，将其分成三个年龄组：第一组，0~5 岁；第二组，6~10 岁；第三组，11~15 岁. 动物从第二年龄组起开始繁殖后代，经过长期统计，第二年龄组的动物在其年龄段平均繁殖 4 个后代，第三年龄组的动物在其年龄段平均繁殖 3 个后代. 第一年龄组和第二年龄组的动物能顺利进入下一个年龄组的存活率分别为 1/2 和 1/4. 假设农场现有 3 个年龄段的动物各 1000 头，问 15 年后农场 3 个年龄段的动物各有多少头?

4. 在一种溶液中，化学物质 A 分解而形成 B，其速度与未转换的 A 的浓度成比例. 转换 A 的一半用了 20 min，把 B 的浓度 y 表示为时间的函数，并绘出图像.

5. (车间空气的清洁) 已知一个车间体积为 $V \text{ m}^3$，其中有一台机器每分钟能产生 $r \text{ m}^3$ 的二氧化碳 (CO_2)，为清洁车间里的空气，降低空气中的 CO_2 含量，用一台风量为 $K \text{ m}^3/\text{min}$ 的鼓风机通入含 CO_2 为 $m\%$ 的新鲜空气来降低车间里的空气的 CO_2 含量. 假定通入的新鲜空气能与原空气迅速地均匀混合，并以相同的风量排出车间. 又设鼓风机开始工作时车间空气中含 x_0 的 CO_2. 问经过 t 时刻后，车间空气中含百分之几的 CO_2？最多能把车间空气中 CO_2 的百分比降到多少？

如果设 $V=10000 \text{ m}^3$，$r=0.3 \text{ m}^3/\text{min}$，$K=1500 \text{ m}^3/\text{min}$，$m=0.04\%$，$x_0=0.12\%$. 试回答上述问题.

6. (砂石运输问题) 设有 $V \text{ m}^3$ 的砂、石要由甲地运输到乙地，运输前需要先装入一个有底无盖并在底部有滑行器的木箱中，砂、石运到乙地后，从箱中倒出，再继续用空箱装运，不论箱子大小，每装运一箱，需 0.1 元，箱底和两端的材料费为 20 元/m，箱子两侧材料费为 5 元/m^2，箱底的两个滑行器与箱子同长，材料费为 2.5 元/m^2，问木箱的长、宽、高应各为多少米，才能使运费与箱子的成本费的总和为最小？

7. 一个半径为 R cm 的半球形容器内开始时盛满了水，但由于其底部一个面积为 $S \text{ cm}^2$ 的小孔在 $t=0$ 时刻被打开，水被不断放出. 容器中的水被放完总共需要多少时间？

8. 我方巡逻艇发现敌方潜水艇，与此同时敌方潜水艇也发现了我方巡逻艇，并迅速下潜逃逸. 设两艇间距为 60 海里 (1 海里=1852 m)，潜水艇最大航速为 30 节，而巡逻艇最大航速为 60 节，则巡逻艇应如何追赶潜水艇？

9. (铁链下滑问题) 一条长为 L，质量为 M 的链条悬挂在一个钉子上，初始时，一边长 $3/5L$，另一边长 $2/5L$，由静止启动. 分别根据以下情况求出链条下滑的时间：

(1) 不计摩擦力和空气阻力；

(2) 阻力为 $1/10L$ 的链条重;

(3) 阻力与速度 v 成正比;

(4) 摩擦力与对钉子的压力成正比, 在 $v=1$ 时, $F_{阻}=0.02Mg$.

10. 一截面积为常数 A, 高为 H 的水池, 其池底有一横截面积为 B 的小孔, 水池顶部有进水孔, 单位时间进水量为 V, t 时刻水面高度记为 h, 从小孔流出的水速为 $v=\sqrt{2gh}$, 求在任一时刻水面高度的函数表达式 (设开始时水池水的高度为 h_0).

11. (饮酒驾车问题) 据报载, 2003 年全国道路交通事故死亡人数为 10.4372 万, 其中因饮酒驾车造成的占有相当的比例. 针对这种严重的道路交通情况, 国家质量监督检验检疫局 2004 年 5 月 31 日发布了新的《车辆驾驶人员血液、呼气酒精含量阈值与检验》国家标准, 新标准规定, 车辆驾驶人员血液中的酒精含量大于或等于 20 mg/100 ml, 小于 80 mg/100 ml 为饮酒驾车 (原标准是小于 100 mg/100 ml), 血液中的酒精含量大于或等于 80 mg/100 ml 为醉酒驾车 (原标准是大于或等于 100 mg/100 ml).

大李在中午 12 点喝了一瓶啤酒, 下午 6 点检查时符合新的驾车标准, 紧接着他在吃晚饭时又喝了一瓶啤酒, 为了保险起见他待到凌晨 2 点才驾车回家, 又一次遭遇检查时却被定为饮酒驾车, 这让他既懊恼又困惑, 为什么喝同样多的酒, 两次检查结果会不一样呢?

请你参考下面给出的数据 (或自己收集资料) 建立饮酒后血液中酒精含量的数学模型, 并讨论以下问题:

(1) 对大李碰到的情况做出解释.

(2) 在喝了 3 瓶啤酒或者半斤低度白酒后多长时间内驾车就会违反上述标准, 在以下情况下回答:

① 酒是在很短时间内喝的;

② 酒是在较长一段时间 (比如 2 h) 内喝的.

(3) 怎样估计血液中的酒精含量在什么时间最高?

(4) 根据你的模型论证: 如果天天喝酒, 是否还能开车?

第 8 章　层次分析法

人生是丰富多彩的，所以每个人每天都会面临很多决策问题. 如日常生活中要买一件外套，你要先决定它的款式: 正装、礼服、休闲服? 如果是正装，那又需要选择它的面料: 纯棉的、涤纶的、混纺的……? 如果是纯棉的，还需要挑选适当的颜色: 红、黄、蓝、黑，等等; 又比如你工作学习了一天，需要补充体力，打算邀请好朋友一起共进晚餐，那么你会考虑究竟是吃中餐、西餐还是火锅……? 如果是吃中餐，那是吃川菜、粤菜还是鲁菜……? 如果你在假期计划外出旅游，那是去"浪漫之都"巴黎，还是去"音乐之都"的维也纳? 是去海水湛蓝的巴里岛，还是去秀甲天下的峨眉山?……

再从人们所从事的不同行业来说. 公司的领导者要决定采取什么样的发展策略; 商人要斟酌如何制定有效的广告手段; 教师思考如何针对学生因材施教; 医生要确定如何为病人找到最佳治疗方案; 技术人员要思考如何改进和创新等.

可以说决策问题贯穿于我们生活的方方面面. 所谓的决策，就是在现有条件下，根据一定的需求，在众多方案当中找出一种相对有效的或者有利的结果. 当然在处理决策问题的时候会受到很多因素影响，这些因素有大有小，有多有少，有主有次，有先有后，但是这些因素的共同点是通常涉及到社会人文等方面的因素，在作比较、判断、评价的时候这些因素的重要性、影响力或者优先级的时候往往是带有一定的主观性，会因人而异，因此难以量化，也很难用一般的数学方法加以解决. 以旅游问题为例，有人喜欢山，有人喜欢水，有人喜欢阳光，有人喜欢寒冷，不同的人会选择不同的目的地; 经济宽裕的倾向于出国旅游，而经济拮据的则会选择就近的景点，不一而足.

美国运筹学家 T. L. Saaty 教授于 20 世纪 70 年代初期提出的一种简便、灵活而又实用的多准则决策方法，这就是层次分析法 (analytic hierarchy process, 简称 AHP). 它是对一些较为复杂、较为模糊的问题做出决策的简易方法，特别适用于那些难于完全定量分析的问题.

层次分析法是一种定性和定量相结合的，系统化、层次化的分析方法.

8.1 层次分析法的基本原理与步骤

人们在对社会和经济活动以及科学管理领域相关问题的系统分析中, 常常面临的是一个由相互关联、相互制约的众多因素构成的复杂系统, 这个系统往往缺少定量的数据. 过去通常用于研究自然和现象的有机理分析和统计分析两种方法, 但都不适合处理这类问题. 层次分析法为这类问题的决策提供了一种新的、简洁而实用的数学工具.

假设一个刚刚毕业即将面临工作选择的大学生, 有三份工作 P_1, P_2 和 P_3 可供选择. 那么他究竟选择哪一个工作作为自己的职业呢? 按常理来说, 他会去征求家长和同学以及亲友的意见, 然后加以综合来做出自己的选择, 可是不同的人看重的因素是不一样的, 所以最后三种意见会不相上下. 下面就以这个问题为例来介绍层次分析法的一般步骤.

按通常的标准, 人们常用工资福利、发展前景、胜任程度、工作环境、地理位置这 5 个指标作为衡量工作的准则. 首先人们会把 5 个准则在自己心目中所占权重做个排序, 比如有些人看重就业后的收入, 有人看重发展前景, 注重生活品质的人看重工作环境、交通条件等. 然后对于每一个准则, 将三个职业进行相互对比, 如 P_1 可能收入最高, P_2 次之; P_2 可能发展前景最好; P_3 可能工作环境最舒适等. 最后, 人们会将两个层次的比较判断进行综合, 选出最佳的就业单位.

这个分析处理过程大致可以分成三个步骤:

(1) 分析系统中各因素之间的关系, 建立系统的层次结构模型.

(2) 相互比较确定各准则对目标选择的权重, 以及各个方案对每一准则的权重, 这些权重在人们的思考过程中一般是定性的、大致的描述, 层次分析法要求量化结果.

(3) 将方案层对准则层的权重和准则层对目标层的权重进行综合, 以确定各个方案对目标的权重排序. 这个在层次分析法中也要给出综合的量化计算方法.

8.1.1 层次结构模型的建立与特点

应用层次分析解决决策问题时, 首先要把问题条理化、层次化, 构造出一个有层次的结构模型. 在这个模型下, 复杂问题被分解为若干元素. 这些元素又按其属性及关系形成若干层次. 上一层次的元素作为准则对下一层次有关元素起支配作用. 这些层次可以分为三类:

(1) 目标层. 这一层次中只有一个元素, 一般它是分析问题的预定目标或理想结果.

(2) 准则层. 这一层次中包含了为实现目标所涉及的中间环节, 它可以由若干个层次组成，包括所需考虑的准则，有时候某一准则又由多个因素决定，因此会包含多个子准则.

(3) 方案层. 这一层次包括了为实现目标可供选择的各种措施、决策方案等.

在上面的问题中，我们将决策问题分成三个层次（图 8.1），最上层为目标层，即选择适合的工作，中间为准则层，包括工资福利、发展前景等 5 个准则，最下面为 3 个方案构成的方案层. 各层之间的联系用相连直线段表示. 于是得到如下层次结构模型：

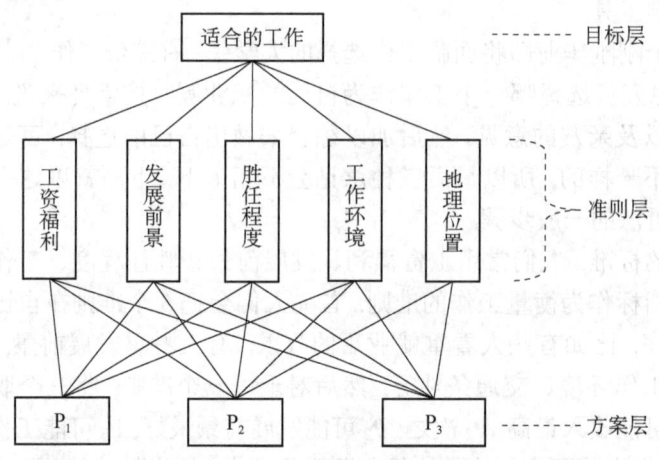

图 8.1　工作选择层次结构模型

层次结构中的层次数与问题的复杂程度及需要分析的详尽程度有关，一般地层次数不受限制，但是每一层次中各元素所支配的元素一般不要超过 9 个，这是因为支配的元素过多会给两两比较判断带来困难.

8.1.2　构造成对比较矩阵

层次结构反映了因素之间的关系，但准则层中的各准则在目标衡量中所占的比重并不一定相同，在决策者的心目中，它们各占有一定的比例.

设现在要比较 n 个因子 $X = \{x_1, \cdots, x_n\}$ 对上一层某因素 O 的影响大小，Saaty 建议可以采取对因素进行两两比较建立成对比较矩阵的办法，即每次取两个因素 x_i 和 x_j，以 $a_{ij} = x_i : x_j$ 表示 x_i 和 x_j 对 O 的影响大小之比. 全部比较结果用矩阵 $A = (a_{ij})_{n \times n}$ 表示，称 A 为 O - X 之间的成对比较矩阵. 容易看出，若 x_i 与 x_j 对 O 的影响之比为 a_{ij}，则 x_j 与 x_i 对 O 的影响之比应为 $a_{ji} = \dfrac{1}{a_{ij}}$.

之所以不将所有因素放在一起比较是为了减少性质不同的各因素之间比较的差异，提高准确度.

定义 8.1 若矩阵 $A = (a_{ij})_{n \times n}$ 满足:

(1) $a_{ij} > 0$;

(2) $a_{ji} = \dfrac{1}{a_{ij}}$ $(i, j = 1, 2, \cdots, n)$.

则称之为**正互反矩阵**,显然有 $a_{ii} = 1$,$i = 1, \cdots, n$.

关于如何确定 a_{ij} 的值,Saaty 等建议引用数字 1~9 及其倒数作为尺度. 表 8.1 列出了 1~9 尺度的含义.

表 8.1 1-9 尺度及其含义

标度	含 义
1	表示两个因素相比,具有相同重要性
3	表示两个因素相比,前者比后者稍重要
5	表示两个因素相比,前者比后者明显重要
7	表示两个因素相比,前者比后者强烈重要
9	表示两个因素相比,前者比后者极端重要
2, 4, 6, 8	表示上述相邻判断的中间值

若因素 x_i 与因素 x_j 的重要性之比为 a_{ij},那么因素 j 与因素 i 重要性之比为 $a_{ji} = \dfrac{1}{a_{ij}}$.

从心理学观点来看,分级太多会超越人们的判断能力,既增加了作判断的难度,又容易因此而提供虚假数据. Saaty 等人还用实验方法比较了在各种不同尺度下人们判断结果的正确性,实验结果表明,采用 1~9 尺度最为合适.

如前面提到的工作选择问题,根据一般的判断可以构造出一个成对比较矩阵:

$$A = \begin{pmatrix} 1 & 1/2 & 4 & 3 & 5 \\ 2 & 1 & 8 & 5 & 7 \\ 1/4 & 1/8 & 1 & 1/3 & 1/3 \\ 1/3 & 1/5 & 3 & 1 & 5 \\ 1/5 & 1/7 & 3 & 1/5 & 1 \end{pmatrix}. \tag{8.1}$$

显然此矩阵为正互反矩阵,其中共进行了 $\dfrac{n(n-1)}{2}$ 次两两比较,即每个因素均和其他因素进行一次比较. 矩阵中 $a_{13} = 4$ 表示工资福利与胜任程度之比为 4:1;工资福利在选择工作时的重要性高于胜任程度,显然 $a_{31} = \dfrac{1}{4}$.

8.1.3 权向量的计算及一致性检验

定义 8.2 如果一个正互反矩阵 A 中任意元素的运算满足:
$$a_{ij} \cdot a_{jk} = a_{ik}, \quad \forall i,j,k = 1,2,\cdots,n,$$
则称 A 为一致性矩阵,简称一致阵.

一致阵 A 具有如下性质:

(1) A 的转置矩阵 A^{T} 也是一致阵.

(2) A 的任意两行成比例,比例因子大于零,从而 A 的秩为 1 (同样,A 的任意两列也成比例).

(3) A 的唯一非零特征根 $\lambda = n$,其中 n 为矩阵 A 的阶.A 的其余特征根均为零.

(8.1) 式给出的矩阵 A 中,$a_{25} \cdot a_{51} = 1.4$,$a_{21} = 2$,显然不满足一致性.可以想象,如果要使得 $\dfrac{n(n-1)}{2}$ 次两两比较都满足一致性是一个非常苛刻的条件.

可以证明 n 阶正互反矩阵 A 为一致矩阵的充要条件是其最大特征根 $\lambda_{\max} = n$.

权向量是描述各因素对上层因素影响的权重大小的一个向量,它的计算可以分成两种情况来讨论:

(1) 当矩阵为一致阵时,可直接利用特征根 $\lambda = n$ 根据 $Aw = \lambda w$,计算出对应的特征向量 w 并进行归一化后作为权向量.归一化处理是指将向量的各个分量分别除以该分量之和,显然经过归一化后向量所有分量之和为 1.

(2) 在成对比较矩阵不一致的情况下,允许这种不一致性限定在一个容许的范围之内.此时需要检验构造出来的成对比较矩阵 A 是否严重非一致,以便确定是否接受 A.

我们可以由 A 的最大特征值 $\lambda_{\max}$ 是否等于 n 来检验成对比较矩阵 A 是否为一致矩阵.

由于特征根连续地依赖于 a_{ij},故 $\lambda_{\max}$ 比 n 大得越多,A 的非一致性程度也就越严重,$\lambda_{\max}$ 对应的标准化特征向量也就越不能真实地反映出 $X = \{x_1,\cdots,x_n\}$ 在对目标 O 的影响中所占的比重.因此和一致性矩阵计算权向量的方法有较大差异.

定理 8.1 n 阶非一致的正互反矩阵 A 的最大特征根 $\lambda_{\max} > n$.

不一致矩阵必须要符合一定的标准才能应用其最大特征值对应的特征向量作为权向量.判断方法是做一致性检验,其步骤如下:

(1) 计算一致性指标 CI
$$CI = \frac{\lambda_{\max} - n}{n-1}.$$
由定理 8.1 可知 $\lambda_{\max} - n$ 必为正数,因此一致性指标取正值.

(2) 查找相应的平均随机一致性指标 RI. 对 $n=1,\cdots,9$，Saaty 给出了 RI 的值，如表 8.2 所示.

表 8.2　各阶正互反矩阵的随机一致性指标

n	1	2	3	4	5	6	7	8	9
RI	0	0	0.58	0.90	1.12	1.24	1.32	1.41	1.45

RI 的值是通过随机方法构造 500 个样本矩阵：随机地从 1~9 及其倒数中抽取数字构造正互反矩阵，求得最大特征根的平均值 $\lambda'_{\max}$，并定义

$$RI = \frac{\lambda'_{\max} - n}{n-1}.$$

(3) 计算一致性比例 CR

$$CR = \frac{CI}{RI}.$$

当 $CR < 0.1$ 时，认为成对比较矩阵的一致性是可以接受的，否则应对其作适当修正.

当成对比较矩阵 A 通过一致性检验以后，就可以进行后续的权向量的计算.

定理 8.2　对于所有元素均为正数的矩阵 A，具有以下性质：

(1) A 的最大特征根是正单根 λ；

(2) λ 对应的特征向量 w 各分量均为正数；

(3) $\lim\limits_{k\to\infty}\dfrac{A^k e}{e^{\mathrm{T}} A^k e} = w$，其中 $e = (1,1,\cdots,1)^{\mathrm{T}}$，$w$ 是对应 λ 的归一化特征向量.

定理 8.2 保证了正互反矩阵都具有正的最大特征根，因此也可以计算出相应的特征向量. 但是当矩阵阶数较高时，要精确计算出特征根以及特征向量是一件很困难的事情. 这里我们采用一些近似的方法，如幂法、和法、根法等，其中和法是最简单的一种方法.

使用和法计算特征值和特征向量的过程很简单，其算法如下：

(1) 将 A 的每一列向量归一化，得到矩阵 W

$$W = \frac{a_{ij}}{\sum\limits_{i=1}^{n} a_{ij}}.$$

(2) 对 W 按行求和，得到一个 n 维列向量 $w = (w_1, w_2, \cdots, w_n)^{\mathrm{T}}$，其中

$$w_i = \sum_{j=1}^{n} w_{ij},\quad i = 1,\cdots,n.$$

(3) 将向量 w 归一化后得到的向量 w^* 作为近似特征向量.

(4) 计算

$$\lambda = \frac{1}{n}\sum_{i=1}^{n}\frac{(Aw^*)_i}{w_i^*}$$

作为最大特征根的近似值.

以前面找工作问题的成对比较矩阵 A 为例,用和法求其最大特征值和特征向量.

首先将其每一列向量归一化,得到

$$W = \begin{pmatrix} 0.2643 & 0.2541 & 0.2105 & 0.3147 & 0.2727 \\ 0.5286 & 0.5082 & 0.4211 & 0.5245 & 0.3818 \\ 0.0661 & 0.0635 & 0.0526 & 0.0350 & 0.0182 \\ 0.0881 & 0.1016 & 0.1579 & 0.1049 & 0.2727 \\ 0.0529 & 0.0726 & 0.1579 & 0.0210 & 0.0545 \end{pmatrix} \tag{8.2}$$

将 W 按行求和得一个 5 维列向量 $w = \begin{pmatrix} 1.3163 & 2.3641 & 0.2354 & 0.7253 & 0.3589 \end{pmatrix}^T$. 再将 w 归一化以后得到 $w^* = \begin{pmatrix} 0.2633 & 0.4728 & 0.0471 & 0.1451 & 0.0718 \end{pmatrix}^T$. 将其作为 A 的特征向量,并可计算出其对应的特征值 $\lambda = 5.1707$.

进一步验证一致性指标和随机一致性指标,计算可得 $CI = 0.0427$. 查表 8.2 知,当 $n = 5$ 时 $RI = 1.12$,利用公式可算出 $CR = 0.0927 < 0.1$,因此矩阵 A 通过一致性检验.

上例的 MATLAB 程序为:

```
A=[ 1    1/2   4    3    5;
    2    1     8    5    7;
    1/4  1/8   1    1/3  1/3;
    1/3  1/5   3    1    5;
    1/5  1/7   3    1/5  1 ];
%归一化
[m, n]=size(A);
W=zeros(n, n);
for i=1: n
    W(:, i)=A(:, i)./sum(A(:, i));
end
W
%将 W 按行求和
v=zeros(n, 1);
for i=1: n
    v(i)=sum(W(i,:));
end
v
%再将 w 归一化
```

```
w=v./sum(v)
%求对应的特征值并计算一致性指标
ri=[0 0 0.58 0.90 1.12 1.24 1.32 1.41 1.45];
lamda=mean((A*w)./w)
ci=(lamda-n)/(n-1)
cr=ci/ri(n)
```

从上面的例子可以看出,和法实际上是将 A 的列向量归一化以后取平均值作为 A 的特征向量. 因为当 A 的不一致性不太严重,即可以通过一致性检验时,将其每一列归一化以后作为特征向量是比较恰当的.

用同样的方法可以构造方案层对每一个准则的成对比较矩阵,并且计算其最大特征值和特征向量,并做一致性检验.

8.1.4 组合权向量的计算及一致性检验

1. 组合权向量的计算

前面已经计算出准则层中各因素对目标层的权向量. 层次分析法的最终目的是要得到各方案对于目标的权重排序,从而进行决策. 因此还需将总排序权重自上而下地进行组合, 计算出方案对目标的权向量, 称为组合权向量.

设上一层次 (准则层) 包含 $A_1,\cdots,A_m$ 共 m 个因素,它们的层次总排序权重分别为 $a_1,\cdots,a_m$. 又设其后的下一层次 (方案层) 包含 n 个因素 $B_1,\cdots,B_n$,它们关于 A_j 的层次单排序权重分别为 $b_{1j},\cdots,b_{nj}$,特别地,当 B_i 与 A_j 无关联时,记 $b_{ij}=0$. 现求 B 层中各因素关于总目标的权重,即求 B 层各因素的层次总排序权重 $b_1,\cdots,b_n$,计算按下列表达式进行

$$b_i = \sum_{j=1}^{m} b_{ij} a_j, \quad i=1,\cdots,n.$$

若记各准则层对目标的权向量为 $w^{(2)}$,显然向量 $w^{(2)}$ 是一个 m 维的列向量; 而分别将方案层对每个准则的权向量记为 $w_m^{(3)}$,总共有 m 个这样的 n 维的列向量.

为了计算方案层对目标层的组合权向量,我们将 m 个 $w_m^{(3)}$ 记为一个 $n\times m$ 的矩阵 $W^{(3)}$,它的列由 $w_1^{(3)}, w_2^{(3)},\cdots,w_m^{(3)}$ 依次构成,即

$$W^{(3)} = [w_1^{(3)}, w_2^{(3)},\cdots,w_m^{(3)}].$$

利用矩阵乘法容易算出,第三层对第一层的组合权向量为

$$w^{(3)} = W^{(3)} w^{(2)}.$$

该向量是一个行向量,其维数由方案层的元素个数决定.

2. 组合一致性检验

对层次总排序也需作一致性检验, 检验层次总排序由高层到低层逐层进行.

因为虽然各层次均已经过层次单排序的一致性检验，各成对比较矩阵都已具有较为满意的一致性. 但当综合考察时，各层次的非一致性仍有可能积累起来，引起最终分析结果较严重的非一致性.

设 B 层中与 A_j 相关因素的成对比较矩阵在单排序中经一致性检验，求得单排序一致性指标为 $CI(j)$ ($j=1,\cdots,m$)，相应的平均随机一致性指标为 $RI(j)$，则 B 层总排序随机一致性比例为

$$CR = \frac{\sum_{j=1}^{m} CI(j)a_j}{\sum_{j=1}^{m} RI(j)a_j}.$$

当 $CR < 0.1$ 时，认为层次总排序结果具有较满意的一致性并接受该分析结果.

8.2　层次分析法应用举例

AHP 方法经过几十年的发展，许多学者针对 AHP 的缺点进行了改进和完善，形成了一些新理论和新方法，像群组决策、模糊决策和反馈系统理论近几年成为该领域的一个新热点. 在应用 AHP 法时，建立层次结构模型是十分关键的一步. 现通过分析解决一些实例，说明如何从实际问题中抽象出相应的层次结构并运用到解决实际问题当中.

8.2.1　午餐选择问题

用一个和我们生活密切相关的简单例子来讲解使用层次分析法解决问题的过程. 吃饭是每个人都必须面对的一个问题. 一方面，人们热衷于对美食的追求；另一方面，快节奏的工作又使得人们不得不考虑是否值得在吃的方面花费太多时间. 当然还有花销、就餐环境等因素. 正是这些原因使得吃饭竟然变成了一个值得好好研究的问题.

1. 建立层次结构模型

首先对影响人们就餐选择的因素做一个归纳，大致可以用食物的口味、开销、交通状况、时间花费、就餐环境等 5 个因素来构建层次结构模型，见图 8.2.

随着物质生活越来越丰富，可供选择的食物五花八门，并且在不同地域也有不同的特色食品，因此这里就用方案 1、2、3 代替.

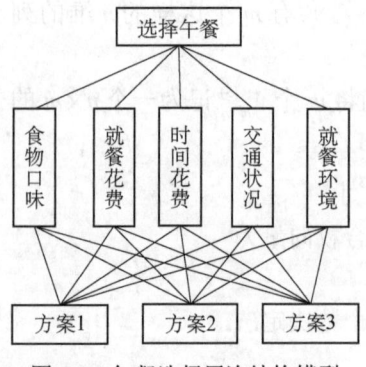

图 8.2　午餐选择层次结构模型

2. 构造成对比较矩阵

确定准则层各准则对目标层的权重是构造成对比较矩阵的前提,根据以上五个因素,可构造出如下 5 阶成对比较矩阵:

$$A = \begin{pmatrix} 1 & 1/2 & 4 & 3 & 3 \\ 2 & 1 & 6 & 4 & 4 \\ 1/4 & 1/6 & 1 & 1/2 & 1/3 \\ 1/3 & 1/4 & 2 & 1 & 1 \\ 1/3 & 1/4 & 3 & 1 & 1 \end{pmatrix}.$$

成对比较矩阵的构造是整个层次分析法由定性分析到定量分析的转变过程中非常重要的一个环节,如果对各指标的权重设定不合理,会导致矩阵一致性指标严重偏离.

3. 相关计算

利用和法计算出最大特征为 $\lambda = 5.0799$,并由此计算出特征向量

计算可得, $CR = 0.0178 < 0.1$,矩阵 A 通过一致性检验. 进而计算出准则层对目标层的权向量 $w^{(2)} = (0.2747, 0.4394, 0.0583, 0.1076, 0.1201)^T$.

再分别构造三个方案对准则层五个因素的成对比较矩阵,分别得到

$$B_1 = \begin{pmatrix} 1 & 1/2 & 1/5 \\ 2 & 1 & 1/2 \\ 5 & 2 & 1 \end{pmatrix}, \quad B_2 = \begin{pmatrix} 1 & 3 & 8 \\ 1/3 & 1 & 3 \\ 1/8 & 1/3 & 1 \end{pmatrix}, \quad B_3 = \begin{pmatrix} 1 & 1 & 3 \\ 1 & 1 & 3 \\ 1/3 & 1/3 & 1 \end{pmatrix},$$

$$B_4 = \begin{pmatrix} 1 & 1/3 & 1/4 \\ 3 & 1 & 1 \\ 4 & 1 & 1 \end{pmatrix}, \quad B_5 = \begin{pmatrix} 1 & 1 & 1/5 \\ 1 & 1 & 1/5 \\ 5 & 5 & 1 \end{pmatrix}.$$

分别对这五个矩阵计算最大特征值、权向量和一致性指标,结果如表 8.3 所列.

表 8.3 五个成对比较矩阵的计算结果

	B_1	B_2	B_3	B_4	B_5
$w_k^{(3)}$	0.1285 0.2766 0.5949	0.6816 0.2364 0.0820	0.4286 0.4286 0.1429	0.1263 0.4160 0.4577	0.1429 0.1429 0.7143
λ_k	3.0055	3.0015	3	3.0092	3
CR	0.0048	0.0013	0	0.0079	0

最后根据组合权向量的计算公式可以算出方案层对目标层的权向量
$$w^{(3)} = (0.3905, 0.2668, 0.3428).$$

根据 $w^{(3)}$ 即可对三个方案进行排序,三个方案的排序依次是方案1、方案3、

方案 2.

8.2.2 最佳组队方案

1. 问题的提出

在一年一度的全国大学生数学建模竞赛中，某校将组队参加，而参赛队员是集训队员中选出的，现有 20 名集训队员准备参加竞赛，根据队员的能力和水平要选出 18 名优秀队员参加比赛，选拔队员主要考虑的条件依次为有关学科的成绩、智力水平 (反映思维能力、分析问题和解决问题的能力等)、动手能力 (计算机的使用和其他方面实际操作能力)、写作能力、外语能力、协作沟通能力和其他特长，每个队员基本条件量化后如表 8.4 (采用五分制).

表 8.4 队员基本条件量化数据表

能力 队员	I 科学水平	II 智力水平	III 动手能力	IV 写作能力	V 外语能力	VI 协作能力	VII 其他特长
A	4.3	4.5	4.1	4.0	4.0	4.8	3.0
B	4.1	4.4	4.1	3.3	3.9	4.6	1.0
C	4.0	4.3	4.3	4.3	4.6	4.8	4.0
D	4.3	4.5	4.2	4.8	4.9	4.9	4.0
E	4.4	4.2	4.3	3.9	4.3	4.6	4.5
F	4.6	4.6	4.1	4.0	4.5	4.5	3.0
G	4.6	4.8	4.5	3.6	4.6	4.6	4.5
H	3.5	4.0	4.9	3.1	4.4	4.9	3.0
I	3.9	4.1	4.2	3.3	4.8	4.7	2.5
J	4.2	4.1	4.3	3.5	4.3	4.7	2.0
K	4.5	4.1	4.0	3.9	4.5	4.7	2.5
L	4.8	4.6	4.1	5.0	4.4	4.9	3.0
M	4.3	4.8	4.2	4.1	4.5	4.7	3.5
N	4.3	4.2	4.1	4.1	4.5	4.5	3.0
O	4.6	4.4	4.4	4.2	4.4	4.7	2.5
P	4.7	4.2	4.3	4.4	4.3	4.8	3.0
Q	4.2	4.2	4.7	4.6	4.3	4.6	3.5
R	4.4	4.2	4.6	4.6	4.4	4.6	4.0
S	3.9	4.1	4.8	3.8	4.5	4.8	4.5
T	4.5	4.4	4.8	4.0	3.9	4.5	3.0

假设所有队员接受了同样的培训，外部环境相同，竞赛中不考虑其他的随机因素，竞赛水平的发挥只取决于表中所给的各项条件，并且参赛队员都能正常发挥自己的水平. 现在的问题是: 如何在 20 名队员中选择 18 名优秀队员参加竞赛?

2. 模型的假设

(1) 假设问题中提供队员的基本条件数据充分地反映了每一个队员的真实能力和水平;

(2) 假设每个队员的能力和水平在比赛中可以 100%发挥, 不受外界因素和环境的影响.

3. 模型的建立及求解

(1) 利用层次分析法建立层次结构模型

① 最高层为目标层, 即选择优秀队员. 要求从 20 名队员当中采取优胜劣汰的原则选出 18 名队员, 也就是需要淘汰掉 2 名队员.

② 中间层为准则层, 即每名队员都具备的各项条件, 或者说是队员选拔的指标.

③ 最底层为方案层, 即供选择的 20 名队员.

整个问题的层次结构模型就很容易建立起来了, 如图 8.3 所示.

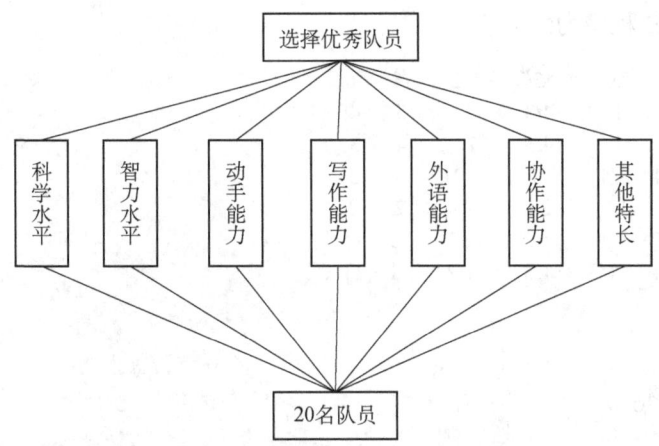

图 8.3　队员选拔的层次结构

(2) 确定准则层对目标层的权重

① 构造成对比较矩阵

由问题条件可知, 选择队员主要依据的七项条件是依次排列的, 但是其重要性并不是按照排列顺序来确定的. 根据数学建模的实际情况以及对七项能力的要求, 总结多年来数学建模队伍选拔的经验, 一般认为科学水平、智力水平、动手能力相对其他 4 项能力显得更为重要, 写作能力、协作能力次之, 对外语能力的要求如果是在国内比赛就显得不那么重要了.

综上所述, 我们根据 7 项能力对目标决策的影响程度进行综合考虑, 排序为: 科学水平、智力水平和动手能力、写作能力、协作能力、外语能力和其他特长.

并确定成对比较矩阵为

$$A = \begin{pmatrix} 1 & 5/4 & 5/4 & 5/3 & 5/2 & 5 & 6 \\ 4/5 & 1 & 1 & 4/3 & 2 & 5 & 4 \\ 4/5 & 1 & 1 & 4/3 & 2 & 4 & 3 \\ 3/5 & 3/4 & 3/4 & 1 & 3/2 & 3 & 3 \\ 2/5 & 1/2 & 1/2 & 2/3 & 1 & 2 & 2 \\ 1/5 & 1/5 & 1/4 & 1/3 & 1/2 & 1 & 1 \\ 1/6 & 1/4 & 1/3 & 1/3 & 1/2 & 1 & 1 \end{pmatrix}$$

是一个 7 阶正互反矩阵.

② 计算特征值和特征向量

由和法可以求出最大的特征值 $\lambda_{\max} \approx 7.0192$. 相应的特征向量为 $W_0 = (0.3504 \ 0.2375 \ 0.1590 \ 0.1056 \ 0.0696 \ 0.0462 \ 0.0318)^T$，即为准则层对目标层的权重.

MATLAB 程序为：

```
a=[1   5/4  5/4  5/3  5/2  5  6;
   4/5  1    1    4/3  2    5  4;
   4/5  1    1    4/3  2    4  3;
   3/5  3/4  3/4  1    3/2  3  3;
   2/5  1/2  1/2  2/3  1    2  2;
   1/5  1/5  1/4  1/3  1/2  1  1;
   1/6  1/4  1/3  1/3  1/2  1  1];
for i=1: 7
    s=0;
    for j=1: 7
     s=s+a(j, i);
    end
    b(:, i)=a(:, i)/s;
end
for i=1: 7
    m=0;
    for j=1: 7
    m=m+b(i, j);
    end
    w(i)=m/7;
end
A=a*w';
k=0;
for i=1: 7
    c(i)=A(i)./w(i);
    k=k+c(i);
```

```
end
w
z=k/7
```

③ 一致性检验

查表 8.2 知 $n = 7$ 时平均随机一致指标为 $RI = 1.32$, 且

$$CI^{(1)} = \frac{\lambda_{\max} - 7}{7 - 1} \approx 0.0032.$$

于是一致性比率指标为

$$CR^{(1)} = \frac{CI^{(1)}}{RI} \approx 0.0024 \ll 0.1.$$

因此, 比较矩阵 A 的一致性检验是可接受的, 即矩阵 A 的构造是合理的.

(3) 确定方案层对准则层的权重

① 构造各方案 (队员) 层对准则 (队员的条件) 层的权重

根据问题所给的条件和模型的假设 (1) 可知, 队员的各条件充分反映了每个队员的能力和水平, 因此, 可以利用每个队员 (方案) 的各项条件的比构造出相应的比较矩阵为 $A_k = \left(a_{ij}^{(1)}\right)_{20 \times 20}$, $(k = 1, 2, \cdots, 7)$.

设 $W_k = \left(w_1^{(k)}, w_2^{(k)}, \cdots, w_{20}^{(k)}\right)^T$ 为准则 C_k (k 项条件) 的相关数据 (表 8.4), 则 $a_{ij}^{(k)} = \frac{w_i^{(k)}}{w_j^{(k)}} (i, j = 1, 2, \cdots, 20)$, 且 A_k 均为一致阵.

② 计算各比较矩阵的特征值和特征向量

由于 n 阶一致阵唯一的非零特征值为 n, 任一列 (行) 向量都是特征值 n 的特征向量. 于是 A_k ($k = 1, 2, \cdots, 7$) 的非零特征值为 $\lambda = 20$, 相应的特征向量取第一列向量, 即 $\left(a_{11}^{(k)}, a_{21}^{(k)}, \cdots, a_{71}^{(k)}\right) = \left(\frac{w_1^{(k)}}{w_1^{(k)}}, \frac{w_2^{(k)}}{w_1^{(k)}}, \cdots, \frac{w_7^{(k)}}{w_1^{(k)}}\right)^T = \frac{\left(w_1^{(k)}, w_2^{(k)}, \cdots, w_7^{(k)}\right)}{w_1^{(k)}} = \frac{W_k}{w_1^{(k)}}$, 此与向量 W_k 仅差一个比例常数 $w_1^{(k)}$, 显然 W_k 也是 A_k 的特征向量.

③ 归一化权重

将 A_k 的特征向量 W_k 归一化分别可以得到方案层对准则层的权重, 利用 MATLAB 软件计算结果如表 8.5.

表 8.5 方案层对准则层的权重

权向量 队员	W_1	W_2	W_3	W_4	W_5	W_6	W_7
A	0.0501	0.052113	0.047317	0.050031	0.045195	0.050802	0.047244
B	0.0478	0.050955	0.04674	0.04065	0.04405	0.048663	0.015748

续表

权向量\队员	W_1	W_2	W_3	W_4	W_5	W_6	W_7
C	0.0466	0.049797	0.049048	0.053158	0.052632	0.051337	0.062992
D	0.0501	0.051534	0.047894	0.060038	0.055492	0.051872	0.062992
E	0.0513	0.048639	0.049048	0.048155	0.049199	0.049198	0.070866
F	0.0536	0.053272	0.047317	0.049406	0.051487	0.048128	0.047244
G	0.0536	0.055588	0.051933	0.045028	0.052059	0.049198	0.070866
H	0.0408	0.046323	0.056549	0.038774	0.049771	0.051872	0.047244
I	0.0449	0.047481	0.048471	0.04065	0.054348	0.049733	0.03937
J	0.0484	0.046902	0.049625	0.043152	0.048627	0.050267	0.031496
K	0.0524	0.047481	0.046163	0.04878	0.051487	0.050802	0.03937
L	0.0559	0.052693	0.04674	0.061914	0.049771	0.051872	0.047244
M	0.0495	0.055588	0.047894	0.050657	0.051487	0.049733	0.055118
N	0.0501	0.04806	0.047317	0.050657	0.051487	0.048128	0.03937
O	0.0530	0.050376	0.050779	0.052533	0.050343	0.050267	0.03937
P	0.0542	0.048639	0.049625	0.055034	0.049199	0.050802	0.047244
Q	0.0490	0.048639	0.054241	0.057536	0.048055	0.048663	0.055118
R	0.0507	0.04806	0.053087	0.056911	0.049771	0.049198	0.062992
S	0.0455	0.046902	0.055395	0.04753	0.051487	0.051337	0.070866
T	0.0524	0.050955	0.054818	0.049406	0.04405	0.048128	0.047244

(4) 确定方案层对目标层的组合权重

① 由准则层对目标层的权向量 W_0 和方案层对准则层的权重 (如表 8.5) 利用 MATLAB 软件计算可得方案层对目标层的组合权重:

$$W = (w_A, w_B, \cdots, w_T)^\mathrm{T} = [W_1, W_2, \cdots, W_7]W_0,$$

其中向量 W 的 20 个分量分别为方案层 (20 名队员) 相对目标层的权重.

② 组合一致性检验

由于方案层对准则层的比较矩阵 A_k 均为一致阵, 相应的

$$CI^{(2)} = \left(CI_1^{(2)}, CI_2^{(2)}, \cdots, CI_7^{(2)}\right)W^\mathrm{T} = 0.$$

于是一致性比例指标 $CR^{(2)} = \dfrac{CI^{(2)}}{R.I} = 0$, 因此组合性一致性比例指标为 $CR = CR^{(1)} + CR^{(2)} = 0.0249$, 即通过了组合一致性检验, 组合权向量可以作为目标决策的依据.

(5) 选择队员

将方案层对目标层的权重作为每个队员技术水平指标, 根据大小排序结果如表 8.6.

表 8.6 队员能力综合排序

队员	A	B	C	D	E	F	G	H	I	J
权重	0.0497	0.0464	0.0496	0.0520	0.0504	0.0515	0.0531	0.0457	0.0463	0.0473
排序	12	18	13	3	11	4	2	20	19	17
队员	K	L	M	N	O	P	Q	R	S	T
权重	0.0493	0.0534	0.0511	0.0489	0.0512	0.0515	0.0508	0.0514	0.0491	0.0512
排序	14	1	9	16	7	4	10	6	15	8

由排序结果, 淘汰 H 和 I 两名队员, 其余的 18 名为入选参赛的优秀队员.

8.2.3 教师综合评价体系

随着社会的进步, 教师所承担的职责也越来越丰富. 教师角色正从传统的教书育人职能向更多的方向扩展, 尤其是对于高校教师, 科研工作的重要性越来越突出, 要评价教师的贡献就需要从多方面进行综合考虑, 层次分析法可以很好地解决这一问题.

学校要对 4 位教师 (记为 T_1, T_2, T_3, T_4) 的贡献进行评价. 其中 T_1, T_2 专职教学, T_4 专职科研, 而 T_3 则是教学和科研 "双肩挑". 运用层次分析法可以建立如下的层次结构模型, 如图 8.4. 该层次结构模型中并不是每个准则都支配它的子准则层的所有因素, 而只是支配其中一部分因素, 这种层次结构称为不完全层次结构. 因此此类问题就不能按照完全层次结构模型来解决, 必须进行适当的处理.

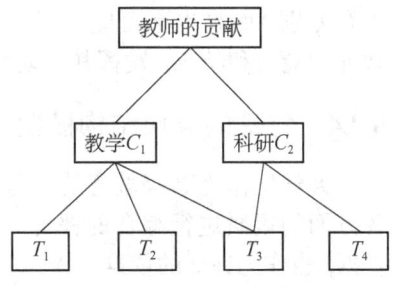

图 8.4 教师评价层次结构

第一种处理的方法是先将不支配因素的权向量分量简单置 0, 即一个准则若不支配它下层的某个子准则, 我们将该子准则对上层准则的权向量的对应分量记为零, 这从某种程度上来讲是一种合理的方式. 按照这种处理方式, 可以将 C_1, C_2 对第一层的权向量记为 $w^{(2)} = (w_1^{(2)}, w_2^{(2)})^T$, 而将 T_1-T_4 分别对 C_1, C_2 的权向量记为 $w_1^{(3)} = (w_{11}^{(3)}, w_{12}^{(3)}, w_{13}^{(3)}, 0)^T$ 和 $w_2^{(3)} = (0, 0, w_{23}^{(3)}, w_{24}^{(3)})^T$, 根据组合权向量的计算公式有:

$$w^{(3)} = W^{(3)} w^{(2)}, \quad W^{(3)} = (w_1^{(3)}, w_2^{(3)}).$$

考察一个特殊情况: 教学与科研两个准则的重要性相同, 即 $w^{(2)} = \left(\dfrac{1}{2}, \dfrac{1}{2}\right)^T$, 4 位教师不论从事教学或科研, 能力都相同, 即 $w_1^{(3)} = \left(\dfrac{1}{3}, \dfrac{1}{3}, \dfrac{1}{3}, 0\right)^T$, $w_2^{(3)} = $

$\left(0,0,\frac{1}{2},\frac{1}{2}\right)^{\mathrm{T}}$. 公正的评价应该是, 只担任一项工作的人贡献相同, 而同时承担两项工作的贡献是其他人的两倍. 事实是否果真如此呢? 按照组合权向量的计算公式可以算出 $w^{(3)}=\left(\frac{1}{6},\frac{1}{6},\frac{5}{12},\frac{1}{4}\right)$, 显然这个结果是不合理的.

考虑另一种办法, 利用支配因素的数量对权向量 $w^{(2)}$ 进行加权, 修正为 $\tilde{w}^{(2)}$, 再计算 $w^{(3)}$. 将 C_1, C_2 支配因素的个数分别记为 n_1, n_2, 令

$$\tilde{w}^{(2)}=\frac{\left(n_1 w_1^{(2)}, n_2 w_2^{(2)}\right)^{\mathrm{T}}}{\left(n_1 w_1^{(2)}+n_2 w_2^{(2)}\right)}.$$

上式中的分母是为了归一化的需要. 再计算组合权向量 $w^{(3)}=W^{(3)}w^{(2)}$, 可得到 $w^{(3)}=\left(\frac{1}{5},\frac{1}{5},\frac{2}{5},\frac{1}{5}\right)^{\mathrm{T}}$, 这是符合上述情形的.

应该看到, 上述结果是在一种很理想化的假设, 即教师从事教学或科研都完全由上级安排, 并且假定每个人的能力都相同的条件下得出的, 显然每个人的能力有差别, 而且也不可能从事完全相同的工作. 如果从实际出发, 充分考虑每名教师的能力和特长, 发挥其主动性和创造性, 那又应该如何对权向量进行修正呢?

8.2.4 特殊的层次结构模型

大学生作为高等教育的参与者和受益者, 经历过四年学习和磨练, 需要对其各方面的素质进行综合的评价, 一方面作为学校改进培养模式, 提高培养质量的依据, 也作为评比的依据; 另一方面可以为用人单位择优录取提供一个很好的参考. 通常要完成这样一个工作是非常庞大的工程, 要作全面的检查、测试和分析, 层次分析法是进行综合评价的方法之一. 某校建立的综合评价指标体系如表 8.7 所示.

表 8.7 大学毕业生评价指标

类别	指标
1. 德育素质	政治表现
	道德修养
	纪律性
	学习积极性
	参与集体活动
	参与公益活动
2. 专业素养	专业课成绩
	实践能力
	科研能力
	创新能力

类别	指标
2. 专业素养	计算机水平
	外语水平
3. 身心素质	身体素质
	健康状况
	体育达标
	心理状况

根据所给出的指标体系很容易构造出该系统的层次结构模型如图 8.5 所示:

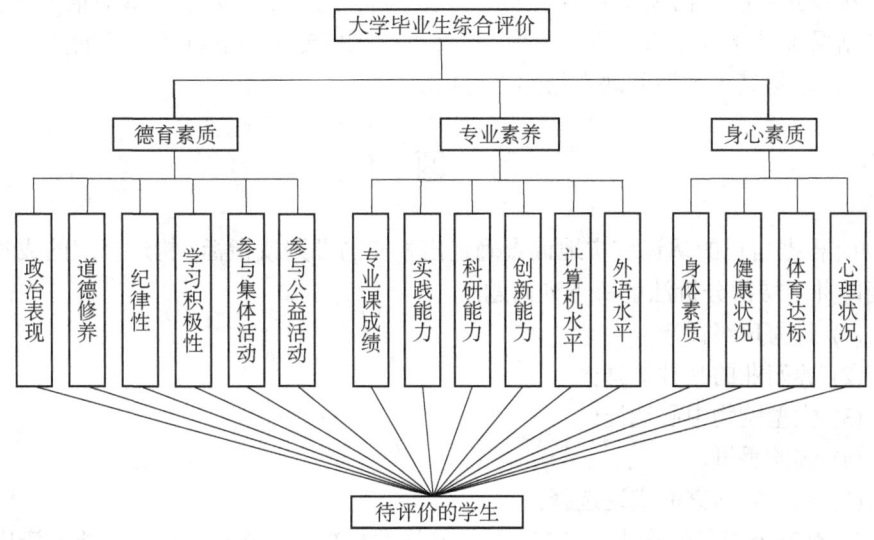

图 8.5　大学毕业生综合评价的层次结构

后续的步骤略去,只要给出了层次结构模型,根据实际情况就可以构造出合理的成对比较矩阵,经过一系列运算进而得到需要的评价结果. 需要注意的是,如果各子准则的总数超过了 9 个,则必须将这些准则进行归类,构造复合的层次结构.

8.3　层次分析法运用中的问题

层次分析法 (analytic hierarchy process, AHP) 对人们的思维过程进行了加工整理,提出了一套系统分析问题的方法,为科学管理和决策提供了较有说服力的依据. 但层次分析法也有其局限性,主要表现在:

(1) 层次分析法在很大程度上依赖于人们的经验,主观因素的影响很大,它至多只能排除思维过程中的严重非一致性,却无法排除决策者个人可能存在的严重片面性.

(2) 比较、判断过程较为粗糙,不能用于精度要求较高的决策问题. AHP 至多只能算是一种半定量或定性与定量结合的方法.

层次分析法要运用到实际问题中,主要存在的困难有两个:一是如何根据实际情况抽象出较为贴切的层次结构模型;二是如何将某些定性的量作比较接近实际的量化处理. 并且,层次分析法只能从原有的方案中优选一个出来,没有办法得出更好的新方案. 此外,层次分析法中的比较、判断以及结果的计算过程都是粗糙的,不适用于精度较高的问题.

从建立层次结构模型到给出成对比较矩阵,人的主观因素对影响很大,这就使得结果难以让所有的决策者接受. 虽然可以采取专家团队群体判断的方法克服这个缺点,但其主观性的缺点仍然不可根除.

习 题 8

1. 根据自己的认识或实地调查确定出相应的准则或指标,构造合理的成对比较矩阵并用层次分析法解决下列问题:

(1) 优秀班级评选;

(2) 养殖业的品种选择;

(3) 大型购物中心选址;

(4) 选购手机;

(5) 寒暑假回家的交通选择;

2. 有三个干部候选人 Y_1, Y_2, Y_3,选拔的标准有 5 个:品德、才能、资历、学历、群众关系,每名候选人各项指标得分见表 8.8. 如何选择三人之一?

表 8.8 每名候选人各项指标得分

人选\指标	品德	才能	资历	学历	群众关系
Y_1	4.4	4.2	4.3	3.8	4.3
Y_2	4.4	4.5	3.6	4.0	4.5
Y_3	4.6	4.1	4.5	3.6	4.2

3. 某地决定采用挖掘地下通道、架设立交桥、拓宽道路等方式来缓解交通压力,试构造合理的层次结构模型来解决此类问题.

4. 各高校对学生毕业论文的评价指标体系有所差异,试了解本校的毕业论文评价标准,构造适当的层次分析模型.

第 9 章 图论模型

图论 (graph theory) 18 世纪起源于欧洲. 瑞士著名数学家欧拉 (Euler) 于 1736 年发表的第一篇图论论文《哥尼斯堡七桥问题》, 不但解决了曾经困扰了人们多年的难题, 同时它宣告了图论这门学科的诞生.

在普鲁士的小镇哥尼斯堡, 一条河穿城而过, 河中央有两个小岛, 分别记为 A, B, 河岸分别记为 C, D, 小岛之间及小岛与河岸共有七座桥连接, 如图 9.1 左图. 能否从四块陆地中的任何一处出发, 恰好通过每座桥一次再回到起点? 这就是著名的 "哥尼斯堡七桥问题". 人们曾经做过很多尝试, 但是都没有获得成功.

为了解决这个问题, 欧拉将问题进行几何抽象: 将小岛和河岸分别用 "点" 代替, 将桥用连接这些点的 "线" 来代替, 得到一个包含四个 "点", 七条 "线" 的 "图", 如图 9.1 右图. 于是将七桥问题转化为 "如何从该图中任何一点出发一笔画出这个图, 最后回到起始点" 的问题. 因为每次经过一个点必须消耗掉两条与该点相关联的边 (从一边进入, 另一条边离开), 所以和每个点相关联的边数应该是一个偶数, 此问题显然是无解的.

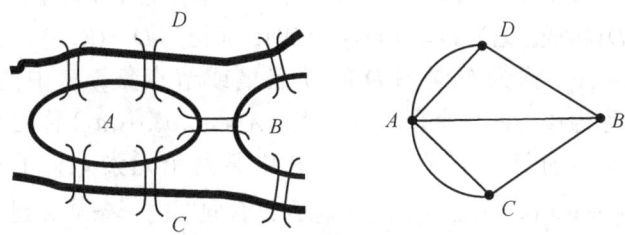

图 9.1 七桥问题及其图的表示

图论中的 "图" 是指某类具体事物和这些事物之间的联系的一个集合. 如果我们用点表示这些具体事物, 用连接两点的线段 (直的或曲的) 表示两个事物的特定的联系, 就得到了描述这个 "图" 的几何形象. 图论为包含二元关系的离散系统提供了数学模型, 借助于图论的概念、理论和方法, 可以对该模型求解.

随着相关理论和方法的不断完善和计算机技术的促进, 图论渗透到物理、化学、通信科学、建筑学、生物遗传学、心理学、经济学、社会学等许多学科当中, 并且得到广泛应用. 图论这门学科涉及的问题多且广泛, 看似朴实无华, 本质上却十分复杂深刻, 解决问题的方法也千变万化, 灵活多变.

9.1 图的基本知识

9.1.1 图的相关定义

图 (graph) 是由一个表示对象的非空集合和一个表示这些对象之间关系的非空集合所构成的二元组，通常用大写字母 G, H 等表示.

定义 9.1 一个无向图 (undirected graph) G 是由一个非空点集 $V(G)$ 和其中元素的无序关系集合 $E(G)$ 构成的, 记为 $G = (V(G), E(G))$, 简记为 $G = (V, E)$.

$V = \{v_1, v_2, \cdots, v_n\}$ 称为无向图 G 的顶点集 (vertex set) 或节点集 (node set), 每一个元素 $v_i (i = 1, 2, \cdots, n)$ 称为图 G 的一个顶点 (vertex) 或节点 (node); $E = \{e_1, e_2, \cdots, e_m\}$ 称为无向图 G 的边集 (edge set), 每一个元素 $e_k (k = 1, 2, \cdots, m)$ (即 V 中某两个元素 v_i, v_j 的无序对) 记为 $e_k = (v_i, v_j) = (v_j, v_i)$ 或 $e_k = v_i v_j = v_j v_i$, 称为无向图 G 的一条边 (edge).

当一条边可表示为 $e_k = v_i v_j$ 时, 称 v_i, v_j 为边 e_k 的端点, 并称 v_i 与 v_j (v_j 与 v_i) 相邻 (adjacent); 边 e_k 称为与顶点 v_i, v_j 关联 (incident). 如果某两条边至少有一个公共顶点, 则称这两条边在图 G 中相邻, 没有公共顶点的边称为相互独立的 (independent).

定义 9.2 一个有向图 (digraph) D 是由一个非空点集 $V(D)$ 和其中元素的有序关系集合 $A(D)$ 构成, 记为 $D = (V(D), A(D))$, 简记为 $D = (V, A)$.

$V = \{v_1, v_2, \cdots, v_n\}$ 称为有向图 D 的顶点集或节点集, V 中的每一个元素 $v_i (i = 1, 2, \cdots, n)$ 称为该图的一个顶点或节点; $A = \{a_1, a_2, \cdots, a_m\}$ 称为有向图 D 的弧集 (arc set), A 中的每一个元素 a_k (即 V 中某两个元素 v_i, v_j 的有序对) 记为 $a_k = (v_i, v_j)$ 或 $a_k = v_i v_j (k = 1, 2, \cdots, n)$, 被称为该有向图的一条从 v_i 到 v_j 的弧 (arc).

当一条弧可表示为 $a_k = v_i v_j$ 时, 称 v_i 为 a_k 的头 (head), v_j 为 a_k 的尾 (tail), 或者说 v_i 到 v_j 相邻, v_j 从 v_i 相邻; 称弧 a_k 为 v_i 的出弧 (outgoing arc), 为 v_j 的入弧 (incoming arc).

通常集合 V 中元素个数称为集合的基数 (cardinality), 在不引起混淆的情况下, 本章中记为 $|V|$. 图的顶点集中点的数量 $|V|$ 称作图的阶 (order), 边集中边的数量 $|E|$ 称作图的边数 (size). 若一个图的顶点集和边集都是有限集, 则称该图为有限图.

定义 9.3 给一个图的每一条边 (弧) 赋予一个数字, 则得到一个**赋权图** (weighted graph). 这些数字可以表示距离、花费、时间等, 统称为权重 (weight). 无向图和有向图都可以赋权.

例 9.1 下面三个图 G,D,W 分别是无向图、有向图和赋权图 (图 9.2).

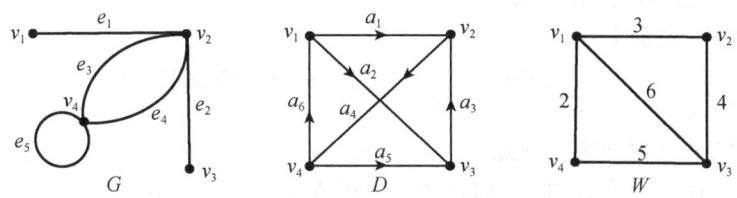

图 9.2 无向图、有向图和赋权图

只有一个顶点的图称为平凡图 (trivial graph), 除平凡图外所有图都被称为非平凡图.

如果图的一条边 (或者弧) 的两个顶点是同一个点, 则称这条边为环 (loop).

在无向图当中, 如果有两条边的顶点完全相同, 则称这两条边为关联这两个顶点的重边 (multi-edge). 在有向图当中, 当两条弧端点和方向都相同时才称为重边.

既没有重边也没有环的图称为简单图 (simple graph), 否则称为复杂图.

9.1.2 图的顶点的度

定义 9.4 (1) 在无向图中, 与顶点 v 关联的边数称为 v 的**度** (degree), 记为 $d(v)$.

度为奇数的点称为奇顶点, 度为偶数的点称为偶顶点. 度为 0 的点称为**孤立点** (isolated vertex), 它不与任何点相邻. 度为 1 的点称为叶子 (leaf).

所有顶点度都为 k ($k=1,2,\cdots,|V|-1$) 的简单图被称为 k 阶正则图 (k-regular graph). 特别地, 若图的各顶点的度均等于 $|V|-1$, 即任意一顶点都和其他顶点相邻, 则称此图为完全图 (complete graph), 具有 n 个顶点的完全图记为 K_n.

(2) 在有向图中, 顶点 v 引出的边数称为 v 的**出度** (out degree), 记为 $d^+(v)$; 顶点 v 引入的边数称为的**入度** (in degree), 记为 $d^-(v)$.

显然在有向图中, 所有顶点的出度与入度总和应该相等, 即 $\sum_{v\in V(D)} d^+(v) = \sum_{v\in V(D)} d^-(v)$, 任一顶点 v 的度应为其出度与入度之和, 即 $d(v)=d^+(v)+d^-(v)$.

若对于有向图中任意两点 v_i,v_j 之间有且仅有一条有向边, 则称该图为严格有向图.

定理 9.1 图的顶点的度的总和等于边数的两倍.

$$\sum_{v\in V(G)} d(v) = 2|E|.$$

显然所有顶点的度的总和为一个偶数,也就是说,在计算一个图的总度数的时候,所有的边都被计算了两次.

推论 9.1 在有向图中
$$\sum_{v \in V(D)} d(v) = \sum_{v \in V(D)} d^+(v) + d^-(v) = 2|E|.$$

推论 9.2 任何图中奇顶点的总数必为偶数.

例 9.2 在一次聚会中,认识奇数个人的人数一定是偶数.

认识是指人与人之间相互认识,即 a 若认识 b,则 b 也认识 a. 可以把聚会中的所有人看作点,把认识关系看作边,从而构造出一个无向图. 每个人认识其他的人的数量要么为奇数,要么为偶数,可以分别看作该顶点的度. 由定理 9.1,所有认识关系的总和是一个偶数.

因为无论奇数个偶数还是偶数个偶数之和均为偶数,因此要满足总和为偶数,必然应该有偶数个奇数.

9.1.3 子图及运算

1. 子图

定义 9.5 设图 $G = (V, E)$,$H = (V_1, E_1)$.

(1) 若 $V_1 \subseteq V$,$E_1 \subseteq E$,则称 H 是 G 的**子图** (subgraph). 特别地,若 $V_1 = V$,$E_1 \subseteq E$,则称 H 为 G 的**生成子图** (spanning subgraph).

(2) 设 $V_1 \subseteq V$,且 $V_1 \neq \varnothing$,以 V_1 为顶点集、两个端点都在 V_1 中的图 G 的边为边集的子图,称为 G 的**由 V_1 导出的子图** (induced subgraph),记为 $G[V_1]$.

(3) 设 $E_1 \subseteq E$,且 $E_1 \neq \varnothing$,以 E_1 为边集,E_1 的端点集为顶点集的图 G 的子图,称为 G 的**由 E_1 导出的子图**,记为 $G[E_1]$.

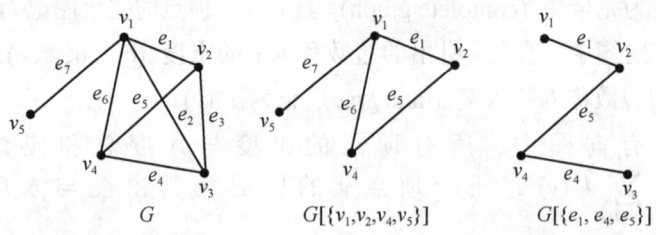

图 9.3 G 的两种导出子图

2. 图的运算

图的运算类似于集合运算,由于图是二元集,所以较之集合运算又有一些不同.

定义 9.6 $G = (V, E)$,$G_1 = (V_1, E_1)$,$G_2 = (V_2, E_2)$ 为三个图,则

(1) 两个图 G_1 与 G_2 的和为 $G_1 + G_2 = (V_1 \cup V_2, E_1 \cup E_2)$.

(2) $v \in V, e \in E, G - \{v\}$ 表示从图 G 中去掉点 v, 同时去掉和 v 相关联的所有的边; $G - \{e\}$ 表示仅去掉边 e 而不去掉任何的顶点. 可推广到多个点和多条边的情形.

(3) 两个图 G_1 与 G_2 的差为 $G_1 - G_2 = (V_1 - V_2, E_1 - E_2)$.

(4) 图 G 具有 n 个顶点, 其**补图 (complementary)** 可表示为 $\overline{G} = K_n - E$, 即图 G 的补图和它自身具有相同的顶点集.

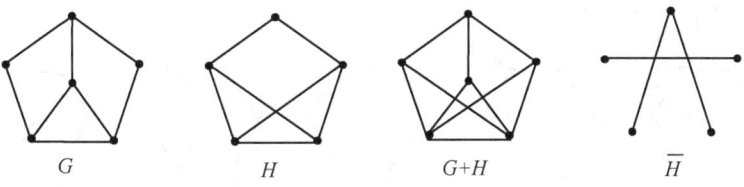

图 9.4 图的加法与补运算

定义 9.7 两个图 $G_1 = (V_1, E_1)$, $G_2 = (V_2, E_2)$ 的**笛卡儿积 (Cartesian product)** 表示为 $C = G_1 \times G_2$, 其点集 $V(C) = \{(u_i, v_j)(i = 1, 2, \cdots |V_1|, j = 1, 2, \cdots |V_2|\}$, 其边集 $E(C)$ 由如下规则确定: 若两点的第一个坐标相同, 第二个坐标表示的点在某个图中相邻, 或者第二个坐标相同, 第一个坐标表示的点在某个图中相邻, 则两点在 C 中相邻, 所有满足此规则的相邻关系构成 $E(C)$.

可以看出, 图的笛卡儿积仍然是一个图, 其顶点的表示方法类似于平面坐标系下点的表示方法, 它的顶点数量等于两个作为因子的图的顶点数量的乘积, 而点的相邻关系的判别规则尤其需要注意.

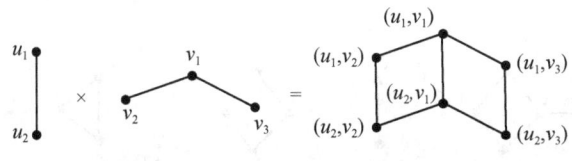

图 9.5 笛卡儿积

9.1.4 图的连通性

定义 9.8 在一个图 $G = (V, E)$ 中, 若存在一个以 v_0 为起点, 以 v_k 为终点的点与边交替的序列: $v_0 e_1 v_1 e_2 v_2 e_3 \cdots v_k (k = 1, 2, \cdots)$, 则称这个序列为一条从 v_0 到 v_k **通路 (walk)**. 在简单图中可以仅用点来表示这个序列.

图 9.6 中 $v_1 e_1 v_2 e_2 v_3 e_{10} v_7 e_{11} v_6 e_{11} v_7 e_9 v_2$ 是一条 v_1 到 v_2 的通路, 这样的通路还有很多. 只要从起点到终点的过程中经过的所有点与点、边与边顺次相邻, 就构成一条通路. 可见通路中允许各点和边重复多次出现.

定义 9.9 若在起点 v_0 和终点 v_k 之间存在一条不经过重复的边的通路, 则称

其为一条 v_0-v_k 迹 (trail). 起点和终点相同的迹称为回路 (circuit).

图 9.6 中 $v_1e_8v_7e_4v_4e_3v_3e_{10}v_7e_9v_2$ 是众多 v_1-v_2 迹中的一条. 可见在迹中允许重复经过点, 但是不存在重复的边.

定义 9.10 若在起点 v_0 和终点 v_k 之间存在一条不经过重复的点的通路, 则称其为一条 v_0-v_k 路径 (path). 具有 n 个顶点的路径记为 P_n. 起点和终点相同的路径称为圈 (cycle). 圈的顶点数和边数相同, 具有 n 个顶点的圈记为 C_n, n 为奇 (偶) 数叫做奇 (偶) 圈.

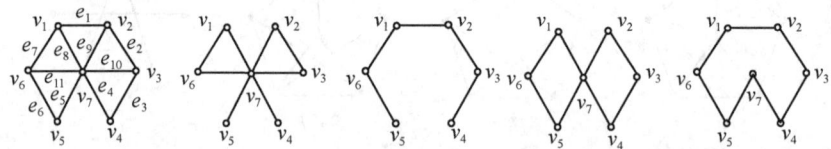

图 9.6 图的迹、路径、回路、圈

定义 9.11 在图 $G=(V,E)$ 中, 两点 v_i 与 v_j ($v_i,v_j\in V$) 之间若存在至少一条以其中一点为起点, 另外一点为终点的路径, 则称这两点是连通 (connected) 的. 否则称这两点非连通 (disconnected). 更一般地, 若图中任意两点都是连通的, 则称该图是连通图, 否则就称为非连通图. 非连通图总是由一些连通的分支 (component) 所组成.

定义 9.12 图 $G=(V,E)$ 是连通图, 若 $G-u(u\in V)$ 为非连通图, 则称点 u 为图 G 的割点 (cut vertex).

定义 9.13 图 $G=(V,E)$ 是连通图, 若 $G-e(e\in E)$ 为非连通图, 则称边 e 为图 G 的桥 (bridge).

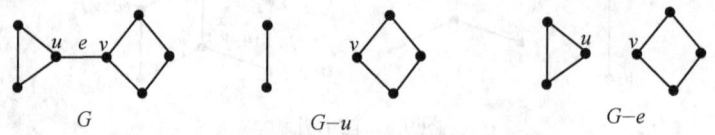

图 9.7 割点与桥

图的连通性 (connectivity) 由连通度来刻画, 可以分为点连通度和边连通度两个方面来度量, 这两方面是不一样的.

定义 9.14 图 $G=(V,E)$ 是连通图, 若 $G-V_1(V_1\subset V)$ 为非连通图, 则称 V_1 为图 G 的割点集 (vertex cut). 使得图 $G-V_1$ 非连通且包含点数最少的点集 V_1 叫做图 G 的最小割点集 (minimum vertex cut). 图的点连通度 (记为 $\kappa(G)$) 等于最小割点集的基数 (cardinality).

定义 9.15 图 $G=(V,E)$ 是连通图, 若 $G-E_1(E_1\subset E)$ 为非连通图, 则称 E_1 为

图 G 的割边集 (edge cut). 使得图 $G-E_1$ 非连通且包含边数最少的边集 E_1 叫做图 G 的最小割边集 (minimum edge cut). 图的边连通度 (记为 $\lambda(G)$) 等于最小割边集的基数.

注意割点集并不全由割点构成,一个非完全连通图可以不存在割点,但总存在割点集. 割边集同样如此,一个非平凡图不一定存在桥,但一定存在割边集.

显然一个图连通且存在割点,它的点连通度为 1. 同样,如果一个连通图包含桥,它的边连通度为 1. 考察一个图的连通性直观上可以通过观察它是否存在割点和桥来衡量. 图的最小度 (记为 $\delta(G)$)、点连通度和边连通度之间满足:
$$0 \leq \kappa(G) \leq \lambda(G) \leq \delta(G).$$
当且仅当图 G 为非连通图时,点连通度和边连通度为 0.

下面这个图可以很好地说明上面的不等式.

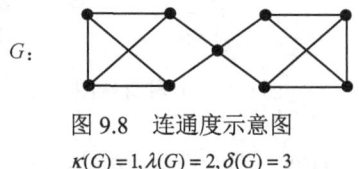

图 9.8 连通度示意图
$\kappa(G)=1, \lambda(G)=2, \delta(G)=3$

定义 9.16 有向图 $D=(V,A)$ 中, $v_i, v_j \in V$. 若既存在 v_i 到 v_j 的有向路径,也存在 v_j 到 v_i 的有向路径,则称此有向图是强连通的 (strongly connected).

定义 9.17 图 $G=(V,E)$ 中任意两点 v_i 与 v_j 之间最短路径的长度叫做两点之间的距离,记为 $d(v_i, v_j)$ 或者 d_{ij}. 两点之间若不存在路径 (对有向图是指不存在方向一致的路径),则距离为 ∞. 例如,两个顶点分别位于非连通图的两个分支.

一般情况下,两点若相邻,则两点之间的距离为 1, 即一条边的长度为 1; 对于赋权图,若两点相邻,则距离由权重确定.

思考一下图 9.9 中 s 与 t 之间的距离是多少?

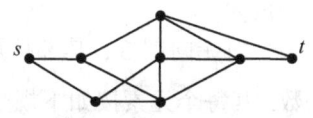

图 9.9 s 与 t 的距离

9.1.5 几类特殊图

定义 9.18 $G=(V,E)$, 若 $V=X \cup Y$, $X \cap Y = \emptyset$, 同一点集 X 或 Y 中任意两个顶点都不相邻,即 X 中的点只能和 Y 中的点相邻, Y 中的点也只和 X 中的点相邻,称 G 为二部图 (bipartite graph); 若 X 中任一顶点皆与 Y 中任一顶点相邻且 Y 中任一顶点皆与 X 中任一顶点也相邻,称 G 为完全二部图,记为 $K_{m,n}$, 其中 m,n 分别为 X 与 Y 的基数.

任何路径均为二部图,所有长度为偶数的圈也是二部图 (为什么长度为奇数的不是?). 有时候某些图并不能直观地看出它们是二部图,但是可以保持相邻关系不变的前提下改变形状使其一目了然 (图9.10).

图 9.10　二部图的演化

定理 9.2　一个图是二部图当且仅当它不存在奇圈.

定义 9.19　一个图中若存在一个到其余顶点距离都为 1 的顶点, 则此图称为星型图 (star graph). 此外还有车轮图 (wheel graph)、双星 (double star) 图 (见图 9.11), 等等.

图 9.11　几种特殊图

9.2　图的矩阵表示

图的表示方式除了直观的点与边的表示之外, 为了借助计算机技术来解决更复杂的图的问题而通常采用的方法是矩阵方式.

9.2.1　邻接矩阵

邻接矩阵 (adjacency matrix) 是由图中点与点之间的相邻关系的一种矩阵表示形式.

对无向图 G, 其邻接矩阵为一个方阵 $A=(a_{ij})_{|V|\times|V|}$, 其行列数均等于图的顶点数. 其每个元素按如下规则定义:

$$a_{ij}=\begin{cases} 1, & v_i \sim v_j \\ 0, & v_i \nsim v_j \end{cases}.$$

其中 $v_i \sim v_j$ 表示两点相邻, $v_i \nsim v_j$ 表示两点不相邻. 也就是说, 如果两顶点 v_i 与 v_j 之间有一条边相关联, 则邻接矩阵中对应的元素为 1; 否则为 0.

对赋权无向图 W, 其邻接矩阵 $A=(a_{ij})_{|V|\times|V|}$, 其中

$$a_{ij}=\begin{cases} w_{ij} & v_i \sim v_j \text{ 且 } w_{ij} \text{ 为其权} \\ 0 & i=j \\ \infty & v_i \nsim v_j \end{cases}.$$

例 9.3　图 9.12 所示的图可用邻接矩阵和赋权邻接矩阵分别表示为

$$A=\begin{array}{c} \begin{matrix} v_1 & v_2 & v_3 & v_4 & v_5 \end{matrix} \\ \begin{pmatrix} 0 & 1 & 0 & 0 & 1 \\ 1 & 0 & 1 & 0 & 1 \\ 0 & 1 & 0 & 1 & 0 \\ 0 & 0 & 1 & 0 & 1 \\ 1 & 1 & 0 & 1 & 0 \end{pmatrix}\begin{matrix} v_1 \\ v_2 \\ v_3 \\ v_4 \\ v_5 \end{matrix} \end{array} \qquad \begin{array}{c} \begin{matrix} v_1 & v_2 & v_3 & v_4 & v_5 \end{matrix} \\ \begin{pmatrix} 0 & 5 & \infty & \infty & 4 \\ 5 & 0 & 8 & \infty & 2 \\ \infty & 8 & 0 & 4 & \infty \\ \infty & \infty & 4 & 0 & 3 \\ 4 & 2 & \infty & 3 & 0 \end{pmatrix}\begin{matrix} v_1 \\ v_2 \\ v_3 \\ v_4 \\ v_5 \end{matrix} \end{array}$$

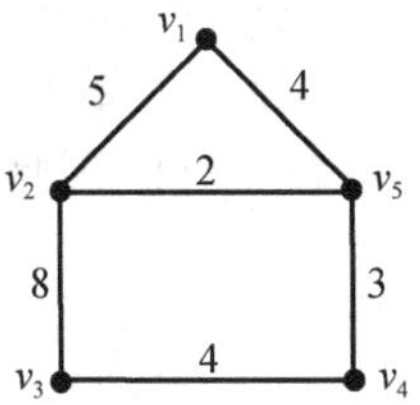

图 9.12 例 9.3 示意图

可见无向图的邻接矩阵为一个对角线全为 0 的 0-1 对称阵.

邻接矩阵的幂运算 $A^{(k)}$ $(k=1,2,\cdots)$ 中任意位置上的元素 $a_{ij}{}^{(k)}$ (注意这里只是一种形式化的表示, 其值由矩阵幂运算确定) 表示点 i 到点 j 长度为 k 的通路的数量. 例如:

$$A^3=\begin{pmatrix} 2 & 4 & 2 & 2 & 4 \\ 4 & 2 & 5 & 1 & 6 \\ 2 & 5 & 0 & 4 & 1 \\ 2 & 1 & 4 & 0 & 5 \\ 4 & 6 & 1 & 5 & 2 \end{pmatrix},$$

$A^3(3,4)=4$ 表示从 v_3 到 v_4 长度为 3 的通路总共有 4 条, 分别为

$$v_3v_2v_5v_4,\ v_3v_4v_3v_4,\ v_3v_4v_5v_4,\ v_3v_2v_3v_4.$$

9.2.2 关联矩阵

关联矩阵 (incidence matrix) 是图中点与边之间的关联关系的一种矩阵表示形式. 关联矩阵的行数等于图的点数 $|V|$, 列数等于边数 $|E|$. 因此与邻接矩阵不同, 关联矩阵未必是方阵.

对无向图, 其关联矩阵 $M=(m_{ij})_{|V|\times|E|}$, 其中

$$m_{ij}=\begin{cases} 1 & v_i \sim e_j \\ 0 & v_i \nsim e_j \end{cases}.$$

其中 $v_i \sim e_j$ 表示 v_i 与 e_j 关联, 而 $v_i \nsim e_j$ 则表示不关联.

例 9.4 图 9.13 的关联矩阵为

$$\begin{array}{c} \begin{matrix} e_1 & e_2 & e_3 & e_4 & e_5 & e_6 \end{matrix} \\ \begin{pmatrix} 1 & 0 & 1 & 0 & 0 & 0 \\ 1 & 1 & 0 & 1 & 0 & 0 \\ 0 & 1 & 0 & 0 & 1 & 0 \\ 0 & 0 & 0 & 1 & 1 & 1 \\ 0 & 0 & 1 & 0 & 0 & 1 \end{pmatrix}\begin{matrix} v_1 \\ v_2 \\ v_3 \\ v_4 \\ v_5 \end{matrix} \end{array}$$

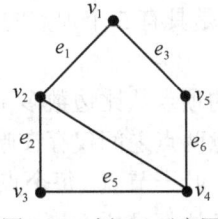

图 9.13 例 9.4 示意图

邻接矩阵和关联矩阵在表示图的时候直观简洁，但是我们不难看到，在这些矩阵中存在大量的 0. 比如在邻接矩阵中，在 n^2 个元素中，仅有 $2m$ 个元素非 0 (当 m 较小时)，因此会浪费大量的存储空间.

9.3 图的方法建模

某一地区有若干个主要城市，现准备修建高速公路把这些城市连接起来，使得从其中任何一个城市都可以经高速公路直接或间接到达另一个城市（如图 9.14）. 假定已经知道了任意两个城市之间修建高速公路的成本（见表 9.1），那么应在哪些城市间修建高速公路，使得总成本最小？

如果用图论的语言来描述这个问题就是：找到图 9.14 的一个生成子图，使得该生成子图是连通的，并且任意两点之间仅存在唯一路径.

这个问题可以用图论中关于最小生成树的理论来解决. 最小生成树问题是图论中最基本的理论之一.

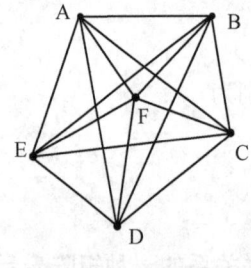

图 9.14 城市交通图

表 9.1 修路费用表 （单位：千万元）

E	55				
D	54	36			
C	62	106	60		
B	60	130	112	49	
A	48	40	97	100	45
	F	E	D	C	B

9.3.1 图的最小生成树及算法

1. 树及最小生成树

树是图论中一个非常重要的概念，什么叫做树呢？它与我们日常生活中简单的树有哪些不同？

定义 9.20 连通的无圈图叫做树 (tree)，记为 T. 树中度为 1 的点称为叶子节点.

图 9.15 是具有 5 个顶点的不同的树. 可以看出树的一般特征：

(1) 树的顶点数比边数多 1；
(2) 任意两点之间仅存在唯一路径；
(3) 除了叶子节点，每个点都是割点；
(4) 每条边都是桥.

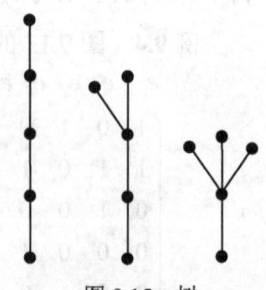

图 9.15 树

树的判别可运用下面的定理.

定理 9.3 一个图 $G=(V,E)$ 若满足下列任意两个条件, 则称图 G 为树.

(1) 连通;

(2) 点数=边数+1;

(3) 不存在任何的圈.

再进一步考察树的结构可以发现, 去任意一条边, 树都会变得不连通, 而任意添加一条边, 树中会出现圈.

定理 9.4 树是具有最小连通性 (minimum connected), 同时也是具有最大无圈性 (maximum acyclic) 的连通图.

定义 9.21 若图 $G=(V,E)$ 及树 T 之间满足 $V(G)=V(T)$, $E(T)\subset E(G)$, 则称 T 是 G 的生成树 (spanning tree). 一个连通图的生成树的个数很多, 用 $\tau(G)$ 表示 G 的生成树的个数.

有如下公式计算一个 n 阶完全图的生成树的数目:

$$\tau(K_n)=n^{n-2}.$$

这个公式被称为 Caylay 公式. 因此在引言的例子当中, 如果不考虑修路的成本, 总共有 $6^4=1296$ 种不同的方案. 对于一般连通图, 其生成树数目的计算还没有一般性方法.

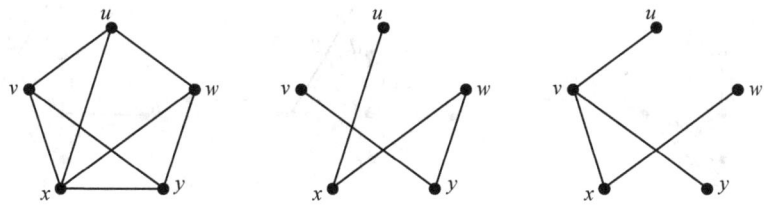

图 9.16 连通图及其生成树

定义 9.22 在一个赋权图中, 所有边的权重之和最小的生成树称为该图的最小生成树 (minimum spanning tree). 找出赋权图的最小生成树的问题称为最小生成树问题.

例如, 在开头所举的例子当中, 将所有城市连接起来的总费用最小的修路方案如图 9.17 所示, 其最小费用为 $W_{ED}+W_{AE}+W_{AF}+W_{AB}+W_{BC}=36+40+48+45+49=218$.

最小生成树问题的现实意义不言而喻. 例如, 在上面的例子当中, 找到最小生成树也就找到了费用最小的筑路方案. 除此之外, 最小生成树问题还在电路设计, 运输网络等方面有很好的运用. 解决最小生成树问题的主要方法有克鲁斯卡尔 (Kruskal) 算法和普里姆 (Prim) 算法.

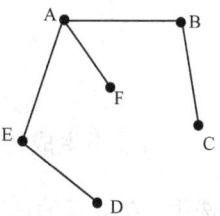

图 9.17 最小费用树

2. 克鲁斯卡尔算法

克鲁斯卡尔是近代著名的数学和语言学家. 他一生积极从事研究工作, 曾在贝尔实验室工作多年. 克鲁斯卡尔提出了一种用于构造最小生成树 T 的算法, 被称为克鲁斯卡尔算法, 具体描述如下:

对于一个连通的赋权图 G, 按照如下步骤构造其最小生成树 T:

(1) 找出所有 G 中的权重最小的边 e_1 作为 T 的第一条边;

(2) 在余下的 G 的边当中找出权重最小的边 e_2 作为 T 的第二条边;

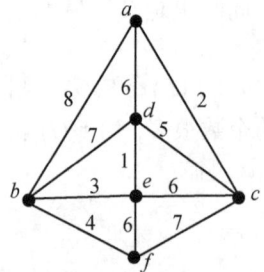

图 9.18 例 9.5 示意图

(3) 在前面选择剩余的 G 的边中找出权重最小的边 e_3 作为 T 的第三条边, 且不能和前面所选的边构成圈;

(4) 重复步骤 3) (边的下标顺序增加), 直到找出 n-1 条边, 则得到 G 的最小生成树.

例 9.5 用克鲁斯卡尔算法求图 9.18 的最小生成树.

解 由于最小生成树必然包含所有顶点, 因此将图 9.18 的顶点集作为最小生成树的点集. 只需要按算法步骤找出符合条件的边即可. 该最小生成树有 6 个点, 5 条边. 图 9.19 给出了克鲁斯卡尔算法求最小生成树的过程.

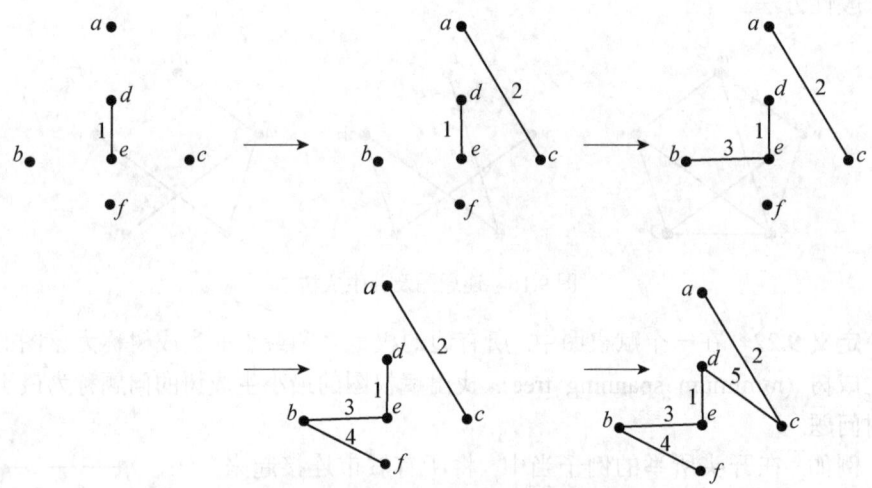

图 9.19 克鲁斯卡尔算法求最小生成树过程

该最小生成树的权重之和 $w(T)=\sum_{i=1}^{5}w(e_i)=15$. 可见, 一条边 uv 在某一步被选中, 在以后的选取过程中它将不会被再次选到, 即可将这条边压缩为一点 (两顶点重合). 下面给出克鲁斯卡尔算法的 MATLAB 程序, 以便解决复杂问题之用.

MATLAB 程序实现:

```matlab
clear all; clc;
%输入图的赋权邻接矩阵，按字母 a , b , c, d, e, f 依次替换为 1, 2, 3, 4, 5, 6 作为矩阵元素下标
A=zeros(6);
A(1, 2)=8; A(1, 3)=2; A(1, 4)=6;
A(2, 4)=7; A(2, 5)=3; A(2, 6)=4;
A(3, 4)=5; A(3, 5)=6; A(3, 6)=7;
A(4, 5)=1; A(5, 6)=6;
%找出权重非 0 的边并记录其下标;
[i, j]=find(A~=0);
%将权重非 0 的重赋值给行向量 B;
B=A(find((A~=0)));
%将非 0 权重的边的行列信息以及权重构造数据矩阵 D;
D=[i'; j'; B'];
List=D(1: 2,:);
%生成树的边树等于顶点数减 1;
Branch=max(size(A))-1;
%将选出的边依次长入树
Result=[];
while length(Result)<Branch     %若生成树边数少于 n-1,则按升序依次取权重最小的边;
    temp=min(D(3,:));
    flag=find(D(3,:)==temp);
    flag=flag(1);
    v1=D(1, flag);
    v2=D(2, flag);
        if List(1, flag)~=List(2, flag)
            Result =[ Result, D(:, flag)];
        end
    %将已选的边压缩为一个顶点,且用标号较小的顶点来代替;
        if v1>v2
            List(find(List==v1))=v2;
        else
            List(find(List==v2))=v1;
        end
    D(:, flag)=[ ];
    List(:, flag)=[ ];
end
Result
Total_Weight=sum(Result (3,:))
```

程序输出：

```
Result =
     4     1     2     2     3
     5     3     5     6     4
     1     2     3     4     5
Total_Weight =
    15
```

第一、二行分别表示选中的边的顶点，第三行表示对应的权重，最小权重总和为 15．

3．普里姆算法

普里姆算法的思想是从所有 $p \in P$，$v \in V - P$ 的边中，选取具有最小权值的边 pv，将顶点 v 加入集合 P 中，将边 pv 加入集合 Q 中，如此不断重复，直到 $P=V$ 时，最小生成树构造完毕，这时集合 Q 中包含了最小生成树的所有边．

算法描述：对于连通的赋权图 $G = (V, E)$，设置两个集合 P 和 Q，其中 P 用于存放 G 的最小生成树中的顶点，集合 Q 存放 G 的最小生成树中的边．

(1) 初始化顶点集 $P = \{v_1\}$，$v_1 \in V$，边集 $Q = \Phi$；

(2) 选中 G 的与顶点 v_1 相邻的距离最近的点 v_2，$P = \{v_1, v_2\}$，$Q = \{v_1 v_2\}$；

(3) 重复步骤 2) 直到 $P=V$，停止；

(4) $T=(P, Q)$ 即为所求的最小生成树．

例 9.6 用普里姆算法求图 9.18 的最小生成树．

解 不妨从 a 点开始，用 W 表示权重之和，初始化 $P = \{a\}$，$Q=\Phi$，$W=0$．

(1) 找出与 a 点距离最近的相邻点 c，$P = \{a, c\}$，$Q = \{ac\}$，$W = 2$；

(2) 将 ac 看作一点（即 a 与 c 重合），再取与 a 或 c 距离最近的点 d，注意此时是把与 a 相邻和与 c 相邻的点综合在一起考虑，最近距离也是与 d 相邻点的距离和与 c 相邻点的距离当中的最小值．$P = \{a, c, d\}$，$Q = \{ac, cd\}$，$W = 7$；

(3) 重复上述步骤，可以得到：$P = \{a, c, d, e, b, f\}$，$Q = \{ac, cd, de, eb, bf\}$，$W = 15$．即最小生成树 $T=(P, Q)$，见图 9.20．

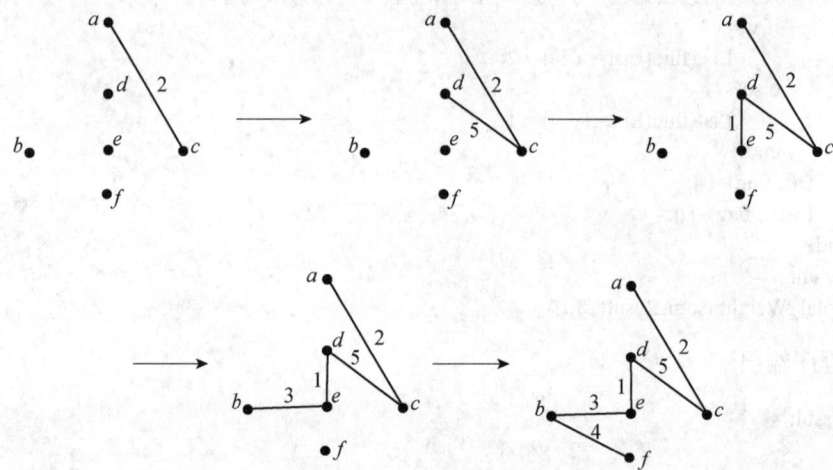

图 9.20 普里姆算法求最小生成树过程

采用普里姆算法时，如果选择的初始点不同，最小生成树的构造过程也是不一样的.

MATLAB 程序实现:

```
clear all; clc;
A=zeros(6);
A(1, 2)=8; A(1, 3)=2; A(1, 4)=6;
A(2, 4)=7; A(2, 5)=3; A(2, 6)=4;
A(3, 4)=5; A(3, 5)=6; A(3, 6)=7;
A(4, 5)=1; A(5, 6)=6;
A=A+A';
%将赋权邻接矩阵中为 0 的值用一个充分大的数值代替;
A(find(A==0))=100;
%初始化, k 为计数器;
Result =[];
row=1; k=0;
column=2: length(A);
%从第一行开始, 分别找每一列的最小权重; 存储在 temp 中;
while length(Result)~=length(A)-1
    k=k+1;
    temp=A(row, column);
    temp=temp(:);
    weight(k)=min(temp);
    [ir, jc]=find(A(row, column)==weight(k));
    i=row(ir(1)); j=column(jc(1));
    Result =[ Result, [i; j; weight(k)]]; row=[row, j]; column(find(column==j))=[ ];
end
Result
Total_Weight=sum(weight)
```

程序输出:

Result =
1	3	4	5	2
3	4	5	2	6
2	5	1	3	4

Total_Weight =
    15

比较上述两种算法可以看出他们之间虽然构造最小生成树的过程不尽相同, 但是结果却是一致的, 可见两种方法都是有效的构造最小生成树的方法.

9.3.2 图的最短路问题及算法

一名卡车司机奉命在最短的时间内将一车货物从甲地运往乙地. 从甲地到乙地的公路网纵横交错, 因此有多种行车路线, 这名司机应选择哪条线路呢? 假设卡车的运行速度是恒定的，那么这一问题相当于需要找到一条从甲地到乙地的最短路.

将公路网络用一个图 G 来描述，显然甲乙两地应该是其中两个顶点，连接不同城市的公路以及它的长度就构成了赋权边. 因此 G 为赋权图，而求从甲到乙的最短路线问题就转换为求赋权图中指定的两个顶点 u_0, v_0 间的具最小权重的路径的问题. 这条路径叫做 u_0, v_0 间的最短路，它的权叫做 u_0, v_0 间的距离，记作 $d(u_0, v_0)$.

根据不同情况，又可以将最短路问题分为：固定起点（或终点）分别到其他顶点的最短路问题、固定起点和终点的最短路问题等.

求最短路径的有很多成熟的算法，例如迪克斯特拉 (Dijkstra) 算法、Floyd 算法等.

1. 迪克斯特拉算法

迪克斯特拉算法的基本思想是：按从近到远的顺序依次求得 u_0 到 G 的其余各顶点的最短路和距离，最终到达 v_0 时算法结束. 主要采用标号修正算法 (label-correcting algorithm) 对每一步运算进行记录，可避免重复并且能保留每一步的计算信息.

迪克斯特拉算法描述为：用 $l(v)$ 表示 u_0 到 v 点的距离，S 表示路径顺次经过的点集.

(1) 令 $l(u_0) = 0$，对 $v \neq u_0$，令 $l(v) = \infty$，$S_0 = \{u_0\}$，$i = 0$.

(2) 对每个 $v \in \bar{S}_i$（$\bar{S}_i = V - S_i$），用 $\min_{u \in S_i}\{l(v), l(u) + w(uv)\}$ 代替 $l(v)$. 计算 $\min_{v \in \bar{S}_i}\{l(v)\}$，把达到这个最小值的一个顶点记为 u_{i+1}，令 $S_{i+1} = S_i \cup \{u_{i+1}\}$.

(3) 若 $i = |V| - 1$，停止；若 $i < |V| - 1$，用 $i+1$ 代替 i，转 (ii).

算法结束时，从 u_0 到各顶点 u_i 的距离由 v 的最后一次的标号 $l(u_i)$ 给出.

在 v 进入 S_i 之前的标号 $l(v)$ 叫 T 标号，v 进入 S_i 时的标号 $l(v)$ 叫 P 标号. 算法就是不断修改各顶点的 T 标号，直至获得 P 标号. 若在算法运行过程中，将每一顶点获得 P 标号时途经的边在图上标明，在算法结束时 u_0 到各顶点的最短路就在图上标示出来了.

例 9.7 求图 9.21 中 u_1 到各顶点 u_i 的最小距离 $d(u_1, u_i)$ 以及最短路 $l(u_i)$.

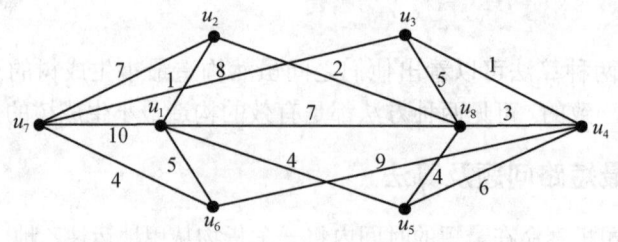

图 9.21 赋权联通图

解 ① $S_0 = \{u_1\}, \overline{S_0} = \{u_2, u_3, u_4, u_5, u_6, u_7, u_8\}$，因为 u_1 仅与 u_2，u_5，u_6，u_7，u_8 相邻，与 u_3，u_4 不相邻，取最小权重 (不相邻用 ∞ 表示):

$$\min\{1, \infty, \infty, 4, 5, 10, 7\} = 1,$$

$$d(u_1, u_2) = 1, \quad l(u_2) = (u_1, u_2).$$

② $S_1 = \{u_1, u_2\}, \overline{S_1} = \{u_3, u_4, u_5, u_6, u_7, u_8\}$，两个距离集合分别表示 u_1 到除 u_2 之外其余点的距离和 u_1 经过 $l(u_2)$ 到其余点的距离.

$$\min\{\{\infty, \infty, 4, 5, 10, 7\} \cup \{1+\infty, 1+\infty, 1+\infty, 1+\infty, 1+7, 1+2\}\} = 3,$$

$$d(u_1, u_8) = 3, \quad l(u_8) = l(u_2) + \{u_8\} = (u_1, u_2, u_8).$$

③ $S_2 = \{u_1, u_2, u_8\}, \overline{S_2} = \{u_3, u_4, u_5, u_6, u_7\}$

$$\min\{\{\infty, \infty, 4, 5, 10\} \cup \{1+\infty, 1+\infty, 1+\infty, 1+\infty, 1+7\}$$

$$\cup \{3+5, 3+3, 3+4, 3+\infty, 3+\infty\}\} = 4,$$

$$d(u_1, u_5) = 4, \quad l(u_5) = (u_1, u_5).$$

④ $S_3 = \{u_1, u_2, u_5, u_8\}, \overline{S_3} = \{u_3, u_4, u_6, u_7\}$

$$\min\{\{\infty, \infty, 5, 10\} \cup \{1+\infty, 1+\infty, 1+\infty, 1+7\}$$

$$\cup \{4+\infty, 4+6, 4+\infty, 4+\infty\} \cup \{3+5, 3+3, 3+4, 3+\infty\}\} = 5,$$

$$d(u_1, u_6) = 5, \quad l(u_6) = (u_1, u_6).$$

⑤ $S_4 = \{u_1, u_2, u_5, u_6, u_8\}, \overline{S_4} = \{u_3, u_4, u_7\}$

$$\min\{\{\infty, \infty, 10\} \cup \{1+\infty, 1+\infty, 1+7\}$$

$$\cup \{4+\infty, 4+6, 4+\infty\} \cup \{5+\infty, 5+9, 5+4\}$$

$$\cup \{3+5, 3+3, 3+\infty\}\} = 6,$$

$$d(u_1, u_4) = 6, \quad l(u_4) = l(u_8) + \{u_4\} = (u_1, u_2, u_8, u_4).$$

⑥ $S_5 = \{u_1, u_2, u_4, u_5, u_6, u_8\}, \overline{S_5} = \{u_3, u_7\}$

$$\min\{\{\infty, 10\} \cup \{1+\infty, 1+7\} \cup \{6+1, 6+\infty\}$$

$$\cup \{4+\infty, 4+\infty\} \cup \{5+\infty, 5+4\} \cup \{3+5, 3+\infty\}\} = 7,$$

$$d(u_1, u_3) = 7, \quad l(u_3) = l(u_4) + \{u_3\} = (u_1, u_2, u_8, u_4, u_3).$$

⑦ $S_6 = \{u_1, u_2, u_3, u_4, u_5, u_6, u_8\}, \overline{S_6} = \{u_7\}$

$$\min\{\{10\} \cup \{1+7\} \cup \{7+8\} \cup \{6+\infty\}$$

$$\cup \{4+\infty\} \cup \{5+4\} \cup \{3+\infty\}\} = 8,$$

$$d(u_1, u_7) = 8, \quad l(u_7) = l(u_6) + \{u_7\} = (u_1, u_6, u_7).$$

故从 u_0 到其余各点的最短距离分别为:

$l(u_2) = (u_1, u_2)$，$l(u_3) = (u_1, u_2, u_8, u_4, u_3)$，$l(u_4) = (u_1, u_2, u_8, u_4)$，$l(u_5) = (u_1, u_5)$，$l(u_6) = (u_1, u_6)$，$l(u_7) = (u_1, u_6, u_7)$，$l(u_8) = (u_1, u_2, u_8)$.

根据该算法思想可以写出 MATLAB 程序:

```
clc; clear all; close all;
%输入赋权邻接矩阵,Inf 表示不相邻,有时也用一个足够大的正数来替代.
A =[ 0 1 Inf Inf 4 5 10 7;
     0 0 Inf Inf Inf Inf 7 2;
     0 0 0 1 Inf Inf 8 5;
     0 0 0 0 6 9 Inf 3;
     0 0 0 0 0 Inf Inf 4;
     0 0 0 0 0 0 4 Inf;
     0 0 0 0 0 0 0 Inf
     0 0 0 0 0 0 0 0];
W=A+A';
%D 的第一行是最短路径的值,第二行是每次求出的最短路径的终点,S 用
于存放路径终点和长度
D=[]; T=[]; S=[];
%初始化
i=1; m=length(W);
S(1, 1)=i; V=1: m; V(i)=[]; D=[0; i];
n=2; [mD, nD]=size(D);
while~isempty(V)
    [td, j]=min(W(i, V));
    tj=V(j);
    for k=2: nD
        [t1, jj]=min(D(1, k)+W(D(2, k), V));
        t2=V(jj); T(k-1,:)=[t1, t2, jj];
    end
    t=[td, tj, j; T]; [t3, t4]=min(t(:, 1));
    if t3==td
        S(1: 2, n)=[i; t(t4, 2)];
    else
        t5=find(S(:, t4)~=0);
        t6=length(t5);
        if   D(2, t4)==S(t6, t4)
            S(1: t6+1, n)=[S(t5, t4); t(t4, 2)];
        else
            S(1: 3, n)=[i; D(2, t4); t(t4, 2)];
        end;
    end
    D=[D, [t3; t(t4, 2)]]; V(t(t4, 3))=[];
    [mD, nD]=size(D); n=n+1;
end;
S, D
```

程序输出结果为:

```
S =
    1 1 1 1 1 1 1 1
```

$$D = \begin{matrix} 0 & 2 & 2 & 5 & 6 & 2 & 2 & 2 \\ 0 & 0 & 8 & 0 & 0 & 8 & 8 & 7 \\ 0 & 0 & 0 & 0 & 0 & 4 & 4 & 0 \\ 0 & 0 & 0 & 0 & 0 & 0 & 3 & 0 \\ & & & & & & & \\ 0 & 1 & 3 & 4 & 5 & 6 & 7 & 8 \\ 1 & 2 & 8 & 5 & 6 & 4 & 3 & 7 \end{matrix}$$

2. 弗洛伊德 (Floyd) 算法

如果要计算赋权图中各对顶点两两之间的最短路径, 这个问题等价于将每一个顶点分别作为起点来计算它到其他点的最短路径, 最后可以确定出所有顶点间相互距离最短的路径. 解决这个问题的方法之一是反复调用迪克斯特拉算法, 由于总共需要执行 n 次这样的操作, 因此这种算法的时间复杂度为 $O(n^3)$.

任意两点间最短距离的另一种方法是由 Floyd. R.W 提出的, 称之为 Floyd 算法. 这种算法可以有效减少运算, 提高效率.

假设用图 G 的赋权邻接矩阵 A_0

$$A_0 = \begin{pmatrix} a_{11} & a_{12} & \cdots & a_{1n} \\ a_{21} & a_{22} & \cdots & a_{2n} \\ \vdots & \vdots & & \vdots \\ a_{n1} & a_{n2} & \cdots & a_{nn} \end{pmatrix}$$

来存放各边长度, 其中

$a_{ii} = 0$ $\quad i = 1, 2, \cdots, n$;

$a_{ij} = \infty$ $\quad i, j$ 之间没有边 (程序中可以用充分大的数来代替);

$a_{ij} = w_{ij}$ $\quad w_{ij}$ 是 i, j 之间边的长度, $i, j = 1, 2, \cdots, n$.

对于无向图, A_0 是对称矩阵, $a_{ij} = a_{ji}$.

Floyd 算法的基本思想: 递推产生一个矩阵序列 $A_0, A_1, \cdots, A_k, \cdots, A_n$, 其中 $A_k(i,j)$ 表示从顶点 v_i 到顶点 v_j 的路径上所经过的顶点序号不大于 k 的最短路径长度.

计算时用迭代公式:

$$A_k(i,j) = \min(A_{k-1}(i,j), A_{k-1}(i,k) + A_{k-1}(k,j))$$

k 是迭代次数, $i, j, k = 1, 2, \cdots, n$.

最后, 当 $k = n$ 时, A_n 即是各顶点之间的最短路径的值.

例 9.8 图 9.22 是六个城市 $c_1, c_2, \cdots, c_6$ 公路交通图: 每条边权表示从 c_i 到 c_j 的直达的路程, 若无直达 (即两城市不相邻) 则用 ∞ 表示, 试求出任意两城市间的最短路线.

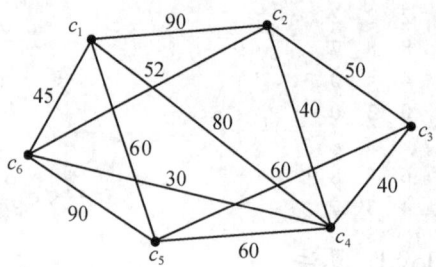

图 9.22　六个城市的公路交通图

解　根据图写出其带权邻接矩阵为

$$A = \begin{pmatrix} 0 & 90 & \infty & 80 & 60 & 45 \\ 90 & 0 & 50 & 40 & \infty & 52 \\ \infty & 50 & 0 & 40 & 60 & \infty \\ 80 & 40 & 40 & 0 & 60 & 30 \\ 60 & \infty & 60 & 60 & 0 & 90 \\ 45 & 52 & \infty & 30 & 90 & 0 \end{pmatrix}.$$

根据弗洛伊德算法，可写出其 MATLAB 程序，其中矩阵 A 最初表示带权邻接矩阵，输出的时候表示的是最短距离矩阵. Path 用于存放两点达到最小距离所经过的顶点序号.

```
clear all; close all;
clc;
B=[0 90 Inf 80 60 45
    zeros(1, 2) 50 40 Inf 52
    zeros(1, 3) 40 60 Inf
    zeros(1, 4) 60 30
    zeros(1, 5), 90
    zeros(1, 6)];
    A=B+B';
m=length(A);
Path=zeros(m);
for k=1: m
    for i=1: m
        for j=1: m
            if A(i, j)>A(i, k)+A(k, j)
                A(i, j)=A(i, k)+A(k, j);
                Path(i, j)=k;
            end
        end
    end
end
A, Path
```

程序输出为:

```
A =
     0    90   115    75    60    45
    90     0    50    40   100    52
   115    50     0    40    60    70
    75    40    40     0    60    30
    60   100    60    60     0    90
    45    52    70    30    90     0
Path =
     0     0     6     6     0     0
     0     0     0     0     4     0
     6     0     0     0     0     4
     6     0     0     0     0     0
     0     4     0     0     0     0
     0     0     4     0     0     0
```

例如 A(2, 5)=100, Path(2, 5)=4 表示 c_2, c_5 之间的最短距离为 100, 且路径为 c_2, c_4, c_5; A(5, 3)=60, Path(5, 3)=0 表示 c_5, c_3 之间的最短距离为 60, 两城市相邻所以不经过别的点.

9.3.3 图的匹配及应用

在实际生活和工作中, 总会涉及一些将两类不同的对象进行匹配的问题. 例如将不同任务分配给不同的人来完成, 以期达到最优的效率; 舞会中尽可能多地让男士和女士结成舞伴从而避免冷场等. 这些问题可以用图来刻画并用图论的相关理论进行研究.

1. 图的匹配

定义 9.23 若 $M \subset E(G)$, $\forall e_i, e_j \in M$, e_i 与 e_j 相互独立 ($i \neq j$), 则称 M 为图 G 的一个匹配 (matching); M 中的一条边的两个顶点叫做在对集 M 中相配 (matched); M 中的顶点称为被 M 匹配; G 中每个顶点皆被 M 匹配时, M 称为完美匹配; 对于图 G 的任意匹配 M', 若匹配 M 满足$|M|>|M'|$, 则称 M 为最大匹配. 显然完美匹配必定是最大匹配, 反之则不尽然.

从一定意义上来讲, 图的匹配就是它的一个相互独立的边的集合. 下面给出一个生活中匹配的例子.

7 名大学生 Ben(B), Don(D), Felix(F), June(J), Kim(K), Lilly(L), Maria(M) 即将大学毕业, 面临找工作的问题, 学校的就业中心提供了会计 (a), 咨询师 (c), 编辑 (e), 程序员 (p), 记者 (r), 秘书 (s) 和教师 (t)7 个职位供他们选择, 每个学生根据自己的喜好分别对这些职位提出了申请:

B: c, e;   D: a, c, p, s, t;   F: c, r;   J: c, e, r;

K: a, e, p, s;　　　L: e, r;　　　M: p, r, s, t.

在一人一职的前提下,就业中心能否给每个学生都安排到他们所申请的职位呢?

在这个例子中,很自然地可以将学生和工作分别看作两个点的集合:
$$U = \{B, D, F, J, K, L, M\},\quad W = \{a, c, e, p, r, s, t\}.$$

用学生对工作的申请情况表示集合间点的相邻关系,则可以得到一个二部图:

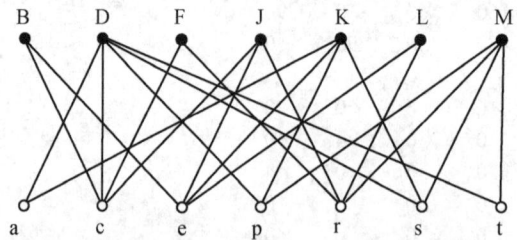

看起来好像 7 个学生,7 份工作,恰好每个人都可以安排一个,但是仔细考虑这个问题可以知道 B, F, J, L 四个人申请的是 3 份工作,所以至少对他们 4 人来说,至少有一个人不能得到他们申请的工作,从而 7 个学生不是每个人都能得到自己申请的工作.

定义 9.24　若二部图的两个点集为 U 和 W(不妨令$|U|<|W|$),非空集合 $X(X\subseteq U)$ 中与元素 x 相邻的点的集合称为 x 的邻集,记为 $N(x)$; X 中所有元素的相邻点构成的集合称为 X 的邻集,记为 $N(x)$,显然有 $N(x)\subseteq W$.

若邻集满足$|N(x)|>|X|$,则称集合 X 是可邻的 (neighborly).对于 U 的每个非空子集 X 如果都可邻,则称集合 U 是可邻的.例如在上面的例子中 $N(B)=\{c, e\}$.若记 $X=\{B, F, J, L\}$, $N(X)=\{c, e, r\}$,由于$|N(x)|=3$, $|X|=4$ 不满足$|N(x)|>|X|$,因此$|X|$是不可邻的.引入邻集的意义在于对二部图的匹配情况进行判定.

定理 9.5　二部图 G 的两个点集分别为 U, W 且满足 $r=|U|<|W|$. G 包含一个匹配$|M|=r$ 的充要条件是 U 可邻.

推论 9.3　若 G 是 $k(k>0)$ 正则二部图,则 G 有完美匹配.

由定理 9.5 以及推论可以得到图论中著名的婚姻定理 (marriage theorem).

定理 9.6　在 r 个姑娘和 s 个小伙子构成的群体中 $(1\leqslant r\leqslant s)$,在相识的男女之间总共能发生 r 个婚姻的充要条件是对任意 $1\leqslant k\leqslant r$,每 k 位姑娘所构成的群体都至少要认识 k 个小伙子.

定义 9.25　若 G 中有一路径 P,其边交替地在匹配 M 内外出现,则称 P 为 M 的交错路径 (alternating path);交错路径的起止顶点都未被匹配时,此交错路径称为可增广路径 (augmenting path).

若把可增广路径上在 M 外的边纳入匹配,把 M 内的边从匹配中删除,则被匹配的顶点数增加 2,匹配中的边数增加 1.

图的极大 (maximal) 匹配就是按照当前的匹配方法, 不可能再添加更多边数的匹配; 而最大 (maximum) 匹配是指在所有的匹配中包含边数最多的匹配, 当然也是所有极大匹配中边数最多的匹配, 如图 9.23 所示.

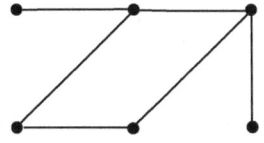 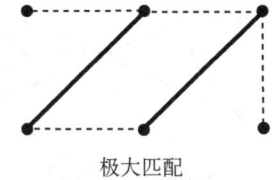 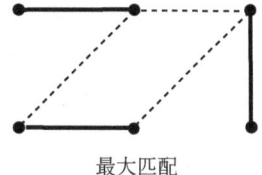

极大匹配　　　　　最大匹配

图 9.23　极大匹配与最大匹配

有两个重要的概念与匹配关系紧密:

(1) 独立边数

图 G 的最大独立边集, 也就是包含图 G 中互不相邻的边最多的集合的阶称为 G 的独立边数 (edge independence number), 记为 $\beta_1(G)$. 显然如果 M 是 G 的最大匹配, 则 $\beta_1(G) = |M|$.

一个阶为 n 的图 G 存在完美匹配的充要条件是 n 为偶数且 $\beta_1(G) = \dfrac{n}{2}$.

对于圈 C_n、完全图 K_n 和完全二部图 $K_{r,s}$ ($1 < r \leq s$) 分别有

$$\beta_1(C_n) = \beta_1(K_n) = \left\lfloor \dfrac{n}{2} \right\rfloor, \quad \beta_1(K_{r,s}) = r.$$

(2) 边覆盖数

图的一个顶点和与之相关联的边称为相互覆盖 (cover). 一个没有孤立点的图的边覆盖 (edge cover) 是一个覆盖了所有顶点的边集. 最小边覆盖是覆盖所有顶点且包含边数最少的边集.

图 G 的最小边覆盖的阶称为图的边覆盖数 (edge covering number), 记为 $\alpha_1(G)$, 不包含孤立点的图才具有边覆盖数.

对于圈 C_n、完全图 K_n 和完全二部图 $K_{r,s}$ ($1 < r \leq s$), 分别有

$$\alpha_1(C_n) = \alpha_1(K_n) = \left\lceil \dfrac{n}{2} \right\rceil, \quad \alpha_1(K_{r,s}) = s.$$

因此

$$\alpha_1(C_n) + \beta_1(C_n) = n, \quad \alpha_1(K_n) + \beta_1(K_n) = n, \quad \alpha_1(K_{r,s}) + \beta_1(K_{r,s}) = r + s.$$

记号 $\lfloor x \rfloor$ 和 $\lceil x \rceil$ 分别表示不超过 x 的最大整数和不小于 x 的最小整数. 例如 $\lfloor 2.5 \rfloor = 2$, $\lceil 2.5 \rceil = 3$.

可见图的独立边数和边覆盖数满足如下定理:

定理 9.7　对于每个阶为 n 且不含有孤立点的图 G, 总满足:

$$\alpha_1(G)+\beta_1(G)=n.$$

例 9.9 确定图 9.24 中 G 的独立边数和边覆盖数.

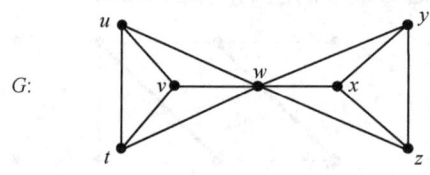

图 9.24 7 阶连通图

解 因为图 G 的阶为 7，因此 $\beta_1(G)=\left\lfloor\dfrac{7}{2}\right\rfloor=3$．其一个最大独立边集为 $\{tu,wx,yz\}$．根据定理 9.7，有 $\alpha_1(G)=n-\beta_1(G)=7-3=4$．其一个边覆盖集为 $\{tu,vw,wx,yz\}$．

2. 指派问题

人员指派问题是用匹配来解决实际问题的典型例子．问题描述为：m 个工作人员 $x_1,x_2,\cdots,x_m$ 去做 n 件工作 $y_1,y_2,\cdots,y_n$，每人适合做其中一件或几件，问能否每人都有一份适合的工作？如果不能，最多几人可以有适合的工作？

这个问题的数学模型是：G 是二部图，顶点集划分为 $V(G)=X\cup Y$，$X=\{x_1,\cdots,x_m\}$，$Y=\{y_1,\cdots,y_n\}$，当且仅当 x_i 适合做工作 y_j 时，$x_iy_j\in E(G)$，求 G 中的最大匹配.

最大匹配可以用定理 9.7 来判别，但是要给出具体的图的最大匹配，必须借助一些算法来实现，1965 年埃德门兹 (Edmonds) 提出的匈牙利算法是解决这个问题的一个经典算法．

算法基本思想：从 G 的任意匹配 M 开始，对 X 中所有 M 的非饱和点，寻找 M 的可增广路径．若不存在可增广路径，则 M 为最大匹配；若存在增广路径 P，则将 P 中 M 与非 M 的边互换得到比 M 多一条边的匹配 M_1，再对 M_1 重复上述过程．

算法步骤如下：

设 $G=(X,Y,E)$ 为二部图，其中 $X=\{x_1,x_2,\cdots,x_m\}$，$Y=\{y_1,y_2,\cdots,y_n\}$．

(1) 从 G 中任意取定一个初始匹配 M．

(2) 若 M 饱和 $X-S$ 的所有点，则 M 是二部图 G 的最大匹配．否则取 X 中未被 M 匹配的任意顶点 u，记 $S=\{u\}$，$T=\Phi$．

(3) 记 $N(S)=\{v\mid u\in S,uv\in E\}$，若 $N(S)=T$，转向 (2)；否则取 $y\in N(S)-T$．

(4) 若 y 是被 M 匹配的，设 $yz\in M$，$S=S\cup\{z\}$，$T=T\cup\{y\}$，转 (3)；否则，取可增广路径 $P(u,y)$，令 $M=(M-E(P))\cup(E(P)-M)$，转 (2)．

(5) M 即是图 G 的最大匹配, 结束.

例 9.10 求图 9.25 的一个最大匹配.

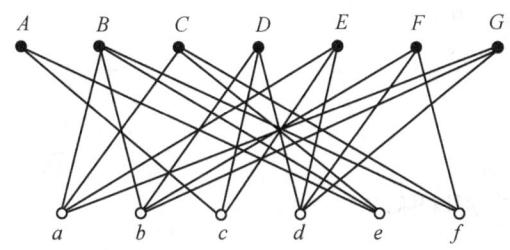

图 9.25 例 9.10 示意图

解 这是一个二部图, 两个点集分别为 $X = \{A,B,C,D,E,F,G\}$, $Y = \{a,b,c,d,e,f\}$. 把图的两个点集分别表示为行和列, 可以得到一个 7 行 6 列的矩阵, 这个矩阵不同于一般图的邻接矩阵. 若按照一般图的邻接矩阵描述显然应该得到一个 13 阶的方阵, 这个矩阵中的元素为 1 或 0 代表二部图的两个点集中某两点是否相邻, 例如下面矩阵中 $L(1, 3)=1$ 表示点集 X 中的点 A 与点集 Y 中的点 c 相邻; $L(2, 4)=0$ 表示 X 中的点 B 与 Y 中的点 d 不相邻.

$$L = \begin{array}{c} \\ A \\ B \\ C \\ D \\ E \\ F \\ G \end{array}\begin{pmatrix} a & b & c & d & e & f \\ 0 & 0 & 1 & 0 & 1 & 0 \\ 1 & 1 & 0 & 0 & 1 & 1 \\ 1 & 0 & 0 & 0 & 1 & 1 \\ 0 & 1 & 1 & 1 & 0 & 0 \\ 1 & 0 & 1 & 1 & 0 & 0 \\ 0 & 1 & 0 & 1 & 0 & 1 \\ 1 & 1 & 0 & 1 & 0 & 0 \end{pmatrix}.$$

该问题匈牙利算法的 MATLAB 程序如下:

```
clc; clear all; close all;
 L=[ 0 0 1 0 1 0
     1 1 0 0 1 1
     1 0 0 0 1 1
     0 1 1 1 0 0
     1 0 1 1 0 0
     0 1 0 1 0 1
     1 1 0 1 0 0];
[m, n]=size(L);
M=zeros(m, n);
%找一个初始匹配 M
for i=1: m
```

```
            for j=1: n
                if  L(i, j)~=0
                    M(i, j)=1;
                    L(i,:)=0;
                    L(:, j)=0;
                end
            end
    end
end
while(1)
    %记录 X 中点的标号和标记*
    for i=1: m
        x(i)=0;
    end
    for i=1: n
        y(i)=0;
    end
    for i=1: m
        p=1;
%寻找 X 中 M 的所有非饱和点
        for j=1: n
            if M(i, j)==1
                p=0;
            end;
        end
        if (p)
            x(i)=-n-1;
        end;
    end
%将 X 中 M 的所有非饱和点都给以标号 0 和标记*, 程序中用 n+1 表示 0 标号,
%标号为负数时表示标记*
    p=0;
while(1)
    xi=0;
    for i=1: m
        if x(i)<0
            xi=i;
            break;
        end;
    end
%若 X 中存在一个既有标号又有标记*的点, 则任取 X 中既有标号又有标记*的点 xi
    if xi==0
        p=1;
        break;
    end
%若 X 中所有有标号的点都已去掉了标记*, 终止算法
```

```
            x(xi)=x(xi)*(-1); %去掉 xi 的标记*
            k=1;
            for j=1: n
                if L(xi, j)&y(j)==0
                    y(j)=xi;
                    yy(k)=j;
                    k=k+1;
                end;
            end
%对与 xi 邻接且尚未给标号的 yj 都给以标号 i
        if k>1
            k=k-1;
        for j=1: k
            p1=1;
            for i=1: m
                if M(i, yy(j))==1
                    x(i)=-yy(j);
                    p1=0;
                    break;
                end;
            end
%将 yj 在 M 中与之邻接的点 xk (即 xkyj∈M), 给以标号 j 和标记*
            if p1==1
                break;
            end;
        end
        if p1==1
            k=1;
            j=yy(j);
%yj 不是 M 的饱和点
        while(1)
            P(k, 2)=j;
            P(k, 1)=y(j);
            j=abs(x(y(j)));
%任取 M 的一个非饱和点 yj, 逆向返回
            if(j==n+1)
                break;
            end
%找到 X 中标号为 0 的点时结束, 获得 M-增广路径 P
            k=k+1;
        end
        for i=1: k
            if M(P(i, 1), P(i, 2))==1
                M(P(i, 1), P(i, 2))=0;
%将匹配 M 在增广路径 P 中出现的边去掉
```

```
        else
            M(P(i, 1), P(i, 2))=1;
        end;
      end
%将增广路径 P 中没有在匹配 M 中出现的边加入到匹配 M 中
      break;
     end;
   end;
end
  if p==1
      break;
  end;
end
%假如 X 中所有有标号的点都已去掉了标记*,算法终止,输出最大匹配
M
```

程序输出结果为:

```
M =
    0    0    1    0    0    0
    1    0    0    0    0    0
    0    0    0    0    1    0
    0    1    0    0    0    0
    0    0    0    1    0    0
    0    0    0    0    0    1
    0    0    0    0    0    0
```

易见在其中每一行、每一列仅有最多一个非 0 元素,表示 X 中每个点仅能和 Y 中不多于一个点相匹配. 如 $M(2,1)=1$ 表示 X 中标号为 2 的点和 Y 中标号为 1 的点是匹配 M 中的一条边. 将上述结果用图 9.26 表示如下:

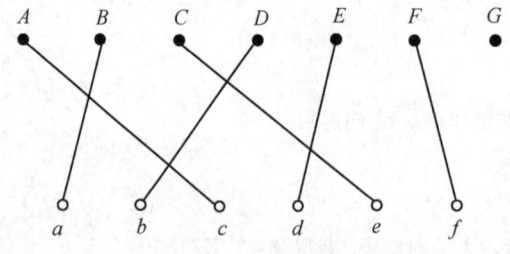

图 9.26 匹配结果图

由于 $|Y|=|M|=6$,因此上述匹配就是一个最大匹配.

该结果仅是所有最大匹配中的一个,要想得到不同的结果,可以改变 X 以及 Y 标号顺序得到不同的矩阵进行重新运算.

9.3.4 图的覆盖及应用

在某城区为监控和指挥交通，需要设置交通岗亭. 如何设置尽可能少的交通岗亭，以监控该城区所有街道？

首先假设在该城区不存在孤岛，即所有街道均连通，可以将街道交叉口看作顶点，街道看作边，因此可以用一个连通图来进行模拟 (图 9.27). 岗亭设置显然应该设置在道路交叉口的位置才能监控尽可能多的路口.

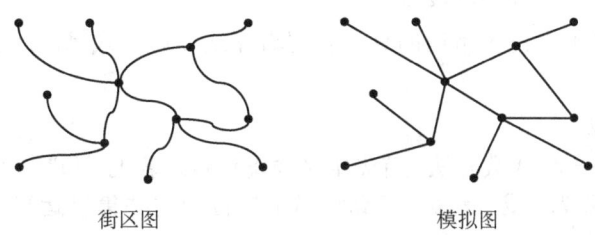

街区图　　　　　　　模拟图

图 9.27　街区图和模拟图

该问题的数学模型是：在一个连通图 $G = (V, E)$ 中，如何选择顶点集 X ($X \subseteq V$)，使得 X 包含顶点数量最少并且这些顶点可以和 E 中所有的边相关联？

定义 9.26　一个图 $G = (V, E)$ 的顶点集 X ($X \subseteq V$) 中，如果任意两个顶点都不相邻，则称该顶点集是**独立的**.

定义 9.27　图 $G = (V, E)$ 的**独立点数** (vertex independence number) 为包含点数最多的独立点集的势，记为 $\beta(G)$. 包含 $\beta(G)$ 个顶点的独立点集称为**最大独立点集** (maximum independent set).

对于圈 C_n、完全图 K_n 和完全二部图 $K_{r,s}$ ($1 < r < s$) 分别有：

$$\beta(C_n) = \left\lfloor \frac{n}{2} \right\rfloor, \quad \beta(K_n) = 1, \quad \beta(K_{r,s}) = s.$$

定义 9.28　设 $G = (V, E)$ 为连通图，$X \subseteq V$，若 $\forall e \in E$，e 都与 X 中某个顶点关联，则称 X 是 G 的一个**点覆盖** (vertex cover)，或者直接称为**覆盖** (cover). 若 X 是一个覆盖，但 X 的子集都不是覆盖，则称它是一个极小覆盖. 包含顶点数最少的覆盖称为**最小覆盖** (minimum vertex cover). 最小覆盖的势称为图 G 的**点覆盖数** (vertex covering number)，记为 $\alpha(G)$. 有时候也把最小点覆盖称为最小控制集.

对于圈 C_n、完全图 K_n 和完全二部图 $K_{r,s}$ ($1 < r < s$)，分别有：

$$\alpha(C_n) = \left\lceil \frac{n}{2} \right\rceil, \quad \alpha(K_n) = n - 1, \quad \alpha(K_{r,s}) = r.$$

观察可得：

$$\alpha(C_n) + \beta(C_n) = n, \quad \alpha(K_n) + \beta(K_n) = n, \quad \alpha(K_{r,s}) + \beta(K_{r,s}) = r + s$$

可见图的独立点数和点覆盖数满足如下定理：

定理 9.8 对于每个阶为 n 且不含有孤立点的图 G，总满足：
$$\alpha(G) + \beta(G) = n.$$

例 9.11 确定例 9.9 中图的独立点数和点覆盖数.

解 图 G 的阶为 7，由于 w 点与所有顶点均相邻，因此 $G-w$ 得到两个 K_3 分别为：$\langle\{u,v,t\}\rangle$ 和 $\langle\{x,y,z\}\rangle$，所以图 G 的独立点数为 $\beta(G)=2$，即在两个 K_3 中分别取一点所构成的点集都是最大独立点集. 根据定理 9.8 有 $\alpha(G)=5$，例如 $\{t,u,w,y,z\}$ 就是一个最小点覆盖.

求解图的最小点覆盖常用的算法有逻辑算法和启发式算法，有时只能得到近似解.

1) 逻辑算法

逻辑算法是一种代数方法，首先定义逻辑代数运算的"和"与"乘".

逻辑"和"称为"或"运算，运算相当于集合中的并集 $\cup$ 运算，常采用"+"号来直观表示. 例如 $\{a\}+\{a,b\}=\{a,b\}$.

逻辑"乘"运算相当于集合中的交集 $\cap$ 运算，通常用"•"来表示. 例如 $\{a\}\bullet\{a,b\}=\{a\}$.

用逻辑算法求最小覆盖是基于极小覆盖的如下性质：对于覆盖 K 中的顶点 v，当且仅当 $v\in K, N(v)\not\subset K$ 或者 $v\notin K, N(v)\in K$ 时，K 为极小覆盖，找出所有极小覆盖中包含顶点最少的就是最小覆盖.

逻辑算法的步骤如下：

(1) 将每个顶点 v_i 与其邻集 $N(v_i)$ 表示为逻辑和运算 $v_i + N(v_i)$；

(2) 将所有顶点与其对应的逻辑运算求乘积建立逻辑运算式，记为 $\prod_i (v_i + N(v_i))$.

(3) 由逻辑运算法则化简 (2) 中的逻辑运算式，并给出所有极小覆盖.

例 9.12 求图 9.28 的最小点覆盖.

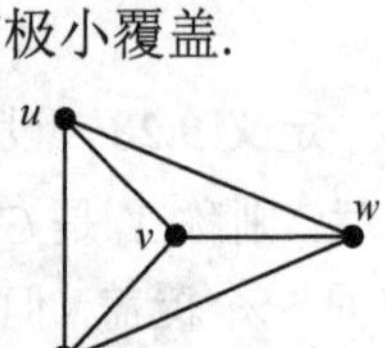

解 列出逻辑运算式并进行逻辑运算：

$(\{u\}+\{w,v,t\})(\{v\}+\{w,u,t\})(\{t\}+\{u,v,w\})$
$=(\{u,v\}+\{w,u,t\}+\{w,v,t\}+\{w,u,v,t\})(\{t\}+\{u,v,w\})$
$=(\{u,v\}+\{w,u,t\}+\{w,v,t\})(\{t\}+\{u,v,w\})$
$=\{u,v,t\}+\{u,v,w\}+\{w,u,t\}+\{w,u,v,t\}+\{w,v,t\}+\{w,u,v,t\}$
$=\{u,v,t\}+\{u,v,w\}+\{w,u,t\}+\{w,v,t\}$

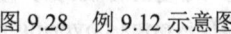

图 9.28 例 9.12 示意图

注意这个图是一个 K_4，其点覆盖数为 3，即最小点覆盖应有 3 个顶点. 根据逻辑运算的结果可知图中任意 3 点构成的集合都是一个最小点覆盖. 通常应用逻辑算法求出极小覆盖后可在其中比较找出含点数最少的覆盖，即最小覆盖.

2) 启发式算法

逻辑算法的计算复杂度随着顶点数量的增加呈指数级增长,但是在实际问题中往往顶点数量都比较庞大,用逻辑算法将非常困难. 对于这种情况一般采用启发式的近似算法.

按照经验来讲, 一般是把度比较大的顶点作为覆盖的首选点, 因为它能覆盖更多的边. 启发式算法过程如下:

设 G 为连通图, 用 K 表示所求的最小覆盖, 初始 $K = \Phi$.

(1) 若 $V(G) = \Phi$, 则无最小覆盖, 算法终止. 否则取 $u \in V(G)$, 使
$\deg(u) = \max\{\deg(v) | v \in V(G)\}$

(2) 令 $K = K \cup \{u\}$, $V(G) = V(G) - \{u, N(u)\}$, 转 (1).

例 9.13 求图 9.29 的一个极小点覆盖.

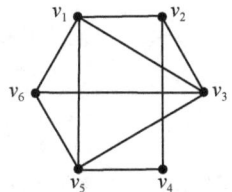

图 9.29 例 9.13 示意图

解 按照启发式算法, 依次取度最大的顶点, 并去掉和该点相关联的所有边, 以及由于去掉相应的边产生的孤立点, 直到所有边都被去掉为止. 记初始覆盖集 $K = \Phi$.

首先, 找度最大的点, 不妨取 v_1, $K = \{v_1\}$ 去掉 v_1 和与 v_1 关联的边, 得到

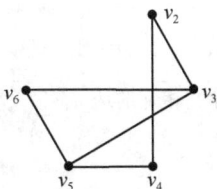

在余下的点中再取度最大的点, 这里取 v_5, $K = \{v_1, v_5\}$, 去掉和 v_5 以及与 v_5 关联的边得到

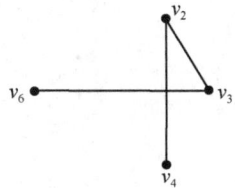

再取 v_2，$K=\{v_1,v_5,v_2\}$，去掉 v_2 和与 v_2 关联的边得到，注意由于去掉 v_2 产生了孤立点 v_4 也一并去掉.

$$v_6 \bullet \!\!-\!\!-\!\!-\!\!-\!\!-\!\!-\!\! \bullet v_3$$

最后取 v_6，$K=\{v_1,v_5,v_2,v_6\}$，去掉 v_6 和与 v_6 关联的边，所有边均被去掉，说明 K 即为原图的一个极小点覆盖，K 中的顶点可以覆盖所有的边.

MATLAB 程序如下：

```
clc; clear;
A=[0 1 1 0 1 1
   1 0 1 1 0 0
   1 1 0 0 1 1
   0 1 0 0 1 0
   1 0 1 1 0 1
   1 0 1 0 1 0];
[m, n]=size(A);
k=zeros(1, m);
sum1=[]; h=[];
for o=1: m
    sum1=[];
    for p=1: m
        t=sum(A(p,:));
        sum1=[sum1, t];
    end
%从小到大排序点的度, k1 为排序后的结果, index 表示 k1 中元素在原序列中的位置
    [k1, index]=sort(sum1);
%将点按照度从大到小排序, b 为排序后的索引
    l=length(index);
    for ii=1: l
        b(ii)=index(l-ii+1);
    end
%依次选取度最大的点, 并删除其相邻的边
    A(b(1),:)=0;
    A(:, b(1))=0;
    h=[h, b(1)];
    A;
    if A==zeros(m)
        break
    end
end
fprintf('A maximal cover is');
h
```

程序输出结果：

A maximal cover is
h =
     5   3   2   6

需要说明的是，这个程序的运行结果和行的位置有关，换句话说，只要我们将这个矩阵按照所有行号的排列方式构造出 6! 个不同的矩阵，就可以计算出这个图的所有最小点覆盖，毋庸置疑，这些覆盖中点可以不同，但是点的个数必须是一样的．

3) 利用关联矩阵求极小覆盖

由于关联矩阵描述了点与边的关系，因此可以利用关联矩阵来求出图的极小点覆盖，这里以上面的例子来进行说明．

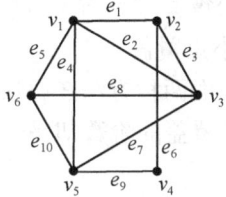

图 9.30　例 9.13 示意图

根据图 9.30 首先写出相应的关联矩阵 R，初始化覆盖 $K = \varnothing$．

$$R = \begin{pmatrix} 1 & 1 & 0 & 1 & 1 & 0 & 0 & 0 & 0 & 0 \\ 1 & 0 & 1 & 0 & 0 & 1 & 0 & 0 & 0 & 0 \\ 0 & 1 & 1 & 0 & 0 & 0 & 1 & 1 & 0 & 0 \\ 0 & 0 & 0 & 0 & 0 & 1 & 0 & 0 & 1 & 0 \\ 0 & 0 & 0 & 1 & 0 & 0 & 1 & 0 & 1 & 1 \\ 0 & 0 & 0 & 0 & 1 & 0 & 0 & 1 & 0 & 1 \end{pmatrix} \begin{matrix} v_1 \\ v_2 \\ v_3 \\ v_4 \\ v_5 \\ v_6 \end{matrix} \qquad (9.1)$$

(1) 在 (9.1) 中取包含数字 1 最多的行，这里 v_1 行和 v_5 行都有 4 个 1，因此都可选，但是每一步只能选其中一行．不妨选 v_1 行，令 $v_1 \in K$．划去 v_1 行及 v_1 行中元素 1 所在的各列，得到

$$\begin{pmatrix} 1 & 1 & 0 & 0 & 0 & 0 \\ 1 & 0 & 1 & 1 & 0 & 0 \\ 0 & 1 & 0 & 0 & 1 & 0 \\ 0 & 0 & 1 & 0 & 1 & 1 \\ 0 & 0 & 0 & 1 & 0 & 1 \end{pmatrix} \begin{matrix} v_2 \\ v_3 \\ v_4 \\ v_5 \\ v_6 \end{matrix} \qquad (9.2)$$

(2) 在 (9.2) 取包含数字 1 最多的行，此处同样可以选 v_3 或者 v_5 行，不妨选 v_3 行，令 $v_3 \in K$．划去 v_3 行及 v_3 行中元素 1 所在的各列，得到

$$\begin{pmatrix} 1 & 0 & 0 \\ 1 & 1 & 0 \\ 0 & 1 & 1 \\ 0 & 0 & 1 \end{pmatrix} \begin{matrix} v_2 \\ v_4 \\ v_5 \\ v_6 \end{matrix} \qquad (9.3)$$

(3) 在 (9.3) 中选 v_4 行，令 $v_4 \in K$. 划去 v_4 行及 v_4 行中元素 1 所在的各列，得到

$$\begin{pmatrix} 0 \\ 1 \\ 1 \end{pmatrix} \begin{matrix} v_2 \\ v_5 \\ v_6 \end{matrix} \qquad (9.4)$$

(4) 最后，任选 v_5 或 v_6 行，划去该行以及该行中元素 1 所在的列，矩阵变为空矩阵，过程结束. 得到一个最小覆盖为集合 $K = \{v_1, v_3, v_4, v_6\}$. 这种方法适合于阶数不太复杂的图来手工计算最小点覆盖.

细心的同学可能发现了，上面两种方法在解决例 9.13 这个问题的时候得到的结果不相同，但是得到的最小点覆盖的阶数却是一样的，这是什么原因造成的呢？

9.3.5 图的遍历问题

1. 边的遍历——中国邮递员问题

一名邮递员负责投递某个街区的邮件. 如何为他设计一条最短的投递路线，从邮局出发，经过投递区内每条街道至少一次，最后返回邮局？这一问题是我国管梅谷教授首先提出的，所以称之为中国邮递员问题 (Chinese postman problem).

若街区的街道用边表示，街道长度用边的权重表示，邮局与街道交叉口用点表示，可以将这个问题描述为：在一个赋权无向连通图中，寻找一个回路，并且使得该回路的边权之和最小，这样的回路称为最佳回路.

为解决这个问题，先来看下面相关的图论知识.

1) 相关定义

定义 9.29 连通图 $G = (V, E)$ 中，一条恰好遍历所有边一次的迹 T 称为欧拉迹 (Eulerian trail). 相同地，一条恰好遍历所有边一次的回路 C 称为欧拉回路 (Eulerian circuit). 包含欧拉回路的图称为欧拉图 (Eulerian graph).

直观地讲，欧拉图就是从一顶点出发每边恰通过一次能回到出发点的图，即不重复地行遍所有的边再回到出发点 (图 9.31).

欧拉回路可以看做是欧拉迹起点和终点相同的情形. 而欧拉迹可以看做欧拉回路去掉一条边以后得到.

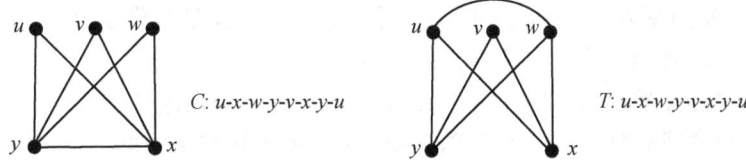

图 9.31 欧拉图与非欧拉图

关于欧拉回路和欧拉迹有如下的定理：

定理 9.9 (1) G 是 Euler 图的充分必要条件是 G 连通且每顶点皆偶次.

(2) G 是 Euler 图的充分必要条件是 G 连通且 $G = \bigcup_{i=1}^{d} C_i$，$C_i$ 是圈，
$$E(C_i) \bigcap E(C_j) = \Phi (i \neq j).$$

(3) G 中有欧拉迹的充要条件是 G 连通且恰好有两个奇顶点，欧拉迹以其中一个奇点开始，到另一奇点结束.

一个有趣的现象：凡是可以"一笔画"的图形要么包含欧拉回路，要么包含欧拉迹.

2) Fleury 算法

1921 年，Fleury 给出求欧拉回路的算法，基本思想是：从任一点出发，每当访问一条边时，先检查可供选择的边，如果可供选择的边不止一条，则不选桥作为访问的边，重复该操作直到没有可选择的边为止.

算法步骤描述如下：

(1) $\forall v_0 \in V(G)$，令 $T_0 = v_0$.

(2) 假设迹 $T_i = v_0 e_1 v_1 \cdots e_i v_i$ 已经选定，那么按下述方法从 $E - \{e_1, \cdots, e_i\}$ 中选取边 e_{i+1}：

① e_{i+1} 和 v_i 相关联；

② 除非没有别的边可选择，否则 e_{i+1} 不能是 $G_i = G - \{e_1, \cdots, e_i\}$ 的桥.

(3) 当第 (2) 步不能再执行时，算法停止.

3) 邮递员问题的求解

中国邮递员问题的数学模型已经可以完全用图的模型来概括，因此也可以用图的相关知识来求解. 一般分下面三种情形处理.

若此问题对应的连通赋权图 G 是欧拉图，则可用 Fleury 算法求欧拉回路. 对于非欧拉图，则其任何一个回路必然经过某些边多于一次. 解决这类问题的一般方法是在一些点对之间引入重边 (重边与它的平行边具有相同的权)，使得原图成为欧拉图，但要求添加的重复边的权之和最小.

若 G 正好有两个奇顶点，则可用 Edmonds 和 Johnson 给出的算法来解决，该算法描述如下：

设 G 是连通赋权图，$u, v \in V$ 为仅有的两个奇顶点.

① 用 Floyd 算法求出 u 与 v 的最短距离 $d(u,v)$ 以及最短路径 P.

② 在 P 的各相邻点之间依次添加平行边得到 $G' = G \cup P$.

③ 用 Fleury 算法求 G' 的欧拉回路即为中国邮递员问题的解.

若 G 的奇顶点有 $2n$ $(n \geqslant 2)$ 个, 则采用 Edmonds 最小匹配算法, 该算法的基本思想是: 先将奇点进行最佳匹配, 再沿点对之间的最短路径添加重边可得到 G^* 为欧拉图, G^* 的最佳回路即为原图的最佳回路. 算法步骤为:

① 求出 G 中所有奇点之间的最短路径和距离.

② 以 G 的所有奇点为顶点集, 构造一完全图, 边上的权为两端点在原图 G 中的最短距离, 将此图记为 G'.

③ 求出 G' 中的最小理想匹配 M, 得到奇顶点的最佳匹配.

④ 在 G 中沿配对顶点之间的最短路径添加重边得到欧拉图 G^*.

⑤ 用 Fleury 算法求出 G^* 的欧拉回路, 这就是 G 的最佳回路.

例 9.14 若某街区示意图如图 9.32 所示, 求一条最佳邮递员回路.

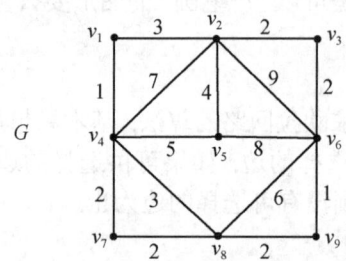

图 9.32　街区示意图

解 首先观察该图中有 4 个奇点分别为: $\deg(v_2) = \deg(v_4) = \deg(v_6) = 5$, $\deg(v_5) = 3$.

分别求出这 4 个点之间的最短距离和最短路径 (可用 Floyd 算法求解):

$d(v_2, v_4) = 4$, $P: v_2 v_1 v_4$; $\qquad d(v_2, v_5) = 4$, $P: v_2 v_5$;

$d(v_2, v_6) = 4$, $P: v_2 v_3 v_6$; $\qquad d(v_4, v_5) = 5$, $P: v_4 v_5$;

$d(v_4, v_6) = 6$, $P: v_4 v_8 v_9 v_6$; $\qquad d(v_5, v_6) = 8$, $P: v_5 v_6$;

以 v_2, v_4, v_5, v_6 为顶点, 以它们之间的距离为权重构造完全图 G'.

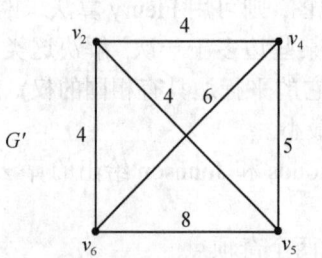
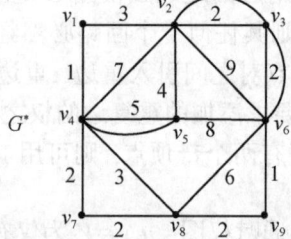

求出 G' 中的权重之和最小的完美匹配 $M = \{v_2v_6, v_4v_5\}$ (可用匈牙利算法).

在 G 中沿着 v_2 到 v_6 的最短路径 $v_2v_3v_6$ 顺次添加重边, 沿着 v_4 到 v_5 的最短路径 v_4v_5 添加重边可得到 G^*.

G^* 显然为欧拉图, 可用 Fleury 方法求出其欧拉回路即为所求的最佳邮递员回路.

若邮局有 $k(k \geqslant 2)$ 位邮差, 同时投递信件, 全城街道都要投递, 完成任务返回邮局, 如何分配投递路线, 使得完成投递任务的时间最早? 我们把这一问题称为多邮差问题.

多邮差问题的数学模型如下:

$G = (V, E)$ 是连通图, $v_0 \in V(G)$, 求 G 的回路 $C_1, \cdots, C_k$, 使得

① $v_0 \in V(C_i)$, $i = 1, 2, \cdots, k$,

② $\max\limits_{1 \leqslant i \leqslant k} \sum\limits_{e \in E(C_i)} w(e) = \min$,

③ $\bigcup\limits_{i=1}^{k} E(C_i) = E(G)$.

显然必须尽量均匀地分配任务给每个邮差, 即每个邮差所走的路线尽量要均等才能使总任务完成的时间最早.

2. 点的遍历——旅行商问题

一名推销员准备前往若干城市推销产品. 如何为他设计一条最短的旅行路线使得他从驻地出发, 经过每个城市恰好一次, 最后返回驻地? 这个问题就是著名的旅行商问题 (Traveling salesman problem) 或叫 TSP 问题.

1) 相关定义

定义 9.30 图 $G = (V, E)$ 中, 一条恰好遍历所有顶点一次的路径称为哈密顿路径 (Hamiltonian path). 同样地, 一条恰好遍历所有顶点一次的圈 C 称为哈密顿圈 (Hamiltonian cycle). 包含哈密顿圈的图称为哈密顿图 (图 9.33).

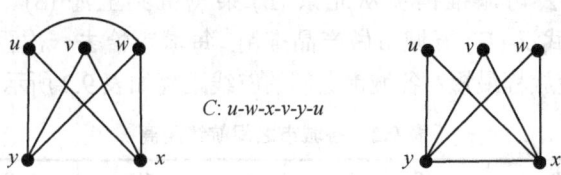

图 9.33 哈密顿图与非哈密顿图

对于哈密顿图的判别不如欧拉图那样容易, 因此只能根据定义判别. 同时也只有一些充分或者必要的条件, 还未找到有效的充要条件, 也就是说只能近似求解.

2) 旅行商问题的求解

假设每个城市都可以直达其他城市,将每个城市用点表示,将城市之间的交通里程用带权的边表示,则旅行商问题可以用图来建立模型. 其描述为: 在一个赋权完全图中, 找出一个有最小权的哈密顿圈. 这种圈称为最优圈.

由于哈密顿图的判别缺少有效的方法,因此旅行商问题也没有一个确切的方法来求解,也就是说还没有求解旅行商问题的有效算法. 所以希望有一个方法以获得相当好的解,但未必是最优解.

一个可行的办法是首先求一个 Hamilton 圈 C, 然后适当修改 C 以得到具有较小权的另一个 Hamilton 圈. 这种修改的方法叫做**改良圈算法**. 由于每次一般是用两条较小权的边替换权较大的两条边, 因此又叫**二边逐次修正法**. 算法描述如下:

设初始圈 $C = v_1 v_2 \cdots v_n v_1$.

(1) 对于 $1 < i+1 < j < n$, 构造新的 Hamilton 圈:
$$C_{ij} = v_1 v_2 \cdots v_i v_j v_{j-1} v_{j-2} \cdots v_{i+1} v_{j+1} v_{j+2} \cdots v_n v_1$$

它是由 C 中删去边 $v_i v_{i+1}$ 和 $v_j v_{j+1}$, 添加边 $v_i v_j$ 和 $v_{i+1} v_{j+1}$ 而得到的. 若 $w(v_i v_j) + w(v_{i+1} v_{j+1}) < w(v_i v_{i+1}) + w(v_j v_{j+1})$, 则以 C_{ij} 代替 C, C_{ij} 叫做 C 的改良圈.

(2) 转 (1), 直至无法改进, 停止.

用二边逐次修正法得到的结果几乎可以肯定不是最优的. 为了得到更高的精确度, 可以选择不同的初始圈, 重复进行几次计算, 以求得较精确的结果.

这个算法的优劣程度有时能用克鲁斯卡尔算法加以说明. 假设 C 是 G 中的最优圈, 则对于任何顶点 v, $C-v$ 是在 $G-v$ 中的哈密顿路径, 因而也是 $G-v$ 的生成树. 由此推知: 若 T 是 $G-v$ 中的最优树, 同时 e 和 f 是和 v 关联的两条边, 并使得 $w(e) + w(f)$ 尽可能小, 则 $w(T) + w(e) + w(f)$ 将是 $w(C)$ 的一个下界.

二边逐次修正法现在已被进一步发展, 圈的修改过程一次替换三条边比一次仅替换两条边更有效. 但是并不是一次替换的边越多越好.

例 9.15 某公司派推销员从北京 (B) 乘飞机到上海 (S)、拉萨 (L)、成都 (C)、大连 (D)、武汉 (W) 五城市做产品推销, 每城市恰去一次再回北京, 应如何安排飞行路线, 使旅程最短? 各城市之间的航线距离如表 9.2 所示 (单位: 10^3 km):

表 9.2 各城市之间航线距离

	B	S	L	C	D	W
B	0	1.49	3.89	2.16	0.90	1.23
S	1.49	0	4.30	2.41	2.27	0.92
L	3.89	4.30	0	2.17	4.80	3.64
C	2.16	2.41	2.17	0	3.06	1.49
D	0.90	2.27	4.80	3.06	0	2.08
W	1.23	0.92	3.64	1.49	2.08	0

解 假设每个城市之间都有直飞的航线,则可以将该问题转换为在一个 6 阶完全图中如何找到一个最优 H 圈的问题. 用点表示城市,赋权边表示航线距离,可以得到如下的图:

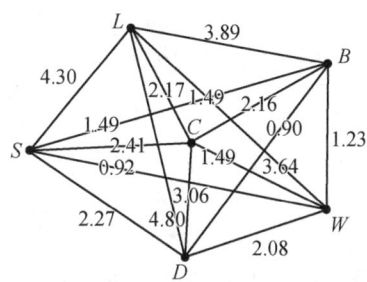

由于完全图中任意两点都是相邻的,因此以任意一个顶点作为起点以及终点且遍历所有顶点都可以得到一个圈. 不妨令初始圈为 $C_0: LSDCWBL$,权重之和 $W_0 = 16.24$.

下面对该圈进行修正:

找初始圈 C_0 中两条不相邻的边 DC 和 WB,有 $W_{DC} + W_{WB} > W_{DB} + W_{CW}$,故用 CW 和 DB 替换 CD 与 BW,得到新圈 $C_1: LSCWDBL$,权重之和 $W_1 = 15.07$;

重复上述步骤,直到找到比较满意的圈为止.

由于该算法简单,仅需要进行重复操作,因此可以借助计算机来完成. 下面的 MATLAB 程序可以帮助我们进行运算.

%注意该程序需要多次运行,每次可以给出一个不同的 C_0,最后算出最小权重的圈即为最优 H 圈

```
clc;
clear all;
close all;
a=[0 1.49 3.89 2.16 0.90 1.23
    0 0 4.30 2.41 2.27 0.92
    zeros(1, 3) 2.17 4.80 3.64
    zeros(1, 4) 3.06 1.49
    zeros(1, 5) 2.08
    zeros(1, 6)];
a=a+a';
c0=[5 1: 4 6];
L=length(c0);
flag=1;
while flag>0
        flag=0;
    for m=1: L-3
        for n=m+2: L-1
```

```
            if a(c0(m), c0(n))+a(c0(m+1), c0(n+1))<a(c0(m), c0(m+1))+a(c0(n), c0(n+1))
                flag=1;
                c0(m+1: n)=c0(n: -1: m+1);
            end
        end
    end
end
sum=0;
for i=1: L-1
    sum=sum+a(c0(i), c0(i+1));
end
sum
```

经过多次运算可以记录下每个不同圈的权重之和,最后将最小的一个作为近似最优圈,但是当顶点数量比较多的时候,这种方法的计算将是非常困难的:顶点数量为 n 时,所有可能构成圈的组合数有 $n!$ 种, $n=6$ 时,需要进行 720 次运算, $n=20$ 时,运算次数将达到惊人的 2432902008176640000 次,显然需要找到一种更科学有效的方法.

求解旅行商问题的另一个有效的方法称为模拟退火算法.

模拟退火算法来源于固体退火原理,将固体加温至充分高,再让其徐徐冷却,加温时,固体内部粒子随温升变为无序状,内能增大,而徐徐冷却时粒子渐趋有序,在每个温度都达到平衡态,最后在常温时达到基态,内能减为最小.

模拟退火算法的基本思想由 Metropolis 在 1953 年提出, Kirkpatrick 在 1983 年成功地将其应用在组合最优化问题中. 用固体退火模拟组合优化问题,将内能 E 模拟为目标函数值 f,温度 T 演化成控制参数 t,即得到解组合优化问题的模拟退火算法,算法思想如下:

① 初始化: 初始温度 T (充分大), 初始解状态 S (是算法迭代的起点), 每个 T 值的迭代次数 L;

② 对 $k=1,2,\cdots,L$, 进行下面的③至⑥步:

③ 产生新 S';

④ 计算增量 $\Delta t' = C(S') - C(S)$, 其中 $C(S)$ 为评价函数;

⑤ 若 $\Delta t' < 0$ 则接受 S' 作为新的当前解, 否则以概率 $\exp(-\frac{\Delta t'}{T})$ 接受 S' 作为新的当前解;

⑥ 如果满足终止条件, 则输出当前解作为最优解, 结束程序. 终止条件通常取为连续若干个新解都没有被接受时终止算法;

⑦ T 逐步减少并趋于 0, 然后转第②步.

模拟退火算法与初始值无关, 算法求得的解与初始解状态 S (是算法迭代的起点) 无关; 模拟退火算法具有渐近收敛性, 已在理论上被证明是一种以概率 1 收敛于全局最优解的全局优化算法；模拟退火算法具有并行性.

根据模拟退火算法可以写出如下的 MATLAB 程序.

```
clc; clear all; close all;
A= [0 1.49 3.89 2.16 0.90 1.23
    0 0 4.30 2.41 2.27 0.92
    zeros(1, 3) 2.17 4.80 3.64
    zeros(1, 4) 3.06 1.49
    zeros(1, 5) 2.08
    zeros(1, 6)];
A=A+A';
for i=1: 6
    A(i, i)=inf;
end
TSP(A, 6, 4.80)
% maxpop 给定群体规模;
% pop 群体;
% newpop 种群
%v0 起点, 也就是终点; t0 为初始值
主函数 TSP.m
function [codmin, finmin]=TSP(cc, v0, t0)
N=length(cc(1,:));
%定群体规模
if N>50
    maxpop=2*N-20;
end
if N<=40
    maxpop=2*N;
end
%产生初始群体
pop=zeros(maxpop, N);
pop(:, 1)=v0;
finmin=inf;
codmin=0;
for i=1: maxpop
    Ra=randperm(N);
    Ra(find(Ra==v0))=Ra(1);
    Ra(1)=v0;
    pop(i,:)=Ra;
end
t=t0;
while t>0
%用模拟退火产生新的群体
    pop=fc1(maxpop, pop, N, cc, v0, t);
%转轮赌选择种群
```

```
            f=zeros(1, maxpop);
            for i=1: maxpop
                for j=1: N-1
                    x=pop(i, j);
                    y=pop(i, j+1);
                    fo1=cc(pop(i, j), pop(i, j+1));
                    f(i)=f(i)+fo1;
                end
                f(i)=f(i)+cc(pop(i, 1), pop(i, N));
            end
        fmin=min(f);
        for i=1: maxpop
            if fmin==inf&f(i)==inf
                dd=inf;
            end
            if fmin~=inf|f(i)~=inf
                dd=fmin-f(i);
            end
            ftk(i)=exp(dd/t);
        end
        [fin1, cod]=sort(-ftk);
        fin=abs(fin1);
        %f(cod(1))
        if f(cod(1))<finmin %记录当代最优解
            finmin=f(cod(1));
            codmin=pop(cod(1),:);
        end
        for i=1: maxpop
            RR=rand(1);
            cod2=find(fin>=RR);
            newpop(i,:)=pop(cod(cod2(end)),:);
        end
        %单亲繁殖
        if N>32
            jmax=round(N/9);
        end
        if N<=32
            jmax=2;
        end
        if mod(jmax, 2)
            jmax=jmax-1;
        end
        for i=1: maxpop
            for j=1: 2: jmax
                nn=randperm(N);
```

```
            x=nn(j);
            y=nn(j+1);
            if newpop(i, x)==v0|newpop(i, y)==v0
            continue;
            end
            box1=newpop(i, x);
            newpop(i, x)=newpop(i, y);
            newpop(i, y)=box1;
        end
    end
%变异 Pc
Pc=0.02;
for i=1: maxpop
    R1=rand(1);
    if Pc>R1
        for j=1: 2: jmax+2
            nn=randperm(N);
            x=nn(j);
            y=nn(j+1);
            if newpop(i, x)==v0|newpop(i, y)==v0
                pop(i,:)=newpop(i,:);
                continue;
            end
            box1=newpop(i, x);
            newpop(i, x)=newpop(i, y);
            newpop(i, y)=box1;
            pop(i,:)=newpop(i,:);
        end
    end
end
%温度下降
t=t-0.1;
end
%内函数
function pop=fc1(maxpop, pop, N, cc, v0, t)
ff(N-1)=0;
f=0;
pop1=zeros(maxpop, N);
for i=1: maxpop
    for j=1: N-1
        x=pop(i, j);
        y=pop(i, j+1);
        ff(j)=cc(pop(i, j), pop(i, j+1));
        pop1(i,:)=pop(i,:);
        nn=randperm(N);
```

```
                x=nn(1);
                y=nn(2);
                pop1=pop;
                if pop(i, x)==v0|pop(i, x)==v0
                continue
                    box1=pop(i, x);
                    pop1(i, x)=pop1(i, y);
                    pop1(i, y)=box1;
                end
            ff1(j)=cc(pop1(i, j), pop1(i, j+1));
        end
        f=sum(ff);
        f1=sum(ff1);
        if f==inf&f1==inf
            dd=inf;
        end
        if f~=inf|f1~=inf
            dd=f-f1;
        end
        Aij=min(1, exp(dd/t));
        Pacept=rand(1);
        if Aij>Pacept
        pop(i,:)=pop1(i,:);
        end
end
```

程序输出：

```
ans =
    6    3    4    5    1    2
```

即圈 *WLCDBSW* 为一个最优圈，因此结合例 1，从北京出发，依次途经上海、武汉、拉萨、成都、大连最后回到北京是飞行路线最短的.

模拟退火算法的应用很广泛，可以较高的效率求解最大截问题、0-1 背包问题、图着色问题、调度问题等. 但其参数难以控制，主要存在以下三个问题：

(1) 温度 T 的初始值设置问题

温度 T 的初始值设置是影响模拟退火算法全局搜索性能的重要因素之一、初始温度高，则搜索到全局最优解的可能性大，但因此要花费大量的计算时间；反之，则可节约计算时间，但全局搜索性能可能受到影响. 实际应用过程中，初始温度一般需要依据实验结果进行若干次调整.

(2) 退火速度问题

模拟退火算法的全局搜索性能也与退火速度密切相关. 一般来说，同一温度下的"充分"搜索 (退火) 是相当必要的，但这需要计算时间. 实际应用中，要针对具体问题的性质和特征设置合理的退火平衡条件.

(3) 温度管理问题

温度管理问题也是模拟退火算法难以处理的问题之一. 实际应用中, 由于必须考虑计算复杂度以及可行性等问题, 通常会根据实际问题采取不同的降温方式.

经常采用的一种降温方式是:
$$T(t+1) = k \cdot T(t),$$
式中 k 为正且略小于 1 的常数, t 为降温的次数.

9.3.6 竞赛图问题

1. 竞赛图的定义

竞赛有很多种形式, 有一对一, 比如围棋、象棋等; 有多对多, 比如拔河足球等. 从竞赛的性质来划分, 有淘汰赛、循环赛、挑战赛等等. 这里我们所研究的竞赛图是以单循环赛为主要研究对象.

n 支队伍参加比赛, 每支队伍必须和其他队伍比赛一场, 总的比赛场次应该有 $\frac{n(n-1)}{2}$ 场, 这种情况恰好满足完全图的点与边的关系. 因此比赛情况可以用一个完全图来表示: 用顶点表示队伍, 用有向边表示两支队伍之间的比赛以及胜负关系. 各支队伍的胜负情况可以用其出度和入度分别表示.

定义 9.31 严格有向的完全图称为**竞赛图** (tournament).

例如, 有 5 支队伍参加比赛, 根据比赛结果 (如下表所示, 其中 "胜" "负" 表示行的队伍对列的队伍的胜负), 竞赛图可以表示为如下 (图 9.34), 有向边的头尾分别表示胜者和负者:

根据比赛的常识, 获胜越多的队伍排名应该越靠前, 但是从上图中我们只能知道 A 获胜场次最多, 有 4 场, D 和 E 获胜场次最少, 只有 1 场, 其余两支队伍都各胜 2 场, 那如何决定这次比赛的名次呢?

	A	B	C	D	E
A		胜	胜	胜	胜
B	负		负	胜	胜
C	负	胜		胜	负
D	负	负	负		胜
E	负	负	胜	负	

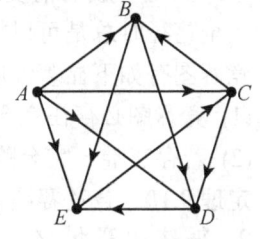

图 9.34　5 支队伍的竞赛图

定义 9.32 有向图中若存在一条遍历所有顶点的有向路径, 则该路径被称为有向图的**完全路径**.

在只有胜负没有平局的循环比赛中,关于比赛排名的问题可以用图论的知识加以解决. 下面先看一些简单情形:

(1) 当比赛只有两支队伍参加时显然很容易确定排名;

(2) 当比赛有 3 支队伍参加, 则比赛结果有 2 种 (不考虑哪支队伍得第几名, 只考虑是否可排名), 如图 9.35 所示. 第一种情况 A 胜 2 场, B 胜 1 场, C 完败, 显然排名为 A, B, C. 第二种情况三支队伍各胜一场, 排名为并列.

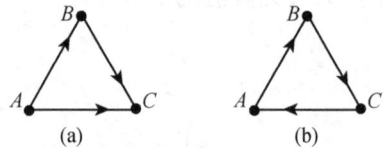

图 9.35 3 支队伍比赛结果图

其中 (a) 中有唯一一条完全路径 $A \to B \to C$, 而 (b) 中以任意一个顶点作为起点都是完全路径, 因此不存唯一的排名.

(3) 当比赛有 4 支队伍参加, 则比赛结果可能有 4 种情况 (图 9.36):

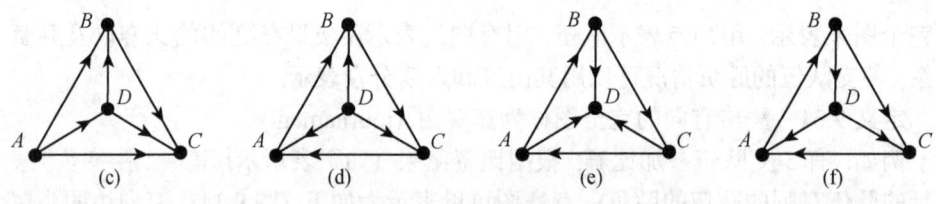

图 9.36 4 支队伍比赛结果图

第一种情况 (图 9.36 (c)) 中存在完全路径为 $A \to D \to B \to C$, 因此排名为 A, D, B, C, 4 支队伍的得分分别是 3, 2, 1, 0, 与排名是一致的. 而其余 3 种情况都存在不止一条完全路径, 因此不存在唯一的排名.

推广到更一般的情况, 当参赛队伍超过 4 支, 情况会更复杂, 但是当仅存在唯一完全路径时总是可以排名, 而完全路径不唯一的排名是比较复杂的.

竞赛图有如下显著性质:

(1) 竞赛图必存在完全路径.

(2) 若存在唯一完全路径, 则名次排序与该完全路径完全一致.

定理 9.10 若竞赛图存在唯一的完全路径, 则比赛名次可以唯一确定.

2. 循环比赛排名

如果竞赛图中完全路径不唯一, 那又该如何排名呢? 一种方法是设并列, 或者增加额外的比赛. 但是能不能有更好的方法在不额外增加比赛的情况下尽量决出名次呢?

首先我们来定义竞赛图的邻接矩阵 $A = (a_{ij})_{n \times n}$.

$$a_{ij} = \begin{cases} 1 & \text{若存在从点} i \text{到} j \text{的有向边;} \\ 0 & \text{否则.} \end{cases}$$

因此图 9.34 的邻接矩阵为

$$A = \begin{pmatrix} 0 & 1 & 1 & 1 & 1 \\ 0 & 0 & 0 & 1 & 1 \\ 0 & 1 & 0 & 1 & 0 \\ 0 & 0 & 0 & 0 & 1 \\ 0 & 0 & 1 & 0 & 0 \end{pmatrix}$$

记第 i 个顶点的得分为 $d_i, i = 1, 2, \cdots, 5$,则可以得到一个得分向量 $s = (d_i)_{n \times 1} = (4, 2, 2, 1, 1)^T$,$A$ 为冠军是毫无疑问的. 根据矩阵运算可知 $s = Ae$,其中 $e = (1, 1, \cdots, 1)^T$ 为同阶单位向量.

显然根据得分向量无法确定第 2、3 名和第 4、5 名的名次. 对得分向量 s 作如下运算得到向量 s_1:

$$s_1 = As$$

计算可得 $s_1 = (6, 2, 3, 1, 2)$,称为 2 级得分向量,每支队伍的 2 级得分向量为其战胜的其他队伍的得分之和,可以作为其排名的依据并确定出亚军. 但是依据 s_1 也不能完全确定 3,4 名的名次,因此再进行上面的操作

$$s_2 = As_1 = A^2 s$$

可得 $s_2 = (8, 3, 3, 2, 3)$,仍然不能严格排名,再计算

$$s_3 = As_2 = A^3 s$$

可得 $s_3 = (11, 5, 5, 3, 3)$ 以此逐次计算下去,直到可以完全确定 s_i 中各分量的大小关系. 本例中需要计算到 $s_4 = (16, 6, 8, 3, 5)$,并以此作为排名依据可完全确定 5 支队伍的名次从高到低依次为 A, C, B, E, D.

来分析一下这种排名的合理性,虽然 D、E 两队的得分相同,但是由于 E 战胜了排名更靠前的 C,而 D 战胜的是排名靠后的 E,因此两相比较,E 的胜利含金量更高,因此排名应该在 D 之前.

如果不能完全确定排名,再一直重复计算 $k(k = 1, 2, \cdots)$ 级得分向量

$$s_k = As_{k-1} = A^k s$$

直到可以完全确定出其中的元素大小排序为止.

当 $k \to \infty$ 的时候,s_k 的归一化向量是否收敛于某个极限分量呢? 如果收敛,那以其作为排名的依据就是合理的.

9.4 实战篇——天然气管道的铺设

1. 问题描述

某地区共有 19 个村庄，各村庄之间的距离（单位为 km）如图 9.37 所示，图中每条连线表示有公路相连. 现要沿公路铺设天然气管道，铺设管道的人工和其他动力费用为 1 万元/km，材料费用为 2 万元/km.

问题 1：如果每个村庄均通天然气，应如何铺设管道，才使总的铺设费用最少？

问题 2：天然气公司决定在铺设管道前，派人先查看所有公路的状况，以便决定该公路是否可用. 他们从村庄 1 出发，最后又回到村庄 1. 问他们应如何走，才使走的总路程最少？

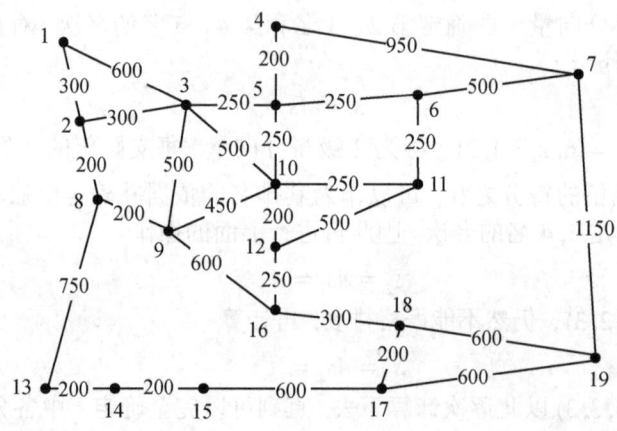

图 9.37　各村庄距离图

通过分析可知，如果将村庄抽象为点，连接村庄的公路看作边，公路的长度作为边得权重，则可以得到一个具有 19 个顶点的赋权连通图. 问题 1 就是在该连通图中找到一个最小生成树，问题 2 则是找到图中的一个最佳邮递员回路. 下面分别给出两个问题的简要解答.

2. 模型建立与求解

1) 问题 1 的解答

首先写出抽象所得的赋权图的邻接矩阵（为了数据更简洁，这里将单位改为"百千米"），并利用 Prim 算法计算得到一个最小生成树，如图 9.38 所示，其最小权重之和为 5100 千米.

9.4 实战篇——天然气管道的铺设

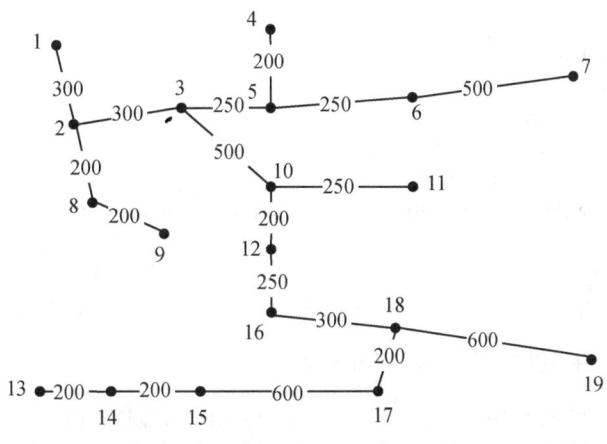

图 9.38 最小生成树

MATLAB 程序如下:

```
A=zeros(19, 19);
A(1, 2)=300, A(1, 3)=600;
A(2, 3)=300, A(2, 8)=200;
A(3, 5)=250, A(3, 9)=500, A(3, 10)=100;
A(4, 5)=200, A(4, 7)=950;
A(5, 6)=250; A(5, 10)=250;
A(6, 7)=500, A(6, 11)=250;
A(7, 19)=1150;
A(8, 9)=200, A(8, 13)=750;
A(9, 10)=450, A(9, 16)=600;
A(10, 11)=250, A(10, 12)=200;
A(11, 12)=500;
A(12, 16)=250;
A(13, 14)=200;
A(14, 15)=200;
A(15, 17)=600;
A(16, 18)=300;
A(17, 18)=200;
A(18, 19)=600;
A=A+A'; %A 为对称阵
%将带权邻接矩阵中为 0 的值用一个大于所有权重的数值代替;
A(find(A==0))=inf;
%初始化,k 为计数器;
T=[];
row=1; k=0;
column=2: length(A);
%从第一行开始,分别找每一列的最小权重; 用 temp 存储;
while length(T)~=length(A)-1
```

```
    k=k+1;
temp=A(row, column);
temp=temp(:);
    weight(k)=min(temp);
    [ir, jc]=find(A(row, column)==weight(k));
    i=row(ir(1)); j=column(jc(1));
    T=[T, [i; j; weight(k)]]; row=[row, j]; column(find(column==j))=[ ];
end
T
W=sum(weight)
```

得到的最小生成树和最小权重分别为

```
T =1   2   8   2   3   10   3   5   10   12   16   18   6   17   15   14   18
    2   8   9   3   10   12   5   4   6    11   16   18   17   7    15   14   13   19
W = 5100
```

因此按照上面最小生成树铺设管道费用最省, 最小费用为 15300 万元.

2) 问题 2 的解答

要查看所有公路是否可用, 即所有公路都至少巡视一次且回到出发点 (地点 1). 如果图为欧拉图, 则该问题存在唯一解, 可以确保每条公路只经过一次且能回到出发点, 但显然这并非一个欧拉图, 且共有 12 个度为奇数的顶点.

首先采用 Floyd 算法求出 12 个奇顶点之间的最短距离和最短路径, 总共有 $\frac{12\times 11}{2} = 66$ 个最短距离 (如表 9.3 所示).

表 9.3 奇顶点最短距离表

顶点	2	3	6	7	8	10	11	12	16	17	18	19
2	0	300	800	1300	200	400	650	600	850	1350	1150	1750
3	300	0	500	1000	500	100	350	300	550	1050	850	1450
6	800	500	0	500	1000	500	250	700	950	1450	1250	1650
7	1300	1000	500	0	1500	1000	750	1200	1450	1950	1750	1150
8	200	500	1000	1500	0	600	850	800	800	1300	1100	1700
10	400	100	500	1000	600	0	250	200	450	950	750	1350
11	650	350	250	750	850	250	0	450	700	1200	1000	1600
12	600	300	700	1200	800	200	450	0	250	750	550	1150
16	850	550	950	1450	800	450	700	250	0	500	300	900
17	1350	1050	1450	1950	1300	950	1200	750	500	0	200	800
18	1150	850	1250	1750	1100	750	1000	550	300	200	0	600
19	1750	1450	1650	1150	1700	1350	1600	1150	900	800	600	0

并以这 12 个顶点的最短距离为权重边构造一个 12 阶完全图 (由于图形过于

复杂,此处略去) 并利用匈牙利算法在其中找到一个距离最小之和的完美匹配 M,显然 12 个点的完全图恰好存在一个完美匹配,并根据完美匹配中的点之间的最短路径在原图中添加重边可以得到一个欧拉图,问题 2 也得到了解决.

习 题 9

1. 把图的 n 个顶点的度按非递增顺序表示为一个序列,称之为顶点的度的序列,试问如下序列是否能和某个图相对应? 说明理由.

(1) {3, 3, 3, 1}
(2) {6, 4, 4, 3, 2, 1}
(3) {4, 4, 3, 2, 1}
(4) {3, 2, 2, 2, 1}

2. 用图表示 Fibonacci 数列中 6 项{2, 3, 5, 8, 13, 21}的关系 (提示: 每一项表示一个顶点,若一项 z 可以表示为其他两项的和 $x+y$,则 z 和 x, y 均相邻).

3. 一座监狱的几间牢房有道路相连,设如下图所示. 监狱看守要设在通过道路连接的路口直接监视所有牢房的地方,如果看守不得走动,那么他们应待在某些牢房 (即路口) 所在地. 问至少需要几名看守才能完成监视任务?

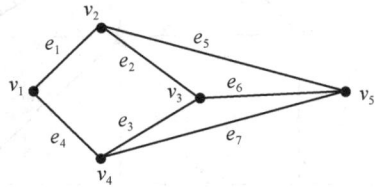

4. 一个乡镇各村庄分布如下图,每条边的权重表示两村之间的距离. 现在计划在本乡实现村村通公路,问如何设计路线才能使得总花费最小 (假设费用只与距离有关)?

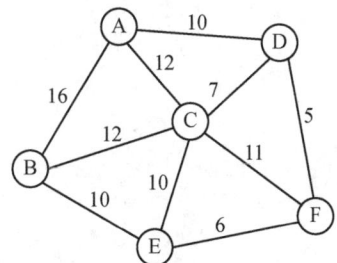

5. 求出 4 题中图的一个最优 Hamilton 圈.

6. 某连锁超市准备在 7 个小区中设置一个分销点,路线与距离如下,应该设在哪个点才能使得到各小区的最大距离最小?

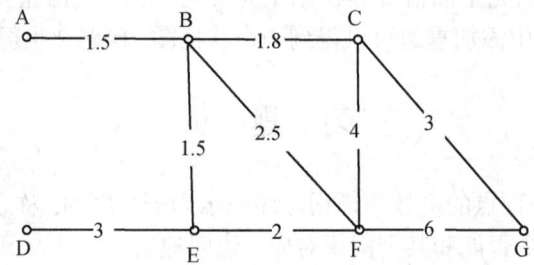

7. 现有张、王、李、赵4名教师要承担数学、语文、美术和音乐的教学工作. 已知张老师能教数学和音乐, 王老师能教美术和音乐, 李老师能教数学、语文和美术, 赵老师只能教音乐. 如何安排才能使4位教师都能教课, 并且每门课都有人教? 共有几种方案?

8. 某街区示意图如下, 标记星的位置是派出所所在地, 请为巡警设计一条最佳巡逻路线.

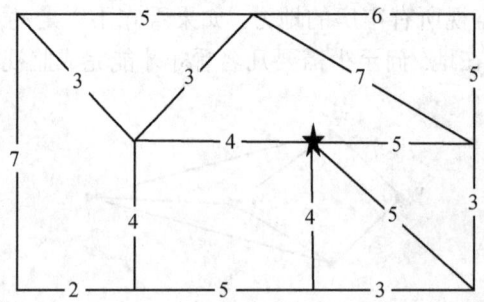

第10章 数据处理及应用

在人们的生活中每天都面对大量的数据，比如科学研究、工程技术中的测量数据、国民经济数据、股票信息、彩票数据、考试成绩、经济开销、时间、身高、体重等各种社会统计数据．怎样从纷繁复杂的数据当中挖掘出有用的信息，是人们面临的一大问题．因此研究数据的处理方法是非常必要的．数据的处理方法很多，常见的有插值与拟合、回归分析、聚类与分类等．本章着重介绍数据的插值、拟合与多元回归分析，并利用 MATLAB 和 Python 结合具体案例进行分析．

我们知道现实世界中很多事物都是有联系的，具有一定的因果关系，因此描述事物运动变化的变量间也是有关系的．它们之间的关系有确定的定量关系，即事物之间关系是确定的、已知的，或者机理明确，比如球体的体积与球的半径关系，自由落体的位移跟时间的关系，等等．还有一种是变量之间的关系并不确定，而是表现为具有随机性的一种"趋势"，即对自变量 x 的同一值，在不同的观测中，因变量 y 可以取不同的值，而且取值是随机的．但对应 x 在一定范围的不同值，对 y 进行观测时，可以观察到 y 随 x 的变化而呈现一定趋势的变化．这就是变量之间的相关关系，当然多数时候这种关系只是定性关系，比如动物的身长与体重关系．经验告诉我们这两者有着一定的正相关性，但机理是不明确的．当然定性与定量是可以很好结合的，往往在定性分析基础上我们可以给出适当的定量关系．这正是数据拟合与回归分析的基础．回归分析是研究两个或两个以上变量相关关系的一种重要的统计方法．下面逐一简要介绍这些方法的原理及其在 MATLAB 和 Python 中如何实现．

10.1 数据插值与拟合

在工程和科学实验中，当研究对象的机理不清楚的时候，经常需要从一组实验观测数据 (x_i, y_i) $(i = 1, 2, \cdots, n)$ 中寻找自变量 x 与因变量 y 之间的某种函数关系 $y = f(x)$．例如，测量了人的身高和体重的一些数据，要确定两者的函数关系，但身高与体重的机理不清楚，所以寻找尽量吻合这组测量数据的近似函数模型就很重要．函数 $f(x)$ 的产生办法因观测数据与要求的不同而异，通常可采用数据插值与数据拟合的方法．

10.1.1 数据插值

1. 插值问题的描述

对给定的一组测量数据，要确定通过所有这些数据点的曲线或曲面的问题就是插值问题. 对一维插值问题可以这样描述：设 $f(x)$ 在区间 $[a, b]$ 上连续，$x_0, x_1, \cdots, x_n$ 为 $[a, b]$ 上 $n+1$ 个互不相同的点，且已知 $f(x)$ 的一组实验观测数据 (x_i, y_i) ($i = 1, 2, \cdots, n$)，要求一个性质优良、便于计算的近似函数 $\varphi(x)$，使得

$$\varphi(x_i) = y_i, \quad i = 0, 1, \cdots, n \tag{10.1}$$

成立，这就是一维插值问题. 其中称 $[a, b]$ 为插值区间，点 $x_0, x_1, \cdots, x_n$ 为插值节点，函数 $\varphi(x)$ 为插值函数，$f(x)$ 为被插值函数，式 (10.1) 式为插值条件. 求插值函数 $\varphi(x)$ 的方法称为插值法.

关于高维插值可类似定义，本节只介绍一维和二维插值.

2. 基本插值方法简介

插值函数的取法很多，可以是代数多项式，也可以是三角多项式或有理函数；可以是 $[a, b]$ 上任意光滑函数，也可以是分段光滑函数. 对一维插值，最常用最基本的插值方法有分段多项式插值与三次样条插值；二维插值根据数据分布规律，可分为网格节点插值和散乱数据插值，相应的方法有双三次样条插值方法和改进的 Shepard 方法. 具体的方法原理请参阅计算方法的专业书籍，这里不再详细介绍. 下面着重介绍 MATLAB 中如何实现数据插值.

3. 用 MATLAB 实现插值方法

1) 一维数据插值

MATLAB 中用函数 interp1() 来处理一维数据插值，它提供了 4 种插值方法供选择：线性插值、三次样条插值、三次插值和最临近插值.

命令 interp1

格式 y_i = interp1(x, y, x_i, 'method')   %对被插值节点 x_i，用 method 方法进行插值.

说明 (1) 输入参数说明：x, y 为插值节点，均为向量；x_i 为任取的被插值点，可以是一个数值，也可以是一个向量；y_i 为被插值点 x_i 处的插值结果.

(2) method 是选用的插值方法，具体有：

'nearest'—最临近插值；

'linear'—线性插值，默认；

'cubic'—三次插值；

'spline'—三次样条函数插值.

注意上述 method 中所有的插值方法都要求 x 是单调的，并且 x_i 不能超过 x 的取值范围，其中最后一种插值的曲线比较平滑.

(3) 三次样条插值函数的调用格式有两种等价格式:

y_i = interp1(x, y, x_i, 'spline'),
y_i = spline(x, y, x_i).

例 10.1 表 10.1 给出了 13 名成年女性的身高与腿长的测量数据:

表 10.1 身高与腿长的测量数据 单位: cm

身高	145	146	148	150	152	154	156	157	158	159	161	162	165
腿长	85	87	90	91	92	94	98	98	96	99	100	101	103

试研究身高与腿长的关系, 并给出身高为 149 cm, 155 cm, 163 cm 时腿长的预测值.

解 在 MATLAB 中输入代码:

```
x=[145 146 148 150 152 154 156 157 158 159 161 162 165]; %插值节点
y=[85 87 90 91 92 94 98 98 96 99 100 101 103];
x1=145: 0.2: 165;                    %被插值节点, 用于确定插值函数.
plot(x, y, 'o'); hold on             %原始测量数据散点图.
y1=interp1(x, y, x1, 'spline');      %求被插值节点处的函数值.
yp=interp1(x, y, [149 155 163], 'spline')  %求身高为 149、155、163 时腿长.
plot(x1, y1, x, y, 'r: ')            %画出插值函数图形及测量数据的折线图.
xlabel('身高'), ylabel('腿长')        %加坐标轴标签
```

输出结果为:

yp = 90.6400   96.1007   102.6974   %对应身高的腿长

输出插值效果图如图 10.1 所示.

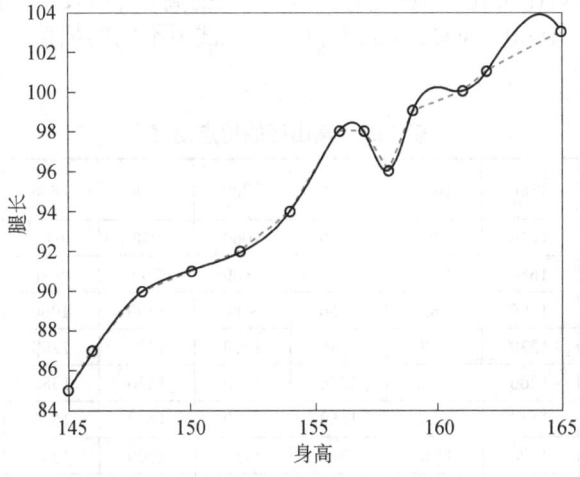

图 10.1 身高与腿长插值效果图

注意：(1) MATLAB 只会给出被插值节点处的函数值，而不会给出具体的函数解析表达式，这有点类似于我们求微分方程的数值解．需要求点对应的插值(未知的)，可以将被插值节点放在 x_i 中；

(2) 图 10.1 中有 3 条曲线，其中圆圈点是原始测量数据点 (横坐标为插值节点)，实线是插值函数图形，虚线是插值节点间的连接折线段．

2) 二维数据插值

针对二维插值中的插值节点为网格节点和散乱节点，MATLAB 中分别提供了函数 interp2( ) 和函数 griddata( ) 来进行二维插值．先介绍规则区域上给定数据有规律分布的二维插值．

命令 interp2

格式 z_i = interp2(x, y, z, x_i, y_i, 'method')   %针对网格节点的二维插值．

说明 (1) 输入参数说明：x, y, z 为插值节点，其中 x 和 y 是自变量，x 是 m 维向量，指明数据网格的横坐标，y 是 n 维向量，指明数据网格的纵坐标，z 是 $m \times n$ 阶矩阵，表示相应于网格点的函数值；z_i 为被插值点 (x_i, y_i) 处的插值结果．

(2) method 是选用的插值方法，具体有：

'nearest'——最临近插值；

'linear'——双线性插值，默认；

'cubic'——双三次插值；

'spline'——双三次样条函数插值．

注意：上述 method 中所有的插值方法都要求 x 和 y 是单调的网格，x 和 y 可以是等距的也可以是不等距的．x_i 和 y_i 应是方向不同的向量，即一个是行向量，另一个是列向量．几种方法中最后一种插值的曲面比较平滑．

例 10.2 已知在某丘陵地区测得一些地点的高程(见表 10.2)．其平面区域为 $1000 \leq x \leq 3400, 1000 \leq y \leq 3100$ (单位：米)，试用不同的插值方法作出该地区的地貌图．

表 10.2 某山区的地点高程   单位：cm

y \ x	1000	1300	1600	1900	2200	2500	2800	3100	3400
1000	1150	1250	1260	1180	1060	930	640	700	750
1300	1320	1650	1390	1400	1300	700	900	850	720
1600	1380	1500	1500	1450	900	1100	1060	950	910
1900	1520	1230	1100	1380	1450	1320	1200	1010	960
2200	1480	1200	1120	1550	1600	1550	1380	1070	1010
2500	1500	1550	1600	1650	1600	1600	1580	1550	1250
2800	1500	1500	1550	1510	1430	1300	1200	980	880
3100	1580	1380	1260	1480	1360	1280	1050	960	780

解 输入程序代码:

```
x=1000: 300: 3400;
y=1000: 300: 3100;
z=[1150  1250  1260  1180  1060  930   640   700   750
   1320  1650  1390  1400  1300  700   900   850   720
   1380  1500  1500  1450  900   1100  1060  950   910
   1520  1230  1100  1380  1450  1320  1200  1010  960
   1480  1200  1120  1550  1600  1550  1380  1070  1010
   1500  1550  1600  1650  1600  1600  1580  1550  1250
   1500  1500  1550  1510  1430  1300  1200  980   880
   1580  1380  1260  1480  1360  1280  1050  960   780];
figure(1)                            %原始数据的山区地貌图
meshz(x, y, z)
xlabel('X'), ylabel('Y'), zlabel('Z')
title('原始数据地貌图')
%为平滑曲面, 加密网格
x1=1000: 30: 3400;
y1=1000: 30: 3100;
figure(2)                            %最临近插值
zn=interp2(x, y, z, x1, y1', 'nearest');
surfc(x1, y1, zn)
xlabel('X'), ylabel('Y'), zlabel('Z')
title('最临近插值地貌图')
figure(3)                            %双线性插值
zl=interp2(x, y, z, x1, y1', 'linear');
surfc(x1, y1, zl)
xlabel('X'), ylabel('Y'), zlabel('Z')
title('双线性插值地貌图')
figure(4)                            %双三次插值
zc=interp2(x, y, z, x1, y1', 'cubic');
surfc(x1, y1, zc)
xlabel('X'), ylabel('Y'), zlabel('Z')
title('双三次插值地貌图')
figure(5)                            %双三次样条函数插值
zs=interp2(x, y, z, x1, y1', 'spline');
surfc(x1, y1, zs)
xlabel('X'), ylabel('Y'), zlabel('Z')
title('双三次样条函数插值地貌图')
```

输出可视化图形分别如图 10.2—图 10.6 所示.

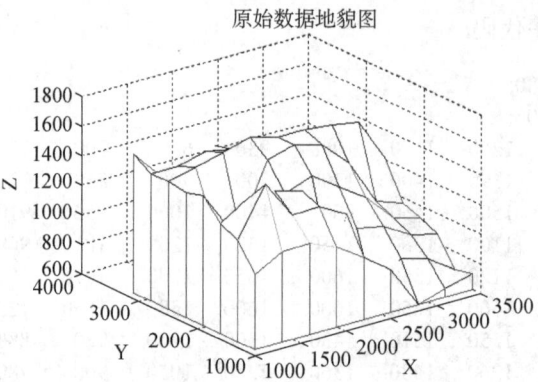

图 10.2 可视化图形 1

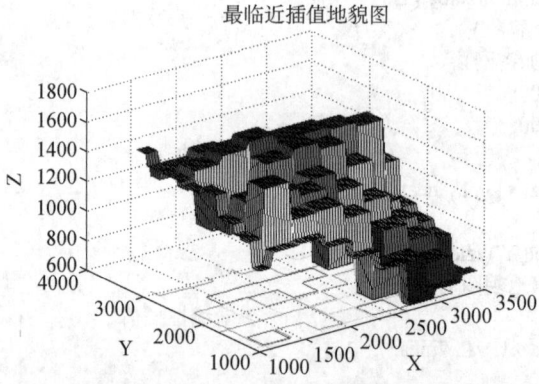

图 10.3 可视化图形 2

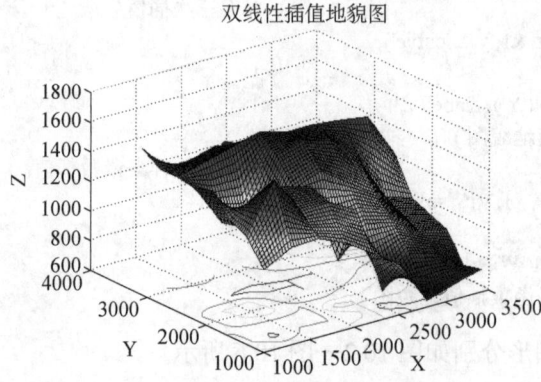

图 10.4 可视化图形 3

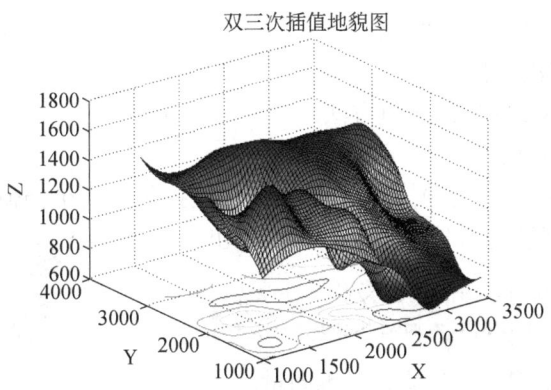

图 10.5 可视化图形 4

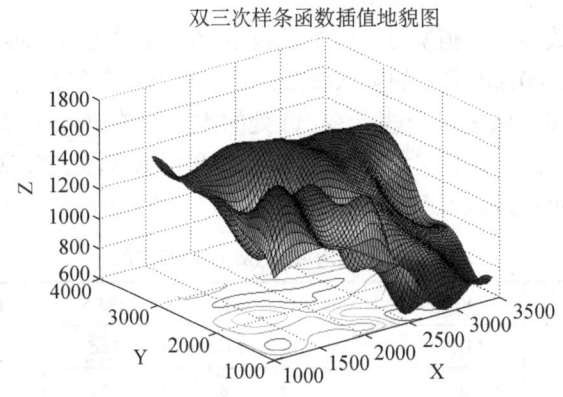

图 10.6 可视化图形 5

从图形可以看出，原始数据地貌图是很粗糙的，因为测量点比较少．几种插值方法中最临近插值和双线性插值效果较差，而最后一种插值的曲面比较平滑，效果较好．

如果给定的数据是在规则区域上的散乱数据或随机分布的数据，即数据不是在网格上取的，则可用函数 griddata( ) 来解决二维插值问题．

命令 **griddata**

格式 z_i =griddata(x, y, z, x_i, y_i, 'method')   %针对散乱数据的二维插值.

说明 (1) 输入参数说明：x, y, z 都是 n 维向量，分别指明所给插值节点的横坐标、纵坐标和 z 坐标；z_i 为被插值点 (x_i, y_i) 处的插值结果；x_i 和 y_i 应是方向不同的向量，即一个是行向量，另一个是列向量．

(2) method 是选用的插值方法，具体有：

'nearest'—最临近插值；

'linear'—双线性插值, 默认;

'cubic'—双三次插值;

'v4'—MATLAB 提供的插值方法.

其中, 'v4'方法比较好.

针对二维散乱插值问题, 在 MATLAB 中还提供了两个插值函数: e01sef() 和 e01sff(). 通常两者要配合使用, 其调用格式为:

```
[fnodes, a, rnw, b, c] = e01sef(x, y, z)
[sz(i, j), ifail] =e01sff(x, y, z, rnw, fnodes, sx(i), sy(j))
```

其中: x, y, z —为插值节点, 均为 n 维向量;

$sx(i), sy(j)$ —为被插值节点;

$sz(i, j)$—为被插值点 $(sx(i), sy(j))$ 处的插值结果;

其他输出参数涉及插值算法. 两个函数中 e01sef 输出 fnodes 和 rnw 为确定插值的参数, 它们是 e01sff 需要的输入参数, 因此两函数需配合使用.

例 10.3 在某海域测得一些点 (x, y) 处的水深 z(单位: ft), 见表 10.3, 水深数据是在低潮时测得的. 船的吃水深度为 5 ft, 问在矩形区域 (75, 200)×(−50, 150) 内的哪些地方船要避免进入?

表 10.3 某海域点 (x, y) 处的水深 (单位: ft)

x	129.0	140.0	103.5	88.0	185.5	195.0	105.5
y	7.5	141.5	23.0	147.0	22.5	137.5	85.5
z	4	8	6	8	6	8	8
x	157.5	107.5	77.0	81.0	162.0	162.0	117.5
y	−6.5	−81.0	3.0	56.5	−66.5	84.0	−33.5
z	9	9	8	8	9	4	9

(1) 基本假设

除了一些散乱的测量数据外, 题目没有给出其他信息. 为了简化问题, 首先给出以下合理假设:

① 所给测量数据是精确可用的;

② 该海域海底是平滑的, 不存在珊瑚礁、水底峡谷、山脊等突变地形.

(2) 问题分析

在假设基础上, 可以考虑用某种光滑的曲面去拟合逼近已知的数据点或以已知的数据点为基础, 利用二维插值方法补充一些点的水深, 然后作出海底曲面图和等高线图, 并求出水深小于 5 的海域范围.

(3) 问题求解

① 先作出测量点的分布散点图

输入程序代码:

```
x=[129.0 140.0 103.5 88.0 185.5 195.0 105.5 157.5 107.5 77.0 81.0 162.0 162.0 117.5];
y=[7.5 141.5 23.0 147.0 22.5 137.5 85.5 -6.5 -81.0 3.0 56.5 -66.5 84.0 -33.5];
z=-[4 8 6 8 6 8 8 9 9 8  8 9 4 9];          %相当于以海平面作为 xy 平面.
plot(x, y, 'o')
title('测量数据 xy 平面分布图')
```

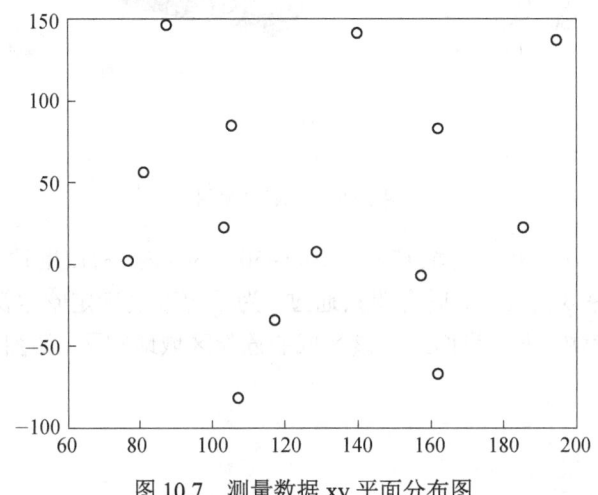

图 10.7　测量数据 xy 平面分布图

从图 10.7 可以直观看出在矩形区域 (75, 200)×(−50, 150) 内测量点是散乱分布的,所以用 MATLAB 中的 griddata 函数作海底二维插值.

② 海底地貌图绘制

在 (1) 的代码基础上添加如下代码:

```
xi=75: 1: 200;
yi=-50: 1: 150;
zi=griddata(x, y, z, xi, yi', 'v4');          %用 v4 方法作散乱数据的二维插值.
figure(2)
mesh(xi, yi, zi)
xlabel('X'); ylabel('Y'); zlabel('Z');
title('海底地貌图')
rotate3d                                      %产生可旋转的 3D 图形.
```

输出效果如图 10.8 所示.

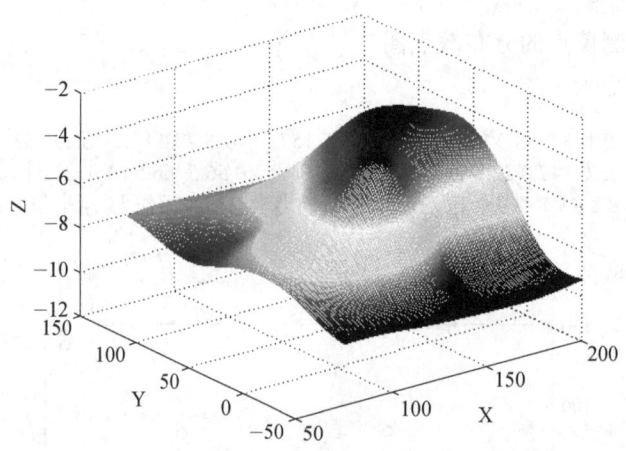

图 10.8 海底地貌图

图 10.8 给出了在矩形海域 (75, 200)×(−50, 150) 内, 海底的地貌图. 其中明显有些区域海水深度较浅, 不适合船只通过, 为了更准确确定吃水深度为 5 ft 的船只不能进入的海域, 下面我们绘出该区域的危险区域地貌图, 如图 10.9 所示.

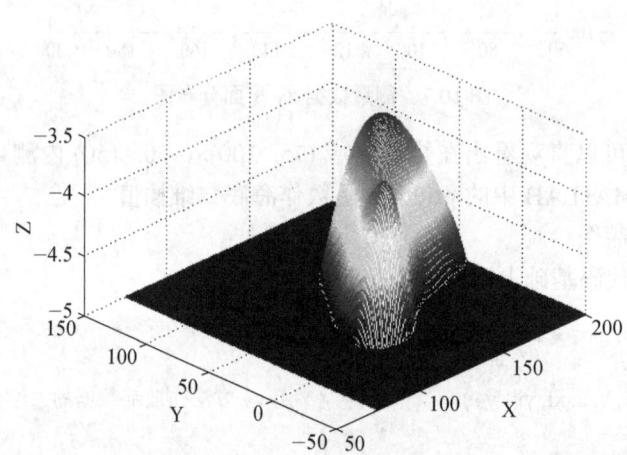

图 10.9 海底危险区域地貌图

③ 海底危险区域地貌图的绘制

危险区域, 即水深小于 5 ft 的海底地貌图, 在 (1)、(2) 的代码基础上添加如下代码:

```
[u, v]=find(zi>-5);              %在 zi 矩阵中找出值大于-5 的元素并将坐标存入向量 u,
                                 v, 也就是找出水深小于 5 英尺的插值点.
zzi=zeros(size(zi))-5;           %产生一个与 zi 同型的, 元素均为-5 的矩阵.
for i=1: length(u)
    zzi(u(i), v(i))=zi(u(i), v(i));   %将 zi 中值大于-5 的元素替换 zzi 中对应元素.
end
figure(3)
mesh(xi, yi, zzi)                %绘出以 z 坐标等于-5 为基底面的危险区域地貌图.
rotate3d
xlabel('X'); ylabel('Y'); zlabel('Z');
title('海底危险区域地貌图')
```

图 10.9 给出了水深小于 5 ft 的海底区域的地貌图, 它可以理解成用 z=-5 的平面去截图 10.8 所得上半部分的图形.

④ 危险区域平面图

危险区域平面图, 即绘制 z=5 的等高线, 代码和等值线图如下:

```
figure(4)
contour(xi, yi, zi, [-5, -5], 'r')        %作深度为 5 的海底等值线图
xlabel('X'); ylabel('Y')
title('危险区域平面图')
```

代码输出效果如图 10.10 所示.

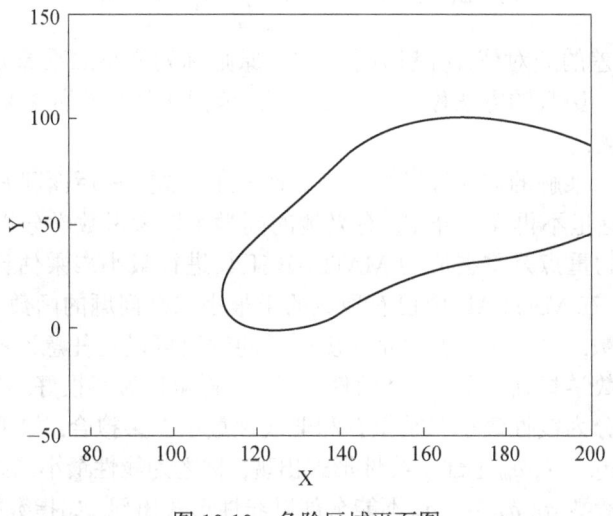

图 10.10 危险区域平面图

图 10.10 给出了平面矩形区域 (75, 200)×(-50, 150) 内的危险区域, 其中线条内部区域是船只要避免进入的区域.

10.1.2 数据拟合

1. 拟合问题的描述

对给定的一组测量数据 (x_i, y_i) ($i = 1, 2, \cdots, n$)，如果要寻找变量 x 与 y 的函数关系的近似表达式，前面提到的插值方法在一定程度上可以较好解决问题，但它有明显的缺陷．一是测量数据常带有测试误差，而插值多项式又经过所有这些点，保留了误差；二是如果实验测量数据较多，则必然出现高次插值多项式，这样近似效果并不理想．而数据拟合却能较好地避免这些问题．

数据拟合就是从给定的一组数据出发，寻找函数的一个近似表达式 $y=\varphi(x)$，要求该函数在某种准则下能尽量反应数据的整体变化趋势，而不一定经过所有数据点 (x_i, y_i)．数据拟合问题也叫曲线拟合问题，其中 $y=\varphi(x)$ 称为拟合曲线．

求解曲线拟合问题要求我们先要给出拟合的函数类型，然后利用测量数据按照一定的方法求出参数，其中最常用的解法是最小二乘法．

2. 曲线拟合的最小二乘原理

对给定的一组测量数据 (x_i, y_i) ($i=1, 2, \cdots, n$)，拟合的函数为 $y=\varphi(x, a_1, a_2, \cdots, a_m)$，其中 $a_1, a_2, \cdots, a_m$ 为待定系数．为使函数在整体上尽可能与给定数据点接近，我们常采用 n 个已知点 (x_i, y_i) 与曲线的距离 (偏差) $\delta_i = y_i - \varphi(x_i)$ 的平方和最小，即

$$\min \varphi(x, a_1, a_2, \cdots, a_m) = \sum_{i=1}^{n} (y_i - \varphi(x_i))^2$$

来保证每个偏差的绝对值 $|\delta_i|$ 都很小，这一原则称为最小二乘原则，根据最小二乘原则确定拟合函数的方法称为最小二乘法，满足上述要求的参数取值称为该问题的最小二乘解．

确定最小二乘解的问题涉及多元函数的极值问题，在后面回归分析中我们还会有所接触，这里不再详细介绍，有兴趣的同学可以参考数学分析或计算方法类教科书．本书的重点是掌握应用 MATLAB 工具进行最小二乘估计，即进行曲线拟合．事实上，在 MATLAB 中已有现成的求最小二乘问题的函数 polyfit( )，称为多项式拟合函数，并且这个函数允许多项式的次数可以是任意次的．同学们即使没有这方面的数学基础，只要熟悉软件工具，一样可以做得很好．

曲线拟合分为线性最小二乘拟合和非线性最小二乘拟合．如果拟合函数的待定系数 $a_0, a_1, a_2, \cdots, a_m$ 全部以线性形式出现，称之为线性最小二乘拟合；如果拟合函数的待定参数 $a_1, a_2, \cdots, a_m$ 不能全部以线性形式出现，如指数拟合函数

$$\varphi(x) = a_0 + a_1 e^{a_2 x}$$

等，这就非线性最小二乘拟合问题．

注意：最小二乘原理中的偏差也可以是点到直线的垂直线段的长度 (点到直线的距离)，也可以是点沿 (平行) x 轴方向到直线的距离 (横向距离) 或点沿 (平

行) y 轴方向到直线的距离 (纵向距离). 其中最常用是纵向距离.

3. 拟合函数的确定

最小二乘法中, 确定拟合函数类型是很关键的. 常用的有两种方式.

(1) 通过机理分析建立数学模型来确定 $\varphi(x)$, 比如前面提到的人口增长的 logistic 模型就是机理分析法推导出来的, 但参数的确定需要用到统计数据进行曲线拟合.

(2) 如果无现成的规则或事物机理不清楚, 可以通过散点图, 结合曲线的形状变化趋势进行分析, 建立经验模型.

例如, 图 10.11 中数据点基本分布在一条带型区域上, 所以可以考虑用直线模型作为经验模型; 图 10.12 中图形可以看作二次曲线, 也可以用反指数函数作为经验模型.

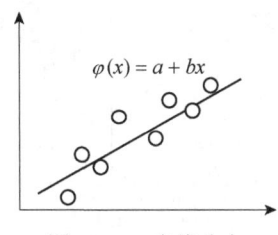
图 10.11 直线分布

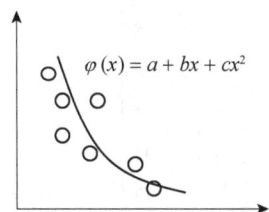
图 10.12 二次曲线分布

当然这具有一定的主观性, 因此要求我们多观察分析, 找出最适合的拟合函数. 一种好的处理方法是对同一问题, 分别选择不同的函数进行最小二乘拟合, 比较各自误差的大小, 从中选出误差较小的作为拟合函数.

4. 用 MATLAB 进行曲线拟合

1) 线性最小二乘拟合

MATLAB 中线性最小二乘拟合其实就是作多项式 $f(x) = a_1 x^m + \cdots + a_m x + a_{m+1}$ 拟合, 它可以看作是函数 $x^m, \cdots, x, 1$ 的线性组合. 常用的线性最小二乘拟合函数有 polyfit( ), polyval( ).

命令 **polyfit, polyval**

格式　a=polyfit(x, y, m)　　%对给定数据作 m 次多项式拟合.
　　　y=polyval(a, x)　　　　%调用拟合出来的多项式计算在 x 处的值, 即求
　　　　　　　　　　　　　　　预测值.

参数说明: x, y — 同长度的数组, 需要拟合的实验数据;
　　　　　a — 输出拟合多项式系数 $a = [a_1, a_2, \cdots, a_{m+1}]$ (数组), 从高次到低次;
　　　　　m — 拟合多项式次数.

例 **10.4**　对本节例 10.1 中数据作多项式拟合.

解　从图 10.1 可以看出身高和腿长大致满足线性关系, 所以考虑线性拟合,

代码如下:

```
x=[145  146   148  150  152  154  156  157  158  159  161  162  165];
y=[85   87    90   91   92   94   98   98   96   99   100  101  103];
plot(x, y, 'o');                    %绘制散点图.
a=polyfit(x, y, 1)                  %作 1 次多项式拟合.
z=polyval(a, x)                     %求预测值.
plot(x, y, 'o', x, z, 'r-')         %拟合效果对比图.
xlabel('身高'), ylabel('腿长')
```

拟合效果对比图如图 10.13 所示.

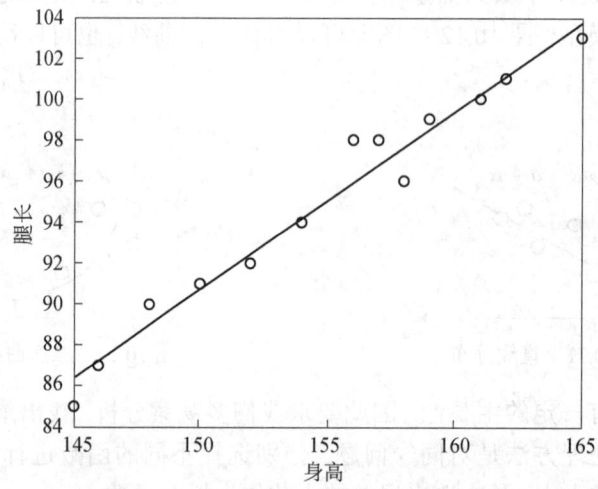

图 10.13 身高腿长拟合效果对比图

拟合系数分别为 0.8690, −39.6361.

例 10.5 对一室模型进行快速静脉注射实验, 测得不同时间点的血药浓度数据 ($t=0$ 注射 300 mg), 见表 10.4.

表 10.4 血药浓度数据

t(h)	0.15	0.5	1	1.5	2	2.5	3	3.5	4	5	6
c(μg/ml)	20.6	18.15	15.36	14.10	12.89	11.09	9.32	8.17	7.45	6.29	5.24

试求血药浓度随时间的变化规律 $c(t)$.

解 (1) 作出散点图, 观察规律, 代码和图形如下:

```
t=[0.15  0.5   1   1.5   2   2.5   3   3.5   4   5   6];
c=[20.6  18.15  15.36  14.10  12.89  11.09  9.32  8.17  7.45  6.29  5.24];
figure(1)
plot(t, c, '+');                           %绘制散点图
xlabel('时间'), ylabel('药物浓度')
```

代码输出效果如图 10.14 所示.

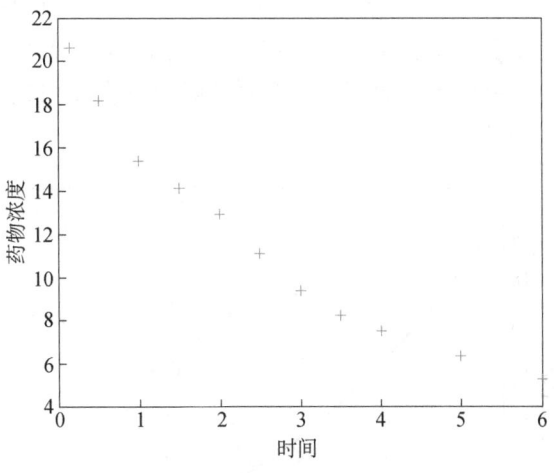

图 10.14 药物浓度散点图

图 10.14 显示血药浓度随时间的变化规律是时间越长, 浓度越低, 而且开始时下降速度快, 逐渐减弱, 两者关系大致呈现类抛物线规律, 因此考虑用多项式作拟合.

(2) 做线性拟合, 代码和图形如下:

```
a=polyfit(t, c, 2)              %二次多项式拟合.
z=polyval(a, t)
figure(2)
plot(t, c, '+', t, z, 'r-')     %二次多项式拟合效果对比图.
```

代码输出效果如图 10.15 所示.

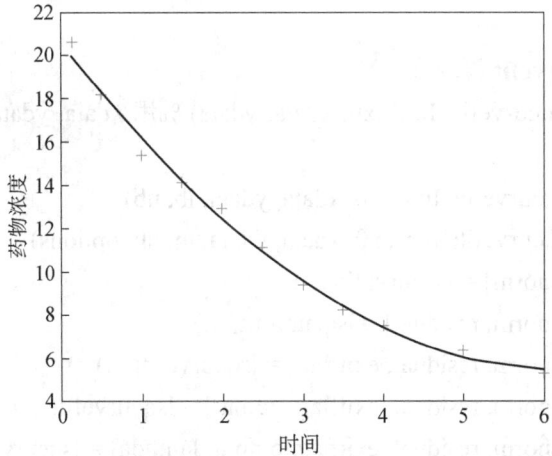

图 10.15 二次多项式拟合效果对比图

拟合多项式系数分别为 0.3989, −4.9387, 20.7222.

因此, 所求的二次拟合多项式为 $y = 0.3989x^2 - 4.9387x + 20.7222$. 从图 10.15 可以看出模型拟合效果良好, 除个别点存在较大偏差外, 基本反映了实验数据的变化趋势. 为了寻求更好的拟合函数, 下面考虑用三次多项式进行拟合, 对比效果如图 10.16 所示, 程序略.

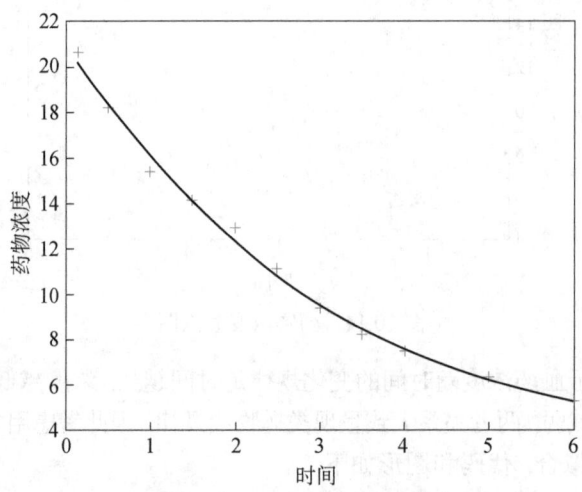

图 10.16 三次多项式拟合效果对比图

2) 非线性最小二乘拟合

MATLAB 中提供了两个求非线性最小二乘拟合的函数: lsqcurvefit() 和 lsqnonlin(). 它们所采用的算法是一样的. 两个命令都要先建立 M 文件 fun.m, 在其中定义函数 $f(x)$, 但两者定义 $f(x)$ 的方式是不同的. 这里主要介绍 lsqcurvefit() 的应用.

命令 lsqcurvefit

格式 x = lsqcurvefit('fun', x0, xdata, ydata) %用 xdata, ydata 拟合 fun 中的参数并返回 x.

    x = lsqcurvefit('fun', x0, xdata, ydata, lb, ub)

    x = lsqcurvefit('fun', x0, xdata, ydata, lb, ub, options)

    [x, resnorm] = lsqcurvefit(…)

    [x, resnorm, residual] = lsqcurvefit(…)

    [x, resnorm, residual, exitflag] = lsqcurvefit(…)

    [x, resnorm, residual, exitflag, output] = lsqcurvefit(…)

    [x, resnorm, residual, exitflag, output, lambda] = lsqcurvefit(…)

    [x, resnorm, residual, exitflag, output, lambda, jacobian] = lsqcurvefit(…)

参数说明

(1) xdata = (xdata$_1$, xdata$_2$, ···, xdata$_n$)，ydata = (ydata$_1$, ydata$_2$, ···, ydata$_n$) 是满足关系 ydata=F(x, xdata) 的已知数据点；x = $(a_1, a_2, ···, a_m)$ 为参数向量；x0 为迭代初值；lb、ub 为解向量的下界和上界，若没有指定界，则 lb=[ ]，ub=[ ]；options 是选项.

(2) fun 是一个事先建立的定义拟合函数 $f(x, xdata)$ 的 M 文件，自变量为 x 和 xdata.

(3) resnorm=sum ((fun(x, xdata)-ydata).^2)，即在 x 处残差的平方和；residual=fun(x, xdata)-ydata，即在 x 处的残差；

exitflag 为终止迭代的条件；

output 为输出的优化信息；

lambda 为解 x 处的 Lagrange 乘子；

jacobian 为解 x 处拟合函数 fun 的 jacobian 矩阵.

例 10.6 已知美国两百多年的人口统计数据，见表 10.5 第 2 列，试建立描述人口增长变化的数学模型，并用所给数据拟合出相应参数.

表 10.5 美国人口数据和预测值

年份	实际值（百万）	传统模型预测值	误差 (%)	改进模型预测值	误差 (%)
1790	3.9	3.90	0.00	3.90	0.00
1800	5.3	5.08	4.11	5.58	5.26
1810	7.2	6.62	8.11	7.81	8.41
1820	9.6	8.60	10.39	10.70	11.42
1830	12.9	11.17	13.43	14.38	11.44
1840	17.1	14.47	15.40	18.97	10.94
1850	23.2	18.69	19.44	24.61	6.06
1860	31.4	24.06	23.37	31.41	0.03
1870	38.6	30.84	20.09	39.49	2.31
1880	50.2	39.32	21.67	48.95	2.48
1890	62.9	49.79	20.84	59.89	4.79
1900	76.0	62.52	17.73	72.35	4.80
1910	92.0	77.73	15.51	86.39	6.10
1920	106.5	95.49	10.34	102.03	4.20
1930	123.2	115.71	6.08	119.27	3.19
1940	131.7	138.09	4.85	138.08	4.84
1950	150.7	162.05	7.53	158.42	5.12
1960	179.3	186.86	4.22	180.21	0.51
1970	204.0	211.64	3.75	203.37	0.31
1980	226.5	235.53	3.99	227.80	0.58

续表

年份	实际值(百万)	传统模型预测值	误差(%)	改进模型预测值	误差(%)
1990	251.4	257.80	2.54	253.39	0.79
2000	281.4	277.89	1.25	279.99	0.50
2010	310.2	295.50	4.74	307.49	0.88
2020	331.4	319.75	3.51	333.82	0.73

解 (1) 数学模型描述

在第 7 章我们已经介绍了人口增长的经典数学模型, Logistic 模型:

$$x(t) = \frac{x_m}{1 + \left(\frac{x_m}{x_0} - 1\right)e^{-rt}},$$

同时给出了一个改进的对数逻辑斯蒂模型如下:

$$x(t) = x_m \cdot \left(\frac{x_0}{x_m}\right)^{e^{-\frac{rt}{\ln x_m}}},$$

其中参数 x_0 为人口初始数据, x_m 为最大人口容量, r 为固定增长率, $x(t)$ 为第 t 年人口数量. 只要估计出模型的参数, 就可以进行预测. 这里 x_0 可以用第一年的统计数据代替, 另两个参数需要用曲线拟合的方法进行估计.

(2) 对参数作非线性拟合

① 针对两个数学模型定义两个外部函数, 分别为 usa_renkou1.m 和 usa_renkou2.m

```
function f=usa_renkou1(x, year)
f=x(1)./(1+(x(1)/3.9-1).*exp(-x(2).*year));    %x(1)=xm; x(2)=r; x0=3.9
function f=usa_renkou2(y, year)
f=y(1).*(3.9/y(1)).^exp(-y(2).*year./log(y(1)));
```

② 输入主程序

```
year=0: 1: 23;              %将年份用 0-23 替换, 即 0 表示 1790 年, 23 对应 2020 年.
usp=[3.900 5.300 7.200 9.600 12.90 17.10 23.20 31.40 38.60 50.20 62.90 76 92 106.5
     123.2 131.7 150.7 179.3 204.0 226.5 251.4 281.4 310.2 331.4];
x0=[100 1.8];
x=lsqcurvefit('usa_renkou1', x0, year, usp)    %利用传统逻辑斯蒂模型进行非线性拟合
z1=usa_renkou1(x, year)                        %传统逻辑斯蒂模型人口预测值
y=lsqcurvefit('usa_renkou2', x0, year, usp)    %利用改进逻辑斯蒂模型进行非线性拟合
z2=usa_renkou2(y, year)                        %改进逻辑斯蒂模型人口预测值
plot(year, usp, 'o', year, z1, 'r', year, z2, 'K:', 'linewidth', 1.5)    %对比效果图
xlabel('年份'); ylabel('人口数量');
title('1790-2020 年美国人口数量拟合效果图')
legend('原始数据', '逻辑斯蒂模型', '改进的逻辑斯蒂模型 ')    %加注说明
```

③ 运行结果为:

```
x =
    392.4154    0.2645
y =
    1227.7      0.5
```

即传统模型所求参数为 $x_m = 392.4154$, $r = 0.2645$; 改进模型所求参数为 $x_m = 1227.7$, $r = 0.5$. 两个模型的预测值和误差分别见表 10.5 的 3—6 列. 对比效果如图 10.17 所示.

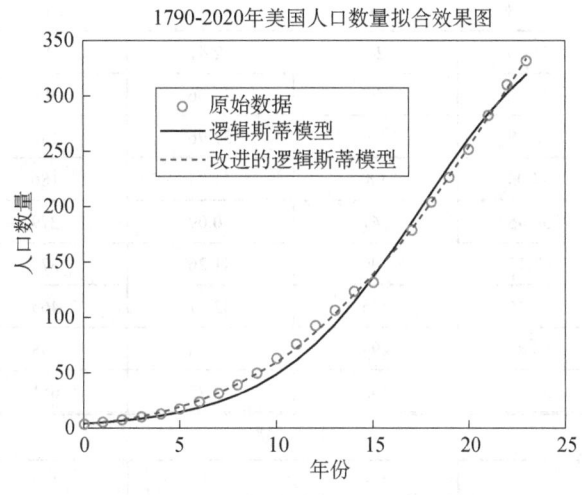

图 10.17　年份与人口数量对比效果

④ 预测与误差

这里我们仅用拟合出来的函数预测 2030 年的美国人口数据, 只需执行 usa_renkou1(x, 23) 和 usa_renkou2(x, 23) 后便可得 2030 年预测人口值分别为 334.1314 百万, 362.1489 百万. 注意这里 1 个时间点是 10 年, 若要预测其他年份的数值, 可以取时间值为小数形式, 如 2012 年对应 $t=22.2$, 改进模型预测值为 313.0786 百万, 与实际值 3.13 亿非常接近, 这也说明传统模型预测效果不够理想. 从预测数据、误差和拟合效果图 10.17 来看, 改进的逻辑斯蒂模型效果明显好于传统模型.

例 10.7 NPK 施肥问题 (1992 年全国大学生数学建模竞赛 A 题)

某地区作物生长所需的营养素主要是氮 (N)、钾 (K)、磷 (P). 某作物研究所在某地区对土豆与生菜做了一定数量的实验, 其中土豆的实验数据如表 10.6 所示, 其中 ha 表示公顷, t 表示吨, kg 表示公斤. 当一个营养素的施肥量变化时, 总将另两个营养素的施肥量保持在第七个水平上, 例如, 对土豆产量关于 N 的施肥量做实验时,P 与 K 的施肥量分别取为 196 kg/ha 与 372 kg/ha.

试分析施肥量与产量之间关系,并对所得结果从应用价值与如何改进等方面做出估价.

表 10.6 土豆和生菜产量与施肥量

土 豆					
N		P		K	
施肥量 (kg/ha)	产量 (t/ha)	施肥量 (kg/ha)	产量 (t/ha)	施肥量 (kg/ha)	产量 (t/ha)
0	15.18	0	33.46	0	18.98
34	21.36	24	32.47	47	27.35
67	25.72	49	36.06	93	34.86
101	32.29	73	37.96	140	39.52
135	34.03	98	41.04	186	38.44
202	39.45	147	40.09	279	37.73
259	43.15	196	41.26	372	38.43
336	43.46	245	42.17	465	43.87
404	40.83	294	40.36	558	42.77
471	30.75	342	42.73	651	46.22

生 菜					
N		P		K	
施肥量 (kg/ha)	产量 (t/ha)	施肥量 (kg/ha)	产量 (t/ha)	施肥量 (kg/ha)	产量 (t/ha)
0	11.02	0	6.39	0	15.75
28	12.70	49	9.48	47	16.76
56	14.56	98	12.46	93	16.89
84	16.27	147	14.33	140	16.24
112	17.75	196	17.10	186	17.56
168	22.59	294	21.94	279	19.20
224	21.63	391	22.64	372	17.97
280	19.34	489	21.34	465	15.84
336	16.12	587	22.07	558	20.11
392	14.11	685	24.53	651	19.40

解 为考察氮、磷、钾 3 种肥料对作物的施肥效果,下面以氮、磷、钾的施肥量为自变量,土豆产量为因变量描点作图,先观察数据的分布特点和变化规律.

(1) 输入数据,绘制施肥量与土豆产量的散点图

```
nshi=[0 34 67 101 135 202 259 336 404 471];      %N 的施肥量.
nchan=[15.18 21.36 25.72 32.29 34.03 39.45 43.15 43.46 40.83 30.75];
pshi=[0 24 49 73 98 147 196 245 294 342];        %P 的施肥量.
pchan=[33.46 32.47 36.06 37.96 41.04 40.09 41.26 42.17 40.36 42.73];
kshi=[0 47 93 140 186 279 372 465 558 651];      %K 的施肥量.
kchan=[18.98 27.35 34.86 39.52 38.44 37.73 38.43 43.87 42.77 46.22];
figure(1)
plot(nshi, nchan, '*')                            %N 施肥量与产量关系图.
figure(2)
plot(pshi, pchan, 'ro')                           %P 施肥量与产量关系图.
figure(3)
plot(kshi, kchan, 'b+')                           %K 施肥量与产量关系图.
```

(2) 运行后,输出结果如图 10.18—图 10.20 所示.

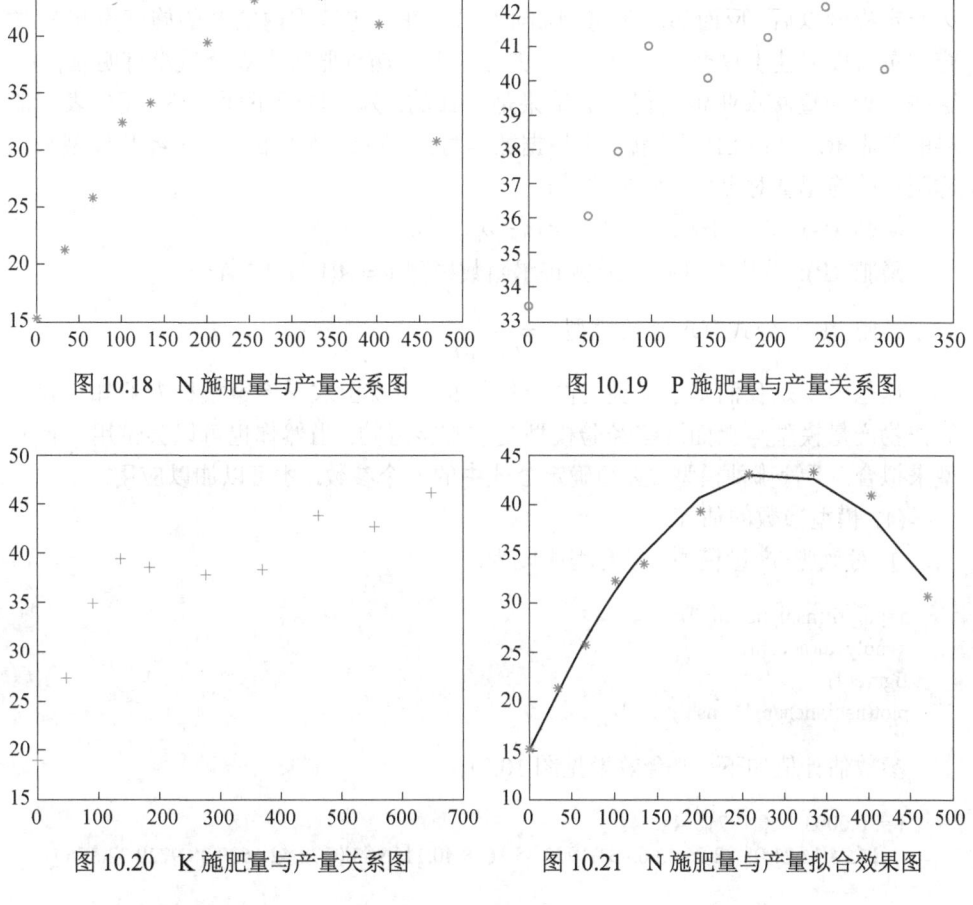

图 10.18 N 施肥量与产量关系图

图 10.19 P 施肥量与产量关系图

图 10.20 K 施肥量与产量关系图

图 10.21 N 施肥量与产量拟合效果图

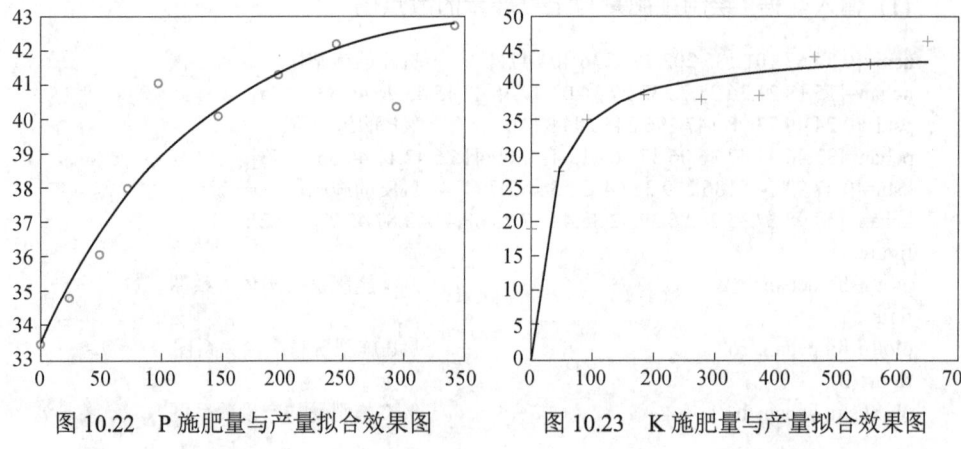

图 10.22 P 施肥量与产量拟合效果图　　图 10.23 K 施肥量与产量拟合效果图

(3) 分析与建模

从图 10.18—图 10.20 可以看出: 土豆产量随着 N 的施肥量的增加而增加, 到达一定程度以后, 反而随施肥量增加而减少; 在一定范围内的 P 的施肥量和 K 的施肥量可以促使土豆产量增长, 过多的施磷肥或施钾肥对土豆产量没有明显作用. 这些结论和查阅农业资料得到的结果是一致的. 为了便于下面描述, 用 x 表示肥料的施肥量, y 表示土豆产量, 则根据数据特点, 可分别用下面 3 个经验模型来描述肥料的施肥量对土豆产量的影响:

氮肥 (N): 二次多项式模型 $y = b_0 + b_1 x + b_2 x^2$;

磷肥 (P): 分段线性拟合或威布尔函数模型 $y = A(1 - e^{-Bx + C})$;

钾肥 (K): 分式有理函数模型 $y = \dfrac{x}{ax + b}$.

这些模型是我们基于经验上的一种判断, 事实上农学专家根据专业知识建立的作物产量模型与上面这些经验模型是非常接近的. 当然你也可以尝试用其他模型来拟合. 不管哪种模型, 必须确定公式中的各个参数, 才可以加以应用.

(4) 模型参数的估计

① 对氮肥-产量模型, 拟合程序段为:

```
a=polyfit(nshi, nchan, 2)
z=polyval(a, nshi)
figure(4)
plot(nshi, nchan, '*', nshi, z, 'r-')
```

参数估计值如下, 拟合效果见图 10.21:

```
a = -0.0003    0.1971    14.7416
z =14.74 16 21.05 22 26.42 65 31.1902 35.1688 40.7116 43.0272 42.6520 38.9729 32.2769
```

即所求模型为: $y = 14.7416 + 0.1971x - 0.0003x^2$.

注: 如果直接用这个模型拟合, 效果会比图 10.21 差, 特别是 x 较大时, 这是因为 MATLAB 默认输出小数点后 4 位数字, 而实事上用 vpa() 函数可见二次项系数应为 -0.0003395.

② 对磷肥产量模型, 用威布尔模型进行拟合, 先定义外部函数如下:

```
function f=weib_function(x, pshi)
    f=43.*(1-exp(-x(1).*pshi+x(2)));          %威布尔函数, A=43; x(1)=B; x(2)=C.
```

主程序段如下:

```
x0=[0.2, 0.5];
x=lsqcurvefit('weib_function', x0, pshi, pchan)    %调用定义的威布尔函数进行拟合.
pchan_theory=weib_function(x, pshi)                %基于磷施肥量的土豆产量预测值.
figure(5)
plot(pshi, pchan, 'o', pshi, pchan_theory, 'r')
```

执行程序后输出效果如图 10.22, 参数估计值如下:

```
x = 0.0096    -1.3997
```

即所求模型为: $y = 43\left(1 - e^{-0.0096x - 1.3997}\right)$.

注: 从原始数据中可以看出, 随着磷的施肥量增加, 土豆产量始终在 43 t/ha 以下, 于是 43 可认为是产量的极限值, 又因 $B > 0$ 时,

$$\lim_{x \to \infty} A(1 - e^{-Bx+C}) = A,$$

因此在模型中可令参数 $A = 43$, 这样可以简化计算. 而且如果直接对 3 个参数进行非线性拟合, 效果很差. 大家可以试一下并分析其原因.

在磷肥产量模型的实验数据中有 $y(0) > y(24)$, 但是在施肥量较少时, 产量应该随施肥量增加而增加, 故可以认为 $y(0)$, $y(24)$ 是病态数据, 并可取 $y(0)$ 与 $y(49)$ 的一次线性插值 $\frac{1}{2}[y(0) + y(49)]$ 来取代 $y(24)$.

在磷肥产量模型的实验数据中还可以发现, 开始一段呈快速线性增长趋势, 当施肥量到达 98 kg/ha 左右时开始呈平缓趋势, 线性关系不如开始, 所以可以考虑做分段线性拟合. 有兴趣的同学可以自己试一下.

③ 对钾肥产量模型, 用分式有理函数模型进行拟合, 先定义外部函数如下:

```
function f=npk_function(x, kshi)
    f=kshi./(x(1).*kshi+x(2));                %分式有理函数.
```

主程序段为:

```
x0=[0.0, 0.05];
```

```
x=lsqcurvefit('npk_function', x0, kshi, kchan)
kchan_theory=npk_function(x, kshi)
figure(6)
plot(kshi, kchan, '+', kshi, kchan_theory, 'r')
```

执行程序后输出效果如图 10.23 所示，参数估计值如下：

```
x = 0.0222    0.6537
```

即所求模型为：$y = \dfrac{x}{0.0222x + 0.6537}$.

在分式有理函数中由于 $x=0$，即施肥量为 0 的时候，预测产量为 0，这与实际是有较大偏差的，如补充定义 $x=0$ 时分式函数值为对应实际产量值，则效果要好些；当 $x \to \infty$ 时，y 的极限值为 45.045，与实际数据的极限产量比较接近，可见模型基本反映了数据的整体变化趋势，是可行的.

对生菜产量与施肥量的关系可以类似讨论，大家可以根据对数据的分析，选择合理的经验模型进行拟合，这里不再详细介绍.

最后指出，本题解决过程中是将每组实验看成单因素实验，建立的是一元模型，事实上，作物产量不仅跟这些肥料有关，还与它们的交叉作用、配比有关，因此孤立地看待它们的关系是不完整的. 在农业科学中，可以用三元二次多项式来描述氮、磷、钾三种肥料的综合施肥效果，所用方法可以考虑本章第三节，即将介绍的多元回归分析来处理，但实验方式也要改进，比如引进正交试验，有兴趣的同学可以查阅第三节或其他相关资料.

5. 非线性拟合的线性化

部分非线性拟合函数经变量代换可化为线性函数，利用线性估计来间接估计非线性模型的参数. 例如对前面的分式有理函数

$$y = \frac{x}{ax+b},$$

可令 $y' = \dfrac{1}{y}, x' = \dfrac{1}{x}$，则模型线性化为：$y' = a + bx'$.

又如 S 型曲线

$$y = \frac{1}{a + be^{-x}},$$

令 $y' = \dfrac{1}{y}, x' = e^{-x}$，模型线性化为：$y' = a + bx'$. 应用当中我们只需对数据进行相应变换 (倒数、对数变换等) 便可利用线性拟合估计出新参数，然后还原非线性参数. 更详细地可参阅 10.4 节.

6. 实际应用中插值与拟合方法的选择

由于插值与拟合方法面对的问题具有很大的相似性,最终目的都是对给定一组测量数据,找出尽量反应数据变化趋势的近似函数,并进行预测. 所不同的是插值要经过所有数据点,而拟合却不需要,这决定了两者在方法和原理上有本质区别. 那么在实际应用中,究竟选择哪种方法比较恰当?大致可从以下 3 方面来考虑:

(1) 如果给定的数据是少量的且被认为是严格精确的,那么宜选择插值方法. 因为采用插值方法可以保证插值函数与被插函数在插值节点处完全相等.

(2) 如果给定的数据是大量的测试或统计的结果,并不是严格精确的,那么宜选用数据拟合的方法. 这是因为,一方面测试或统计数据本身往往带有测量误差,如果要求所得的函数与所给数据完全吻合,就会使所求函数保留着原有的测量误差;另一方面,测试或统计数据通常很多,如果采用插值方法,不仅计算麻烦,而且逼近效果往往较差.

(3) 如果研究对象机理清楚,其数学模型可以确定,则应用数据拟合对参数加以估计.

10.2 一元回归分析

一元线性回归 (linear regression) 是描述两个变量之间相互关系的最简单的回归模型. 它和前面讲到的一元线性拟合是一致的. 本节将简要介绍一元线性回归的基本模型、参数估计的最小二乘原理、回归方程的相关检验、预测和控制的理论及应用.

10.2.1 一元线性回归的基本概念

为了便于引入回归分析的相关概念,我们先看一个引例.

引例 著名的英国生物学家、统计学家、回归分析的鼻祖 F. 高尔顿 (F.Gallton) 和 K. 皮尔逊 (K.Pearson) 收集了上千个家庭的身高、臂长和腿长的记录,试图寻找出儿子们身高与父亲们身高之间的关系. 表 10.7 给出了其中 10 对父子的身高数据 (单位: cm). 请给出两者的定量关系.

表 10.7 父子的身高数据 (单位: cm)

父亲身高	152	158	163	165	168	170	173	178	183	188
儿子身高	162	166	168	166	170	170	171	174	178	178

在许多实际问题的研究中,经常需要研究某一现象与影响它的某一最主要因素之间的关系. 如上面这个问题中,我们知道影响人的身高的因素很多,而遗传

因素可能是其中非常重要的一个，所以重点考虑父辈与子辈的身高指标. 首先以父辈身高为 x 轴，儿子身高为 y 轴，画出散点图如图 10.24 所示.

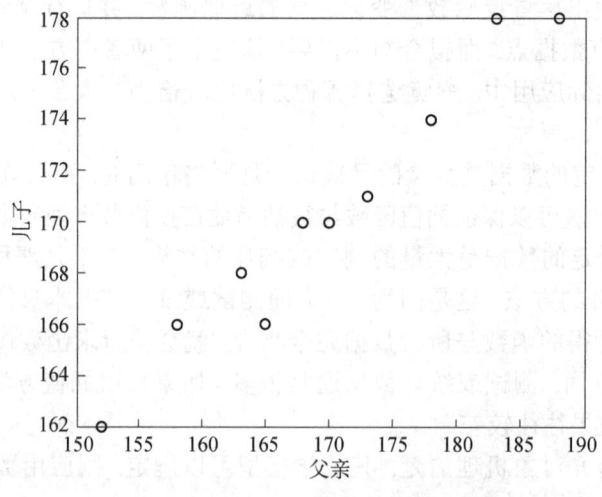

图 10.24 父子身高关系图

从图 10.24 中可以看出，这些点大致分布在一个带型区域或一条直线附近，可以粗略把两者关系看作直线关系. 但数据点又并非在直线上，所以父子身高之间不是确定性关系，但有着密切的相关关系. 为便于探讨 y 与 x 之间的统计规律性，通常用下面的数学模型来描述它.

$$\begin{cases} y = \beta_0 + \beta_1 x + \varepsilon \\ E\varepsilon = 0, D\varepsilon = \sigma^2 \end{cases} \tag{10.2}$$

式 (10.2) 称为变量 y 对 x 的**一元线性回归模型**. 一般称 y 为被解释变量，或因变量 (dependent variable); x 为解释变量，或自变量 (independent variable). 式中 β_0, β_1 和 σ^2 是未知参数，β_0, β_1 称为回归系数，ε 是一个随机变量，通常假定它服从期望为零、方差为 σ^2 的正态分布.

由式 (10.2)，只要估计出回归系数 β_0 和 β_1 就可以算出当 x 已知时 $E(Y) = \beta_0 + \beta_1 x$ 的值. 通常

$$E(y|x) = \beta_0 + \beta_1 x \tag{10.3}$$

称为一元线性回归方程，在图形上是一条截距为 β_0、斜率为 β_1 的直线，这条直线称为一元线性回归直线. 一般用 $\hat{\beta}_0, \hat{\beta}_1$ 和 $\hat{\sigma}^2$ 分别表示 β_0, β_1 和 σ^2 的估计值，称

$$\hat{y} = \hat{\beta}_0 + \hat{\beta}_1 x. \tag{10.4}$$

为 y 关于 x 的一元线性经验回归方程.

10.2.2 回归系数 β_0, β_1 和方差 σ^2 的估计

利用样本数据得到回归参数 β_0, β_1 的估计值，通常使用的是普通最小二乘估计 (ordinary least square estimation，简记为 OLSE)，这和 10.1 节数据拟合所使用的最小二乘原理是一致的. 即对每一个样本观测值 (x_i, y_i)，最小二乘法的基本思想就是尽量使线性回归直线与所有样本数据点都比较靠近，即要观测值 y_i 与其期望值 $E(Y_i|x=x_i) = \beta_0 + \beta_1 x_i$ 的差越小越好，也就是偏差最小 (图 10.25 直观反映了一元线性回归中各点的偏差)，为防止差值正负抵消，考虑这 n 个差值的平方和达到最小，即求满足

$$\min Q(\beta_0, \beta_1) = \sum_{i=1}^{n}(y_i - \beta_0 - \beta_1 x_i)^2 \tag{10.5}$$

的参数估计值 $\hat{\beta}_0, \hat{\beta}_1$.

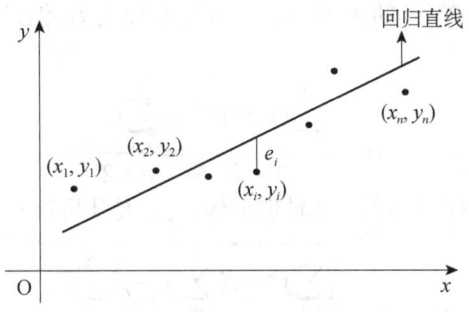

图 10.25 一元线性回归示意图

求出满足式 (10.5) 中的 $\hat{\beta}_0$ 和 $\hat{\beta}_1$ 是一个多元函数求极值点的问题. 由于 Q 是关于 β_0 和 β_1 的非负二次函数，因而它的最小值总是存在的. 根据微积分中求极值的原理，对 $Q(\beta_0, \beta_1)$ 分别关于 β_0 和 β_1 求偏导，并令它们等于 0，得

$$\begin{cases} \dfrac{\partial Q}{\partial \beta_0} = -2\sum_{i=1}^{n}\left[y_i - (\beta_0 + \beta_1 x_i)\right] = 0 \\ \dfrac{\partial Q}{\partial \beta_1} = -2\sum_{i=1}^{n}\left[y_i - (\beta_0 + \beta_1 x_i)\right]x_i = 0 \end{cases},$$

整理后，得正规方程组：

$$\begin{cases} n\beta_0 + \beta_1 \sum_{i=1}^{n} x_i = \sum_{i=1}^{n} y_i \\ \beta_0 \sum_{i=1}^{n} x_i + \beta_1 \sum_{i=1}^{n} x_i^2 = \sum_{i=1}^{n} x_i y_i \end{cases},$$

求解正规方程组，得

$$\hat{\beta}_1 = \frac{n\sum_{i=1}^{n} x_i y_i - \sum_{i=1}^{n} x_i \sum_{i=1}^{n} y_i}{n\sum_{i=1}^{n} x_i^2 - \left(\sum_{i=1}^{n} x_i\right)^2} = \frac{\sum_{i=1}^{n}(x_i - \bar{x})(y_i - \bar{y})}{\sum_{i=1}^{n}(x_i - \bar{x})^2},$$

$$\hat{\beta}_0 = \frac{\sum_{i=1}^{n} y_i}{n} - \hat{\beta}_1 \frac{\sum_{i=1}^{n} x_i}{n} = \bar{y} - \hat{\beta}_1 \bar{x}. \tag{10.6}$$

式 (10.6) 中的 $\hat{\beta}_0, \hat{\beta}_1$ 称为 β_0, β_1 的普通最小二乘估计. 可以证明, $\hat{\beta}_0, \hat{\beta}_1$ 是 β_0, β_1 的最小二乘无偏估计, 即 $E(\hat{\beta}_0) = \beta_0$, $E(\hat{\beta}_1) = \beta_1$. 记 e_i 为实际观测值 y_i 与其估计值 $\hat{y}_i = \hat{\beta}_0 + \hat{\beta}_1 x_i$ 的偏差, 称为残差, 即 $e_i = y_i - \hat{y}_i$, $\sum_{i=1}^{n} e_i^2$ 称作残差平方和 (residual sum of square).

随机误差项的方差 σ^2 的无偏估计: 对误差项的方差 σ^2, 可以证明其无偏估计量为

$$\hat{\sigma}^2 = \frac{\sum_{i=1}^{n}(y_i - \hat{y}_i)^2}{n-2} = \frac{\sum_{i=1}^{n} e_i^2}{n-2},$$

其平方根 $\hat{\sigma}$ 称为估计标准误差, 有时也记作 S_{yx}, 展开可得

$$S_{yx} = \hat{\sigma} = \sqrt{\frac{\sum_{i=1}^{n} y_i^2 - \hat{\beta}_0 \sum_{i=1}^{n} y_i - \hat{\beta}_1 \sum_{i=1}^{n} x_i y_i}{n-2}}.$$

10.2.3 一元线性回归方程的检验

获得经验回归方程 $\hat{y} = \hat{\beta}_0 + \hat{\beta}_1 x$ 后, 还不能用它去作分析和预测, 因为 $\hat{y} = \hat{\beta}_0 + \hat{\beta}_1 x$ 是否真正能够反映这些点之间的关系, 对这些点之间的关系或趋势反映到了何种程度, 都还不清楚. 事实上对任意两变量的一组观测数据, 都可以用线性回归的方法求出经验回归直线方程, 如果两变量之间有较好的线性相关性, 则回归模型能较好描述两者关系, 否则就没有多大价值. 因此, 在求回归直线方程前, 检验变量之间是否存在线性相关性就很有必要, 虽然散点图可以作为一种简单直观的检验方法, 但还必须通过统计检验. 下面介绍假设检验法.

一元线性回归模型的评价检验分为**拟合优度检验和方程的显著性检验**, 它是利用统计学中的抽样理论来检验回归方程的可靠性.

1. 一元线性回归模型的拟合优度检验 (R 检验)

拟合优度检验是指对样本回归直线与样本观测值之间拟合程度的检验, 也就是样本观测值聚集在样本回归线周围的紧密程度的检验. 度量回归模型拟合程度

好坏的最常用的指标是可决系数 R^2，又称判定系数，它是建立在对总离差平方和进行分解的基础之上的.

我们把 y 的 n 个观测值之间的差异，用观测值 y_i 与其平均值 $\bar{y}$ 的偏差平方和来表示，称为**总离差平方和** (total deviation sum of square, SST)，即

$$Q_T = \sum_{i=1}^{n}(y_i - \bar{y})^2.$$

它反映了变量 y 的 n 个观测值的总的离散程度.

将总离差平方和 Q_T 分解成：

$$Q_T = Q_E + Q_R, \tag{10.7}$$

其中，$Q_R = \sum_{i=1}^{n}(\hat{y}_i - \bar{y})^2$ 称为**回归平方和** (regression sum of square, SSR)，$Q_E = \sum_{i=1}^{n}(y_i - \hat{y}_i)^2$ 称为**残差平方和** (residual sum of square, SSE).

式 (10.7) 中若两边同除以 Q_T 得

$$\frac{Q_E}{Q_T} + \frac{Q_R}{Q_T} = 1. \tag{10.8}$$

由式 (10.8) 可以明显看出，如果实际观测点离样本回归线越近，则在总的离差平方和中回归平方和 Q_R 所占的比重越大，回归效果就越好；如果残差平方和 Q_E 所占的比重大，则回归直线与样本观测值拟合得不理想. 因此把回归平方和与总离差平方和之比定义为可决系数 (coefficient of determination)，又称判定系数，即

$$R^2 = \frac{Q_R}{Q_T} = \frac{\sum_{i=1}^{n}(\hat{y}_i - \bar{y})^2}{\sum_{i=1}^{n}(y_i - \bar{y})^2}.$$

可决系数是对回归模型拟合程度的综合度量，可决系数越大，回归模型拟合程度越高. 可决系数 R^2 的取值范围在 0~1，它是样本的函数，是一个统计量，R^2 越接近 1，说明实际观测点离样本线越近，拟合优度越高.

2. 一元线性回归模型的显著性检验

对线性回归模型的显著性检验包括两个方面的内容：一是对整个回归方程的显著性检验 (F 检验)，另一个是对各回归系数的显著性检验 (t 检验). 就一元线性回归模型而言，只有一个回归变量，所以上述两个检验是等价的.

1) 整个回归方程的显著性检验 (F 检验) 的步骤：

(1) 提出假设：$H_0: \beta_1 = 0$；$H_1: \beta_1 \neq 0$.

(2) 当 H_0 成立时，由 F 分布的定义知

$$F = \frac{Q_R}{Q_E/(n-2)} \sim F(1, n-2).$$

(3) 给定显著性水平 α，确定临界值 $F_\alpha(1, n-2)$.

(4) 若 $F \geq F_\alpha(1, n-2)$，则拒绝 H_0，说明总体回归系数 $\beta_1 \neq 0$，即回归方程是显著的，而且一般情况下 F 值越大说明回归效果越显著.

2) 回归系数的显著性检验的步骤：

(1) 提出假设：$H_0: \beta_1 = 0$；$H_1: \beta_1 \neq 0$.

(2) 当 H_0 成立时，由 T 分布的定义知，检验统计量是自由度为 $n-2$ 的 t 统计量

$$t = \frac{\hat{\beta}_1}{S_1} \sim t(n-2),$$

其中 S_1 是回归系数估计量 $\hat{\beta}_1$ 的标准差

$$S_1 = \sqrt{\mathrm{Var}(\hat{\beta}_1)} = \frac{S_{yx}}{\sqrt{\sum_{i=1}^{n}(x_i - \bar{x})^2}}.$$

(3) 给定显著性水平 α，确定临界值 $t_{\alpha/2}(n-2)$.

(4) 若 $|t| \geq t_{\alpha/2}(n-2)$，则拒绝 H_0，接受备择假设 H_1，即总体回归系数 $\beta_1 \neq 0$；否则不能拒绝 H_0.

注：若出现回归效果不显著的情况，则原因可能有以下几种.

(1) y 与 x 不存在关系；

(2) $E(y)$ 与 x 的关系不是线性关系，而是非线性关系；

(3) 影响 y 取值的，除了 x，还有其他不可忽略的因素，应考虑多元回归分析.

10.2.4　一元线性回归系数的置信区间

当回归效果显著时，需要对回归系数作置信区间估计.

在变量的显著性检验中，已知

$$\frac{\hat{\beta}_i - \beta_i}{s_{\hat{\beta}_i}} \sim t(n-2),$$

其中，$s_{\hat{\beta}_i}$ 是回归系数估计量 $\hat{\beta}_i$ 的标准差. 所以参数 β_i 的置信水平为 $1-\alpha$ 的置信区间为：$(\hat{\beta}_i \pm t_{\alpha/2}(n-2) \times s_{\hat{\beta}_i})$.

由于置信区间一定程度反应了样本参数估计值与总体参数真值的"接近"程度，因此置信区间越小越好. 缩小置信区间，可以增大样本容量 n 或提高模型的拟合优度.

10.2.5 一元线性回归方程的预测区间

建立的回归模型如果经过检验后具有明显线性相关性,则可以用它进行预测,即对确定的 x 值预测相应的 y 值. 当自变量取值为 x_0 时,将其代入公式 (10.4) 得 $\hat{y}_0$, $\hat{y}_0$ 是对应于 x_0 的点估计值,但我们更希望能给出 y_0 的一个预测区间. 回归分析的预测区间 (prediction interval) 是指对于给定的 x 值,求出 y 的平均值的置信区间或 y 的个别值的预测区间.

1. y 的平均值 $E(y_0)$ 的置信区间估计

由统计学知识, $E(y_0)$ 的 $1-\alpha$ 的置信区间为

$$\hat{y}_0 \pm t_{\alpha/2}(n-2) s_{yx} \sqrt{\frac{1}{n} + \frac{(x_0-\overline{x})^2}{\sum_{i=1}^n (x_i-\overline{x})^2}}.$$

2. y 的个别值 y_0 的置信区间估计

y_0 的 $1-\alpha$ 的置信区间为

$$\hat{y}_0 \pm t_{\alpha/2}(n-2) s_{yx} \sqrt{1 + \frac{1}{n} + \frac{(x_0-\overline{x})^2}{\sum_{i=1}^n (x_i-\overline{x})^2}}.$$

以上简要介绍了一元线性回归的基本理论,这是我们下一节学习多元线性回归和非线性回归的基础. 由于回归分析涉及的计算多,繁杂,一般我们都是借助计算机软件进行分析. 下面仅以本节开始的一个简单的例子来说明一元回归分析中各相关计算的实现以及如何做显著性分析. 更复杂的应用将放在后面的建模应用当中.

例 10.8 对本节开始提及的父子身高的例子,完成如下工作:

(1) 画出散点图;
(2) 求一元线性回归的参数估计.
(3) 检验回归系数是否为零 (取 $\alpha=0.05$).
(4) 求回归系数 β_1 的 95% 置信区间.
(5) 求在 $x=190$ 点,回归函数的点估计和置信水平为 95% 的置信区间.
(6) 求在 $x=190$ 点,y 的点预测和置信水平为 95% 区间预测.

解 (1) 散点图如图 10.24 所示.

(2) 计算得 $\sum_{i=1}^{10} x_i = 1698$, $\sum_{i=1}^{10} y_i = 1703$, $\sum_{i=1}^{10} x_i^2 = 289432$, $\sum_{i=1}^{10} y_i^2 = 290265$, $\sum_{i=1}^{10} x_i y_i = 289679$, $\sum_{i=1}^{10} (x_i - \overline{x})^2 = \sum_{i=1}^{10} x_i^2 - 10 \times \overline{x}^2 = 1111.6$.

回归参数的最小二乘估计为:$\hat{\beta}_0 = 92.4572$, $\hat{\beta}_1 = 0.4584$. 回归方程为 $\hat{y} = 92.4572 + 0.4584x$,其回归效果图如图 10.26 所示.

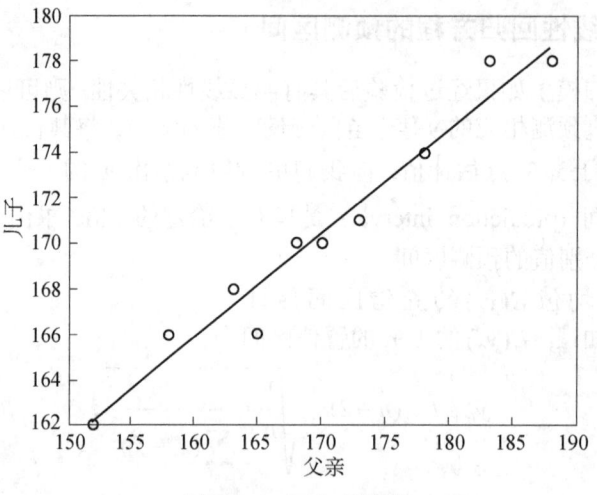

图 10.26　回归直线图

σ^2 的无偏估计：$\hat{\sigma}^2 = \dfrac{\sum\limits_{i=1}^{10}(y_i - \hat{y}_i)^2}{10-2} = 1.31$.

(3) 检验假设：$H_0 : \beta_1 = 0$；$H_1 : \beta_1 \neq 0$；

$$|t| = \frac{\hat{\beta}_1}{S_1} = \frac{\hat{\beta}_1}{\hat{\sigma}}\sqrt{\sum_{i=1}^{n}(x_i - \overline{x})^2} = \frac{0.4584}{\sqrt{1.31}}\sqrt{1111.6} = 13.3531 \geqslant t_{0.025}(8) = 2.306.$$

由 t 检验知，拒绝原假设 H_0，即认为父亲与儿子身高回归效果显著，模型是可用的.

(4) 回归系数 β_1 的 95% 置信区间为：$(\hat{\beta}_1 \pm t_{\alpha/2}(n-2) \times s_{\hat{\beta}_1}) = (0.3793, 0.5376)$，即回归系数有 95% 的可能性落入该区间.

(5) 在 $x_0 = 190$ 点，回归函数的点估计值为：$\hat{y}_0 = \hat{\beta}_0 + \hat{\beta}_1 x_0 = 180$，又

$$t_{\alpha/2}(n-2)s_{yx}\sqrt{\frac{1}{n} + \frac{(x_0 - \overline{x})^2}{\sum_{i=1}^{n}(x_i - \overline{x})^2}} = 2.306 \times \sqrt{1.31} \times \sqrt{\frac{1}{10} + \frac{(190 - 169.8)^2}{1111.6}} \approx 1.8038,$$

所以回归函数的置信水平为 95% 的置信区间为：(178.2, 181.8).

(6) 在 $x_0 = 190$ 时，因为

$$t_{\alpha/2}(n-2)s_{yx}\sqrt{1 + \frac{1}{n} + \frac{(x_0 - \overline{x})^2}{\sum_{i=1}^{n}(x_i - \overline{x})^2}} = 2.306 \times \sqrt{1.31} \times \sqrt{\frac{11}{10} + \frac{(190 - 169.8)^2}{1111.6}} \approx 3.1968,$$

所以 y_0 的置信水平为 95% 的预测区间为：(176.8, 183.2).

10.3 多元线性回归分析

10.2 节简要介绍了涉及一个自变量和一个因变量的一元线性回归模型. 但在实际生活中, 客观现象非常复杂, 影响因变量变化的自变量往往不止一个, 而是多个. 例如, 一种产品的销售额不仅与产品的销售价格有关、还受到投入的广告费用、消费者的收入状况以及其他可替代产品的价格等诸多因素的影响, 因此有必要对一个因变量与多个自变量联系起来进行分析, 而研究一个随机变量同其他多个变量之间关系的主要方法就是多元回归分析, 它是一元线性回归分析的自然推广形式, 两者在参数估计、显著性检验等方面非常相似. 本节将重点介绍多元线性回归模型及其基本假设、回归模型未知参数的估计、回归方程及回归系数的显著性检验等.

10.3.1 多元线性回归模型

多元线性回归 (multiple liner regression) 模型的一般形式如下:

$$Y = \beta_0 + \beta_1 x_1 + \beta_2 x_2 + \cdots + \beta_p x_p + \varepsilon, \quad \varepsilon \sim N(0, \sigma^2), \tag{10.9}$$

其中, $\beta_0, \beta_1, \beta_2, \cdots, \beta_p$ 是 $p+1$ 个与 $x_1, x_2, \cdots, x_p$ 无关的未知参数, 称为回归系数, ε 是随机误差, 一般服从期望值为零、方差为 σ^2 的正态分布 $N(0, \sigma^2)$. Y 称为被解释变量或因变量, 而 $x_1, x_2, \cdots, x_p$ 是 p 个可以精确测量并可控制的一般变量, 称为解释变量或自变量. 当 $p=1$ 时, 式 (10.9) 即为一元线性回归模型, 当 $p \geqslant 2$ 时, 即称式 (10.9) 为多元线性回归模型, 这里所谓多元线性模型是指这些自变量对 Y 的影响是线性的.

对式 (10.9) 取期望, 有

$$Y = \beta_0 + \beta_1 x_1 + \beta_2 x_2 + \cdots + \beta_p x_p, \tag{10.10}$$

称为回归平面方程.

对一个实际问题, 如果 n 组样本分别是 $(x_{i1}, x_{i2}, \cdots, x_{ip}, y_i)$ $(i=1,2,\cdots,n)$, 把这些样本值代入式 (10.9) 得到样本形式的多元线性回归模型如下:

$$\begin{cases} y_1 = \beta_0 + \beta_1 x_{11} + \beta_2 x_{12} + \cdots + \beta_p x_{1p} + \varepsilon_1 \\ y_2 = \beta_0 + \beta_1 x_{21} + \beta_2 x_{22} + \cdots + \beta_p x_{2p} + \varepsilon_2 \\ \cdots \\ y_n = \beta_0 + \beta_1 x_{n1} + \beta_2 x_{n2} + \cdots + \beta_p x_{np} + \varepsilon_n \end{cases}, \tag{10.11}$$

其中, $\varepsilon_1, \varepsilon_2, \cdots, \varepsilon_n$ 相互独立, 且 $\varepsilon_i \sim N(0, \sigma^2)$, $i=1,2,\cdots,n$. 令

$$Y = \begin{pmatrix} y_1 \\ y_2 \\ \vdots \\ y_n \end{pmatrix}, \quad X = \begin{pmatrix} 1 & x_{11} & x_{12} & \cdots & x_{1p} \\ 1 & x_{21} & x_{22} & \cdots & x_{2p} \\ \vdots & \vdots & \vdots & & \vdots \\ 1 & x_{n1} & x_{n2} & \cdots & x_{np} \end{pmatrix}, \quad \beta = \begin{pmatrix} \beta_0 \\ \beta_1 \\ \vdots \\ \beta_p \end{pmatrix}, \quad \varepsilon = \begin{pmatrix} \varepsilon_1 \\ \varepsilon_2 \\ \vdots \\ \varepsilon_n \end{pmatrix},$$

则式 (10.11) 可用矩阵形式表示为

$$Y = X\beta + \varepsilon \tag{10.12}$$

其中, X 称为回归设计矩阵或数量矩阵, ε 是 n 维随机向量, 它的分量相互独立. 式 (10.12) 即为线性回归模型的矩阵形式.

10.3.2 多元线性回归模型的基本假设

为了对模型参数进行估计, 需要对回归模型 (10.9) 作如下基本假设:

1. $E(\varepsilon_i) = 0, i = 1, 2, \cdots, n$, 即随机误差项对被解释变量的影响平均结果为零, 此为零均值假设.

2. $\mathrm{cov}(\varepsilon_i, \varepsilon_j) = \sigma^2 I_n, i, j = 1, 2, \cdots, n$, I_n 是 n 阶单位矩阵, 即随机误差项具有同方差, 此为不相关假设和同方差假设.

3. 所有的解释变量 $x_1, x_2, \cdots, x_p$ 是确定性的, 不是随机变量, 它和随机误差项 ε 不相关.

4. 数量矩阵 X 中的自变量列之间不相关, 样本容量的个数应大于解释变量的个数.

5. $\varepsilon_i \sim N(0, \delta^2), i = 1, 2, \cdots, n$, 即所有的随机误差项服从正态分布, 此为正态分布假设.

以上假设也称为线性回归模型的经典假设或高斯假设, 满足该假设的线性回归模型, 也称为经典线性回归模型.

10.3.3 多元回归模型的参数估计

多元线性回归方程未知参数 $\beta_0, \beta_1, \cdots, \beta_p$ 的估计与一元线性回归方程的参数估计原理一样, 都是最小二乘法. 考虑偏差平方和

$$Q(\beta_0, \beta_1, \cdots, \beta_p) = \sum_{i=1}^n (y_i - \beta_0 - \beta_1 x_{i1} - \beta_2 x_{i2} - \cdots - \beta_p x_{ip})^2.$$

最小二乘估计就是求 $\hat{\beta} = (\hat{\beta}_0, \hat{\beta}_1, \cdots, \hat{\beta}_p)^\mathrm{T}$, 使得

$$Q(\hat{\beta}_0, \hat{\beta}_1, \cdots, \hat{\beta}_p) = \min_\beta Q(\beta_0, \beta_1, \cdots, \beta_p).$$

因 $Q(\beta_0, \beta_1, \cdots, \beta_p)$ 是 $\beta_0, \beta_1, \cdots, \beta_p$ 的非负二次型, 故其最小值一定存在. 根据多元微积分求最小值的方法, 令

$$\frac{\partial Q}{\partial \beta_j} = 0, \quad j = 1, 2, \cdots, p.$$

上述方程组称为正规方程组, 可用矩阵表示为

$$X^{\mathrm{T}} X \beta = X^{\mathrm{T}} Y.$$

在系数矩阵 $X^{\mathrm{T}} X$ 可逆的条件下, 可解得

$$\hat{\beta} = (X^{\mathrm{T}} X)^{-1} X^{\mathrm{T}} Y,$$

$\hat{\beta}$ 就是 β 的最小二乘估计, 代入回归平面方程式 (10.10) 得

$$\hat{y} = \hat{\beta}_0 + \hat{\beta}_1 x_1 + \cdots + \hat{\beta}_p x_p,$$

称为**经验回归平面方程**.

注: 实际应用中, 由于多元线性回归所涉及的数据量一般都很大, 相关计算比较复杂, 所以通常都采用 MATLAB、Excel、SPSS 或 SAS 等统计分析软件进行计算分析.

另外, 随机误差项的方差 σ^2 的无偏估计量是

$$\hat{\sigma}^2 = \frac{\sum_{i=1}^{n} e_i^2}{n - (p+1)}.$$

实际就是残差均方和. 这是因为我们在估计 $\beta_0, \beta_1, \cdots, \beta_p$ 的过程中, 失去了 $p+1$ 个自由度.

10.3.4 多元线性回归模型的统计检验

多元线性回归模型的统计检验包括两个方面, 一方面检验回归方程对样本数据的拟合程度, 通过可决系数 (R 检验) 来分析; 另一方面检验回归方程的显著性, 包括对回归方程线性关系的检验 (F 检验) 和对回归系数显著性的检验 (t 检验).

1. 多元回归的拟合优度检验 (R 检验)

在多元线性回归分析中, 总离差平方和的分解公式依然成立 (见式 (10.7)), 即总离差平方和 (SST) = 回归平方和 (SSR) + 残差平方和 (SSE). 所以与一元线性回归一样, 定义可决系数 (判定系数) $R^2 = \text{SSR/SST}$, 用它来评价多元线性回归模型的拟合程度, 显然其取值是在 0 与 1 之间, 可决系数越大, 说明列入模型的解释变量对因变量联合影响程度越大, 而并非说明模型中各个解释变量对因变量的影响程度显著.

因 R^2 是自变量个数的非递减函数, 因此增加解释变量的个数, 会增加回归平方和, 所以 R^2 就会变大, 这样容易引起误导, 把不显著的解释变量也留在回归方程中, 因此需要对该指标加以调整. 在多元线性回归分析中, 通常采用"修正自由

度判定系数"来判定现行多元回归方程的拟合优度：

$$\bar{R}^2 = 1 - (1-R^2) \times \frac{n-1}{n-p-1}. \tag{10.13}$$

该指标考虑到加入解释变量对自由度的影响，因而是合理的。其中 p 是解释变量的个数，n 为样本容量。可决系数 R^2 必定非负，但修正的可决系数 $\bar{R}^2$ 可能为负值，这时规定 $\bar{R}^2 = 0$。随着解释变量的增加，$\bar{R}^2$ 越来越小于 R^2。

2. 回归方程的显著性检验（F 检验）

在多元回归中有多个解释变量，需要说明所有解释变量联合起来对因变量影响的总显著性，或整个方程总的联合显著性。对方程总显著性检验需要在方差分析的基础上进行 F 检验。对整个回归模型的显著性检验步骤如下：

(1) 提出假设：$H_0: \beta_1 = \beta_2 = \cdots = \beta_p = 0$；$H_1: \beta_i$ 不全为 0，$i = 1, \cdots, p$。

(2) 构建如下 F 统计量：由线性回归模型的假设及 10.1 节描述，当 H_0 成立时，有

$$F = \frac{Q_R/p}{Q_E/(n-p-1)} \sim F(p, n-p-1).$$

(3) 给定显著性水平 α，查 F 分布表，得临界值 $F_\alpha(p, n-p-1)$。

(4) 比较统计量值 F 和临界值 $F_\alpha(p, n-p-1)$，并做出判断。若 $F \geq F_\alpha(p, n-p-1)$，或由 F 得到的概率值 p 足够小，则拒绝 H_0，接受备择假设，说明总体回归系数 β_i 不全为零，回归模型有显著意义，即所有解释变量联合起来对 Y 有显著影响；反之，则认为回归方程不显著，即所有解释变量联合起来对 Y 没有显著影响。

大家可能注意到上面的拟合优度检验与方程显著性检验在判定结论上有些相似，但拟合优度检验和方程显著性检验是从不同原理出发的两类检验，前者是从已经得到估计的模型出发，检验它对样本观测值的拟合程度，后者是从样本观测值出发检验模型总体线性关系的显著性。事实上，经过简单推理，得到决定系数和 F 统计量的关系如下：

$$F = \frac{R^2/p}{(1-R^2)/(n-p-1)}.$$

可见，F 与 R^2 同向变化，当 $R^2=0$ 时，$F=0$，R^2 越大，F 值也越大；当 $R^2=1$ 时，F 为无穷大。所以 F 检验和可决系数具有一致性，但是，F 检验比可决系数具有更强的适用性。

3. 各回归系数的显著性检验（t 检验）

方程的总体线性关系显著不等于每个解释变量对被解释变量的影响都是显著的。因此，必须对每个解释变量进行显著性检验，以决定是否作为解释变量被保

留在模型中. 这一检验是由对变量的 t 检验完成的. 步骤如下:
(1) 提出假设: $H_0: \beta_i = 0$; $H_1: \beta_i \neq 0 (i=1,\cdots,p)$.
(2) 检验统计量是自由度为 $n-p-1$ 的 t 统计量, 在原假设成立的条件下有

$$t_{\beta_i} = \frac{\hat{\beta}_i}{\sqrt{Var(\hat{\beta}_i)}} \sim t(n-p-1).$$

其中, $\sqrt{Var(\hat{\beta}_i)} = \sqrt{c_{ii}}\hat{\sigma}$ 是回归系数标准差, c_{ii} 是 $(X^T X)^{-1}$ 中主对角线上第 $i+1$ 个元素. 对每一个 $i=1,\cdots,p$ 可以计算一个 t 值.

注: 若是模型 $Y = \beta_1 + \beta_2 x_2 + \beta_3 x_3 + \cdots + \beta_p x_p + \varepsilon$, 则应是对角线第 i 个元素.

(3) 给定显著性水平 α, 确定临界值 $t_{\alpha/2}(n-p-1)$.
(4) 若 $|t_{\beta_i}| \geq t_{\alpha/2}(n-p-1)$, 则拒绝 H_0, 接受备择假设, 即总体回归系数 $\beta_i \neq 0$.

由于是对各个解释变量做显著性检验, 所以有多少个回归系数, 就要做多少次 t 检验.

注: 在一元线性回归中, t 检验与 F 检验是等价的, 但在多元线性回归模型的检验时两者却不同.

10.3.5 参数的置信区间与模型的预测

与一元回归一样, 当检验效果显著时, 需要对各个回归系数作置信区间估计. 参数的置信区间用来考察在一次抽样中所估计的参数值离参数的真实值有多接近.

类似由显著性检验中检验统计量是自由度为 $n-p-1$ 的 t 统计量容易推出, 在 $1-\alpha$ 的置信水平下参数 β_i 的置信区间为 $(\hat{\beta}_i \pm t_{\alpha/2}(n-p-1) \times s_{\hat{\beta}_i})$. 其中, $t_{\alpha/2}(n-p-1)$ 为显著性水平为 α、自由度为 $n-k-1$ 的临界值, $s_{\hat{\beta}_i} = \sqrt{c_{ii}}\hat{\sigma}$ 是回归系数估计量 $\hat{\beta}_i$ 的标准差. 当 $p=1$ 时, 与一元回归分析的参数置信区间是一致的. 实际应用中, 参数置信区间越窄越说明估计值越接近真值, 置信区间通常不应包含原点.

类似于一元线性回归模型, 通过检验后的多元线性模型也可以用来进行预测. 多元线性回归模型的预测包括点预测和区间预测. 类似一元模型的情形可以给出相应的预测区间, 具体可以参考相应的数理统计课本, 这里不再详细描述.

10.4 非线性回归问题

从线性回归模型的一般形式 $y = \beta_0 + \beta_1 x_1 + \beta_2 x_2 + \cdots + \beta_p x_p + \varepsilon$ 可以看出,因变量关于各个自变量和参数都是线性的. 因此线性模型的含义包括变量的线性和参数的线性. 但在实际经济活动中, 经济变量的关系是复杂的, 直接表现为线性关系的情况并不多见. 对于仅存在变量非线性的模型, 可采用重新定义的方法将模型线性化, 对存在参数非线性的模型, 仅有一部分可通过数学变换 (主要是取对数) 的方法将模型线性化, 如经济学里著名的柯布—道格拉斯生产函数 $Y = AL^\alpha K^\beta$. 对于那些无法线性化的模型, 只能采用非线性回归技术估计模型参数, 如非线性最小二乘法 (NLS).

处理非线性回归模型的基本思想是把非线性关系转化为线性关系, 然后再运用线性回归的分析方法进行估计. 非线性模型转换成线性模型的常用方法是变量代换法, 有时是直接代换, 有时需要取对数后再代换. 下面给出一些常见的可线性化的非线性模型.

1. 多项式模型

$$y = \beta_0 + \beta_1 x + \beta_2 x^2 + \cdots + \beta_p x^p.$$

令 $Z_i = x^i$, 则上述模型可化为多元线性模型:

$$y = \beta_0 + \beta_1 Z_1 + \beta_2 Z_2 + \cdots + \beta_p Z_p.$$

对多元多项式模型可以同样作类似代换, 如对交叉项 $x_1 x_2$, 令 $w = x_1 x_2$ 后一样可以线性化.

2. 双曲线模型

$$\frac{1}{y} = \beta_0 + \frac{\beta_1}{x},$$

令 $u = \frac{1}{y}, v = \frac{1}{x}$, 则上述模型可化为线性模型

$$u = \beta_0 + \beta_1 v.$$

3. 对数模型

$$y = \beta_0 + \beta_1 \ln x,$$

或

$$\ln y = \beta_0 + \beta_1 \ln x,$$

可令 $u = \ln y, v = \ln x$ 即可化为线性模型:

$$y = \beta_0 + \beta_1 v$$
$$u = \beta_0 + \beta_1 v.$$

4. S 形曲线模型

S 形曲线模型的一般形式为

$$y = \frac{1}{\alpha + \beta e^{-x}}.$$

对于上式先求倒数: $\frac{1}{y} = \alpha + \beta e^{-x}$, 然后令 $u = \frac{1}{y}, v = e^{-x}$, 即可化为线性模型:

$$u = \alpha + \beta v.$$

上述非线性模型有一个共同特点, 就是因变量直接关于参数是线性的, 或作简单变换后 (如取倒数) 是线性的, 因此可以直接利用变量代换的方法将模型线性化. 在用线性回归方法估计参数时, 先要对原始数据进行相应处理, 而这些处理, 利用软件工具是很容易实现的. 对因变量关于参数非线性的情形不能仅凭直接变量代换来处理. 如果模型的右端由一系列的 x^β 或 $e^{\beta x}$ 项相乘, 并且扰动项也是乘积形式的, 可通过两边取对数线性化. 常见的有如下几种情形.

5. 指数函数模型

指数函数模型的一般形式为

$$y = \alpha e^{\beta x}.$$

对上式两边取自然对数, 得 $\ln y = \ln \alpha + \beta x$, 令 $u = \ln y$, $A = \ln \alpha$ 则得

$$u = A + \beta x.$$

对上述一元线性模型估计出参数 $\hat{A}, \hat{\beta}$ 后, 所求参数 $\hat{\alpha} = e^{\hat{A}}$.

更一般地, 对像著名的柯布-道格拉斯生产函数 (C-D 函数) $Q = AK^\alpha L^\beta v$ 这样的多元非线性函数, 取对数后为

$$\log Q = \log A + \alpha \log K + \beta \log L + \log v,$$

只要做相应的变量代换就可以变成多元线性回归模型了.

6. 倒指数函数模型

倒指数函数模型的一般形式为

$$y = \alpha e^{\beta/x}.$$

对上式两边取自然对数, 得 $\ln y = \ln \alpha + \beta/x$, 令 $u = \ln y$, $v = \frac{1}{x}$, $A = \ln \alpha$, 则得

$$u = A + \beta v.$$

7. 幂函数模型

幂函数模型的一般形式为

$$y = \alpha x^\beta.$$

对上式两边取常用对数, 得 $\log y = \log \alpha + \beta \log x$, 令 $u = \log y$, $v = \log x$, $A = \log \alpha$, 则得

$$u = A + \beta v.$$

估计出参数 $\hat{A}, \hat{\beta}$ 后, 所求参数 $\hat{\alpha} = 10^{\hat{A}}$.

上面列举了一些常见的可线性化的非线性回归模型. 但现实中还有很多模型是不能线性化的, 如非线性模型

$$y = \alpha(x-\gamma)^\beta.$$

其中 α、β 和 γ 是要估计的参数. 此模型无法用取对数的方法线性化, 只能用非线性回归技术进行估计, 如非线性最小二乘法 (NLS), 该方法的原则仍然是残差平方和最小. 关于非线性回归的原理我们不再详细介绍, 在后面将具体介绍 MATLAB 工具箱中的非线性回归命令及其应用.

值得注意的是, 能线性化的回归模型可以线性化后进行估计, 也可以直接用非线性回归方法估计. 线性模型也可以用非线性工具求解, 大家在应用时可以进行对比, 看哪种方法更准确更简单.

10.5 MATLAB 统计工具箱中回归分析命令及其应用

能够做统计回归分析的软件很多, 如 MATLAB、SAS、SPSS、Eviews、Excel 等等, 这里主要介绍 MATLAB 统计工具箱. 它是 MATLAB 提供给人们的一个强有力的统计分析工具, 其中回归分析工具可以帮我们解决大量繁琐的相关计算, 使用起来非常方便. 下面结合例子逐一介绍线性回归、多项式回归、非线性回归和逐步回归命令.

10.5.1 多元线性回归

多元线性回归模型的一般形式为:

$$Y = \beta_0 + \beta_1 x_1 + \beta_2 x_2 + \cdots + \beta_p x_p + \varepsilon.$$

在 MATLAB 统计工具箱中使用命令 regress 实现多元线性回归.

  命令 **regress**
  格式 b=regress(Y, X) %确定回归系数的点估计值.
     [b, bint, r, rint, stats] = regress(Y, X, alpha)
          %求回归系数的点估计和区间估计、并检验回归模型.
  rcoplot(r, rint)   %画残差图.
  说明

(1) 其中因变量数据向量 Y 和自变量数据矩阵 X 按以下排列方式输入

$$Y = \begin{pmatrix} y_1 \\ y_2 \\ \vdots \\ y_n \end{pmatrix}, X = \begin{pmatrix} 1 & x_{11} & x_{12} & \cdots & x_{1p} \\ 1 & x_{21} & x_{22} & \cdots & x_{2p} \\ \vdots & \vdots & \vdots & & \vdots \\ 1 & x_{n1} & x_{n2} & \cdots & x_{np} \end{pmatrix}$$

对一元线性回归,取 p=1 即可,若一元回归模型不含常数项,则命令 b＝regress(y, x) 返回基于观测值 y 和 x 的最小二乘拟合系数的结果.

(2) alpha 为显著性水平 (缺省时设定为 0.05).

(3) 输出向量 b, bint 为回归系数估计值和它们的置信区间 (列向量形式输出).

(4) r, rint 为残差及其置信区间.

(5) stats 是用于检验回归模型的统计量,有 4 个数值,第一个是 R^2,根据前面介绍的统计学知识,一般 R^2 越接近 1 说明模型对数据拟合程度越好,第二个是 F 统计量值,F 值越大说明回归方程整体越显著,第三个是与统计量 F 对应的概率 P,一般 $P<\alpha$ 时可以拒绝 H_0,认为回归模型成立,第四个是误差项方差 $\sigma(\varepsilon)$.

(6) 如果回归模型显著性强,拟合优度高,那么残差图中,所有残差应该接近零点,并且置信区间都应包含零点,否则可视为异常数据.

例 10.9 用统计回归工具箱重解引例.

解 (1) 在 MATLAB 中输入程序代码如下:

```
x=[152 158 163  165  168  170  173  178  183  188]';
y=[162 166 168  166  170  170  171  174  178  178]';
X=[ones(length(x), 1) x];
[b, bint, r, rint, stats]=regress(y, X)
```

(2) 输出结果及分析

```
b =
    92.4572
     0.4584
bint =
    78.9895   105.9248
     0.3793     0.5376
r =
    -0.1398
     1.1096
     0.8174
    -2.0995
     0.5252
    -0.3917
    -0.7670
    -0.0592
     1.6486
    -0.6436
rint =
    -2.4053    2.1257
    -1.2361    3.4552
    -1.7618    3.3965
```

```
    -4.0590    -0.1400
    -2.1747     3.2250
    -3.1140     2.3306
    -3.4103     1.8763
    -2.7096     2.5912
    -0.3640     3.6613
    -2.8135     1.5264
stats =
    0.9571   178.3386    0.0000    1.3100
```

即模型参数估计值为: $\hat{\beta}_0 = 92.4572$, $\hat{\beta}_1 = 0.4584$; $\hat{\beta}_0$ 的置信区间为: (78.9895, 105.9248), $\hat{\beta}_1$ 的置信区间为: (0.3793, 0.5376), r 及 rint 为残差向量及其置信区间; 检验统计量显示 R^2=0.9571, 逼近 1, F=178.3386 远大于临界值, p=0.0000<0.05, 说明模型对样本数据的拟合程度高, 方程显著性强, 因此前面给出的回归模型是可用的.

(3) 残差分析

在 MATLAB 中用命令 rcoplot(r, rint) 作残差图, 如图 10.27 所示.

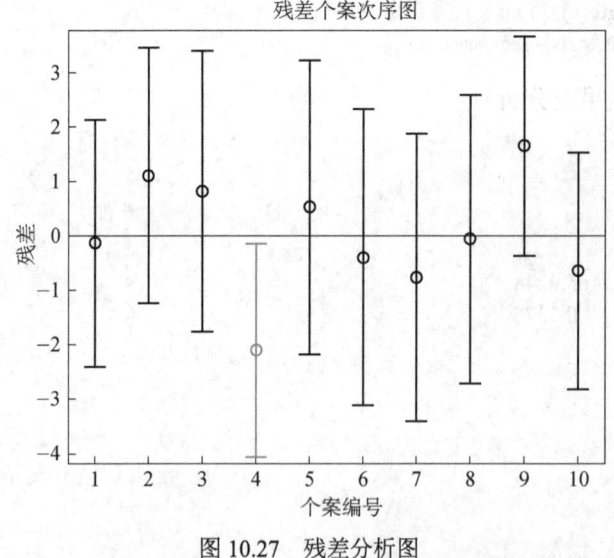

图 10.27　残差分析图

从图 10.27 看出除第 4 个数据外, 其余残差离零点都较近, 并且残差的置信区间都包含零点, 说明模型能较好拟合原始数据, 是可用的. 第 4 个数据可视为异常数据, 可予以剔除后重新计算回归系数.

(4) 模型预测

通过下面语句可以实现回归模型预测值与实际测量值的对比,

```
w=b(1)+b(2)*x;
plot(x, y, 'o', x, w, 'r-');
```

效果图如图 10.26 所示.

例 10.10 税收增长的分析

问题描述：表 10.8 给出了某地区从 1991—2022 年的税收收入、国内生产总值、财政支出和商品零售价格指数的统计数据. 试分析它们之间的相关关系, 建立税收收入的预测模型.

表 10.8 某地区 1991—2022 年税收收入、国内生产总值等统计数据

年份	各项税收收入 (亿元)	国内生产总值 (亿元)	财政支出 (亿元)	商品零售价格指数 (%)
1991	629.89	4862.40	1138.41	102.40
1992	700.02	5294.70	1229.98	101.90
1993	775.59	5934.50	1409.52	101.50
1994	947.35	7171.00	1701.02	102.80
1995	2040.79	8964.40	2004.25	108.80
1996	2090.73	10202.20	2204.91	106.00
1997	2140.36	11962.50	2262.18	107.30
1998	2390.47	14928.30	2491.21	118.50
1999	2727.40	16909.20	2823.78	117.80
2000	2821.86	18547.90	3083.59	102.10
2001	2990.17	21617.80	3386.62	102.90
2002	3296.91	26638.10	3742.20	105.40
2003	4255.30	34634.40	4642.30	113.20
2004	5126.88	46759.40	5792.62	121.70
2005	6038.04	58478.10	6823.72	114.80
2006	6909.82	67884.60	7939.55	106.10
2007	8234.04	74462.60	9233.56	100.80
2008	9262.80	78345.20	10798.18	97.40
2009	10682.58	82067.50	13187.67	97.00
2010	12581.51	89468.10	15886.50	98.50
2011	15301.38	97314.80	18902.58	99.20
2012	17636.45	104790.60	22053.15	98.70
2013	20450.00	116694.00	24649.95	99.90
2014	25718.00	136515.00	28486.90	102.8
2015	30866.00	182321.00	33930.30	100.8
2016	37636.00	209407.00	38373.38	100.6
2017	49442.73	246619.00	49781.40	103.8

续表

年份	各项税收收入 (亿元)	国内生产总值 (亿元)	财政支出 (亿元)	商品零售价格指数 (%)
2018	57840.51	300670	60786.4	105.9
2019	63104.00	335353	76235.0	98.8
2020	77390.00	397983	89530.2	102.5
2021	89720.31	471564	108930	104.9
2022	100600.88	519322	124300	102.0

问题分析： 首先从定性角度简单分析一下影响税收收入增长的主要因素，以及大致的关系，以便后面建模分析.

1. 从宏观经济看，经济整体增长是税收增长的基本源泉，因此两者具有一定的同步性.

2. 社会经济的发展和社会保障等都对公共财政提出要求，公共财政的需求对当年的税收收入可能会有一定的影响，事实上财政支出来源于税收，财政的投入支出可能促进经济的进一步发展，反过来又有利于税收征收，所以两者互相影响.

3. 物价水平. 税制结构以流转税为主，以现行价格计算的国内生产总值和经营者的收入水平都与物价水平有关.

4. 税收政策因素. 税收政策直接影响税收收入，如2008年经济危机，为促进经济增长而实施的减免税政策使税收增速明显回落.

模型建立： 以上分析说明，税收收入、国内生产总值、财政支出和物价水平确实有不可分割的关系. 为此，以各项税收收入 Y 作为被解释变量，以 x_1 表示国内生产总值 GDP，它反映了经济整体增长水平，以 x_2 (财政支出) 表示公共财政的需求，以 x_3 (商品零售价格指数) 表示物价水平，至于税收政策，由于因素较难用数量表示，暂时不予考虑.

考虑如下线性回归模型：

$$Y = \beta_0 + \beta_1 x_1 + \beta_2 x_2 + \beta_3 x_3 + \varepsilon.$$

模型求解：

在 MATLAB 中输入程序代码如下：

```
Tax=[629.89    4862.40    1138.41    102.40
     700.02    5294.70    1229.98    101.90
     775.59    5934.50    1409.52    101.50
     947.35    7171.00    1701.02    102.80
    2040.79    8964.40    2004.25    108.80
    2090.73   10202.20    2204.91    106.00
    2140.36   11962.50    2262.18    107.30
    2390.47   14928.30    2491.21    118.50
    2727.40   16909.20    2823.78    117.80
```

```
    2821.86    18547.90   3083.59    102.10
    2990.17    21617.80   3386.62    102.90
    3296.91    26638.10   3742.20    105.40
    4255.30    34634.40   4642.30    113.20
    5126.88    46759.40   5792.62    121.70
    6038.04    58478.10   6823.72    114.80
    6909.82    67884.60   7939.55    106.10
    8234.04    74462.60   9233.56    100.80
    9262.80    78345.20   10798.18   97.40
    10682.58   82067.50   13187.67   97.00
    12581.51   89468.10   15886.50   98.50
    15301.38   97314.80   18902.58   99.20
    17636.45   104790.60  22053.15   98.70
    20450.00   116694.00  24649.95   99.90
    25718.00   136515.00  28486.90   102.8
    30866.00   182321.00  33930.30   100.8
    37636.00   209407.00  38373.38   100.6
    49442.73   246619.00  49781.40   103.8
    57840.51   300670     60786.4    105.9
    63104.00   335353     76235.0    98.8
    77390.00   397983     89530.2    102.5
    89720.31   471564     108930     104.9
    100600.88  519322     124300     102.0];
[n, m]=size(Tax)
Y=Tax(:, 1);
X=[ones(n, 1), Tax(:, 2), Tax(:, 3), Tax(:, 4)];
[b, bint, r, rint, stats]=regress(Y, X)
b=vpa(b, 5)                        %保留小数点后 5 位数.
stats=vpa(stats, 5)
%计算 t 统计量的值.
sigm=sqrt(sum(r.^2)/(n-m))         %计算残差均方和的方根 $\sigma$,这里 m=p+1.
C=inv(X'*X)
for i=1: m
c_ii(i)=C(i, i);                   %取对角线元素.
end
t_beta=vpa(b'./(sqrt(c_ii)*sigm), 5)  %输出各参数的 t 统计量.
```

结果分析:

程序输出结果如下:

```
b =
    [-5867.4, 0.10404, 0.39950, 45.916]
stats =
    [ 0.99648, 2643.1, 0, .30676e7]
t_beta =
    [-1.0611, 4.8198, 4.3130, .88683]
```

即所求回归模型为：
$$Y = -5867.4 + 0.10404x_1 + 0.3995x_2 + 45.916x_3.$$
$$R^2 = 0.9965, F = 2643.1, p = 0.$$

R 检验：可决系数 $R^2 = 0.9965$ 较高，表明模型拟合较好.

F 检验：针对假设 $H_0: \beta_1 = \beta_2 = \beta_3 = 0$，取 $\alpha = 0.05$，查自由度为 3 和 n−p−1=32−3−1=28 的临界值 $F_\alpha(3,28) = 2.29$. 由于明显 $F = 2643.1 > F_\alpha(3,28)$，应拒绝 H_0，说明回归方程整体显著性强，即"国内生产总值""财政支出""商品零售物价指数"等变量联合起来对"税收收入"有显著影响.

t 检验：给定 $\alpha = 0.05$，查 t 分布表，在自由度为 28 时临界值为 $t_{0.025}(28) = 2.0484$，其中因变量 x_1, x_2 的参数对应的 t 统计量绝对值均大于 2.0484，这说明在 5%的显著性水平下，各变量系数均显著不为零，表明国内生产总值、财政支出对税收收入分别都有显著影响. 但商品零售价格指数 x_3 对应的 t 统计量绝对值小于 2.0484，说明该变量对被解释变量既税收收入的影响不是很显著. 为此，剔除变量 x_3，调整参数重新计算后得到：

```
b =
    [-983.73, .10202, 0.40601]
stats =
    [0.99638, 3993.7, 0, 0.30450e7]
t_beta =
    [-1.9715, 4.7702, 4.4133].
```

此时各统计量的值都说明模型不仅整体相关，而且各个变量也与被解释变量显著相关. 所以最终的线性回归模型为
$$Y = -983.73 + 0.10202x_1 + 0.40601x_2.$$

10.5.2 多项式回归

1. 一元多项式回归

一元多项式的一般形式为
$$y = a_1 x^m + a_2 x^{m-1} + \cdots + a_m x + a_{m+1}.$$

这是一个非线性回归模型，MATLAB 提供了几个专门的求解命令.

命令 **polyfit, polytool, polyval, polyconf**

格式 [p, S]=polyfit(x, y, m)　　%确定多项式系数，其中 x=(x_1, x_2, …, x_n)，y=(y_1, y_2, …, y_n)；p=(a_1, a_2, …, a_{m+1}) 是上述多项式的系数；S 是一个矩阵，用来估计预测误差.

polytool(x, y, m)　　%调用多项式回归 GUI 界面，参数意义同 polyfit.

Y=polyval(p, x)　　%求 polyfit 所得的回归多项式在 x 处的预测值 Y.

[Y, DELTA]=polyconf(p, x, S, alpha)
　　　　　　　　　%求 polyfit 所得的回归多项式在 x 处的预测值
　　　　　　　　　Y 及预测值的显著性为 1-alpha 的置信区间
　　　　　　　　　Y±DELTA, alpha 缺省时为 0.5.

说明

(1) 命令 polytool 产生交互式图形界面，其中有拟合曲线和 Y 的置信区间，通过左下方的 Export 下拉式菜单，可以输出回归系数等信息.

(2) 一元多项式回归也可以转化成多元线性回归处理.

(3) 一元多项式回归和前面讲到的多项式拟合采用的都是最小二乘原理，所以是等效的.

例 10.11 表 10.9 给出了某种产品生产数量 x (件) 与每件平均成本 y (元) 之间的关系数据. 选取回归模型为 $Y = \beta_0 + \beta_1 x + \beta_2 x^2 + \varepsilon, \varepsilon \sim N(0, \sigma^2)$，试确定各个回归系数.

表 10.9　某种产品生产量与成本的关系数据

x/件	10	15	20	25	30	35	40	45	50	60	70	80
y/元	1.90	1.78	1.60	1.55	1.40	1.36	1.32	1.22	1.20	1.12	1.08	1.06

解 (1) 输入代码如下：

```
x=[10  15  20  25  30  35  40  45  50  60  70  80];
y=[1.90 1.78 1.60 1.55 1.40 1.36 1.32 1.22 1.20 1.12 1.08 1.06];
[p, S]=polyfit(x, y, 2)              %用一元二次多项式进行回归.
```

(2) 输出结果：

```
p =
     0.0002    -0.0296     2.1553
S =
     R: [3x3 double]
     df: 9
     normr: 0.0851
```

即所求回归模型为：$\hat{y} = 2.1553 - 0.0296x + 0.0002x^2$.

(3) 预测与作图.

```
[Y, DELTA]=polyconf(p, x, S, 0.05)    %求预测值及其置信区间.
plot(x, y, 'o', x, Y, 'r-')           %对比图.
```

下面是所得的二次多项式在 x 处的预测值 Y 及置信区间对应的 DELTA 值：

Y =

```
  1.8791  1.7562  1.6433  1.5406  1.4480  1.3655  1.2932  1.2309  1.1788  1.1048  1.0713  1.0783
DELTA =
  0.0780  0.0723  0.0693  0.0682  0.0682  0.0688  0.0694  0.0698  0.0698  0.0697  0.0723  0.0833
```

预测值与实际值对比图如图 10.28 所示.

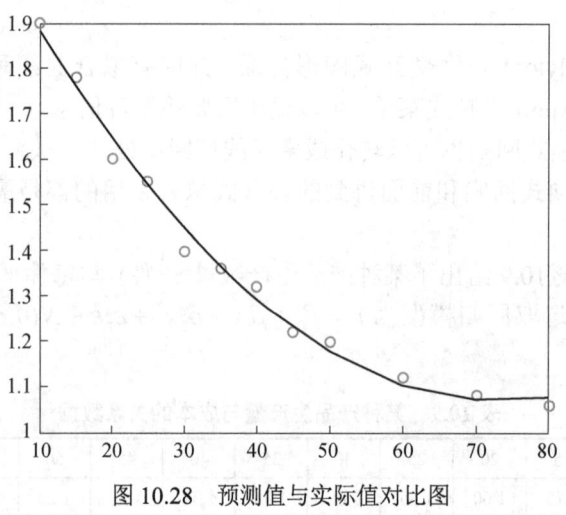

图 10.28　预测值与实际值对比图

2. 多元二项式回归

命令　**rstool**

格式　rstool(x, y, 'model', alpha)

说明

(1) 输入参数说明: x: $n\times m$ 矩阵; y: n 维列向量; alpha: 显著性水平 (缺省时为 0.05); model 表示由下列 4 个模型中选择 1 个 (用字符串输入, 缺省时为线性模型).

　　linear(线性):　$y = \beta_0 + \beta_1 x_1 + \cdots + \beta_m x_m$;

　　purequadratic(纯二次):　$y = \beta_0 + \beta_1 x_1 + \cdots + \beta_m x_m + \sum_{j=1}^{n} \beta_{jj} x_j^2$;

　　interaction(交叉):　$y = \beta_0 + \beta_1 x_1 + \cdots + \beta_m x_m + \sum_{1 \leq j \neq k \leq m} \beta_{jk} x_j x_k$;

　　quadratic(完全二次):　$y = \beta_0 + \beta_1 x_1 + \cdots + \beta_m x_m + \sum_{1 \leq j, k \leq m} \beta_{jk} x_j x_k$.

(2) 此命令产生一个交互式画面, 画面中有 m 个图形, 每一个图形给出了一个独立变量 x_i (此时其余变量取定值) 与 y 的拟合曲线以及 y 的置信区间, 通过输入不同的 x_i 值来获得相应的 y 值. 在图的左下方有两个下拉式菜单, 一是 Export 菜单, 用来向 MATLAB 工作区传送数据, 包括回归系数 beta、剩余标准差 rmse、残差 residuals; 另一个是 model 菜单, 用以在上面 4 个多元二项式模型中切换. 具体应用的时候可以反复比较 4 个模型获得的估计参数, 其中 rmse 最接近零的模型应该是最理想的.

例 10.12 表 10.10 给出了 15 名志愿者每日抽烟量、饮酒量与其心电图指标的对应数据, 试建立心电图指标关于日抽烟量和日饮酒量的回归模型, 并说明这两种习惯对心脏机能是否有影响.

表 10.10 抽烟饮酒者心电图指标

志愿者序号	心电图指标	日抽烟量/支	日饮酒量/L
1	280	30	10
2	260	25	11
3	330	35	13
4	400	40	14
5	410	45	14
6	170	20	12
7	210	18	11
8	280	25	12
9	300	25	13
10	290	23	13
11	410	40	14
12	420	45	15
13	425	48	16
14	450	50	18
15	470	55	19

解 记志愿者日抽烟数量为 x_1 支, 日饮酒量为 x_2 L, 对应的心电图指标为 z.
(1) 考虑用如下线性回归模型分析三者之间的关系:
$$z = \beta_0 + \beta_1 x_1 + \beta_2 x_2.$$

线性回归程序代码如下:

```
x1=[30 25 35 40 45 20 18 25 25 23 40 45 48 50 55]';    %日抽烟量/支.
x2=[10 11 13 14 14 12 11 12 13 13 14 15 16 18 19]';    %日饮酒量/L.
Y=[280 260 330 400 410 170 210 280 300 290 410 420 425 450 470]'; %心电图指标.
X=[ones(length(x1), 1) x1 x2];
[b, bint, r, rint, stats]=regress(Y, X)
%计算 t 统计量
sigm=sqrt(sum(r.^2)/(length(x1)-3))
C=inv(X'*X)
c_ii=[];
for i=1: 3
    c_ii(i)=C(i, i);
end
```

```
t_beta=vpa(b'./(sqrt(c_ii)*sigm), 5)
输出结果为:
b =
    66.0944
     6.9774
     2.2314
bint =
   -38.5544   170.7431
     4.3205     9.6342
   -10.4242    14.8869
stats =
     0.9246   73.5741    0.0000   751.65
t_beta =
    [ 1.3761, 5.7220, 0.38416]
```

结果分析: $R^2=0.9246$, $F=73.5741$, $P=0$, 说明回归模型整体显著性还是比较强的, 但从回归系数的估计值的置信区间看, β_2(变量 x_2 的系数) 的置信区间包含零点, 且对应的 t 统计量的值为 0.38416, 低于对应的临界值, 表明回归变量 x_2 对因变量 y 的影响不是太显著. 因此必须改进模型. 下面用非线性模型进行拟合.

(2) 用多元二项式回归命令

```
X=[x1 x2];
rstool(X, Y, 'quadratic')              %初始选择的是完全二次型.
```

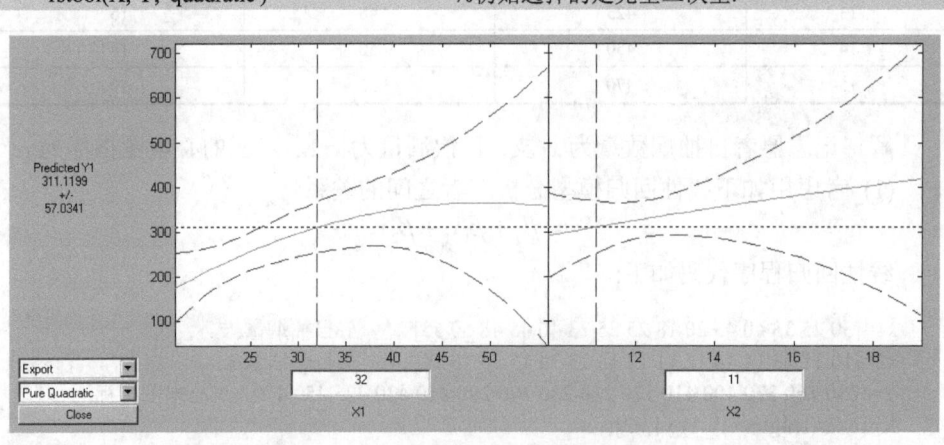

图 10.29　多元二项式命令运行结果

执行上面多元二项式回归命令后得到如图 10.29 界面的交互式画面 (此时选择的是纯二次型), 左边是 Y 关于 x_1 的图形, 右边是关于 x_2 的图形, 均为二次曲线 (图中实线, 虚线为置信区间上下限). 用鼠标移动交互式画面中的十字线, 或在图下方的方框中输入 x_1, x_2 的值, 在左边的窗口中 "Predicted Y" 会显示相应的预测值和预测区间. 例如, $x_1=32$, $x_2=11$, 则预测值 $\hat{Y}=311.1199$, 预测区间为

311.1199 ± 57.0341.

在界面左下方有一个 Export 菜单里面有 4 种 model 供选择，可以反复比较每种模型输出参数值. 选定其中一种后，即可根据画面计算预测值.

在 Export 下方的菜单里面有若干参数，选择 All 并确定，即将 beta、rmse 和 residuals 传送到 MATLAB 工作区，在 MATLAB 命令提示符下键入 beta、rmse、residuals 并按 Enter 键，便可看到相应的参数估计值. 通过比对几种模型发现纯二次型的 rmse 最小，相应参数估计值为

```
beta = (-281.1348, 18.0833, 21.4186, -0.1839, -0.2789)    %整理后的回归系数.
rmse = 23.3337                                             %剩余标准差.
```

故所求回归模型为
$$Y = -281.135 + 18.083x_1 + 21.416x_2 - 0.184x_1^2 - 0.279x_2^2.$$

注：上述二次回归模型只要令 $x_3 = x_1^2$，$x_4 = x_2^2$ 即可转换成线性回归模型. 但用线性回归求解并作显著性检验发现虽然模型整体显著性较强，但 t 检验显示 x_2 和 x_1^2 两变量对因变量 Y 的影响并不显著（具体验证略），所以模型还需改进，下面考虑进一步改进的模型.

(3) 改进的不完全二项式回归

在 (2) 的分析基础上，考虑如下不完整的二次回归模型：
$$Y = \beta_0 + \beta_1 x_1 + \beta_2 x_1 x_2 + \beta_3 x_2^2,$$

化成线性回归求解，代码如下：

```
XX=[ones(length(x1), 1) x1 x1.*x2 x2.^2];
[b, bint, r, rint, stats]=regress(Y, XX)
sigm=sqrt(sum(r.^2)/(length(x1)-4)) ;
C=inv(XX'*XX);
for i=1: 4
c_ii(i)=C(i, i);
end
t_beta=vpa(b'./(sqrt(c_ii)*sigm), 5)    %输出各参数的 t 统计量.
```

主要输出结果为：

```
b =-230.2497, 22.9811, -1.2793, 2.1271                    %整理后的回归系数.
bint =
     -509.5395     49.0401
        8.9652     36.9970
       -2.4096     -0.1489
        0.2237      4.0305                                %回归系数置信区间.
stats = 0.9512    71.4914    0.0000    530.54             %各统计量值.
t_beta = -1.8145, 3.6088, -2.4909, 2.4597
```

故所求模型为 $Y = -230.2497 + 22.9811x_1 - 1.2793x_1x_2 + 2.1271x_2^2$.

从结果看各变量参数置信区间不再包含零点，各统计量也显示方程整体显著性和各变量对因变量的显著性都比较强，所以所求回归模型更好. 从分析结果可以看出，抽烟喝酒对心电指标有显著影响，而且两者还有交叉作用，可见这两种行为都会影响心脏机能.

10.5.3 非线性回归

前面提到的多项式回归模型其实都可以转换成线性回归模型处理，但并非所有的非线性模型都可以化为线性模型，对于不能线性化的非线性模型，应直接用非线性最小二乘法处理，MATLAB 也提供了相应的非线性回归函数.

命令 nlinfit, nlintool, nlpredci

格式 [beta, r, J]=nlinfit(x, y, 'modelfun', beta0)　　%确定非线性回归系数的命令.
　　　　nlintool(x, y, 'modelfun', beta0, alpha)　　%调用非线性回归 GUI 界面.
　　　　[Y, DELTA]=nlpredci('modelfun', x, beta, r, J)%预测和预测误差估计. 获取 x 处的预测值 Y 及预测值的显著性为 1-alpha 的置信区间 Y±DELTA.
　　　　nlparci(beta, R, J)　　%确定参数 β 的置信区间.

说明 (1) 输入参数说明：beta 表示估计出的回归系数；r 表示残差；J 表示用于估计预测误差的 Jacobian 矩阵；x, y 分别为输入数据 x、y 分别为 $n \times m$ 矩阵和 n 维列向量，对一元非线性回归，x 为 n 维列向量，注意该矩阵与线性回归输入矩阵的区别；modelfun 表示用 M 文件定义的非线性回归函数，形式为 $y = f(beta, x)$；beta0 表示回归系数的初值；alpha 表示显著性水平，默认值为 0.05.

(2) 类似于 rstool, nlintool 也产生一个交互式画面，其中有拟合曲线和 y 的置信区间. 也可以在 Export 菜单中输出参数估计值到 MATLAB 工作区.

例 10.13　在前面已经知道人口增长规律一般遵循 Logistic 模型

$$y(t) = \frac{a}{1+be^{ct}},$$

其中，$y(t)$ 为 t 时刻人口数，a, b, c 为参数. 表 10.11 给出了 1990—2023 年的中国人口数据，试根据统计数据利用非线性回归得出中国人口增长预测模型.

表 10.11　1990—2023 年中国人口统计数据

年份	人口（亿人）	年份	人口（亿人）
1990	11.434	1993	11.850
1991	11.600	1994	12.000
1992	11.710	1995	12.110

续表

年份	人口 (亿人)	年份	人口 (亿人)
1996	12.230	2010	13.400
1997	12.330	2011	13.470
1998	12.400	2012	13.540
1999	12.540	2013	13.600
2000	12.670	2014	13.670
2001	12.800	2015	13.740
2002	12.900	2016	13.830
2003	12.960	2017	13.900
2004	13.010	2018	13.950
2005	13.080	2019	14.000
2006	13.150	2020	14.120
2007	13.210	2021	14.118
2008	13.280	2022	14.117
2009	13.340	2023	14.096

解 **(1)** 先定义外部非线性函数

```
function f=renkou(beta, time)
f=beta(1)./(1+beta(2)*exp(beta(3)*time));      % beta(1)=a; beta(2)=b; beta(3)=c
```

(2) 输入代码

```
rk=[11.434 11.600 11.710 11.850 12.000 12.110 12.230 12.330 12.400 12.540 12.670
    12.800 12.900 12.960 13.010 13.080 13.150 13.210 13.280 13.340 13.400 13.470
    13.540 13.600 13.670 13.740 13.830 13.900 13.950 14.000 14.120 14.118 14.117
    14.096]';           %注意使用续行符号….
time=1: 34;                                   %将 1990 年记为 1, 则 2023 年为 38.
beta0=[2 0.5 1]';
[beta, r, J]=nlinfit(time', rk, 'renkou', beta0);
[rkp, DELTA]=nlpredci('renkou', time, beta, r, J);
beta
betaci=nlparci(beta, r, J)
plot(time, rk, '*', time, rkp, 'r-')          %画预测值与实际值对比图.
xlabel('时间 (1990-2023 年)'); ylabel('中国人口 (亿人)')  %坐标轴加标签.
```

(3) 输出结果

```
beta =                                         %回归系数.
    15.0136
     0.3235
    -0.0490
betaci =
```

14.8121	15.2151	%回归系数置信区间.
0.3090	0.3380	
-0.0536	-0.0444	

即所求模型为

$$y(t) = \frac{15.0136}{1+0.3235e^{-0.049t}}.$$

人口实际值和预测值对比效果如图 10.30 所示.

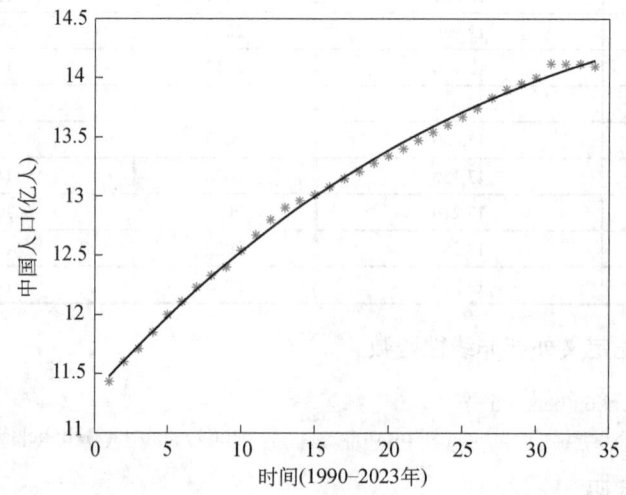

图 10.30　人口实际值和预测值对比效果

注：非线性回归的假设检验我们没有做，但从图形直观反映说明，回归模型的效果是可以接受的. 该题和例 10.6 非常相似，其实模型是一致的，只不过用的数据不同，方法不同，前者是拟合，后者是回归，但两者对一元函数而言在本质上是一致的，事实上 nlinfit( )，lsqnonlin( )，lsqcurvefit( )3 个函数的功能是相似的.

例 10.14　对例 10.12 改进的二次回归模型
$$Y = \beta_0 + \beta_1 x_1 + \beta_2 x_1 x_2 + \beta_3 x_2^2,$$
用非线性回归命令求解.

解　(1) 先定义外部非线性函数

```
function y=heart(beta, X)
x1=X(:, 1); x2=X(:, 2);
y=beta(1)+beta(2)*x1+beta(3)*x1.*x2+beta(4)*x2.^2;
```

(2) 输入主程序代码

```
x1=[30 25 35 40 45 20 18 25 25 23 40 45 48 50 55]';    %日抽烟量/支.
x2=[10 11 13 14 14 12 11 12 13 13 14 15 16 18 19]';    %日饮酒量/L.
```

```
Y=[280 260 330 400 410 170 210 280 300 290 410 420 425 450 470]'; %心电图指标.
X=[x1, x2];
beta0=[1 0.5 1 0.5]';
[beta, r, J]=nlinfit(X, Y, 'heart', beta0);
[hp, DELTA]=nlpredci('heart', X, beta, r, J);
beta
betaci=nlparci(beta, r, J)
```

(3) 输出结果

```
beta =
   -230.2476
     22.9810
     -1.2793
      2.1271                              %参数估计值.
betaci =
   -509.5374    49.0421
      8.9651    36.9969
     -2.4096    -0.1489
      0.2237     4.0305                   %参数估计值的置信区间.
```

这与例 10.12 用线性回归方法处理的结果是一致的. 也就是说线性回归都可以用非线性回归命令求解, 而非线性的有些可以转换成线性回归处理, 不能转换的就必须用非线性回归工具求解. 事实上例 10.14 中的多项式回归模型变量虽是非线性的, 但参数却是线性的, 当参数是非线性时, 多数只能用非线性方式处理, 如例 10.13.

10.5.4 逐步回归

实际问题中影响因变量的因素可能很多, 但我们希望从中挑选出对因变量影响显著的自变量来建立回归模型, 这就涉及变量选择的问题. 在研究对象机理不清楚的情况下, 很难确定该选择哪些变量加入模型当中, 而逐步回归正是一种从众多变量中有效地选择重要变量, 寻找最优回归模型的方法. 其变量选择的标准就是所有对因变量影响显著的变量都应选入模型, 而影响不显著的变量都不应选入模型, 从便于应用的角度应使模型中变量个数尽可能少. 通常以回归模型剩余标准差 σ 最小作为衡量变量选择的一个数量标准.

选择"最优"的回归方程有以下几种方法:
1. 从所有可能的变量组合的回归方程中选择最优者.
2. 从包含全部变量的回归方程中逐次剔除不显著变量.
3. 从一个变量开始, 把变量逐个引入方程.
4. "有进有出"的逐步回归分析.

其中逐步回归分析法在筛选变量方面较为理想，其基本思想为，先确定一变量的初始子集，然后每次从子集外影响显著的变量中引入一个对 y 影响最大的，再对集合中的变量进行检验，从变得不显著的变量中剔除一个影响最小的，这个过程一直下去，直到既无不显著的变量从回归方程中剔除，又无显著变量可引入回归方程时为止．引入一个自变量或从回归方程中剔除一个自变量，为逐步回归的一步．每一步产生的剩余标准差是判断模型显著性的一个指标．

使用逐步回归要注意几点：一是由于各个变量之间的相关性，一个新的变量引入后，会使原来认为显著的某个变量变得不显著，从而被剔除，所以在最初选择变量时应尽量选择相互独立性强的那些变量；二是逐步回归是以线性回归为基础．

逐步回归的命令是 stepwise，它提供了一个交互式画面，通过此工具可以自由地选择变量，进行统计分析．

命令 stepwise

格式 stepwise(x, y, inmodel, alpha)   %根据数据进行逐步回归，调出 GUI 界面．

说明

1. 输入参数说明：x 是自变量数据，y 为因变量数据，分别为 $n\times m$ 矩阵和 n 维列向量，n 是样本数，m 是变量个数；inmodel 为矩阵的列数的指标，给出初始模型中包括的子集 (省略时设定为全部自变量)；alpha 为显著性水平 (省略时为 0.5)；

2. Stepwise 命令产生 3 个图形窗口，在 MATLAB 中合为一个窗口．

3. Stepwise 是线性回归，可根据 Stepwise Table 窗口中列出的各统计量的值及各置信区间是否包含零点来判断模型是否有显著性．

例 10.15 某公司对当年 22 个地区的建筑材料销售量 y (千方)、销售费用 (千元)、实际账目数 (千方)、同类产品竞争数 (千方) 和地区潜在销售量 (千方) 分别进行了统计 (见表 10.12)．试用回归分析方法分析销售费用 x_1、实际账目数 x_2、同类商品竞争数 x_3 和地区潜在销售量 x_4 对建筑材料销售量的影响作用．

表 10.12 统计 22 个地区的建筑材料销售

序号	销售量(千方)	销售费用(千元)	实际账目数(千方)	同类竞争数(千方)	潜在销售量(千方)
1	79.3	5.5	31	10	8
2	200.1	2.5	55	8	6
3	163.2	8.0	67	12	9
4	200.1	3.0	50	7	16
5	146.0	3.0	38	8	15
6	177.7	2.9	71	12	17
7	30.9	8.0	30	12	8
8	291.9	9.0	56	5	10

续表

序号	销售量(千方)	销售费用(千元)	实际账目数(千方)	同类竞争数(千方)	潜在销售量(千方)
9	160.0	4.0	42	8	4
10	339.4	6.5	73	5	16
11	159.6	5.5	60	11	7
12	86.3	5.0	44	12	12
13	237.5	6.0	50	6	6
14	107.2	5.0	39	10	4
15	155.0	3.5	55	10	4
16	201.4	8.0	70	6	14
17	100.2	6.0	40	11	6
18	135.8	4.0	50	11	8
19	223.3	7.5	62	9	13
20	195.0	7.0	59	9	11
21	200.0	8.7	80	11	15
22	225.4	9	100	13	14

解 (1) 输入程序代码如下:

```
A=[5.5    31    10    8    79.3
2.5    55    8    6    200.1
8.0    67    12    9    163.2
3.0    50    7    16    200.1
3.0    38    8    15    146.0
2.9    71    12    17    177.7
8.0    30    12    8    30.9
9.0    56    5    10    291.9
4.0    42    8    4    160.0
6.5    73    5    16    339.4
5.5    60    11    7    159.6
5.0    44    12    12    86.3
6.0    50    6    6    237.5
5.0    39    10    4    107.2
3.5    55    10    4    155.0
8.0    70    6    14    201.4
6.0    40    11    6    100.2
4.0    50    11    8    135.8
7.5    62    9    13    223.3
7.0    59    9    11    195.0
8.7    80    11    15    200.0
9.0    100    13    14    225.4];
x1=A(:, 1); x2=A(:, 2); x3=A(:, 3); x4=A(:, 4); Y=A(:, 5);
X=[x1, x2, x3, x4];
stepwise(X, Y)
```

(2) 逐步回归过程

执行以后会在一个窗口中产生 3 个界面, 如图 10.31 所示. 第一个图形界面是输出界面, 分为两个部分: 左边是图形输出, 其中红色线条表示所对应的变量相关性较差, 属于剔除范畴, 蓝色线条表示该变量在逐步回归过程中应该引入; 右侧是 3 列数据, 分别代表此状态下各自变量系数估计值、t 检验值和 p 值.

第二个图形界面 (中间的图形界面) 的一系列模型数据分别表示如下:

Intercept——截距 (常数项的估计值); F——F 检验统计量的观测值; R-square——相关系数; Adj R-sq——判断系数; RMSE——标准剩余差; p——p 值.

第三个图形界面是逐步回归过程的历史记录.

具体操作有两种方式: 一是逐次点击窗口右方的 Next Step 按钮, 直到该按钮变为灰色为止; 二是直接单击图形界面右侧的 All Steps 按钮.

最后直接在窗口中就可以得到模型, 不需要再进行线性回归.

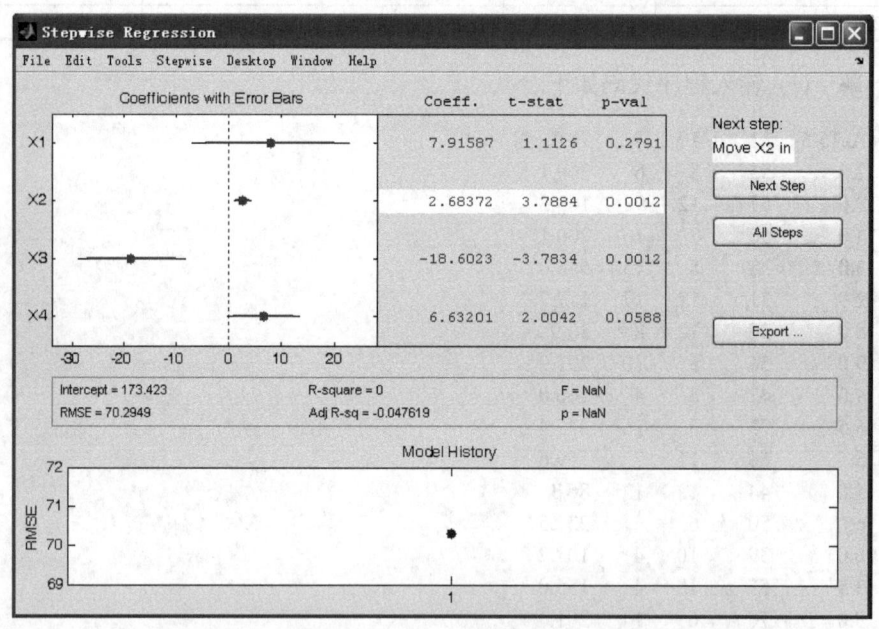

图 10.31 例 10.15 代码运行效果图 (扫描封底二维码, 阅读彩图)

在窗口中逐次点击 Next Step 按钮, x_1 和 x_4 变成红色, 表示剔除 x_1 和 x_4 两个变量, 得到的结果如图 10.32 所示.

从图 10.32 可以看出, 剔除变量 x_1 和 x_4 后, 置信区间远离零点, R^2 (即图中的 R-square) 逐步变大, 但 RMSE 明显降低, F 值也明显增大, 说明只含 x_2 和 x_3 的模型显著性更强. 从图 10.32 可以看出 x_2 和 x_3 的回归系数的估计值为 $b(2)=2.90317$, $b(3)=-20.1256$, 回归模型的常数项 $b(0)=200.614$, 即选用的最佳模型为:

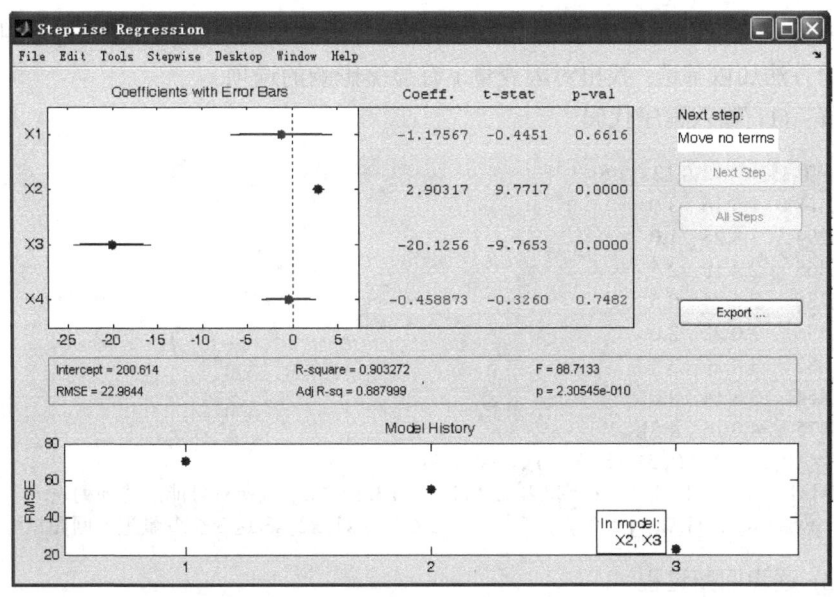

图 10.32　剔除 x_1 和 x_4 两个变量后的效果 (扫描封底二维码, 阅读彩图)

$$y = 200.614 + 2.903x_2 - 20.126x_3.$$

注: 逐步回归不仅可以解决多变量的线性回归问题, 还可以解决部分多变量非线性回归问题, 特别是多项式回归. 前面提到的多项式回归命令要求先给出多项式经验回归模型, 但这一点恰恰是比较困难的, 你很难确定该选择哪些项进入回归方程, 如果一味地全部选择或只选二次项或交叉项, 都是不严谨的. 用逐步回归可以很好解决这个问题, 其思想是转换成线性回归问题处理.

例 10.16　在化合物的合成试验中, 为了提高产量, 需要找到最佳的配制方法, 这里选取了原料配比 x_1、溶剂量 x_2 (g) 和反应时间 x_3 (min) 3 个因素, 共进行了 9 组实验, 试验结果如表 10.13 所示, 试根据试验数据分析拟合收率 y(%) 与其他 3 个变量的函数关系.

表 10.13　某化合物的合成试验结果

试验序号	收率 y (%)	原料配比 x_1	溶剂量 x_2 (g)	反应时间 x_3 (min)
1	0.3530	1.0	12	1.5
2	0.368	1.5	16	3.0
3	0.294	1.8	25	1.0
4	0.465	2.2	10	2.5
5	0.236	2.6	14	0.5
6	0.436	3.0	22	2.0
7	0.482	3.4	26	3.5
8	0.454	3.8	14	4.0
9	0.475	4.0	16	4.5

分析 这里自变量有 3 个,组成的完全二次多项式模型有 9 项,可以用逐步回归的方法加以筛选,找出对因变量 y 有显著影响的选项.

解 (1) 输入程序代码:

```
A=[0.3530   1.0 12   1.5
   0.368    1.5 16   3.0
   0.294    1.8 25   1.0
   0.465    2.2 10   2.5
   0.236    2.6 14   0.5
   0.436    3.0 22   2.0
   0.482    3.4 26   3.5
   0.454    3.8 14   4.0
   0.475    4.0 16   4.5];
x1=A(:,2); x2=A(:,3); x3=A(:,4); Y=A(:,1);
X=[x1, x2, x3, x1.^2, x2.^2, x3.^2, x1.*x3, x2.*x3, x1.*x2]; %所有可能的选项列表.
stepwise(X, Y, [1, 2, 3], 0.05)              %先将 x1, x2, x3 这 3 个变量进入回归模型中.
```

(2) 逐步回归过程

运行程序后如图 10.33,后面的 6 个变量都是红色,是因为开始只选择了前 3 个变量,所以后面都是红线. 可见此时只有变量 x_3 对 y 的影响是显著的,x_1,x_2 这两变量的置信区间接近零点,影响不显著,而且 $R^2=0.713991$,说明含 x_1,x_2 和 x_3 的线性回归模型不显著.

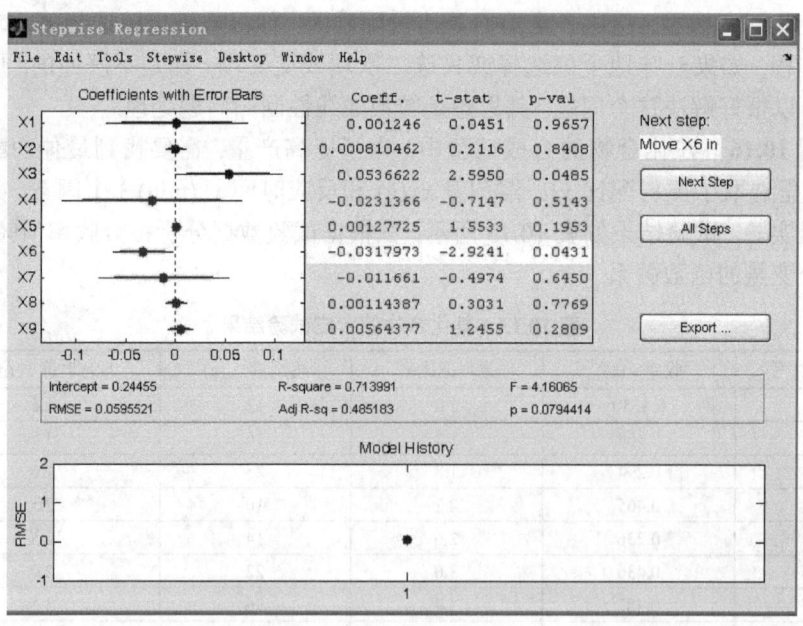

图 10.33 例 10.16 程序运行后的效果 (扫描封底二维码,阅读彩图)

单击 All Steps 按钮得到最后结果, 如图 10.34 所示, 其中变量 1, 2, 4, 5, 8, 9 (分别对应 x_1, x_2, x_1^2, x_2^2, $x_2 x_3$, $x_1 x_2$) 都为红色, 应该剔除. 此时剩余的 3 个变量置信区间远离零点, 而且 R^2、F 值、各参数的 t 检验值和 P 值表明此时模型整体显著性强且各自变量对被解释变量具有显著相关性. 因此所求模型最终确定为

$$y = \beta_0 + \beta_1 x_3 + \beta_2 x_3^2 + \beta_3 x_1 x_3.$$

从窗口中得出各参数值为

$$\beta_0 = 0.1327, \quad \beta_1 = 0.1803, \quad \beta_2 = -0.0413, \quad \beta_3 = 0.0191.$$

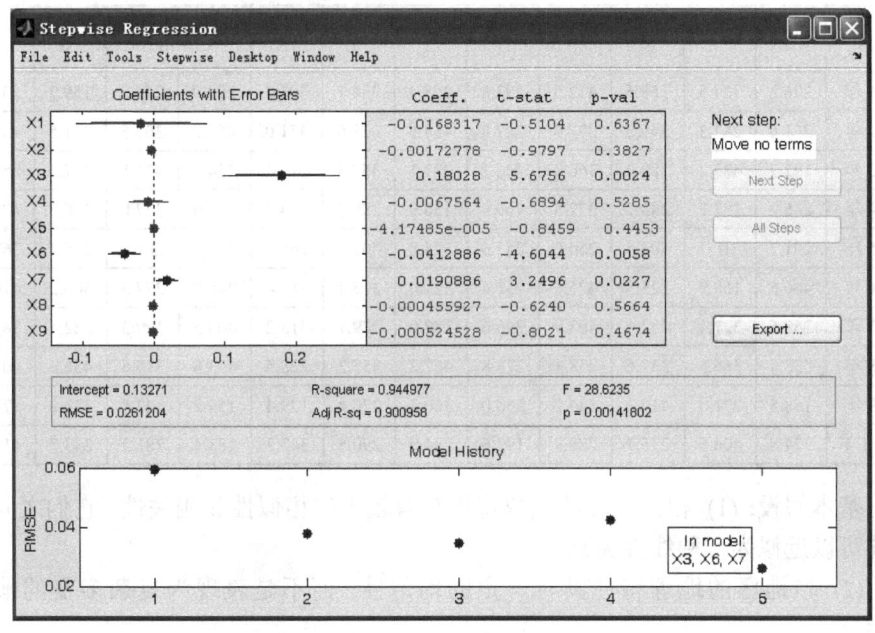

图 10.34 单击 All Steps 按钮的效果

注: 该问题的解决过程比较典型地体现了逐步回归的思想. 试想, 一开始如果没有通过机理分析, 是很难想到给出所求模型作为经验模型的, 而通过逐步回归, 我们从众多变量中逐步找出了对因变量影响最显著的自变量, 给出了变量尽量少的情况下的最佳回归模型.

10.6 实战篇——气象观测站优化模型

问题提出: 某地区内有 12 个气象观测站, 为了节省开支, 计划减少气象观测站的数目. 已知该地区的 12 个气象观测站的位置 (见图 10.35) 以及 10 年来各站测得的年降水量, 见表 10.14, 减少哪些观测站可以使所得到的降水量信息足够大?

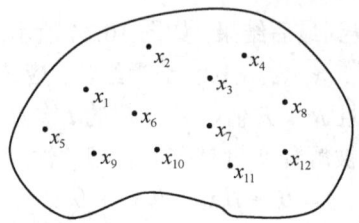

图 10.35 气象观测站分布图

表 10.14 各观测站的 10 年降水量 （单位: mm）

地点 年份	x_1	x_2	x_3	x_4	x_5	x_6	x_7	x_8	x_9	x_{10}	x_{11}	x_{12}
第 1 年	276.2	324.5	158.6	412.5	292.8	258.4	334.1	303.2	292.9	243.2	159.7	331.2
第 2 年	251.6	287.3	349.5	297.4	227.8	453.6	321.5	451.0	466.2	307.5	421.5	455.1
第 3 年	192.7	433.2	289.9	366.3	466.2	239.1	357.4	219.7	254.7	411.1	357.0	353.2
第 4 年	246.2	232.2	243.7	372.5	460.4	158.9	298.7	314.5	256.6	327.0	296.5	423.0
第 5 年	291.7	311.0	502.4	254.0	245.6	324.8	401.0	266.5	251.3	289.9	255.4	362.1
第 6 年	466.5	158.9	223.5	425.1	251.4	321.0	315.4	317.4	246.2	277.5	304.2	410.7
第 7 年	258.6	327.4	432.1	403.9	256.6	282.9	389.7	413.2	466.5	199.3	282.1	387.6
第 8 年	453.4	365.5	357.6	258.1	278.8	467.2	355.2	228.5	453.6	315.6	456.3	407.2
第 9 年	158.5	271.0	410.2	344.2	250.0	360.7	376.4	179.4	159.2	342.4	331.2	377.7
第 10 年	324.8	406.5	235.7	288.8	192.6	284.9	290.5	343.7	283.4	281.2	243.7	411.0

基本假设: (1) 相似地域的气象特性具有较大的相似性和相关性, 它们之间的影响可以近似为一种线性关系.

(2) 该地区的地理特性具有一定的均匀性, 而不是表现为复杂多变的地理特性.

(3) 在距离较近的条件下, 由于地形、环境等因素而造成不同区域的年降水量相似的可能性很小, 可以被忽略. 不同区域年降水量的差异主要与距离有关.

(4) 不考虑其他区域对本地区的影响.

分析与建模: 减少观测站个数, 得到的信息量也将减少, 但由此可以节省开支. 因此最优结果是站数比较少, 同时得到的信息量足够大. 在这两个互相制约的方面, 站的个数和信息量之间. 应主要考虑信息量, 因为信息量减少到一定程度, 气象观测就失去了意义. 因此, 问题就是求怎样减少观测站个数, 即在信息量不小于一定条件下使站数尽量少.

但是, 信息量是一个比较模糊的概念, 怎样才算信息量足够大, 这就涉及气象部门怎样分析利用观测数据. 气象部门用这些数据的主要目的是为了预报, 为此, 必须分析数据的变化规律. 由于影响气象的因素很多, 在气象观测中, 一般应比较全面地观测各种因素, 从而汇总出具有一定特点、一定代表性的观测站的数据. 大气系统由于其自身的规律, 地理位置上相近似的区域在气象上往往具有一定的相似性, 各气象因素之间往往存在一些客观联系. 根据这些知识, 当需要去掉几个观测站时, 为了保证信息量, 应使剩下的点反映出各自的规律. 因此在原始数据中反映同一规律, 即相关性、相似性好的 n 个站可以去掉 $n-1$ 个站, 而只剩下的一个站来反映这 n 个站共同的特点, 而原始数据中与其他站联系不大的站就要保留下来. 保留下来的站中一个观测点的观测值实际是作为相似区域或相近的区域的代表值而使用的, 因此除考虑观测站的特色外, 还应注意到一个观测站所代表的区域的大小. 由于去掉的站是相关性好的, 因此去掉的站可以用剩下的站表示, 而且误差较小.

气象部门利用观测站测得的实际数据来估计一个地区降水量的分布, 通常用观测站测得的数据, 即降水量, 来求出一种所谓结构函数 $b(L)$. 结构函数 $b(L)$ 反映了该地区降水量随地区分布的基本规律. 理论上, 结构函数 $b(L)$ 是指地面上任意相距为 L 的两点的降水量之差的平均值. 实践中因为只给出 n 个站的数据 $(n=12)$, 所以近似求 $b(L)$ 的方法是: 求得任意两站之间的距离及相应的两站之间的降水量之差, 得到 C_n^2 个距离值 $l_i (i=1,2,\cdots,C_n^2)$, 及相应的降水量之差的绝对值 $f_i (i=1,2,\cdots,C_n^2)$, 令

$$a = \min_{i=1,2,\cdots,C_n^2}(l_i), \quad b = \max_{i=1,2,\cdots,C_n^2}(l_i).$$

将 $[a,b]$ 区间划分成 m 等份, 设落在第 k 段小区间 $\left[a+(k-1)\frac{b-a}{m}, a+k\frac{b-a}{m}\right]$ 内的 l_i 值有 j 个, 记为 $l_{i1}, l_{i2}, \cdots, l_{ij}$. 因此在此区间的中点 C_k 上, 结构函数的值为

$$b\left(a+\frac{2k-1}{2}\cdot\frac{b-a}{m}\right) = \frac{f_{i1}+f_{i2}+\cdots+f_{ij}}{j} = \frac{\sum_{n=1}^{j} f_{in}}{j},$$

这样可求得 m 个点上的 $b(L)$ 的值, 用折线连起来, 则得到连续的 $b(L)$ 曲线.

由于给出的是每站 10 年的数据, 先求得两个站每年的降水量之差, 然后再做平均, 以求得 f_i 的值. 根据原始数据, 取 $m=8$, 即把 L 分成 $[10,20],[20,30],\cdots,[80,90]$ 8 个区间, 求得每个区间中点上的 $b(L_i), i=1,2,\cdots,8$ 的值, 如表 10.15.

表 10.15 $b(L_i)$ 的值

L_i	15	25	35	45	55	65	75	85
$b(L_i)$	23.61	25.46	19.46	26.45	31.25	24.11	43.43	55.53

从表 10.15 可以看出, $b(L)$ 大体上是递增的趋势, 也就是距离越远, 降水量之差越大. 但是, 经观察, 有几个点不甚理想, 为更好地反映这种单调递增的趋势, 引入修正的结构函数 $\bar{b}(L_i)$, 即

$$\bar{b}(L_i) = \frac{\sum\limits_{j \geqslant i} b(L_j)}{9-i}.$$

这样得到 $\bar{b}(L_i)$ 的数值，见表 10.16.

表 10.16　修正的 $\bar{b}(L_i)$ 值

L_i	15	25	35	45	55	65	75	85
$\bar{b}(L_i)$	31.13	32.24	33.73	36.15	38.58	41.02	49.48	55.53

一般地可以认为某两点之间相对误差大于 10%，用一点去估计另一点的误差就超过了可允许的范围. 由表 10.14 中的数据得到该地区年平均降水量为 320mm，这样，用一点近似另一点时，降水量之差最大为 $\Delta = 320 \times 10\% = 32$mm. 由表 10.16 及线性插值的办法可知，当 $\bar{b}(L) = 32$ 时，$L_0 = 22.78$. 因此，用一个站去估计另一个站时，它们之间的距离就不能大于 L_0，否则误差将超过 10%. 由于最后剩下的站要去估计整个区域的气候特征，因此，问题也就是：估计有多少站足以保证该地区任意一点都有一个观测站与之距离小于 $L_0 = 22.78$，这样每一点的降水量都可以用最近的站的降水量来估计.

易计算得该地区面积为 $S = 8 \times 10^3$ 单位，不妨把该区域近似为正方形，记为 Q，且观测站均匀分布，以 n 个站为中心把 Q 分为 n 面积为 d^2 的小方格，A 为该区域的任意一点，设 $l_{\min}(A)$ 为与 A 相距最近的站到 A 点的距离，为了达到要求，必须有

$$\max_{A \in Q}(l_{\min}(A)) \leqslant L_0 = 22.78,$$

容易得到

$$\max_{A \in Q}(l_{\min}(A)) = \frac{\sqrt{2}}{2}d,$$

即

$$d \leqslant 32.21.$$

而每个小方格面积为 d^2，最小的方格数，也即应该剩余的站数为

$$n = \frac{S}{d_{\max}^2} = \frac{8000}{32.21^2} = 7.7 \approx 8.$$

当保留 8 个站时，正好能保证该地区内任意与之足够靠近的一个或多个站可以预报该点的降雨量，因此这 8 个观测站所提供的数据足以为该地区提供足够的信息量.

模型的算法：为了确定从 12 个站中去掉哪 4 个站，且仍能使信息尽可能多保留下来，模型的算法如下：

1) 对每个站确定一集合 $A_i = \{x_j | d(x_i, x_j) \leq d_0\}$，即与 x_i 距离上于 d_0 的所有 x_j 的集合，这里的 d_0 取 31.5。

2) 对每个集合 $A_i (i=1, 2, \cdots, n)$ 以 x_i 为因变量，以所有 $x_j \in A_i$ 为自变量进行多元线性回归，得到回归方程 $e(i)(i=1, 2, \cdots, n)$ 并求出每个方程的残差平方和 S_i 及回归方程显著性检验 F_i。

3) 显著性水平取 0.1，对线性回归方程 $e(i)$ 的判别 F_i，如果 $F_i > F_\alpha$，则表示 $e(i)$ 有显著的线性关系，因此若每个方程 $e(i)$ 的 $F_i > F_\alpha$，则跳到第 4) 步，否则

(1) 对线性关系不显著的方程 $e(k)$ 检验 A_k 中的每一个自变量的显著性，对不显著的自变量从 A_k 中剔除，剔除不显著的自变量后，重新以 A_k 为自变量，以 $x_j \in A_k$ 为自变量进行线性回归，得到新的回归方程 $e(k)$。

(2) 再判断显著性检验 F_k，若 $F_k > F_\alpha$，保留回归方程；若不成立，再返回 (1)，直到 $F_k > F_\alpha$ 成立或 A_k 为空集。

(3) 对线性关系不显著的方程都作 (1)，(2) 的处理。

4) 对有显著性线性关系的回归方程 $e(i)$，判断应该去掉哪个变量，即观测站。设 x_j 在 $e(i)$ 中的系数为 β_{ij}，则对每一变量定义权数 W_j，即

$$W_j = \sum_{i=1}^{k} \frac{|\beta_{ij}|}{\sum_{r=1}^{11} |\beta_{ir}|}.$$

选出权数 W_j 最大的变量 x_l，同时考虑：若这个站开始认为是不应该剔除的，则选权数次之的变量，这样变量 x_l 就应该是去掉的站。

5) 把变量 x_l 去掉，剩下的变量中，重新定义 A_i，回到步骤 1)，直到去掉 4 个变量，即 4 个站。

结果及分析： 利用以上算法，得到的结果为去掉 x_{10}, x_7, x_{12}, x_6 4 个站。剔除 4 个站前后各站管辖的区域如图 10.36 所示。

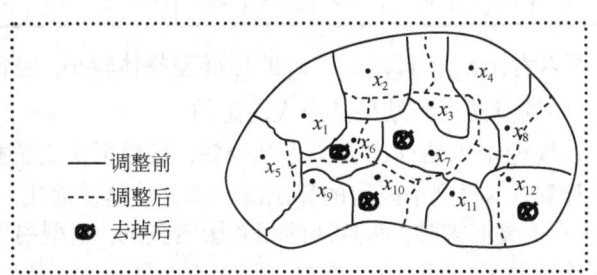

图 10.36 站点分布及管辖区域图

剔除 4 个站后，再用剩下的站将降雨量估计出来，用最小二乘法求得：
$$x_{10} = 219.2 + 0.178x_2 - 0.07x_{13} - 0.137x_4 + 0.199x_5 - 0.372x_9 + 0.489x_{11}.$$

残差平方和 1248.2, 显著性检验值
$$F = 11.315 > F(6,3) = 5.28,$$
$$x_7 = 86.95 + 0.136x_2 + 0.363x_3 + 0.288x_4 - 0.001x_5.$$

残差平方和 2388.8, 显著性检验值
$$F = 5.568 > F(4,5) = 3.52,$$
$$x_{12} = 206.3 + 0.416x_8 + 0.188x_9 + 0.373x_{11}.$$

残差平方和 2737.8, 显著性检验值
$$F = 6.918 > F(3,6) = 3.29,$$
$$x_6 = 302.9 - 0.1x_4 - 0.641x_5 + 0.029x_9 - 0.726x_{11}.$$

残差平方和 9386.7, 显著性检验值
$$F = 9.36 > F(4,5) = 3.52.$$

对于这个结果, 可以初略验证如下.

1) 根据给出的数据, 求得两两相关系数, 可以看出:

(1) x_{12} 有 3 个站和它的相关系数大于 0.5.

(2) x_{10} 有 5 个站和它的相关系数大于 0.4.

(3) x_6 有 3 个站和它的相关系数大于 0.4.

(4) x_7 和其中 x_3 的相关系数为 0.83, 线性程度非常高. 因此这 4 个站与其他站的相关系数是很高的.

2) 虽然我们没有考虑每个站的降水量随年的变化情况, 但对剔除的 4 个站, 随时间变化的标准差是比较小的. 对于观测站, 当然是标准差大的. 包含的信息量大, 求得的各站降水量的标准差, 见表 10.17.

表 10.17 各站年降水量的标准差

站 x	x_1	x_2	x_3	x_4	x_5	x_6	x_7	x_8	x_9	x_{10}	x_{11}	x_{12}
$\sqrt{D(x)}$	95.1	76.8	102.7	60.7	89.3	89.4	36.1	80.7	103.8	54.3	82.1	34.9

从表 10.17 可以看出 x_{12}, x_7, x_{10}, x_6 的标准差整体较小, 包含的信息量也较少. 因此, 利用文中的算法得到结果是令人满意的.

模型评价: 本模型中先估计出应留下几个站, 然后再决定去掉哪几个站, 这样做大大简化了计算. 本模型中采用的算法既合理又使运算简化, 其原因如下.

1. 当测量站的距离增大时, 两点间的相互影响变弱, 模型中以 d_0 为界限; 考虑下一个站与其他站的影响时, 仅考虑与之距离小于 d_0 的站, 使之运算大大简化.

2. 在决定去掉哪个站时, 采用算法步骤 4) 的权 W_j. 事实上, 对回归方程 $y = \sum x_i \beta_i + \beta_0$, $|\beta_i|$ 越小, 反映 x_i 对 y 的作用影响越小, $\beta_i = 0$, 说明 x_i 与 y 无

关, 删去 x_i, 则 x_i 所代表的信息就不能从其他变量中恢复, 因此 x_i 应保留下来.

3. 对去掉的变量, 因为剩下与之相关性好的变量, 所以仍可用剩余的变量去估计它.

4. 对算法步骤 3) 中 (1)、(2) 的处理, 是因为集合 A 中的元素, 虽然距离小于等于 d_0, 但相关性不一定好, 因此用 A_i 的所有元素线性回归时, 仍可能存在与 x_i 相关性很差的变量, 使显著性下降, 因此剔除 A_i 中与 x_i 相关性差的变量重新回归, 以提高显著性.

对应该留下几个站的估计, 当数据个数较少时, 估计的误差就越大; 但当数据很多时, 误差就较小. 因此, 本模型需要的数据越多越好.

题目中只给出 12 个站及 10 年的降水量资料, 未给出该地区的地理情况. 从统计的观点看, 10 年的数据尚不具有良好的代表性, 且又无其他信息资料, 因此, 只能根据所给数据进行处理. 尽管模型中的一些估计较为粗略, 但所得结果还是令人满意的.

注: 该模型首先利用数据和气象分布图, 构造了结构函数, 由此确定所要保留的站的个数及所辖范围, 还利用多元统计方法, 确定出了剔除的气象站.

10.7 精准扶贫中的贫困人口致贫原因分析

问题提出: 曾经, 在中国的精准扶贫工作中, 识别贫困人口的致贫原因是扶贫政策有效实施的关键. 贫困并非单一因素所致, 而是多种社会经济因素交织作用的结果. 不同地区的贫困问题各具特点, 可能由收入水平低、教育资源匮乏、健康问题、基础设施不足、地理位置偏远等多种因素共同造成. 因此, 要实现精准扶贫, 必须深入了解这些因素对贫困人口的影响, 找出各因素在贫困形成中的作用机制, 以便制定有针对性的扶贫措施.

问题分析: 在中国的精准扶贫工作中, 识别贫困人口的致贫原因是制定有效扶贫政策的核心. 贫困的成因往往是多因素共同作用的结果, 且不同地区的贫困问题存在显著差异. 为了实现真正的"精准扶贫", 必须深入分析这些影响贫困的因素, 了解其相互关系和作用机制, 以便为扶贫政策的精准施策提供依据.

1. 贫困的多维性与复杂性

贫困并非单一的经济现象, 它与社会经济的多个层面密切相关, 包括收入、教育、健康、基础设施、社会保障等方面. 贫困家庭通常面临着生活水平低、教育程度差、健康状况不佳、社会保障缺失等多重困境. 因此, 简单的贫困收入标准无法全面反映贫困的真实情况, 必须从多维度进行综合分析. 例如:

(1) 收入水平通常是衡量贫困最直接的指标. 低收入家庭可能难以满足基本生活需求, 但收入不足并非唯一导致贫困的因素.

(2) 教育水平是另一个重要的致贫因素. 教育程度低的家庭, 往往缺乏可提升收入的技能和知识, 陷入恶性贫困循环. 教育资源匮乏或教育水平差可能使得贫困代际传递加剧.

(3) 健康问题也在贫困的形成中扮演着重要角色. 慢性病、重大疾病或高额的医疗费用可能使家庭在短期内陷入贫困, 甚至导致家庭成员的工作能力丧失, 加剧贫困困境.

(4) 基础设施的不足, 尤其是在偏远农村地区, 常常限制了贫困家庭的经济发展潜力. 例如, 交通不便、缺乏网络和通信设施、能源短缺等问题使得这些地区难以接入市场和服务, 进一步加剧贫困状况.

2. 区域差异性

不同地区的贫困成因差异较大, 精准扶贫必须考虑地区差异. 例如:

(1) 在一些经济较为发达的地区, 贫困可能更多源于收入不均衡, 即部分家庭的收入水平过低, 而大多数家庭已经能够满足基本生活需求.

(2) 在一些偏远的山区或边远地区, 贫困的根本原因可能是地理因素, 如交通不便、基础设施落后、社会服务匮乏等, 导致这些地区的居民无法享受与城市居民平等的社会资源和服务.

(3) 另外, 某些农村地区可能面临教育资源匮乏、劳动力外流等问题, 导致年轻一代缺乏发展机会, 难以打破贫困的恶性循环.

3. 社会政策与扶贫措施的作用

政府的扶贫政策和社会保障制度在一定程度上影响贫困的程度与解决途径. 然而, 政策的执行效果与地方政府的落实力度, 以及扶贫资源的分配, 在不同地区可能产生不同的效果. 例如, 某些地方的政府能够高效利用扶贫资金, 迅速改善基础设施和公共服务, 而其他地方的帮扶措施可能面临资金短缺、执行不力等问题.

此外, 扶贫的时效性和针对性至关重要. 如果没有基于各地实际情况的深入分析, 盲目地将扶贫资源投入到"看似贫困"的地区, 而忽视了其真实的致贫原因, 扶贫效果可能大打折扣. 因此, 深入分析贫困的根本原因并对症下药, 才能真正实现"精准扶贫".

4. 数据分析的必要性

在精准扶贫的背景下, 利用数据分析技术识别贫困的致贫原因变得尤为重要. 传统的扶贫工作往往依赖于行政命令和政策框架, 难以准确捕捉到贫困成因的多样性和复杂性. 随着大数据技术的发展, 贫困数据的收集、整合与分析变得更加可行和精确.

定量分析各类社会经济因素对贫困程度的影响, 揭示不同因素的相对重要性. 识别潜在的影响因素, 如基础设施、医疗条件等, 通过深入的数据分析, 能够发现这些因素对贫困的具体作用路径.

优化资源配置,根据不同地区的致贫原因,优化扶贫资源和政策的分配,避免资源的浪费和政策的盲目性.

5. 多元线性回归模型的应用

在数据分析中,多元线性回归模型是解决此类问题的一种有效方法. 通过将多个可能影响贫困的因素 (如收入、教育、健康等) 作为自变量,贫困程度作为因变量,模型能够揭示各因素对贫困的具体贡献,并帮助理解其作用机制. 例如,收入、教育、健康等因素是否呈现显著的线性关系,以及每个因素对贫困程度的影响大小,从而帮助制定更为有效的扶贫政策.

指标体系与数据:在精准扶贫工作中,构建合理的指标体系是分析贫困成因、制定扶贫政策的基础. 一个科学的指标体系不仅能全面、准确地反映贫困现状,还能为扶贫措施的有效实施提供数据支持. 根据贫困的多维性和复杂性,本案例将构建一个包含经济、社会、健康、教育、基础设施等多个维度的指标体系,并详细说明数据的采集方法和途径.

在构建指标体系时,需要确保其能够全面反映贫困的多维特征,并能捕捉到影响贫困的核心因素. 根据前述问题分析,构建一个包括收入、教育、健康、社会保障、基础设施等多方面的综合性指标体系. 具体而言,可以将指标分为核心维度和辅助维度,从而对贫困的形成和发展进行全面、深入的分析.

(1) 经济维度

家庭年收入 (X_1):反映家庭经济状况,是评估贫困的重要指标.

收入差距 (X_2):衡量家庭或村庄内部的收入分配不均情况,可能会加剧贫困.

家庭负担指数 (X_3):家庭中的赡养人口占比,负担重的家庭更易陷入贫困.

(2) 教育维度

教育程度指数 (X_4):衡量家庭成员的平均教育水平,教育程度较低通常是贫困的重要原因.

义务教育完成率 (X_5):反映该地区孩子接受教育的普及程度,较低的完成率往往与贫困相关.

青少年辍学率 (X_6):辍学率高的地区可能形成贫困代际传递.

(3) 健康维度

家庭成员患病比例 (X_7):健康问题是贫困的重要成因之一,健康状况差的家庭更容易陷入贫困.

慢性病发生率 (X_8):慢性病患者较多的家庭,面临较高的医疗支出,可能加重贫困状况.

(4) 基础设施维度

基础设施覆盖度 (X_9):包括道路、电力、通信等基础设施的覆盖情况. 基础设施不完善的地区，经济发展和生活质量受限.

医疗设施可达性 (X_{10}): 医疗服务的可获取性，医疗设施缺乏的地区可能面临健康恶化问题，进而加重贫困.

(5) 社会保障维度

社会保障覆盖率 (X_{11}): 反映地区的社会保障体系覆盖情况，社会保障不健全的地区，贫困群体更难以脱贫.

扶贫政策覆盖度 (X_{12}): 该地区扶贫政策的落实情况，政策执行的广度和深度直接影响贫困状况的改善.

表 10.18 50 个村庄的贫困指标数据

村庄序号	家庭年收入 (X_1)	收入差距 (X_2)	家庭负担指数 (X_3)	教育程度指数 (X_4)	义务教育完成率 (X_5)	青少年辍学率 (X_6)	家庭成员患病比例 (X_7)	慢性病发生率 (X_8)	基础设施覆盖度 (X_9)	医疗设施可达性 (X_{10})	社会保障覆盖率 (X_{11})	扶贫政策覆盖度 (X_{12})
1	5500	0.45	0.6	0.35	85%	12%	22%	16%	0.4	0.75	88%	90%
2	4500	0.5	0.7	0.4	80%	15%	25%	20%	0.5	0.8	85%	85%
3	6000	0.38	0.5	0.55	88%	10%	18%	12%	0.6	0.85	90%	80%
4	4800	0.55	0.8	0.3	75%	18%	30%	25%	0.3	0.7	70%	80%
5	4200	0.6	0.75	0.32	78%	17%	28%	22%	0.35	0.65	72%	75%
6	5300	0.47	0.65	0.5	82%	14%	20%	18%	0.45	0.78	85%	88%
7	3900	0.62	0.85	0.28	72%	20%	35%	30%	0.3	0.6	68%	80%
8	4700	0.53	0.72	0.48	85%	12%	22%	15%	0.55	0.8	90%	85%
9	6000	0.4	0.6	0.53	87%	11%	20%	14%	0.7	0.9	92%	88%
10	4100	0.58	0.8	0.31	76%	19%	29%	23%	0.4	0.75	74%	77%
11	5200	0.42	0.55	0.45	84%	13%	19%	16%	0.65	0.88	86%	87%
12	4800	0.52	0.65	0.39	79%	16%	24%	18%	0.5	0.72	80%	78%
13	4500	0.55	0.7	0.38	77%	17%	27%	22%	0.45	0.8	80%	81%
14	5300	0.46	0.62	0.51	83%	14%	21%	19%	0.58	0.83	89%	84%
15	4700	0.5	0.68	0.44	82%	15%	23%	20%	0.5	0.77	87%	86%
16	5100	0.48	0.63	0.47	85%	13%	22%	15%	0.67	0.85	89%	90%
17	4200	0.6	0.8	0.3	74%	19%	31%	28%	0.35	0.65	70%	74%
18	5600	0.4	0.55	0.49	86%	11%	20%	13%	0.6	0.88	91%	90%
19	4900	0.52	0.7	0.37	79%	16%	26%	22%	0.5	0.75	82%	82%
20	5400	0.43	0.6	0.46	84%	14%	21%	18%	0.63	0.8	87%	86%
21	4900	0.51	0.68	0.35	78%	18%	25%	21%	0.47	0.76	81%	84%
22	4700	0.53	0.72	0.42	81%	16%	24%	20%	0.52	0.78	83%	85%
23	5600	0.45	0.58	0.5	85%	13%	20%	17%	0.66	0.82	88%	89%
24	4300	0.57	0.75	0.33	79%	18%	28%	24%	0.4	0.74	76%	78%
25	5400	0.49	0.62	0.43	84%	14%	23%	19%	0.58	0.81	88%	87%
26	5000	0.5	0.67	0.45	80%	15%	22%	18%	0.53	0.77	84%	86%

模型建立：为了分析各因素对贫困程度的影响，我们采用多元线性回归模型来建立贫困程度与多种影响因素之间的关系模型. 以下是详细的模型建立过程, 包括数学公式、符号定义和解释.

多元线性回归模型是用来描述因变量 Y 与多个自变量 $X_1, X_2, \cdots, X_n$ 之间线性关系的统计模型. 其数学表达式为

$$Y = \beta_0 + \beta_1 X_1 + \beta_2 X_2 + \cdots + \beta_n X_n + \varepsilon,$$

其中, Y 表示因变量, 表示贫困程度 (本案例中为贫困程度指数, 取值范围 0—100); β_0 表示常数项或截距; $\beta_i (i=1,2,\cdots,n)$ 表示回归系数; $X_i (i=1,2,\cdots,n)$ 表示影响贫困程度的因素 (如家庭年收入、教育程度指数等). ε 表示误差项, 即模型未能解释的随机因素对 Y 的影响.

在本案例中, 自变量和因变量的定义如下:

Y: 贫困程度指数 (0—100 分).

X_1: 家庭年收入, 单位: 元.

X_2: 收入差距 (0—1 之间, 无量纲).

X_3: 家庭负担指数 (0—1 之间, 无量纲).

X_4: 教育程度指数 (0—1 之间, 无量纲).

X_5: 义务教育完成率 (0—1 之间, 无量纲).

X_6: 青少年辍学率 (0—1 之间, 无量纲).

X_7: 家庭成员患病比例 (0—1 之间, 无量纲).

X_8: 慢性病发生率 (0—1 之间, 无量纲).

X_9: 基础设施覆盖度 (0—1 之间, 无量纲).

X_{10}: 医疗设施可达性 (0—1 之间, 无量纲).

X_{11}: 社会保障覆盖率 (0—1 之间, 无量纲).

X_{12}: 扶贫政策覆盖度 (0—1 之间, 无量纲).

矩阵形式表示：为了简化模型表达, 可以将其用矩阵形式表示为

$$Y = X\beta + \varepsilon,$$

其中, $Y = [Y_1, Y_2, \cdots, Y_m]^T$ 表示 m 个样本的贫困程度向量.

$X = \begin{bmatrix} 1 & X_{11} & X_{12} & \cdots & X_{1n} \\ 1 & X_{21} & X_{22} & \cdots & X_{2n} \\ \vdots & \vdots & \vdots & \ddots & \vdots \\ 1 & X_{m1} & X_{m2} & \cdots & X_{mn} \end{bmatrix}$ 表示 $m \times (n+1)$ 的自变量矩阵, 首列为常数 1, 即截距项, X_{ij} 表示第 i 个指标 X_i 在第 j 个村庄的指标数据.

$\beta = [\beta_0, \beta_1, \cdots, \beta_n]^T$ 表示回归系数向量.

$\varepsilon = [\varepsilon_0, \varepsilon_1, \cdots, \varepsilon_m]^T$ 表示误差项向量.

参数估计：采用最小二乘法 (ordinary least squares, OLS) 对回归系数 β 进行估计．目标是最小化预测值与实际值之间的误差平方和，即目标函数是 $\min\limits_{\beta}\sum\limits_{i=1}^{m}(Y_i-\hat{Y}_i)^2$，根据矩阵形式，目标函数可以写为 $\min\limits_{\beta}\|Y-X\beta\|$，其解析解为 $\beta=(X^{\mathrm{T}}X)^{-1}X^{\mathrm{T}}Y$．

模型评价指标：为了评估模型的拟合优度和解释力，常用以下指标．

决定系数 R^2 的公式是

$$R^2=1-\frac{\sum\limits_{i=1}^{m}(Y_i-\hat{Y}_i)^2}{\sum\limits_{i=1}^{m}(Y_i-\overline{Y}_i)^2}.$$

R^2 取值范围为 0 到 1，表示模型对因变量变异的解释比例，值越接近 1，模型拟合效果越好．$\overline{Y}$ 表示因变量的均值．

均方误差 (MSE) 的公式是

$$\mathrm{MSE}=\frac{1}{m}\sum\limits_{i=1}^{m}(Y_i-\hat{Y}_i)^2.$$

MSE 表示预测值与实际值之间的平均误差平方．

调整决定系数 (Adj-R^2) 的公式是

$$\mathrm{Adj}\text{-}R^2=1-\frac{(1-R^2)(m-1)}{m-n-1}.$$

Adj-R^2 考虑了模型复杂度 (即自变量的数量)，用于评估多变量模型．

模型计算：基于前述的多元线性回归数学模型，对贫困程度指数 Y 进行建模计算，量化各社会经济因素 X_1 至 X_{12} 对贫困程度的影响．以下是模型计算的完整内容．

模型对应的 Python 代码如下．

```
import numpy as np
import pandas as pd
from sklearn.linear_model import LinearRegression
from sklearn.metrics import r2_score, mean_squared_error
# 重新创建基于之前描述的模拟数据集
data = {
    "家庭年收入 (X1)": [5500, 4500, 6000, 4800, 4200, 5300, 3900, 4700, 6000, 4100, 5200, 4800, 4500, 5300, 4700, 5100, 4200, 5600, 4900, 5400, 4900, 4700, 5600, 4300, 5400, 5000],
    "收入差距 (X2)": [0.45, 0.50, 0.38, 0.55, 0.60, 0.47, 0.62, 0.53, 0.40, 0.58, 0.42, 0.52, 0.55, 0.46, 0.50, 0.48, 0.60, 0.40, 0.52, 0.43, 0.51, 0.53, 0.45, 0.57, 0.49, 0.50],
    "家庭负担指数 (X3)": [0.60, 0.70, 0.50, 0.80, 0.75, 0.65, 0.85, 0.72, 0.60, 0.80, 0.55, 0.65, 0.70, 0.62, 0.68, 0.63, 0.80, 0.55, 0.70, 0.60, 0.68, 0.72, 0.58, 0.75, 0.62, 0.67],
```

"教育程度指数 (X4)": [0.35, 0.40, 0.55, 0.30, 0.32, 0.50, 0.28, 0.48, 0.53, 0.31, 0.45, 0.39, 0.38, 0.51, 0.44, 0.47, 0.30, 0.49, 0.37, 0.46, 0.35, 0.42, 0.50, 0.33, 0.43, 0.45],
"义务教育完成率 (X5)": [0.85, 0.80, 0.88, 0.75, 0.78, 0.82, 0.72, 0.85, 0.87, 0.76, 0.84, 0.79, 0.77, 0.83, 0.82, 0.85, 0.74, 0.86, 0.79, 0.84, 0.78, 0.81, 0.85, 0.79, 0.84, 0.80],
"青少年辍学率 (X6)": [0.12, 0.15, 0.10, 0.18, 0.17, 0.14, 0.20, 0.12, 0.11, 0.19, 0.13, 0.16, 0.17, 0.14, 0.15, 0.13, 0.19, 0.11, 0.16, 0.14, 0.18, 0.16, 0.13, 0.18, 0.14, 0.15],
"家庭成员患病比例 (X7)": [0.22, 0.25, 0.18, 0.30, 0.28, 0.20, 0.35, 0.22, 0.20, 0.29, 0.19, 0.24, 0.27, 0.21, 0.23, 0.18, 0.31, 0.20, 0.26, 0.21, 0.25, 0.24, 0.20, 0.28, 0.23, 0.22],
"慢性病发生率 (X8)": [0.16, 0.20, 0.12, 0.25, 0.22, 0.18, 0.30, 0.15, 0.14, 0.23, 0.16, 0.18, 0.22, 0.19, 0.20, 0.15, 0.28, 0.13, 0.22, 0.18, 0.21, 0.20, 0.17, 0.24, 0.19, 0.18],
"基础设施覆盖度 (X9)": [0.4, 0.5, 0.6, 0.3, 0.35, 0.45, 0.3, 0.55, 0.7, 0.4, 0.65, 0.5, 0.45, 0.58, 0.5, 0.67, 0.35, 0.6, 0.5, 0.63, 0.47, 0.52, 0.66, 0.4, 0.58, 0.53],
"医疗设施可达性 (X10)": [0.75, 0.80, 0.85, 0.70, 0.65, 0.78, 0.60, 0.80, 0.90, 0.75, 0.88, 0.72, 0.80, 0.83, 0.77, 0.85, 0.65, 0.88, 0.75, 0.80, 0.76, 0.78, 0.82, 0.74, 0.81, 0.77],
"社会保障覆盖率 (X11)": [0.88, 0.85, 0.90, 0.70, 0.72, 0.85, 0.68, 0.90, 0.92, 0.74, 0.86, 0.80, 0.80, 0.89, 0.87, 0.89, 0.70, 0.91, 0.82, 0.87, 0.81, 0.83, 0.88, 0.76, 0.88, 0.84],
"扶贫政策覆盖度 (X12)": [0.90, 0.85, 0.80, 0.80, 0.75, 0.88, 0.80, 0.85, 0.88, 0.77, 0.87, 0.78, 0.81, 0.84, 0.86, 0.90, 0.74, 0.90, 0.82, 0.86, 0.84, 0.85, 0.89, 0.78, 0.87, 0.86],
"贫困程度 (Y)": [70, 75, 60, 80, 85, 65, 90, 68, 55, 82, 60, 78, 77, 63, 66, 58, 88, 54, 72, 64, 74, 67, 62, 86, 61, 65]
}

```
# 转换为 DataFrame
df = pd.DataFrame(data)
# 定义自变量 (X) 和因变量 (Y)
X = df.drop(columns=["贫困程度 (Y)"])    # X 是除了 "贫困程度" 以外的列
Y = df["贫困程度 (Y)"]    # Y 是 "贫困程度"
# 使用线性回归模型
model = LinearRegression()
model.fit(X, Y)    # 拟合模型
# 预测结果并计算指标
Y_pred = model.predict(X)    # 使用模型预测 Y
r2 = r2_score(Y, Y_pred)    # 计算决定系数 R^2
mse = mean_squared_error(Y, Y_pred)    # 计算均方误差 MSE
# 提取回归系数
coefficients = model.coef_    # 每个自变量的回归系数
intercept = model.intercept_    # 截距项
print('r2=', r2)
print('mse=', mse)
print('coefficients=', coefficients)
print('intercept=', intercept)
```

模型计算结果如下.

决定系数 $R^2 = 0.9573$，这表明模型可以解释约 95.73% 的贫困程度变异性，模型拟合效果非常好.

均方误差 MSE = 4.4991，模型预测值与实际值之间的平均误差平方为 4.4991，

说明模型的预测精度较高.

多元线性回归模型的回归方程为
$$Y = 156.66 - 0.0051X_1 - 8.79X_2 - 8.70X_3 - 26.37X_4 + 22.68X_5 + 25.72X_6$$
$$+ 36.56X_7 + 8.71X_8 - 16.99X_9 - 26.65X_{10} + 10.11X_{11} - 61.99X_{12}$$

回归系数解释如下.

$\beta_1 = -0.0051$ 表示家庭年收入每增加 1 元, 贫困程度降低约 0.0051.

$\beta_2 = -8.79$ 表示收入差距每增加 1 单位, 贫困程度降低 8.79.

$\beta_3 = -8.70$ 表示家庭负担指数每增加 1 单位, 贫困程度降低 8.70.

$\beta_4 = -26.37$ 表示教育程度指数每增加 1 单位, 贫困程度降低 26.37.

$\beta_5 = 22.68$ 表示义务教育完成率每增加 1 单位, 贫困程度上升 22.68.

$\beta_6 = 25.72$ 表示青少年辍学率每增加 1 单位, 贫困程度上升 25.72.

$\beta_7 = 36.56$ 表示家庭成员患病比例每增加 1 单位, 贫困程度上升 36.56.

$\beta_8 = 8.71$ 表示慢性病发生率每增加 1 单位, 贫困程度上升 8.71.

$\beta_9 = -16.99$ 表示基础设施覆盖度每增加 1 单位, 贫困程度降低 16.99.

$\beta_{10} = -26.65$ 表示医疗设施可达性每增加 1 单位, 贫困程度降低 26.65.

$\beta_{11} = 10.11$ 表示社会保障覆盖率每增加 1 单位, 贫困程度上升 10.11.

$\beta_{12} = -61.99$ 表示扶贫政策覆盖度每增加 1 单位, 贫困程度降低 61.99.

模型结果分析: 通过多元线性回归模型对贫困程度指数 Y 与 12 个影响因素之间的关系进行建模分析, 得到了模型的拟合结果和各因素的具体影响程度. 以下是对模型结果的详细分析.

1. 模型拟合效果

模型的决定系数 R^2 为 0.9573, 表明模型可以解释 95.73% 的贫困程度变异性. 这意味着, 模型能够很好地捕捉各因素对贫困程度的影响, 具有较高的拟合精度. 此外, 模型的均方误差 (MSE) 为 4.4991, 预测值与实际值之间的误差较小, 进一步验证了模型的可靠性.

2. 回归系数分析

回归方程中, 每个自变量的回归系数 β_i 量化了该变量对贫困程度的影响方向和程度. 分析各因素的结果如下:

收入相关因素: 家庭年收入 ($\beta_1 = -0.0051$) 对贫困程度具有微弱的负向作用, 说明提高家庭收入对改善贫困有一定作用, 但幅度较小. 收入差距 ($\beta_2 = -8.79$) 和家庭负担指数 ($\beta_3 = -8.70$) 同样与贫困程度呈负相关, 表明收入均衡分配和减轻家庭负担能够显著降低贫困程度.

教育相关因素: 教育程度指数 ($\beta_4 = -26.37$) 是降低贫困的关键因素之一, 系数的绝对值较大, 表明提高教育水平对改善贫困具有显著效果. 义务教育完成率（$\beta_5 = 22.68$）意外地呈现正向关系，这可能反映了样本数据中的特定矛盾，例如教育覆盖的地区其他因素较为薄弱．

健康相关因素：家庭成员患病比例（$\beta_7 = 36.56$）和慢性病发生率（$\beta_8 = 8.71$）均与贫困程度正相关，说明健康问题是导致贫困的重要因素之一．加强医疗服务的可及性和健康保障对缓解贫困至关重要．

基础设施与政策因素：基础设施覆盖度（$\beta_9 = -16.99$）和医疗设施可达性（$\beta_{10} = -26.65$）对降低贫困的作用显著．扶贫政策覆盖度（$\beta_{12} = -61.99$）是最强的负向影响因素，表明政府精准扶贫政策的实施对减贫效果极为显著．

政策启示：通过多元线性回归模型对贫困程度的关键影响因素进行量化分析，我们可以提炼出以下针对性的政策建议，以进一步推动精准扶贫的实施和效果提升．

1. **聚焦教育资源的提升与分配**

教育因素对贫困的改善具有显著作用，尤其是教育程度指数对贫困程度的降低起到了关键作用．因此，政府应优先改善贫困地区的教育条件，扩大教育资源的覆盖范围，特别是针对偏远农村地区，需加强师资力量的培养和配置．此外，需注重义务教育的质量而不仅是普及率，避免学生完成义务教育后因缺乏技能而陷入就业困境．对于辍学率较高的地区，政府应通过奖学金、助学金等手段，降低贫困家庭的教育负担，从而减少青少年辍学现象，打破贫困的代际传递．

2. **加强医疗保障体系建设**

健康问题是导致贫困的重要因素，家庭成员患病比例和慢性病发生率对贫困程度均有显著的正向影响．因此，需完善医疗保障体系，特别是针对慢性病和重大疾病的救助机制．政策应进一步加大对基层医疗卫生机构的投入，提升医疗设施的可及性和服务能力．此外，可以通过健康宣传和疾病预防项目减少可控疾病的发生，从源头上降低因病致贫、因病返贫的风险．

3. **优化基础设施建设与公共服务供给**

基础设施覆盖度对贫困的改善作用显著，因此，加大对农村地区的基础设施投资至关重要．特别是在交通、电力、水利、通信等领域，需提升基础设施的普及率和质量，改善村庄与外界的经济联系，助力当地产业发展．同时，应确保基础公共服务的均衡化，避免因地理条件恶劣导致资源配置不均，进一步加剧贫困问题．

4. **精准落实扶贫政策**

扶贫政策覆盖度是减贫效果最显著的因素，表明扶贫政策的有效实施对改善贫困状况至关重要．因此，政府应进一步优化扶贫资源的分配机制，确保政策的精准性．可以通过大数据和信息化手段动态监测贫困人群的需求和变化，实现扶贫工作的及时调整．此外，应重视扶贫政策的长期效益，通过产业扶贫、技能培训等手段增强贫困人口的自我发展能力，从"输血"向"造血"转变，避免政策依赖性问题.

5. 关注收入分配与家庭结构

收入差距和家庭负担指数在模型中具有显著影响,说明改善收入分配、减轻家庭经济负担同样重要. 政府应通过税收政策、最低工资保障等手段缩小贫富差距, 提升低收入家庭的生活质量. 同时, 鼓励农村劳动力向技能型就业转变, 增加家庭收入来源, 减轻因人口结构不均造成的经济压力.

总体而言, 模型结果揭示了贫困成因的多维特性, 各因素对贫困的影响各有侧重. 政府和社会应综合施策, 将教育、健康、基础设施和政策执行有机结合, 针对不同地区和人群设计更加精准的扶贫方案, 推动实现全面脱贫和乡村振兴目标.

习 题 10

1. 在一天 24 小时内, 从零点开始每间隔 2 小时测得的环境温度为 (摄氏度)

   12, 9, 9, 10, 18, 24, 28, 27, 25, 20, 18, 15, 13

   推测在每一秒时的温度, 并利用不同的插值方法描绘温度曲线.

2. 预测某运动会第 26 届男子铅球的成绩并用实际值进行检验, 数据见表 10.19.

表 10.19 男子铅球的成绩

届次	成绩 (米)	届次	成绩 (米)	届次	成绩 (米)
7	14.81	15	17.41	21	21.05
8	14.955	16	18.57	22	21.35
9	15.87	17	19.68	23	21.26
10	16.005	18	20.33	24	22.47
11	16.20	19	20.54	25	21.70
14	17.12	20	21.18	26	?

3. 预测 2024 年我国进出口总额, 并用实际值进行检验, 数据见表 10.20.

表 10.20 历年进出口总额数据

年份	进出口总额	年份	进出口总额	年份	进出口总额
2006	1760	2012	3868	2018	4622
2007	2177	2013	4155	2019	4613
2008	2561	2014	4292	2020	4645
2009	2204	2015	3953	2021	6332
2010	3643	2016	3853	2022	6283
2011	3640	2017	4082	2023	6250

4. 在某一反应工程实验中, 我们测得了如表 10.21 所示的实验数据.

表 10.21 反应工程实验数据

序号	1	2	3	4	5	6	7	8
温度 T	10	20	30	40	50	60	70	80
转化率 y	0.1	0.3	0.7	0.94	0.95	0.68	0.34	0.13

现在要确定在其他条件不变的情况下, 转化率 y 和温度 T 的具体关系, 现拟用两种模型去拟合实验数据, 两种模型分别是

$$y = a_1 + b_1 T + c_1 T^2, \quad y = \frac{c_2}{a_2 + b_2(T-45)^2},$$

如何求取上述模型中的参数? 并判断两种模型的优劣.

5. 血液流量问题

小哺乳动物与小鸟的心跳速度比大哺乳动物与大鸟的快. 如果动物的进化为每种动物确定了最佳心跳速度, 为什么各种动物的最佳心跳速度不一样呢? 由于热血动物的热量通过身体表面散失, 所以它们要用大量的能量维持体温, 而冷血动物在休息时只需要极少的能量, 所以正在休息的热血动物似乎在维持体温. 可以认为, 热血动物可用的能量与通过肺部的血液流量成正比. 表 10.22 和表 10.23 给出了一些相关实验数据, 试建立一个模型, 将体重与通过心脏的基础 (即休息时) 血液流量联系起来, 用下面的数据检验你的模型.

表 10.22 关于某些哺乳动物的数据

哺乳动物名称	兔	山羊	狗	狗	狗
体重 (kg)	4.1	24	16	12	6.4
基础血液流量 (dL/min)	5.3	31	22	12	11

表 10.23 关于人类的数据

年龄	5	10	16	25	33	47	60
体重 (kg)	18	31	66	68	70	72	70
基础血液流量 (dL/min)	23	33	52	51	43	40	46
脉搏 (次/min)	96	90	60	65	68	72	80

6. 水塔流量估计

某居民区有一供居民用水的圆柱形水塔, 一般可以通过测量其水位来估计水的流量. 但面临的困难是, 当水塔水位下降到设定的最低水位时, 水泵自动启动向水塔供水, 到设定的最高水位时停止供水, 这段时间无法测量水塔的水位和水泵的供水量. 通常水泵每天供水一两次, 每次约两个小时.

水塔是一个高 12.2 m、直径 17.4 m 的正圆柱. 按照设计, 水塔水位降至约 8.2 m 时, 水泵自动启动, 水位升到约 10.8 m 时水泵停止工作.

表 10.24 是某一天的水位测量记录, 试估计每个整点时刻 (包括水泵正供水时) 从水塔流出的水流量, 及一天的总用水量 (其中 "//" 表示水泵工作).

表 10.24 某一天的水位测量记录

时刻 (h)	0	0.92	1.84	2.95	3.87	4.98	5.90	7.01	7.93	8.97
水位 (cm)	968	948	931	913	898	881	869	852	839	822
时刻 (h)	9.98	10.92	10.95	12.03	12.95	13.88	14.98	15.90	16.83	17.93
水位 (cm)	//	//	1082	1050	1021	994	965	941	918	892
时刻 (h)		19.04	19.96	20.84	22.01	22.96	23.88	24.99	25.91	
水位 (cm)		866	843	822	//	//	1059	1035	1018	

7. 出钢时所用的盛钢水的钢包,由于钢水对耐火材料的浸蚀,容积不断增大. 我们希望找到使用次数与增大的容积之间的关系. 对某一钢包做试验,测得数据如表 10.25 所示.

表 10.25 钢包容积的试验数据

使用次数	增大容积	使用次数	增大容积	使用次数	增大容积
2	6.42	7	10.00	12	10.60
3	8.20	8	9.93	13	10.80
4	9.58	9	9.99	14	10.60
5	9.50	10	10.49	15	10.90
6	9.70	11	10.59	16	10.76

(1) 试绘制出散点图.

(2) 求 y 关于 x 的经验回归方程.

8. 钢的强度和硬度都是反映钢质量的指标. 现在炼 20 炉中碳钢,它们的抗拉强度 y 与硬度 x 的 20 对实验值如表 10.26 所示.

(1) 试绘制出散点图.

(2) 求 y 对 x 的经验回归直线方程.

表 10.26 中碳钢的抗拉强度与硬度实验值

编号	x_i	y_i	编号	x_i	y_i
1	277	103	11	286	108
2	257	99.5	12	269	100
3	255	93	13	246	96.5
4	278	105	14	255	92
5	306	110	15	253	94
6	268	98	16	255	94
7	285	103.5	17	269	99
8	286	103	18	297	109
9	272	104	19	257	95.5
10	285	103	20	250	91

9. 在一丘陵地带测量高程, x 和 y 方向每隔 100 米测一个点,得高程如表

10.27 所示, 试拟合一曲面, 确定合适的模型, 并由此找出最高点和该点的高程.

表 10.27 一丘陵地带各点高程数据   单位: m

	高程	x				
		100	200	300	400	500
y	100	636	697	624	478	450
	200	698	712	630	478	420
	300	680	674	598	412	400
	400	662	626	552	334	310

10. 已知某湖 8 年来湖水中 COD 浓度实测值 (y) 与影响因素: 湖区工业产值 (x_1)、总人口数 (x_2)、捕鱼量 (x_3)、降水量 (x_4) 资料如表 10.28, 试建立污染物 y 的水质分析模型.

表 10.28 湖水相关测量数据

年份	y	x_1	x_2	x_3	x_4
1	5.19	1.3760	0.4500	2.1700	0.8922
2	5.30	1.3750	0.4750	2.5540	1.1610
3	5.60	1.3870	0.4850	2.6760	0.5346
4	5.82	1.4010	0.5000	2.7130	0.9589
5	6.00	1.4120	0.5350	2.8230	1.0239
6	6.06	1.4280	0.5450	3.0880	1.0499
7	6.45	1.4450	0.5500	3.1220	1.1065
8	6.95	1.4770	0.5750	3.2620	1.1387

11. 一个国家国债发行总量应该与经济总规模、财政赤字的多少、每年的还本付息能力以及财政收入有关. 已知某国 1998~2023 年国内生产总值 (百亿元)、财政赤字额 (亿元)、年还本付息额 (亿元)、财政收入 (亿元) 数据 (见表 10.29). 根据提供的数据, 建立国债发行额 TITB 的数学模型, 其中 GDP 表示年国内生产总值, DEF 表示年财政赤字额, REPAY 表示年还本付息额, FIN 表示财政收入.

表 10.29 1998—2023 年国债发行额、国内生产总值等数据

年份	TITB	DEF	GDP	REPAY	FIN
1998	43.01	68.9	45.178	28.58	1159.93
1999	121.74	−37.38	48.624	62.89	1175.79
2000	83.86	17.65	52.947	55.52	1212.33
2001	79.41	42.57	59.345	42.47	1366.95
2002	77.34	58.16	71.71	28.9	1642.86
2003	89.85	−0.57	89.644	39.56	2004.82
2004	138.25	82.9	102.022	50.17	2122.01

续表

年份	TITB	DEF	GDP	REPAY	FIN
2005	223.55	62.83	119.625	79.83	2199.35
2006	270.78	133.97	149.283	76.76	2357.24
2007	407.97	158.88	169.092	72.37	2664.9
2008	375.45	146.49	185.479	190.07	2937.1
2009	461.4	237.14	216.178	246.8	3149.48
2010	669.68	258.83	266.381	438.57	3483.37
2011	739.22	293.35	346.344	336.22	4348.95
2012	1175.25	574.52	467.594	499.36	5218.1
2013	1549.76	581.52	584.781	882.96	6242.2
2014	1967.28	529.56	678.846	1355.03	7407.99
2015	2476.82	582.42	744.626	1918.37	8651.14
2016	3310.93	922.23	783.452	2352.92	9875.95
2017	3715.03	1743.59	820.6746	1910.53	11444.1
2018	4180.1	2491.27	894.422	1579.82	13395.2
2019	4604	2516.54	973.148	1923.42	16386.0
2020	5679	3096.87	1039.35	2563	18903.6
2021	6280.1	3198	1167.41	2956	21715.3
2022	6876	3000	1598.78	3711.9	26355.9
2023	7042	2080	1823.21	3923.4	31649.3

参 考 文 献

[1] 姜启源, 谢金星, 叶俊. 数学模型. 5版. 北京: 高等教育出版社, 2018.

[2] 陈华友, 周礼刚, 刘金培. 数学模型与数学建模. 北京: 科学出版社, 2014.

[3] 刘来福, 曾文艺. 数学模型与数学建模. 3版. 北京师范大学出版社, 2002.

[4] 谭永基, 蔡志杰. 数学模型. 3版. 上海: 复旦大学出版社, 2019.

[5] 杨威, 高淑萍. 线性代数机算与应用指导 (MATLAB 版). 西安: 西安电子科技大学出版社, 2009.

[6] 陈怀琛, 高淑萍, 杨威. 工程线性代数 (MATLAB 版). 北京: 电子工业出版社, 2007.

[7] Peter D. Lax. 线性代数及其应用. 傅莺莺, 沈复兴, 译. 北京: 人民邮电出版社, 2009.

[8] 张小向, 陈建龙. 线性代数学习指导. 北京: 科学出版社, 2008.

[9] 张运杰. 数学建模讲义. 大连: 大连海事大学出版社, 2005.

[10] F. R. Giordano, W. P. Fox, S. B. Horton. 数学建模. 5版. 叶其孝 姜启源等, 译. 北京: 机械工业出版社, 2014.

[11] W. F. Lucas. 微分方程模型. 朱煜民等, 译. 长沙: 国防科技大学出版社, 1988.

[12] W. F. Lucas. 离散与系统模型. 成礼智等, 译. 长沙: 国防科技大学出版社, 1996.

[13] 徐全智, 杨晋浩. 数学建模. 2版. 北京: 高等教育出版社, 2008.

[14] 韩中庚. 数学建模方法及其应用. 2版. 北京: 高等教育出版社, 2009.

[15] 沈守枫, 孟莉, 宋军全, 等. 微分方程数学模型及其数值方法. 杭州: 浙江大学出版社, 2025.

[16] 任善强, 雷鸣. 数学模型. 2版. 重庆: 重庆大学出版社, 2006.

[17] 姜启源, 谢金星. 数学建模案例选集. 北京: 高等教育出版社, 2006.

[18] 戴明强, 李卫军, 杨鹏飞. 数学模型及其应用. 北京: 科学出版社, 2007.

[19] 刘红良. 数学模型与建模算法. 北京: 科学出版社, 2016.

[20] 曹建莉, 肖留超, 程涛. 数学建模与数学实验. 3版. 西安: 西安电子科技大学出版社, 2022.

[21] 薛毅. 数学建模基础. 2版. 北京: 科学出版社, 2011.

[22] 陈汝栋, 于延荣. 数学模型与数学建模. 2版. 北京: 国防工业出版社, 2009.

[23] 徐裕生, 张海英. 运筹学. 北京: 北京大学出版社, 2006.

[24] 黄桐城, 王金桃. 运筹学基础教程. 2版. 上海人民出版社, 2010.

[25] D. Hanselman, B. Littlefield. 精通 Matlab 7. 朱仁峰, 译. 清华大学出版社, 2006.

[26] 宋业新, 黄登斌, 瞿勇. 数学模型及其应用. 3版. 北京: 科学出版社, 2023.

[27] 胡良剑, 孙晓君. MATLAB 数学实验. 北京: 高等教育出版社, 2006.

[28] 万福永, 戴浩晖, 潘建瑜. 数学实验教程: Matlab 版. 北京: 科学出版社, 2006
[29] 焦光虹, 王希连, 张云飞, 尚寿亭. 数学实验. 北京: 科学出版社, 2006.
[30] 张国权. 数学实验. 北京: 科学出版社, 2004.
[31] 张志涌, 杨祖樱. MATLAB 教程. 北京: 北京航空航天大学出版社, 2006.
[32] 王兵团. 数学实验基础. 修订本. 北京: 清华大学出版社, 2006.
[33] 李辉来, 刘明姬. 数学实验. 北京: 高等教育出版社, 2007.
[34] 王正盛. MATLAB 数学工具软件实例简明教程. 南京: 南京航空航天大学出版社, 2005.
[35] 周义仓, 赫孝良. 数学建模实验. 2 版. 西安: 西安交通大学出版社, 2007.
[36] 李尚志, 陈发来, 张韵华, 吴耀华. 数学实验. 2 版. 北京: 高等教育出版社, 2004.